高等学校电子信息类专业系列教材

基于 STM32 ARM 处理器的编程技术

杨振江　朱敏波　丰 博　朱贵宪　杨 璐　编著

西安电子科技大学出版社

内 容 简 介

本书以 STM32 ARM 处理器(单片机)为应用基础,从学习要点、器件选型、库函数应用、硬件资源、工作原理和实例等角度对其做了全面叙述。所选内容以培养学生的动手能力和增强学生的工程应用能力为目的。所选实例都是经过作者精心设计,从科研工作与长期教学中优选而来的,对学生学习和掌握处理器(单片机)具有指导作用。

本书可作为高等院校计算机、自动化、电子信息和机电类专业的教材,也可作为嵌入式系统开发、智能仪器设计、数据采集、自动控制、数字通信、计算机接口设计等工作人员的参考书。

图书在版编目(CIP)数据

基于 STM32 ARM 处理器的编程技术/杨振江等编著. —西安:
西安电子科技大学出版社,2016.1(2024.8 重印)
ISBN 978-7-5606-3911-6

Ⅰ.① 基⋯   Ⅱ.① 杨⋯   Ⅲ.① 微控制器—程序设计—高等学校—教材   Ⅳ.① TP332

中国版本图书馆 CIP 数据核字(2015)第 317231 号

责任编辑 云立实   刘小莉
出版发行 西安电子科技大学出版社(西安市太白南路 2 号)
电   话 (029)88202421 88201467   邮   编 710071
网   址 www.xduph.com   电子邮箱 xdupfxb001@163.com
经   销 新华书店
印刷单位 咸阳华盛印务有限责任公司
版   次 2016 年 1 月第 1 版   2024 年 8 月第 5 次印刷
开   本 787 毫米×1092 毫米 1/16   印 张 24
字   数 569 千字
定   价 53.00 元

ISBN 978 - 7 - 5606 - 3911 - 6

XDUP 4203001-5

如有印装问题可调换

前　言

　　处理器(单片机)以其体积小、功能强、价格低、可靠性高等特点，在多个领域获得了广泛应用，特别在工业控制、智能化仪器仪表、产品自动化、分布式控制系统中都已取得了可喜的成果，是产品更新换代，发展新技术、改造老产品的主要手段，已经成为了工业发展水平的标志之一。目前，在众多处理器(单片机)产品中，除了 8 位(51 内核)、16 位（MSP430）外,32 位的 ARM 处理器已经逐渐成为主流机种。本书以 ST 公司的 STM32 ARM 处理器为核心，重点介绍了处理器的应用基础、工作原理、时钟系统、存储器映射、接口电路、标准库函数、资源描述和实例等内容。本书内容由浅入深，突出所选内容的准确性、典型性和实用性，适合自学。

　　本书融入了作者多年的教学经验和科研实践，从应用角度出发详细介绍了 GPIO 配置、中断系统、定时器原理、串口技术、接口电路、应用系统和编程实例等内容。尤其是实践部分的内容都是经过作者精心设计、优选而来的，对学生学习和掌握处理器(单片机)具有指导意义。有些例子，更可直接应用于新产品的设计和开发中。

　　处理器(单片机)系统的设计，除了需考虑硬件可靠性外，程序设计也是必不可少的重要环节，因为代码的质量直接影响整个系统的性能。书中以 STM32 ARM 处理器的库函数为基础，给出了处理器的内部资源、模块功能、接口配置和实例，读者据此可方便地编写出适合自己的应用程序，并解决编写程序中的困难，减少不必要的重复工作。

　　全书共分 9 章，主要内容包括：ARM 处理器概述、STM32 应用基础、STM32 常用固件库的使用与编程、GPIO 端口的结构与编程应用、STM32 处理器的中断技术、STM32 定时/计数器的编程应用、串口通信技术与编程应用、A/D 转换器的接口与编程应用及 STM32 处理器综合应用实例等。

　　本书主要由杨振江、朱敏波、丰博、朱贵宪和杨璐编写，另外，参加部分章节编写的还有惠欣、黄一波、孟江伟等同志。在编写过程中，始终得到了西安电子科技大学出版社云立实编辑的大力支持和帮助；童音博士为资料整理等付出了心血。在此，编者谨向他们表示由衷的感谢。

　　由于作者水平有限，书中不妥之处在所难免，诚恳希望读者提出宝贵意见。

编　者

2015 年 8 月

目 录

第 1 章 ARM 处理器概述

1.1 什么是 ARM 处理器

ARM(Advanced RISC Machines)是微处理器行业的一家知名企业，是专门从事基于 RISC(Reduced Instruction Set Computer，精简指令集计算机)，技术芯片设计开发的公司。ARM 设计了高性能、廉价、耗能低的 RISC 处理器的相关技术及软件。也就是说，ARM 是微处理器的设计厂商，主要设计 ARM 处理器的标准，提出 ARM 指令集，再将 ARM 架构授权给世界上许多著名的半导体、软件和 OEM 厂商。每个厂商得到的都是一套独一无二的 ARM 相关技术及服务。该技术适用于嵌入系统控制、消费、多媒体、DSP 和移动式应用等多种领域。ARM 与其他厂商的这种合伙关系，使它很快就成为许多全球性 RISC 标准的缔造者。目前，全球共有 30 家半导体公司与 ARM 签订了硬件技术使用许可协议，其中包括 Intel、IBM、LG 半导体、NEC、SONY、飞利浦和 ST(意法半导体)等大公司。ARM 架构是面向市场设计的第一款 RISC 微处理器，是高级精简指令集机器。

1.2 ARM 处理器的发展史

1978 年 12 月 5 日，物理学家 Hermann Hauser 和工程师 Chris Curry 在英国剑桥创办了 CPU 公司(Cambridge Processing Unit)，主要为当地市场供应电子设备。1979 年，CPU 公司改名为 Acorn 计算机公司。起初，Acorn 公司打算使用摩托罗拉公司的 16 位芯片，但是他们发现这种芯片太慢也太贵，于是开始进行自主研发。1985 年，Roger Wilson 和 Steve Furber 设计了他们自己的第一代 32 位、6 MHz 的处理器，用它做出了一台精简指令集的计算机，简称 ARM(Acorn RISC Machine)。这就是 ARM 这个名字的由来。

RISC 支持的指令比较简单，所以功耗小、价格便宜，特别适用于移动设备。早期使用 ARM 芯片的典型设备就是苹果公司的牛顿 PDA。

20 世纪 80 年代后期，ARM 很快开发成 Acorn 的台式机产品。1990 年 11 月 27 日，Acorn 公司正式改组为 ARM 计算机公司。20 世纪 90 年代，ARM 32 位嵌入式 RISC 处理器的应用扩展到世界范围，占据了低功耗、低成本和高性能嵌入式系统应用领域的领先地位。

1.3 ARM 处理器的系列产品

随着智能手机越来越普及，消费者在选购手机的时候，除了关心价格和外观之外，手机的性能也是人们最关心的因素之一。众所周知，处理器是影响手机性能的最关键的因素。大家都比较了解德州仪器、高通、英伟达以及三星等主流处理器厂商。但很多人并不知道，其实它们采用的都是同一个架构的 ARM 处理器，实际上，采用的处理器才是影响手机性能的关键因素。ARM 目前已经在移动电话领域占据了全球 90% 的市场份额。超过 100 家半导体公司持有不同形式的 ARM 授权，其中包括 Intel、IBM、LG、NEC、SONY、NXP(原 PHILIPS)和 NS 等公司，也包括微软、升阳和 MRI 等一系列知名软件系统公司。

ARM 处理器系列产品有：ARM7 系列、ARM9 系列、ARM9E 系列、ARM10 系列、SecurCore 系列、Intel 的 StrongARM ARM11 系列、Intel 的 Xscale 等。其中，ARM7、ARM9、ARM9E 和 ARM10 为 4 个通用处理器系列，每一个系列提供一套相对独特的性能来满足不同应用领域的需求；SecurCore 系列专门为安全要求较高的应用而设计。

从 1985 年发布首款内核 ARM1 开始，经过三十多年的发展，ARM 处理器如今已经发展到运行速度可达 2.5 GHz 的 Crotex-A15 核心。

在应用选型方面，系统的工作频率在很大程度上决定了 ARM 微处理器的处理能力。ARM7 系列微处理器的典型处理速度为 0.9MIPS/MHz，常见的 ARM7 芯片系统主时钟为 20～133 MHz；ARM9 系列微处理器的典型处理速度为 1.1MIPS/MHz，常见的 ARM9 系统主时钟频率为 100～233 MHz；ARM10 系列芯片的主时钟频率最高可以达到 700 MHz。不同芯片对时钟的处理不同，有的芯片只需一个主时钟频率，有的芯片内部时钟控制器可以分别为 ARM 核和 USB、UART、DSP、音频等功能部件提供不同频率的时钟。

片内外围电路的选择除 ARM 微处理器核以外，几乎所有的 ARM 芯片均根据各自不同的应用领域，扩展了相关功能模块，并集成在芯片之上，称之为片内外围电路，如 USB 接口、I^2S 接口、LCD 控制器、键盘接口、RTC、ADC 和 DAC、DSP 处理器等。设计者应分析系统的需求，尽可能采用片内外围电路完成所需的功能，这样既可简化系统的设计，又可提高系统的可靠性。

ARM11 系列处理器所提供的引擎除用于智能手机领域，还广泛用于消费类、家庭和嵌入式应用领域。该处理器的功耗非常低，提供的性能范围为小面积设计中的 350 MHz 到速度优化设计中的 1 GHz(45 nm 和 65 nm)。ARM11 处理器软件可以与以前所有 ARM 处理器兼容，并引入了用于多媒体处理的 32 位 SIMD、用于提高操作系统上下文切换性能的物理标记高速缓存、强制实施硬件安全性的 Trust Zone 以及针对实时应用的紧密耦合内存。

ARM1136J-S 发布于 2003 年，是针对高性能和高能效的应用而设计的。ARM1136J-S 是第一个执行 ARM v6 架构指令的处理器，它集成了一条具有独立 load-store 和算术流水线的 8 级流水线。ARM v6 指令包含了针对媒体处理的单指令多数据流(SIMD)扩展，采用特殊的设计以改善视频处理性能。ARM1136JF-S 适合进行快速浮点运算，它在 ARM1136J-S 的基础上增加了向量浮点单元。

德州仪器 OMAP2 系列处理器采用了 ARM1136 架构，其中 TI OMAP 2420 能管理 130～400 万像素的摄像头和 QVGA(240×320)分辨率的屏幕，支持蓝牙、红外和高速 USB 传输，兼容 A-GPS 定位功能，可利用 WLAN 功能无线上网，支持第三方 SD、MMC 存储卡扩展，并可使用 SD I/O 设备，能处理 400 万甚至更高像素的静态图片，能够记录 30 帧/秒的 VGA(640×480)像素动态有声视频文件，能提供接近 Hi-Fi 级的 3D 环绕音效，支持 TV-OUT 输出功能，每秒可以计算 200 万个多边形。该系列处理器的代表产品有诺基亚 N82、N93、N95 等。

高通骁龙 Snapdragon S1 是针对当今大众市场的智能手机所开发的处理器。该处理器最高主频可达 1 GHz，是全球首款达到 1 GHz 主频的移动单核产品，采用了 65 nm 工艺并集成 Adreno 200 图形处理器(GPU)，采用 ARM11 架构的处理器型号有 MSM7627/7227(主频为 600～800 MHz)和 MSM7625/7225(主频为 528 MHz)。

Tegra APX 2500 芯片采用 65 nm 制程工艺，核心频率为 750 MHz，并集成 256 KB 的 L2 缓存。芯片内建 GeForce 核心，支持 OpenGL ES 2.0 和 Direct3D Mobile 标准。APX 2500 属于 ARM11 MPCore 架构，其低耗电设计，使移动电话可以长时间播放音乐或高清影片。此外，它支持 720p 的 MPEG-4 与 H264/MPEG-4 AVC 的解码。输出方面，它支持 HDMI 1.2 和双显示输出。之后推出的 Tegra APX 2600 在 APX 2500 基础上增强了对 NAND 闪存的支持。2009 年在微软推出的 Zune HD 中使用了 Tegra APX 2600 芯片。

1.3.1　ARM Cortex-A5 系列产品

ARM 公司在经典处理器 ARM11 以后的产品改用 Cortex 命名，并分成 A、R 和 M 三类，旨在为不同的市场提供服务。

Cortex 系列属于 ARM v7 架构，这是 ARM 公司最新的指令集架构。ARM v7 架构定义了三大分工明确的系列："A"系列，面向尖端的基于虚拟内存的操作系统和用户应用；"R"系列，针对实时系统；"M"系列，针对微控制器。由于应用领域不同，基于 ARM v7 架构的 Cortex 处理器系列所采用的技术也不相同，基于 ARM v7A 的称为 Cortex-A 系列，基于 ARM v7R 的称为 Cortex-R 系列，基于 ARM v7M 的称为 Cortex-M 系列。

Cortex-A5 是 Cortex-A 家族中最低端的处理器，其特点是功耗较低，单位功耗的效能很高，性能优于 ARM9 和 ARM11，适合应用在千元级的低端产品市场。

Cortex-A5 内部核心数目可选(1～4核)，同时与 Cortex-A8 一样在内部使用了 Trust Zone 安全技术以及 NEON 多媒体处理引擎，并能与 Cortex-A8/A9 处理器实现完全的应用兼容。采用四核配置时，SOC 芯片内部还可搭配 Mail GPU 或由用户按需求配用 PowerVR MBX/SGX GPU。Cortex-A5 处理器和 Cortex-A8 与 Cortex-A9 一样基于 ARM v7 架构，采用 40 nm 低功耗制程技术制作，默认工作电压为 1.1 V，单核核心频率为 480 MHz，四核核心频率可达 1 GHz，含缓存的核心面积最小仅 1 mm^2，一级缓存容量最大 64 KB，功耗/频率比参数为 12 mW/MHz。

1.3.2　ARM Cortex-A8 系列产品

ARM Cortex-A8 处理器的速率可以在 600 MHz～1 GHz 的范围内调节，能够满足那些需要工作在 300 mW 以下的功耗优化的移动设备的要求；并能满足那些需要 2000 Dhrystone MIPS 的性能优化的消费类应用的要求。

Cortex-A8 处理器是 ARM 的第一款超标量处理器，具有提高代码密度和性能的技术，用于多媒体和信号处理的 NEON 技术，用于高效地支持预编译和即时编译 Java 及其他字节码语言的 Jazelle&reg，以及运行时间编译目标(RCT)技术。

Cortex-A8 处理器采用 65 nm 制程工艺制作，核心频率为 650 MHz(65 nm LP 工艺)/1.1 GHz(65 nm GP 工艺)，内建二级缓存，二级缓存最大容量为 1 MB，一级缓存最大为 64 KB，功耗/频率比参数为 0.59/0.45 mW/MHz。

TI OMAP3 系列处理器采用了 ARM Cortex-A8 架构，可提供比基于 ARM11 的处理器多至 3 倍的性能增益，同时使得 3G 手持终端具有可与笔记本电脑媲美的功能以及先进的娱乐功能。作为业界第一个采用 65 nm CMOS 工艺设计的应用处理器，OMAP 3430 在降低内核电压和功耗的同时，比以前的 OMAP 处理器系列具有更高的工作频率。OMAP 3430 的代表产品为摩托罗拉里程碑、XT711、三星 I8910、诺基亚 N900、Palm Pre 等。可以运行在 800 MHz 的处理器 OMAP 3440 的代表产品则为摩托罗拉 XT720、Archos 5 等。

三星蜂鸟(hummingbird)核心同样是在 Cortex-A8 基础上进行修改并增强的一款核心，采用这款核心的代表产品便是三星 S5PC110/S5PV210 和苹果 A4 核心。而 hummingbird 核心也正是三星和苹果合作研发而来的。其实测性能较其他普通 A8 核心的 CPU 有了成倍的增长。

三星 S5PC110/S5PV210 可以说是世界上最强的 Cortex-A8 架构方案芯片，它在原 Cortex-A8 的基础上进行了大幅度的优化，在性能上也获得了大幅度的增长，基本上能够达到同等架构的 CPU 效能的 1 倍以上。采用该处理器的机型有三星 I9000 等。

苹果 iPhone 4 和苹果 iPad 以及 iTouch 4 都采用了和三星 S5PC110 处理器相近的 A4 处理器，不过苹果作了更多的优化，尤其是苹果 A4 将负责视频硬解的 VXD370 改成了 VXD375，CPU 和内存的直连也令 PowerVR 535 的实际表现要超越三星 S5PC110 的 PowerVR 540 处理器。但归根结底，苹果 A4 处理器还是一个基于 ARM Cortex-A8 核心的高性能处理器。

1.3.3　ARM Cortex-A9 系列产品

Cortex-A9 是性能很高的 ARM 处理器，可实现受到广泛支持的 ARM v7 体系结构的丰富功能。Cortex-A9 处理器的设计旨在打造最先进的、高效率的、长度动态可变的、多指令执行超标量体系结构，凭借范围广泛的消费类、网络、企业和移动应用中的前沿产品所需的功能，它可以提供史无前例的高性能和高能效。

Cortex-A9 微体系结构既可用于可伸缩的多核处理器(Cortex-A9 MPCore 多核处理器)，也可用于更传统的处理器(Cortex-A9 单核处理器)。可伸缩的多核处理器和单核处理器支持 16、32 或 64 KB 4 路关联的 L1 高速缓存配置，对于可选的 L2 高速缓存控制器，最多支持

8 MB 的 L2 高速缓存配置，它们具有极高的灵活性，均适用于特定应用领域和市场。

2011 年推出的 OMAP 4430 是德州仪器公司的首个双核处理器型号，采用双核心 ARM Cortex-A9 MP 架构，相比 Cortex-A8 内核整体提升了 1.5 倍的性能。OMAP 4430 在同级双核处理器中被喻为性能最优秀的处理器，拥有 Tegra2 没有的 NEON 模块，拥有比 E4210 更小的发热量，拥有比 MSM8260 更优秀的构架，所以有"怪兽级"双核处理器之称。OMAP 4430 的代表产品有 LG Optimus 3D，摩托罗拉里程碑 3、XT883，三星 I9100G，黑莓 PlayBook 等。

Tegra 3 虽然名为"四核"，但是实际上内部包含了 5 个 CPU 核心，其中一个被称为"Companion CPU core"协核心。NVIDIA 将这种架构称为 vSMP(Variable Symmetric Multiprocessing，可变对称多处理)。Tegra 3 中的 5 个 CPU 核心均为 Cortex-A9 架构。不过，其中四个主要核心最高可支持 1.4 GHz 主频，而最后一个协核心最高频率仅 500 MHz。

1.3.4　ARM Cortex-A15 系列产品

在 Cortex-A9 双核处理器初见端倪之后，ARM 再次给大家带来惊喜，那就是 ARM 可能会推出一款四核芯片，处理速度最快能够达到 2.5 GHz。在已上市的智能手机芯片当中，Cortex-A15 可能是目前主频最高的双核芯片。这款芯片除了将手机 CPU 运行速度提升至 2.5 GHz 以外，还可以支持超过 4 GB 的内存，能力相当惊人，毕竟如此强劲的芯片只有在更加强悍的硬件、软件的支持下，才能够正常地发挥作用。

ARM Cortex-A15 MPCore 处理器提供前所未有的处理功能，与低功耗特性相结合，在 ARM 的各种新市场和现有市场上成就了卓越的产品，这些市场包括移动计算、高端数字家电、服务器和无线基础结构。

Cortex-A15 MPCore 处理器是 Cortex-A 系列处理器的最新成员，它在应用方面与所有其他获得高度赞誉的 Cortex-A 处理器完全兼容，这样，就可以利用成熟的开发平台和软件体系，包括 Android、Adobe Flash Player、Java Platform Standard Edition(Java SE)、Java FX、Linux、Microsoft Windows Embedded、Symbian 和 Ubuntu 以及 700 多个 ARM Connected Community 成员。这些成员提供应用软件、硬件和软件开发工具、中间件以及 SOC 设计服务。

1.4　ARM 处理器的架构

ARM 是一个 32 位精简指令集(RISC)处理器的架构，其广泛应用在许多嵌入式系统设计中。由于节能的特点，ARM 处理器非常适用于移动通信领域，符合其主要设计目标为低功耗的电特性。功能上增加 DSP 指令集，提供增强的 16 位和 32 位算术运算能力，提高了性能和灵活性。ARM 还提供两个前沿特性来辅助带深嵌入处理器的高集成 SOC 器件的调试，它们是嵌入式 ICE-RT 逻辑和嵌入式跟踪宏核(ETMS)系列。

1. 体系结构

在传统复杂指令集(Complex Instruction Set Computer，CISC)各种指令中，大约有 20%

的指令会被反复使用，占整个程序代码的 80%左右。而余下的指令却不经常使用，在程序设计中只占 20%。

而在精简指令集各种指令中，结构优先选取使用频率最高的简单指令，避免复杂指令，将指令长度固定，指令格式和寻址方式种类减少，以控制逻辑为主，不用或少用微码控制等指令。

2．寄存器结构

ARM 处理器共有 37 个寄存器，被分为若干个组(BANK)，这些寄存器包括：

(1) 31 个通用寄存器，包括程序计数器(PC 指针)，均为 32 位的寄存器。

(2) 6 个状态寄存器，用以标识 CPU 的工作状态及程序的运行状态，均为 32 位，只使用了其中的一部分。

3．指令结构

ARM 微处理器的较新体系结构中支持两种指令集：ARM 指令集和 Thumb 指令集。其中，ARM 指令为 32 位长度，Thumb 指令为 16 位长度。Thumb 指令集为 ARM 指令集的功能子集，但与等价的 ARM 代码相比较，可节省 30%～40%以上的存储空间，同时具备 32位代码的所有优点。

4．RISC 体系结构的特点

(1) 采用固定长度的指令格式，指令归整、简单，基本寻址方式有 2～3 种。

(2) 使用单周期指令，便于流水线操作执行。

(3) 大量使用寄存器，数据处理指令只对寄存器进行操作，只有加载/存储指令可以访问存储器，以提高指令的执行效率。

(4) 所有的指令都可根据前面的执行结果决定是否被执行，从而提高指令的执行效率。

(5) 可用加载/存储指令批量传输数据，以提高数据的传输效率。

(6) 可在一条数据处理指令中同时完成逻辑处理和移位处理。

(7) 在循环处理中使用地址的自动增减来提高运行效率。

5．ARM 微处理器的工作状态

从编程角度看，ARM 微处理器的工作状态一般有两种，并可在两种状态之间切换。第一种为 ARM 状态，此时处理器执行 32 位的字对齐的 ARM 指令。在 ARM 状态下，当操作数寄存器的状态位为 0 时，执行 BX 指令时可以使微处理器从 Thumb 状态切换到 ARM状态。此外，在处理器进行异常处理时，把 PC 指针放入异常模式链接寄存器中，并从异常向量地址开始执行程序，也可以使处理器切换到 ARM 状态。第二种为 Thumb 状态，此时处理器执行 16 位的、半字对齐的 Thumb 指令。在 Thumb 状态下，当操作数寄存器的状态位(位 0)为 1 时，可以采用执行 BX 指令的方法，使微处理器从 ARM 状态切换到 Thumb状态。此外，当处理器在 Thumb 状态下发生异常(如 IRQ、FIQ、Undef、Abort、SWI 等)时，当进行异常处理返回时自动切换到 Thumb 状态。

6．高效的系统总线

在 ARM 嵌入式系统中，处理器没有采用 DSP(数字信号处理器)架构中的多级流水线机制，而是采用了一组专门针对 ARM 内核的片上系统(SOC)开发的总线规范，即

AMBA(Advanced Microcontroller Bus Architecture)。

该总线规范由 ARM 公司设计，独立于 ARM 微处理器的制程工艺技术。在该总线规范中，定义了以下三种可供用户组合使用的不同类型的总线：

(1) AHB (Advanced High-Performance Bus)。该类型的总线支持多种数据传输方式，以及多个总线主设备之间的数据传输，适用于高性能和高时钟频率的系统模块，如 CPU 处理器、片上存储器、DMA 设备、DSP 以及其他协同处理器等。

(2) ASB(Advanced System Bus)。该类型总线同样也适用于高性能的系统模块。在不需要使用 AHB 的场合，用户也可以选择 ASB 作为系统总线。

(3) APB (Advanced Peripheral Bus)。该类型总线的主要特点是结构简单、低速、功耗极低。该总线主要适用于低功耗、对实时性要求不高的外部设备，如对汽车门窗锁的控制等。

7．ARM 的工作模式

(1) 用户模式：ARM 处理器正常的程序执行状态。

(2) 快速中断模式：用于高速数据传输或通道处理，当触发快速中断时进入此模式。

(3) 外部中断模式：用于通用的中断处理，当触发外部中断时进入此模式。

(4) 管理模式：操作系统使用的保护模式，在系统复位或者执行软件中断指令时进入此模式。

(5) 数据访问终止模式：当数据或指令预取终止时进入此模式，可用于虚拟存储及存储保护。

(6) 系统模式：运行具有特权的操作系统任务。

(7) 未定义指令中止模式：当未定义的指令执行时进入该模式，可用于支持硬件协处理器的软件仿真。

1.5　STM32 系列 ARM 处理器的特点与性能

STM32 系列 ARM 处理器是为满足高性能、低成本、低功耗的嵌入式应用的需求而专门设计的 ARM Cortex-M0/M3/M4 内核。按内核架构分为不同的产品，其典型产品有 STM32F101 "基本型" 系列、STM32F103 "增强型" 系列和 STM32F105、STM32F107 "互连型" 系列。该处理器是由意大利 SGS 微电子公司和法国 Thomson 半导体公司两个公司合并为意法半导体公司(简称 ST 公司)设计制造的。ST 是全球第五大半导体厂商，在很多市场居世界领先水平。例如，意法半导体公司是世界第一大专用模拟芯片和电源转换芯片制造商，世界第一大工业半导体和机顶盒芯片供应商，而且在分立器件、手机/相机模块和车用集成电路领域居世界前列。

1．ST 超低功耗 ARM Cortex-M3 内核处理器

STM32L 系列产品基于超低功耗的 ARM Cortex-M3 处理器内核，采用意法半导体独有的两大节能技术——130 nm 专用低泄漏电流制造工艺和优化的节能架构，提供业界领先的

节能性能。该系列属于意法半导体阵容强大的 32 位 STM32 微控制器产品家族。该产品家族共有 180 余款产品，全系列产品共用大部分引脚、软件和外设，优异的兼容性为开发人员带来最大的设计灵活性。

STM32L 系列新增低功耗运行和低功耗睡眠两个低功耗模式，通过利用超低功耗的稳压器和振荡器，微控制器可大幅度降低低频下的工作功耗。稳压器不依赖电源电压即可满足电流要求。STM32L 还提供动态电压升降功能，这是一项成功应用多年的节能技术，可进一步降低芯片在中低频下运行时的内部工作电压。在正常运行模式下，闪存的电流消耗最低为 230 μA/MHz，STM32L 的功耗/性能比最低为 185 μA/DMIPS。此外，STM32L 电路的设计目的是以低电压实现高性能，有效延长电池供电设备的充电间隔。片上模拟功能的最低工作电源电压为 1.8 V。数字功能的最低工作电源电压为 1.65 V。在电池电压降低时，可以延长电池供电设备的工作时间。

增强型系列时钟频率可达到 72 MHz，是同类产品中性能最高的；基本型时钟频率为 36 MHz，以 16 位产品的价格得到比 16 位产品大幅提升的性能，是 32 位产品用户的最佳选择。两个系列都内置 32～128 KB 的闪存，不同之处是 SRAM 的最大容量和外设接口的组合各异。时钟频率为 72 MHz 时，从闪存执行代码，STM32 功耗为 36 mA，是 32 位市场上功耗最低的产品，相当于 0.5 mA/MHz。

2. ST 超低功耗 ARM Cortex-M0 内核处理器

STM32F0 系列产品基于超低功耗的 ARM Cortex-M0 处理器内核，整合增强的技术和功能，瞄准超低成本预算的应用。该系列微控制器缩小了采用 8 位和 16 位微控制器的设备与采用 32 位微控制器的设备之间的性能差距，能够在经济型用户终端产品上实现先进且复杂的功能。

3. STM32 系列处理器的性能

(1) 存储器：片上集成 32～512 KB 的 Flash 存储器，6～64 KB 的 SRAM 存储器。

(2) 时钟、复位和电源管理：2.0～3.6 V 的电源供电和 I/O 接口的驱动电压；POR、PDR 和可编程的电压探测器(PVD)；4～16 MHz 的晶振；内嵌出厂前调校的 8 MHz RC 振荡电路；内部 40 kHz 的 RC 振荡电路；用于 CPU 时钟的 PLL；带校准，用于 RTC 的 32 kHz 的晶振。

(3) 低功耗：3 种低功耗模式为休眠、停止、待机模式，还具有为 RTC 和备份寄存器供电的 VBAT。

(4) 调试模式：串行调试(SWD)和 JTAG 接口。

(5) DMA：12 通道 DMA 控制器，支持的外设有定时器、ADC、DAC、SPI、IIC 和 UART。

(6) 两个 12 位的 μs 级的 A/D 转换器(16 通道)：A/D 测量范围为 0～3.6 V；具有双采样和保持能力；片上集成一个温度传感器。

(7) 2 通道 12 位 D/A 转换器：为 STM32F103xC、STM32F103xD、STM32F103xE 独有。

(8) 最多 112 个快速 I/O 端口：根据型号的不同，有 26、37、51、80 和 112 个 I/O 端口，所有的端口都可以映射到 16 个外部中断向量；除了模拟输入，所有的 I/O 端口都可以接受 5 V 以内的输入。

(9) 最多 11 个定时器：4 个 16 位定时器，每个定时器有 4 个 IC/OC/PWM 或者脉冲计数器；两个 16 位的 6 通道高级控制定时器，最多 6 个通道可用于 PWM 输出；两个看门狗定时器(独立看门狗和窗口看门狗)；1 个 Systick 定时器，为 24 位倒计数器；两个 16 位基本定时器，用于驱动 DAC。

(10) 最多 13 个通信接口：两个 IIC 接口(SMBus/PMBus)；5 个 USART 接口(ISO7816接口、LIN、IrDA 兼容、调试控制)；3 个 SPI 接口(传输速率为 18 Mb/s)，两个和 IIS 复用；一个 CAN 接口(2.0B)；一个 USB 2.0 全速接口；一个 SDIO 接口。

4. STM32 系列处理器的内涵

(1) 集成嵌入式 Flash 和 SRAM 存储器的 ARM Cortex-M3 内核。与 8/16 位设备相比，ARM Cortex-M3 32 位 RISC 处理器提供了更高的代码效率。STM32F103xx 微控制器带有一个嵌入式的 ARM 核，可以兼容所有的 ARM 工具和软件。

(2) 嵌入式 Flash 存储器和 RAM 存储器。内置多达 512 KB 的嵌入式 Flash，可用于存储程序和数据。多达 64 KB 的嵌入式 RAM 可以以 CPU 的时钟速度进行读写(无等待状态)。

(3) 嵌套矢量中断控制器(NVIC)。该控制器可以处理 43 个可屏蔽中断通道(不包括Cortex-M3 的 16 根中断线)，提供 16 个中断优先级。紧密耦合的 NVIC 实现了更低的中断处理延迟，直接向内核传递中断入口向量表地址，紧密耦合的 NVIC 内核接口，允许中断提前处理，即对后到的更高优先级的中断进行处理，支持尾链，自动保存处理器状态，中断入口在中断退出时自动恢复，不需要指令干预。

(4) 外部中断/事件控制器(EXTI)。外部中断/事件控制器由用于 19 条产生中断/事件请求的边沿探测器线组成。每条线可以被单独配置用于选择触发事件(上升沿或下降沿，或者两者都可以)，也可以被单独屏蔽。由一个挂起寄存器来维护中断请求的状态。当外部线上出现长度超过内部 APB2 时钟周期的脉冲时，EXTI 能够探测到。有多达 112 个 GPIO 连接到 16 个外部中断线。

(5) 时钟和启动。在启动的时候首先要进行系统时钟的选择，但在复位的时候只能选用内部 8 MHz 的晶振为 CPU 时钟。复位后可以选择外部 4～16 MHz 的时钟，并且会被 CPU判定是否选择成功。在这期间，控制器被禁止软件中断。同时，如果有需要(如碰到被选择的晶振失败)，内部 PLL 时钟也可管理使用。在时钟管理中，通过多个预比较器来配置 AHB频率，包括高速 APB(APB2)和低速 APB(APB1)。高速 APB 最高的频率为 72 MHz，低速APB 最高的频率为 36 MHz。

(6) Boot 模式。在启动的时候，Boot 引脚被用来在 3 种 Boot 选项中选择一种：从用户Flash 导入、从系统存储器导入和从 SRAM 导入。Boot 导入程序位于系统存储器，用于通过 USART1 重新对 Flash 存储器编程。

(7) 电源供电方案。有三种：VDD，电压范围为 2.0～3.6 V，外部电源通过 VDD 引脚提供，用于 I/O 和内部调压器；VSSA 和 VDDA，电压范围为 2.0～3.6 V，外部模拟电压输入，用于 ADC、复位模块、RC 和 PLL，在 VDD 范围之内(ADC 被限制在 2.4 V)，VSSA和 VDDA 必须相应连接到 VSS 和 VDD；VBAT，电压范围为 1.8～3.6 V，当 VDD 无效时为 RTC，外部 32 kHz 晶振和备份寄存器供电(通过电源切换实现)。

(8) 电源管理。设备有一个完整的上电复位(POR)和掉电复位(PDR)电路。这条电路一直有效，用于确保从 2 V 启动或者掉到 2 V 的时候进行一些必要的操作。当 VDD 低于一个特定的下限 VPOR/PDR 时，不需要外部复位电路，设备也可以保持在复位模式。设备特有一个嵌入的可编程电压探测器(PVD)，用于检测 VDD，并且和 VPVD 限值比较，当 VDD 低于 VPVD 或者 VDD 大于 VPVD 时会产生一个中断。中断服务程序可以产生一个警告信息或者将 MCU 置为一个安全状态。PVD 由软件使能。

(9) 电压调节。调压器有 3 种运行模式：主(MR)、低功耗(LPR)和掉电。MR 用在传统意义上的调节模式(运行模式)，LPR 用在停止模式，掉电用在待机模式。调压器输出为高阻时，核心电路掉电，包括零消耗(寄存器和 SRAM 的内容不会丢失)。

(10) 低功耗模式。STM32F103xx 支持 3 种低功耗模式，从而在低功耗、短启动时间和可用唤醒源之间达到一个最好的平衡点。这三种模式是：

休眠模式，只有 CPU 停止工作，所有外设继续运行，在中断/事件发生时唤醒 CPU。

停止模式，允许以最小的功耗来保持 SRAM 和寄存器的内容。1.8 V 区域的时钟都停止，PLL、HSI 和 HSE RC 振荡器被禁能，调压器也被置为正常或者低功耗模式。设备可以通过外部中断线从停止模式被唤醒。外部中断源可以是 16 个外部中断线之一、PVD 输出或者 TRC 警告。

待机模式，追求最少的功耗，内部调压器被关闭，这样 1.8 V 区域断电。PLL、HSI 和 HSE RC 振荡器也被关闭。在进入待机模式之后，除了备份寄存器和待机电路外，SRAM 和寄存器的内容也会丢失。当外部复位(NRST 引脚)、IWDG 复位、WKUP 引脚出现上升沿或者 TRC 警告发生时，设备退出待机模式。进入停止模式或者待机模式时，TRC、IWDG 和相关的时钟源不会停止。

5. STM32 互连型处理器的特点

STM32 互连型系列产品分为两个型号：STM32F105 和 STM32F107。STM32F105 具有 USB 和 CAN 2.0 接口。STM32F107 在 USB 和 CAN 2.0 接口基础上增加了以太网 10/100 MAC 模块。片上集成的以太网 MAC 支持 MII 和 RMII，因此，实现一个完整的以太网收发器只需一个外部 PHY 芯片。只使用一个 25 MHz 晶振即可给整个微控制器提供时钟频率，包括以太网和 USB 外设接口。微控制器还能产生一个 25 MHz 或 50 MHz 的时钟输出，驱动外部以太网 PHY 层芯片，从而为客户节省一个附加晶振。

音频功能方面，新系列微控制器提供两个 I^2S 音频接口，支持主机和从机两种模式，既可用作输入又可用作输出，分辨率为 16 bit 或 32 bit。音频采样频率从 8 kHz 到 96 kHz。利用新系列微控制器强大的处理性能，开发人员可以用软件实现音频编解码器，从而消除对外部组件的需求。把 U 盘插入微控制器的 USB 接口，可以现场升级软件；也可以通过以太网下载代码进行软件升级。这个功能可简化大型系统网络(如远程控制器或销售终端设备)的管理和维护工作。

6. 较短的开发周期

ARM 嵌入式系统的开发周期完全是由 ARM 的商业模式决定的。ARM 公司将成熟的 ARM 技术直接授权给其他合作芯片设计厂商，在很大程度上缩短了 ARM 嵌入式产品的开发周期，而这对于芯片设计厂商而言也是一个巨大的优势。

1.6　ARM 处理器系统的开发要点

通常，ARM 处理器系统是将硬件和软件合理地结合起来，构成一个完整的系统装置，从而完成特定功能或任务。该系统工作在与外界发生数据交换或无人干预的情况下，用以进行实时的测控。其中，软件是用以实现有关功能的"思想或灵魂"；硬件是保证这种工作进程的"平台或介质"。

ARM 处理器系统的设计与硬件提供的支持(包括开发工具、手段、环境)和软件技术的发展紧密相关。应用选择先进的硬件技术和好的硬件开发平台，不但可以获得所需的性能，而且还能缩短开发周期、降低成本、提高可靠性。软件的设计也离不开硬件的支持(特别是处理器的性能)。多功能的硬件可以提高软件开发效率，保证软件的质量。而软件设计技术和开发手段，也可以充分发挥硬件的作用，提高系统的整体性能。在保证系统性能的前提下，ARM 处理器系统的设计要综合考虑硬件和软件的任务分工(包括考虑用硬件代替软件，或用软件置换硬件)。因此，硬件和软件的协同设计，在嵌入式应用开发中占有重要地位。

与传统的 51、AVR、430 等单片机相比，ARM 处理器的整体性能和数据处理能力有了大幅提升。与之相应地，ARM 嵌入式系统设计的复杂度和难度也有所提升，与传统的单片机设计方法也有着很大不同。

ARM 嵌入式系统的开发可以分为"基于 ARM 内核的芯片设计"和"基于 ARM SOC 的开发应用"。本教材主要讨论有关"STM32 ARM 芯片的开发应用"，不涉及 ARM 芯片的设计。

对于初学者而言，在对 ARM 处理器系统进行开发之前，首先应该对普通单片机的原理做一些了解，然后还要对 ARM 处理器的内核概念和基本结构做了解。虽然现在绝大部分应用系统都使用 C 语言开发软件，但绝大部分芯片的初始化启动程序仍然使用汇编语言编写，以得到较高的代码执行效率和开机运行速度。因此，开发者在熟练掌握 C 语言的基础上，了解一定的汇编语言知识也是必要的。除此之外，还需要结合所使用的 ARM 处理器芯片，掌握某一个集成开发环境的使用方法。

1. 熟悉 ARM 处理器系统开发过程

ARM 处理器程序的开发，不同于通用计算机平台上应用软件的开发，在 ARM 处理器系统程序的开发过程中具有很多特点和硬件问题，其中最重要的一点就是嵌入式软件代码和系统硬件的独立性。

由于嵌入式系统的层次结构和自身的灵活性、多样性，各个层次之间缺乏统一的接口标准，甚至每个嵌入式系统都不一样。这样就给上层的嵌入式软件设计人员在嵌入式软件代码设计的过程中带来比较大的困难。软件设计人员必须建立在对底层硬件设计充分了解的基础上，才能设计出符合 ARM 处理器系统要求的应用层软件代码。

为了简化开发流程，提高开发效率，用户可以在应用与驱动(API)接口上设计一些相对统一的接口函数，这样就可以在一定程度上规范应用层嵌入式软件设计的标准，同时方便应用程序跨平台复用和移植。

2．熟悉开发工具环境中的库函数

对于 ARM 开发工具环境里所提供的库函数，用户需要对其功能、参数、结构、调用函数等有比较清楚的了解，其中最重要的三方面问题是：

(1) 考虑硬件对库函数的支持。

(2) 符合目标系统上的存储器资源分布。

(3) 应用程序运行环境的初始化。

3．结构化程序设计

结构化程序设计不仅在许多高级语言中应用，而且其基本结构同样适用于 ARM 处理器的程序设计。结构化程序设计的目的是使程序易读、易查、易调试，并提高编制程序的效率。在结构化程序设计中不用严格限制使用转移语句。结构化程序设计的一条基本原则是每个程序模块只能有一个入口、一个出口。这样一来，各个程序模块可以单独设计，然后用最小的接口组合起来，控制明确地从一个程序模块转移到下一个模块，使程序的调试、修改或维护都要容易得多。大的复杂程序可由这些具有一个入口和一个出口的简单结构组成。

实践证明：结构化程序设计具有许多优点，但也有缺点。如利用结构化程序设计的程序，其速度较慢，占用的存储器较多，使某些任务难于处理等。

4．熟悉 ARM 处理器的调试操作

ARM 处理器系统不可避免地会涉及对输入/输出设备的操作，在嵌入式调试环境下，所有的标准 C 库函数都是有效且有其默认行为的。一般情况下，部分目标系统硬件所不能支持的操作，用户可以通过相应的调试工具来完成。

但是最终嵌入式系统的运行是需要完全脱离调试工具独立运行的，所以在程序移植的过程中，用户需要对这些库函数的运行机制有比较清楚的了解。特别是在系统出现故障甚至逻辑错误的时候，需要用户能够以最短的时间来排查、解决问题。

1.7　如何学习 ARM 处理器课程

学习 ARM 处理器(或单片机)课程不能用传统的方法，因为 ARM 处理器课程是一项非常重视动手实践的课程。从传统的处理器课程学习方法来看，教材和教学均是以处理器的结构原理为主线，从 ARM 处理器的硬件结构到指令，再到软件编程，然后介绍处理器系统的扩展和各种外围器件的应用，最后再讲一些实例。按照这种方法，学习的都是一些枯燥的理论知识，没有开发平台，没有动手实践，学生和广大 ARM 处理器的初学者普遍感到抽象、神秘和难学。特别是对没有模拟和数字电路知识的初学者来说，要理解 ARM 处理器(或单片机)的内部结构，理解那么多细节和术语，实在不易。如果学习者没有目的地学习，不知何用，只是死记硬背为了学分，到头来肯定学不到有用的东西。

那么，怎样学习 ARM 处理器课程呢？作者根据多年的教学经验，提出了一套全新的学习方法。该方法以实践为基础，并以 ARM 处理器学习实践板为一个学习开发平台，打破原有界限，不管硬件结构、指令、编程的先后顺序，而是将各部分内容分解成一个个知

识点，融合在各实例程序之中并加以组合，用 C 语言(或 C++)编程方法提供参考的源程序，让初学者在领略到高级语言编程风格的同时还会结合 ARM 处理器实践板(平台)一步步学习 ARM 硬件系统。当完成第一次实践操作以后，初学者就能对"神秘"的 ARM 处理器(或单片机)有一个清楚的认识；当完成第二、三次实践操作以后，就能自己动手(模仿性地)编出自己的程序，对 ARM 处理器有很高的学习兴趣(这一步很重要)。接下来配合教学，通过实践把所有实验全部完成，初学者就能初步掌握 ARM 处理器(或单片机)的原理和应用方法了。即便只完成部分实验，初学者也能掌握 ARM 处理器(或单片机)的开发过程，即已经入门了。可以说，这种方法是学习 ARM 处理器(或单片机)课程的一条捷径，ARM 处理器学习实践板就是打开处理器世界的金钥匙。

对于自学者来说，学习 ARM 处理器最好先从 STM32 ARM 处理器开始，了解 STM32 系列处理器的功能与编程，理由是书多、资料多，而且掌握 STM32 系列处理器的人多，碰到问题能请教的老师也多。学习的第一步是看书，ARM 处理器是一个知识密集的"集成电路"，不看书是绝对不行的。应该比较系统地学习 ARM 处理器(或单片机)的基础知识。虽然一开始可能不容易看懂，但是可以先大致看一遍，没弄懂的部分可以在实验中反复研究。学习的第二步是熟悉开发工具，因为 ARM 处理器必须借编程器或下载工具才能写入程序。学习 ARM 处理器的第三步是通过必要的实验板反复编程实践。对处理器的编程可采用 C 语言或汇编语言。C 语言的特点是编写效率高，容易理解，上手快，但程序执行速度较慢。汇编语言的特点是代码紧凑，执行速度较快，但编写工作量大。当然，这一步也可以通过仿真系统来练习掌握。

学习 ARM 处理器技术有一定的难度，不花费一番功夫是很难学会的。学习时应转变思维，适应使用固件库的开发方式，加强运用 C 语言能力，建立工程意识。要熟悉 Cortex-M3 系列芯片架构，了解 CMSIS 标准，熟悉 STM32 的总线构架；还要掌握 I^2C、SPI、SDIO、CAN、TCP/IP 等各种协议。掌握了这些协议后，开发软件驱动就变得相对容易了。只要不断努力就一定能成功，努力总有回报。

1.8　如何提高 ARM 处理器的开发技能

在掌握 ARM 处理器一般的应用以后，怎样才能进一步提高 ARM 处理器的开发水平？怎样实现"从入门到提高、从知识到技能"呢？在学习技能方面，要获得哪些方面的知识才能从事相关的职业？针对不同的技能培养，学习的方法和内容是不同的，而只有掌握了好的学习方法，才能达到预期的效果。

掌握 ARM 处理器产品的应用开发不只是 ARM 处理器本身的问题，首先必须掌握模拟电路、数字电路、传感器技术、接口技术、编程方法等知识，其次还必须熟悉有关计算机辅助设计方面的知识。也就是说，开发一个智能产品，除学好 ARM 处理器(或单片机)的原理、使用方法外，还应该掌握和了解与产品相关的其他应用学科内容。

在提高技能方面，必须掌握以下开发平台或工具：

(1) 掌握固件库的使用。从软件工程的角度深入剖析什么是固件库、为什么使用固件库和怎么使用固件库。从 STM32 固件库、新建工程、编译和下载程序出发，了解如何操作

GPIO，尽享 STM32 的学习乐趣。

(2) 以硬件电路设计辅助软件为工具。Protel DXP2004(或 Protel 99)是设计电路板很好的软件之一。利用该软件可以设计出原理图、印刷电路板图(PCB 图)、加工图以及生成相关元件清单等报表。当然在画图时，一定要具备模电、数电、单片机等硬件知识，同时还要了解每个元件(器件)的封装等内容。

(3) 以软件设计平台为工具。软件设计贯穿于整个系统的设计过程，主要包括任务分析、资源分配、模块划分、流程设计和细化、编码调试等内容。软件设计的主要工作量集中在程序调试和仿真器上。目前，好的软件平台有 Keil μVision4 及 Keil μVision5 等软件。

(4) 以串口调试软件为工具。在开发过程中，要经常修改硬件和软件，对于没有设计显示器的产品，其调试就很困难，因此可以串口调试软件为工具。

(5) 以嵌入式操作系统为工具。在开发大型系统时，可利用嵌入式操作系统(EOS)为工具。EOS 是一种功能强大、应用广泛的实时多任务系统软件，内核短小精悍、开销小、实时性强、可靠性高，还提供各种设备的驱动程序和 TCP/IP 协议。用户可通过应用程序接口(API)调用函数来实现各种资源管理，使开发效率大大提高。

(6) 以 EDA 设计平台为工具。随着微电子技术的发展，硬件设计现在可以利用可编程逻辑器件来实现。通过这种设计平台，能把许多数字电路或模拟电路设计在一个芯片中，从而提高了整体硬件电路的特性。这种 EDA(Electronic Design Automation，电子设计自动化)技术正是为了适应现代电子产品设计的要求，吸收多学科最新成果而形成的一门新技术。EDA 技术具有以下特点：

① 用软件的方法设计硬件；② 用软件方式设计的系统到硬件系统的转换是由相关软件平台自动完成的；③ 设计过程中可用相关软件进行各种仿真；④ 系统可现场编程，在线升级；⑤ 整个系统可集成在一个芯片上，体积小、功耗低、可靠性高。

总之，在 EDA 平台上开发 ARM 处理器产品不同于传统的开发模式，因为平台集成了大量专业技术人员的优秀设计思想，可彻底根除产品开发中的一些低水平重复工作。平台的知识集成减少了企业对个别技术人员的依赖性。平台最大限度的包容性大大缩短了产品的开发周期。平台的可靠性积累，保证了基于平台开发的产品具有良好的性能。

第 2 章　STM32 应用基础

2.1　STM32 系列处理器选型指南

STM32 采用最新的、先进架构的 Cortex-M3 内核。优异的实时性能、杰出的低成本、低功耗和丰富的接口资源，使其得到广泛应用。STM32 所有系列都包含：多达 512 KB 字节 Flash、多达 64 KB 字节 SRAM、2～5 个 USART 异步通信串口、1～3 个 SPI 接口、1～2 个 I2C 接口、USB 2.0 OTG 全速接口、CAN 2.0B 接口、多道 12 位 ADC 接口、2～4 个定时器/计数器、2 个看门狗定时器、多种时钟源(主振荡器、RC 振荡器、RTC 实时时钟)、上电/断电复位检测、7～12 道 DMA 通信口和 80% 的通用 I/O 引脚。

2.1.1　STM32 系列处理器的命名规则

STM32 系列处理器的命名由 9 段信息组成。其命名规则如图 2.1 所示。

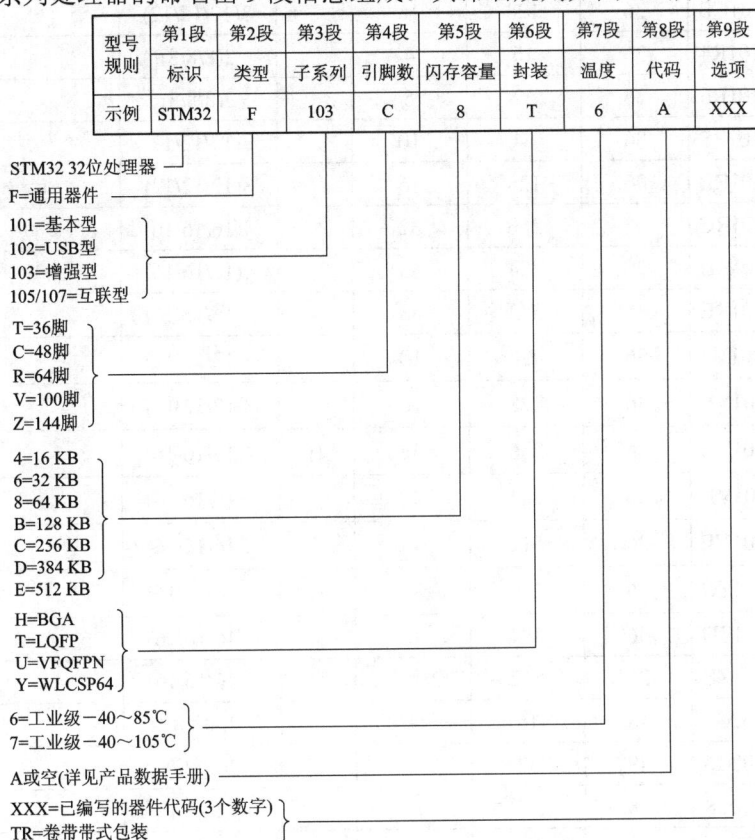

型号规则	第1段	第2段	第3段	第4段	第5段	第6段	第7段	第8段	第9段
	标识	类型	子系列	引脚数	闪存容量	封装	温度	代码	选项
示例	STM32	F	103	C	8	T	6	A	XXX

STM32 32 位处理器
F=通用器件

101=基本型
102=USB型
103=增强型
105/107=互联型

T=36脚
C=48脚
R=64脚
V=100脚
Z=144脚

4=16 KB
6=32 KB
8=64 KB
B=128 KB
C=256 KB
D=384 KB
E=512 KB

H=BGA
T=LQFP
U=VFQFPN
Y=WLCSP64

6=工业级−40～85℃
7=工业级−40～105℃

A 或空(详见产品数据手册)

XXX=已编写的器件代码(3个数字)
TR=卷带带式包装

图 2.1　STM32 系列处理器的命名规则

2.1.2　STM32 系列处理器的选型

目前 STM32 系列处理器中已经包含了多个子系列，其中有：STM32F101XX 系列单片机、STM32F102XX 系列处理器、STM32F103XX 系列处理器、STM32F105XX 系列处理器、STM32F107XX 系列处理器。根据系统对硬件资源的实际需求进行 STM32 处理器的选型操作。在表 2.1、表 2.2、表 2.3 中，选取了 STM32 系列处理器常用型号、引脚、封装、接口和特性等参数，以供用户查阅和选型。

表 2.1　STM32 系列处理器选型 I

器件型号		CPU 频率/MHz	FLASH/KB	SRAM/KB	FSMC	定时器功能		
引脚	型　号					16 位通用(IC/OC/PWM)	16 位高级(IC/OC/PWM)	16 位基本
36	STM32F101T4	36	16	4		2(8/8/8)		
	STM32F101T6	36	32	6		2(8/8/8)		
	STM32F101T8	36	64	10		3(12/12/12)		
48	STM32F101C4	36	16	4		2(8/8/8)		
	STM32F101C6	36	32	6		2(8/8/8)		
	STM32F101C8	36	64	10		3(12/12/12)		
	STM32F101CB	36	128	16		3(12/12/12)		
64	STM32F101R4	36	16	4		2(8/8/8)		
	STM32F101R6	36	32	6		2(8/8/8)		
	STM32F101R8	36	64	10		3(12/12/12)		
	STM32F101RB	36	128	16		3(12/12/12)		
	STM32F101RC	36	256	32		4(16/16/16)		2
	STM32F101RD	36	384	48		4(16/16/16)		2
	STM32F101RE	36	512	48		4(16/16/16)		2
100	STM32F101V8	36	64	10		3(12/12/12)		
	STM32F101VB	36	128	16		3(12/12/12)		
	STM32F101VC	36	256	32	有	4(16/16/16)		2
	STM32F101VD	36	384	48	有	4(16/16/16)		2
	STM32F101VE	36	512	48	有	4(16/16/16)		2
144	STM32F101ZC	36	256	32	有	4(16/16/16)		2
	STM32F101ZD	36	384	48	有	4(16/16/16)		2
	STM32F101ZE	36	512	48	有	4(16/16/16)		2
48	STM32F102C4	48	16	4		2(8/8/8)		
	STM32F102C6	48	32	6		2(8/8/8)		
	STM32F102C8	48	64	10		3(12/12/12)		
	STM32F102CB	48	128	16		3(12/12/12)		

续表

引脚	型　号	CPU 频率/MHz	FLASH/KB	SRAM/KB	FSMC	定时器功能		
						16 位通用 (IC/OC/PWM)	16 位高级 (IC/OC/PWM)	16 位基本
64	STM32F102R4	48	16	4		2(8/8/8)		
	STM32F102R6	48	32	6		2(8/8/8)		
	STM32F102R8	48	64	10		3(12/12/12)		
	STM32F102RB	48	128	16		3(12/12/12)		
36	STM32F103T4	72	16	6		2(8/8/8)	1(4/4/6)	
	STM32F103T6	72	32	10		2(8/8/8)	1(4/4/6)	
	STM32F103T8	72	64	20		3(12/12/12)	1(4/4/6)	
48	STM32F103C4	72	16	6		2(8/8/8)	1(4/4/6)	
	STM32F103C6	72	32	10		2(8/8/8)	1(4/4/6)	
	STM32F103C8	72	64	20		3(12/12/12)	1(4/4/6)	
	STM32F103CB	72	128	20		3(12/12/12)	1(4/4/6)	
64	STM32F103R4	72	16	6		2(8/8/8)	1(4/4/6)	
	STM32F103R6	72	32	10		2(8/8/8)	1(4/4/6)	
	STM32F103R8	72	64	20		3(12/12/12)	1(4/4/6)	
	STM32F103RB	72	128	20		3(12/12/12)	1(4/4/6)	
	STM32F103RC	72	256	48		4(16/16/16)	2(8/8/12)	2
	STM32F103RD	72	384	64		4(16/16/16)	2(8/8/12)	2
	STM32F103RE	72	512	64		4(16/16/16)	2(8/8/12)	2
100	STM32F103V8	72	64	20		3(12/12/12)	1(4/4/6)	
	STM32F103VB	72	128	20		3(12/12/12)	1(4/4/6)	
	STM32F103VC	72	256	48	有	4(16/16/16)	2(8/8/12)	2
	STM32F103VD	72	384	64	有	4(16/16/16)	2(8/8/12)	2
	STM32F103VE	72	512	64	有	4(16/16/16)	2(8/8/12)	2
144	STM32F103ZC	72	254	48	有	4(16/16/16)	2(8/8/12)	2
	STM32F103ZD	72	384	64	有	4(16/16/16)	2(8/8/12)	2
	STM32F103ZE	72	512	64	有	4(16/16/16)	2(8/8/12)	2
64	STM32F105R8	72	64	20		4(16/16/16)	1(4/4/6)	2
	STM32F105RB	72	128	32		4(16/16/16)	1(4/4/6)	2
	STM32F105RC	72	256	64		4(16/16/16)	1(4/4/6)	2
100	STM32F105V8	72	64	20		4(16/16/16)	1(4/4/6)	2
	STM32F105VB	72	128	32		4(16/16/16)	1(4/4/6)	2
	STM32F105VC	72	256	64		4(16/16/16)	1(4/4/6)	2
64	STM32F107RB	72	128	48		4(16/16/16)	1(4/4/6)	2
	STM32F107RC	72	256	64		4(16/16/16)	1(4/4/6)	2
100	STM32F107VB	72	128	48		4(16/16/16)	1(4/4/6)	2
	STM32F107VC	72	256	64		4(16/16/16)	1(4/4/6)	2

表 2.2　STM32 系列处理器选型 II

器件型号	串行通信接口							
	SPI	I2C	USART/UART	USB 全速	CAN 2.0	以太网	I²S	SDIO
STM32F101T4	1	1	2					
STM32F101T6	1	1	2					
STM32F101T8	1	1	2					
STM32F101C4	1	1	2					
STM32F101C6	1	1	2					
STM32F101C8	2	2	3					
STM32F101CB	2	2	3					
STM32F101R4	1	1	2					
STM32F101R6	1	1	2					
STM32F101R8	2	2	3					
STM32F101RB	2	2	3					
STM32F101RC	3	2	3+2					
STM32F101RD	3	2	3+2					
STM32F101RE	3	2	3+2					
STM32F101V8	2	2	3					
STM32F101VB	2	2	3					
STM32F101VC	3	2	3+2					
STM32F101VD	3	2	3+2					
STM32F101VE	3	2	3+2					
STM32F101ZC	3	2	3+2					
STM32F101ZD	3	2	3+2					
STM32F101ZE	3	2	3+2					
STM32F102C4	1	1	2	1				
STM32F102C6	1	1	2	1				
STM32F102C8	2	2	3	1				
STM32F102CB	2	2	3	1				
STM32F102R4	1	1	2	1				
STM32F102R6	1	1	2	1				
STM32F102R8	2	2	3	1				
STM32F102RB	2	2	3	1				
STM32F103T4	1	1	2	1	1			

器件型号	串行通信接口							
	SPI	I2C	USART/UART	USB 全速	CAN 2.0	以太网	I^{2}S	SDIO
STM32F103T6	1	1	2	1	1			
STM32F103T8	1	1	2	1	1			
STM32F103C4	1	1	2	1	1			
STM32F103C6	1	1	2	1	1			
STM32F103C8	2	2	3	1	1			
STM32F103CB	2	2	3	1	1			
STM32F103R4	1	1	2	1	1			
STM32F103R6	1	1	2	1	1			
STM32F103R8	2	2	3	1	1			
STM32F103RB	2	2	3	1	1			
STM32F103RC	3	2	3+2	1	1		2	1
STM32F103RD	3	2	3+2	1	1		2	1
STM32F103RE	2	2	3	1	1			
STM32F103V8	2	2	3	1	1			
STM32F103VB	2	2	3	1	1			
STM32F103VC	3	2	3+2	1	1		2	1
STM32F103VD	3	2	3+2	1	1		2	1
STM32F103VE	3	2	3+2	1	1		2	1
STM32F103ZC	3	2	3+2	1	1		2	1
STM32F103ZD	3	2	3+2	1	1		2	1
STM32F103ZE	3	2	3+2	1	1		2	1
STM32F105R8	3	2	3+2	OTG	2		2	
STM32F105RB	3	2	3+2	OTG	2		2	
STM32F105RC	3	2	3+2	OTG	2		2	
STM32F105V8	3	2	3+2	OTG	2		2	
STM32F105VB	3	2	3+2	OTG	2		2	
STM32F105VC	3	2	3+2	OTG	2		2	
STM32F107RB	2	1	3+2	OTG	2	有	1	
STM32F107RC	2	1	3+2	OTG	2	有	1	
STM32F107VB	2	1	3+2	OTG	2	有	1	
STM32F107VC	2	1	3+2	OTG	2	有	1	

表 2.3　STM32 系列处理器选型 Ⅳ

器件型号	看门狗定时器	实时时钟 (RTC)	模拟端口		I/O 端口数	外封装
			ADC	DAC		
STM32F101T4	2	1	1/(10)		26	VFQFPN36
STM32F101T6	2	1	1/(10)		26	VFQFPN36
STM32F101T8	2	1	1/(10)		26	VFQFPN36
STM32F101C4	2	1	1/(10)		37	LQFP48
STM32F101C6	2	1	1/(10)		37	LQFP48
STM32F101C8	2	1	1/(10)		37	LQFP48
STM32F101CB	2	1	1/(10)		37	LQFP48
STM32F101R4	2	1	1/(16)		51	LQFP64
STM32F101R6	2	1	1/(16)		51	LQFP64
STM32F101R8	2	1	1/(16)		51	LQFP64
STM32F101RB	2	1	1/(16)		51	LQFP64
STM32F101RC	2	1	1/(16)	1/(2)	51	LQFP64
STM32F101RD	2	1	1/(16)	1/(2)	51	LQFP64
STM32F101RE	2	1	1/(16)	1/(2)	51	LQFP64
STM32F101V8	2	1	1/(16)		80	LQFP100
STM32F101VB	2	1	1/(16)		80	LQFP100
STM32F101VC	2	1	1/(16)	1/(2)	80	LQFP100
STM32F101VD	2	1	1/(16)	1/(2)	80	LQFP100
STM32F101VE	2	1	1/(16)	1/(2)	80	LQFP100
STM32F101ZC	2	1	1/(16)	1/(2)	112	LQFP144
STM32F101ZD	2	1	1/(16)	1/(2)	112	LQFP144
STM32F101ZE	2	1	1/(16)	1/(2)	112	LQFP144
STM32F102C4	2	1	1/(10)		37	LQFP48
STM32F102C6	2	1	1/(10)		37	LQFP48
STM32F102C8	2	1	1/(10)		37	LQFP48
STM32F102CB	2	1	1/(10)		37	LQFP48
STM32F102R4	2	1	1/(16)		51	LQFP64
STM32F102R6	2	1	1/(16)		51	LQFP64
STM32F102R8	2	1	1/(16)		51	LQFP64
STM32F102RB	2	1	1/(16)		51	LQFP64
STM32F103T4	2	1	2/(10)		26	VFQFPN36

器件型号	看门狗定时器	实时时钟 (RTC)	模拟端口		I/O 端口数	外封装
			ADC	DAC		
STM32F103T6	2	1	2/(10)		26	VFQFPN36
STM32F103T8	2	1	2/(10)		26	VFQFPN36
STM32F103C4	2	1	2/(10)		37	LQFP48
STM32F103C6	2	1	2/(10)		37	LQFP48
STM32F103C8	2	1	2/(10)		37	LQFP48
STM32F103CB	2	1	2/(10)		37	LQFP48
STM32F103R4	2	1	2/(16)		51	LQFP64/TFBGA64
STM32F103R6	2	1	2/(16)		51	LQFP64/TFBGA64
STM32F103R8	2	1	2/(16)		51	LQFP64/TFBGA64
STM32F103RB	2	1	2/(16)		51	LQFP64/TFBGA64
STM32F103RC	2	1	3/(16)	1(2)	51	LQFP64/WLCSP64
STM32F103RD	2	1	3/(16)	1(2)	51	LQFP64/WLCSP64
STM32F103RE	2	1	3/(16)	1(2)	51	LQFP64/WLCSP64
STM32F103V8	2	1	2/(16)		80	LQFP100/LFBGA100
STM32F103VB	2	1	2/(16)		80	LQFP100/LFBGA100
STM32F103VC	2	1	3/(16)	1(2)	80	LQFP100/LFBGA100
STM32F103VD	2	1	3/(16)	1(2)	80	LQFP100/LFBGA100
STM32F103VE	2	1	3/(16)	1(2)	80	LQFP100/LFBGA100
STM32F103ZC	2	1	3/(21)	1(2)	112	LQFP144/LFBGA144
STM32F103ZD	2	1	3/(21)	1(2)	112	LQFP144/LFBGA144
STM32F103ZE	2	1	3/(21)	1(2)	112	LQFP144/LFBGA144
STM32F105R8	2	1	2/(16)	1(2)	51	LQFP64
STM32F105RB	2	1	2/(16)	1(2)	51	LQFP64
STM32F105RC	2	1	2/(16)	1(2)	51	LQFP64
STM32F105V8	2	1	2/(16)	1(2)	80	LQFP100/BGA100
STM32F105VB	2	1	2/(16)	1(2)	80	LQFP100/BGA100
STM32F105VC	2	1	2/(16)	1(2)	80	LQFP100/BGA100
STM32F107RB	2	1	2/(16)	1(2)	51	LQFP64
STM32F107RC	2	1	2/(16)	1(2)	51	LQFP64
STM32F107VB	2	1	2/(16)	1(2)	80	LQFP100/BGA100
STM32F107VC	2	1	2/(16)	1(2)	80	LQFP100/BGA100

2.1.3   STM32 系列处理器的引脚信息

STM32 系列处理器虽然在硬件资源上类似，但在引脚排列及封装上并不完全一致。在系统硬件构建中(尤其在 PCB 电路板的设计中)，除原理功能的设计外，对封装的了解尤为重要。典型的有 LQFP48、LQFP64、LQFP100、LQFP144、VFQFPN36、BGA100、BGA144 等，图 2.2、图 2.3 列出了 STM32 常用器件外型封装与尺寸。

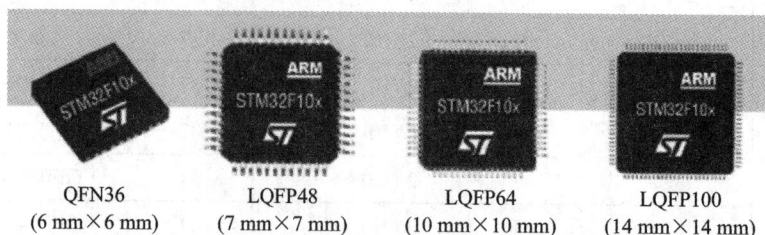

QFN36   LQFP48   LQFP64   LQFP100
(6 mm×6 mm) (7 mm×7 mm) (10 mm×10 mm) (14 mm×14 mm)

图 2.2   STM32 常用的 4 种外型封装图

BGA100   LQFP144   BGA144
(10 mm×10 mm) (20 mm×20 mm) (10 mm×10 mm)

图 2.3   STM32 常用的 3 种外型封装图

通常，STM32 处理器中的引脚绝大部分都可复用(即 I/O 功能和其他功能共同复用一个引脚)，对于数字接口大部分可容忍 5 V 电压的上限，但作为模拟信号输入的引脚则最高不得超过 3.3 V 电压。因此，在进行 ADC 操作的电路设计中，需要特别注意。

在应用中，除了处理器封装的差异外，同一款型号的处理器芯片也可能存在不同的引脚数目，对于产品的设计不仅要了解封装，还要了解同一种型号不同封装的引脚功能和定义(附录图 A1～图 A7 是常用 7 种器件引脚排列)。表 2.4 列出了 STM32F103xx 系列处理器引脚功能与定义。

表 2.4   STM32F103xC/DE 系列处理器引脚功能与定义

不同器件的引脚						引脚名称	复位后主功能	复用功能	
BGA144	BGA100	WLCSP64	LQFP64	LQFP100	LQFP144			默认	重映射
A3	A3			1	1	PE2	PE2	TRACECK/FSMC_A23	
A2	B3			2	2	PE3	PE3	TRACED0/FSMC_A19	
B2	C3			3	3	PE4	PE4	TRACED1/FSMC_A20	
B3	D3			4	4	PE5	PE5	TRACED2/FSMC_A21	
B4	E3			5	5	PE6	PE6	TRACED3/FSMC_A22	

续表一

不同器件的引脚						引脚名称	复位后主功能	复用功能	
BGA144	BGA100	WLCSP64	LQFP64	LQFP100	LQFP144			默　认	重映射
C2	B2	C6	1	6	6	V_{BAT}	V_{BAT}		
A1	A2	C8	2	7	7	PC13	PC13	TAMPER-RTC	
B1	A1	B8	3	8	8	PC14	PC14	OSC32_IN	
C1	B1	B7	4	9	9	PC15	PC15	OSC32_OUT	
C3					10	PF0	PF0	FSMC_A0	
C4					11	PF1	PF1	FSMC_A1	
D4					12	PF2	PF2	FSMC_A2	
E2					13	PF3	PF3	FSMC_A3	
E3					14	PF4	PF4	FSMC_A4	
E4					15	PF5	PF5	FSMC_A5	
D2	C2			10	16	V_{SS_5}	V_{SS_5}		
D3	D2			11	17	V_{DD_5}	V_{DD_5}		
F3					18	PF6	PF6	ADC3_IN4/FSMC_NIORD	
F2					19	PF7	PF7	ADC3_IN5/FSMC_NREG	
G3					20	PF8	PF8	ADC3_IN6/FSMC_NIOWR	
G2					21	PF9	PF9	ADC3_IN7/FSMC_CD	
G1					22	PF10	PF10	ADC3_IN8/FSMC_INTR	
D1	C1	D8	5	12	23	OSC_IN	OSC_IN		
E1	D1	D7	6	13	24	OSC_OUT	OSC_OUT		
F1	E1	C7	7	14	25	NRST	NRST		
H1	F1	E8	8	15	26	PC0	PC0	ADC123_IN10	
H2	F2	F8	9	16	27	PC1	PC1	ADC123_IN11	
H3	E2	D6	10	17	28	PC2	PC2	ADC123_IN12	
H4	F3		11	18	29	PC3	PC3	ADC123_IN13	
J1	G1	E7	12	19	30	V_{SSA}	V_{SSA}		
K1	H1			20	31	V_{REF-}	V_{REF-}		
L1	J1	F7		21	32	V_{REF+}	V_{REF+}		
M1	K1	G8	13	22	33	V_{DDA}	V_{DDA}		
J2	G2	F6	14	23	34	PA0-WKUP	PA0	USART2_CTS[1]	
K2	H2	E6	15	24	35	PA1	PA1	USART2_RTS[2]	

BGA144	BGA100	WLCSP64	LQFP64	LQFP100	LQFP144	引脚名称	复位后主功能	默认	重映射
L2	J2	H8	16	25	36	PA2	PA2	USART2_TX(3)	
M2	K2	G7	17	26	37	PA3	PA3	USART2_RX(4)	
G4	E4	F5	18	27	38	V_{SS_4}	V_{SS_4}		
F4	F4	G6	19	28	39	V_{DD_4}	V_{DD_4}		
J3	G3	H7	20	29	40	PA4	PA4	SPI1_NSS(5)	
K3	H3	E5	21	30	41	PA5	PA5	SPI1_SCK(6)	
L3	J3	G5	22	31	42	PA6	PA6	SPI1_MISO(7)	TIM1_BKIN
M3	K3	G4	23	32	43	PA7	PA7	SPI1_MOSI(8)	TIM1_CH1N
J4	G4	H6	24	33	44	PC4	PC4	ADC12_IN14	
K4	H4	H5	25	34	45	PC5	PC5	ADC12_IN15	
L4	J4	H4	26	35	46	PB0	PB0	ADC12_IN8(9)	TIM1_CH2N
M4	K4	F4	27	36	47	PB1	PB1	ADC12_IN9(10)	TIM1_CH3N
J5	G5	H3	28	37	48	PB2	PB2/BOOT1		
M5					49	PF11	PF11	FSMC_NIOS16	
L5					50	PF12	PF12	FSMC_A6	
H5					51	V_{SS_6}	V_{SS_6}		
G5					52	V_{DD_6}	V_{DD_6}		
K5					53	PF13	PF13	FSMC_A7	
M6					54	PF14	PF14	FSMC_A8	
L6					55	PF15	PF15	FSMC_A9	
K6					56	PG0	PG0	FSMC_A10	
J6					57	PG1	PG1	FSMC_A11	
M7	H5			38	58	PE7	PE7	FSMC_D4	TIM1_ETR
L7	J5			39	59	PE8	PE8	FSMC_D5	TIM1_CH1N
K7	K5			40	60	PB9	PE9	FSMC_D6	TIM1_CH1
H6					61	V_{SS_7}	V_{SS_7}		
G6					62	V_{DD_7}	V_{DD_7}		
J7	G6			41	63	PE10	PE10	FSMC_D7	IM1_CH2N

续表三

不同器件的引脚						引脚名称	复位后主功能	复 用 功 能	
BGA144	BGA100	WLCSP64	LQFP64	LQFP100	LQFP144			默 认	重映射
H8	H6			42	64	PE11	PE11	FSMC_D8	TIM1_CH2
J8	J6			43	65	PE12	PE12	FSMC_D9	TIM1_CH3N
K8	K6			44	66	PE13	PE13	FSMC_D10	TIM1_CH3
L8	G7			45	67	PE14	PE14	FSMC_D11	TIM1_CH4
M8	H7			46	68	PE15	PE15	FSMC_D12	TIM1_BKIN
M9	J7	G3	29	47	69	PB10	PB10	USART3_TX[11]	TIM2_CH3
M10	K7	F3	30	48	70	PB11	PB11	USART3_RX[12]	TIM2_CH4
H7	E7	H2	31	49	71	V_{SS_1}	V_{SS_1}		
G7	F7	H1	32	50	72	V_{DD_1}	V_{DD_1}		
M11	K8	G2	33	51	73	PB12	PB12	SPI2_NSS[13]	
M12	J8	G1	34	52	74	PB13	PB13	SPI2_SCK[14]	
L11	H8	F2	35	53	75	PB14	PB14	SPI2_MISO[15]	
L12	G8	F2	35	54	76	PB15	PB15	SPI2_MOSI[16]	
L9	K9	F1	36	55	77	PD8	PD8	FSMC_D13	USART3_TX
K9	J9			56	78	PD9	PD9	FSMC_D14	USART3_RX
J9	H9			57	79	PD10	PD10	FSMC_D15	USART3_CK
H9	G9			58	80	PD11	PD11	FSMC_A16	USART3_CTS
L10	K10			59	81	PD12	PD12	FSMC_A17	USART3_RTS
K10	J10			60	82	PD13	PD143	FSMC_A18	TIM4_CH2
G8					83	V_{SS_8}	V_{SS_8}		
F8					84	V_{DD_8}	V_{DD_9}		
K11	H10			61	85	PD14	PD14	FSMC_D0	TIM4_CH3
K12	G10			62	86	PD15	PD15	FSMC_D1	TIM4_CH4
J12					87	PG2	PG2	FSMC_A12	
J11					88	PG3	PG3	FSMC_A13	
J10					89	PG4	PG4	FSMC_A14	
H12					90	PG5	PG5	FSMC_A15	
H11					91	PG6	PG6	FSMC_INT2	

续表四

不同器件的引脚						引脚名称	复位后主功能	复 用 功 能	
BGA144	BGA100	WLCSP64	LQFP64	LQFP100	LQFP144			默　认	重映射
H10					92	PG7	PG7	FSMC_INT3	
G11					93	PG8	PG8		
G10					94	V_{SS_9}	V_{SS_9}		
F10					95	V_{DD_9}	V_{DD_9}		
G12	F10	E1	37	63	96	PC6	PC6	I2S2_MCK[17]	TIM3_CH1
F12	E10	E2	38	64	97	PC7	PC7	I2S3_MCK[18]	TIM3_CH2
F11	F9	E3	39	65	98	PC8	PC8	TIM8_CH3/SDIO_D0	TIM3_CH3
E11	E9	D1	40	66	99	PC9	PC9	TIM8_CH4/SDIO_D1	TIM3_CH4
E12	D9	E4	41	67	100	PA8	PA8	USART1_CK[19]	
D12	C9	D2	42	68	101	PA9	PA9	USART1_TX[20]	
D11	D10	D3	43	69	102	PA10	PA10	USART1_RX[21]	
C12	C10	C1	44	70	103	PA11	PA11	USART1_CTS[22]	
B12	B10	C2	45	71	104	PA12	PA12	USART1_RTS[23]	
A12	A10	D4	46	72	105	PA13	JTMS-SWDIO		PA13
C11	F8		73	106			无连接		
G9	E6	B1	47	74	107	V_{SS_2}	V_{SS_2}		
F9	F6	A1	48	75	108	V_{DD_2}	V_{DD_2}		
A11	A9	B2	49	76	109	PA14	JTCKSWCLK		PA14
A10	A8	C3	50	77	110	PA15	JTDI	SPI3_NSS[24]	PA15[25]
B11	B9	A2	51	78	111	PC10	PC10	UART4_TX/SDIO_D2	USART3_TX
B10	B8	B3	52	79	112	PC11	PC11	UART4_RX/SDIO_D3	USART3_RX
C10	C8	C4	53	80	113	PC12	PC12	UART5_TX/SDIO_CK	USART3_CK
E10	D8	D8	5	81	114	PD0	OSC_IN	FSMC_D2	CAN_RX
D10	E8	D7	6	82	115	PD1	OSC_OUT	FSMC_D3	CAN_TX
E9	B7	A3	54	83	116	PD2	PD2	UART5_RX[26]	
D9	C7		84	117		PD3	PD3	FSMC_CLK	USART2_CTS
C9	D7		85	118		PD4	PD4	FSMC_NOE	USART2_RTS

续表五

不同器件的引脚						引脚名称	复位后主功能	复用功能	
BGA144	BGA100	WLCSP64	LQFP64	LQFP100	LQFP144			默 认	重映射
B9	B6			86	119	PD5	PD5	FSMC_NWE	USART2_TX
E7					120	V_{SS_10}	V_{SS_10}		
F7					121	V_{DD_10}	V_{DD_10}		
A8	C6			87	122	PD6	PD6	FSMC_NWAIT	USART2_RX
A9	D6			88	123	PD7	PD7	FSMC_NE1/FSMC_NCE2	USART2_CK
E8					124	PG9	PG9	FSMC_NE2/FSMC_NCE3	
D8					125	PG10	PG10	FSMC_NCE4_1[27]	
C8					126	PG11	PG11	FSMC_NCE4_2	
B8					127	PG12	PG12	FSMC_NE4	
D7					128	PG13	PG13	FSMC_A24	
C7					129	PG14	PG14	FSMC_A25	
E6					130	V_{SS_11}	V_{SS_11}		
F6					131	V_{DD_11}	V_{DD_11}		
B7					132	PG15	PG15		
A7	A7	A4	55	89	133	PB3	JTDO	SPI3_SCK[28]	TIM2_CH2[29]
A6	A6	B4	56	90	134	PB4	NJTRST	SPI3_MISO	TIM3_CH1[30]
B6	C5	A5	57	91	135	PB5	PB5	I2C1_SMBA[31]	TIM3_CH2[32]
C6	B5	B5	58	92	136	PB6	PB6	I2C1_SCL[33]	USART1_TX
D6	A5	C5	59	93	137	PB7	PB7	I2C1_SDA[34]	USART1_RX
D5	D5	A6	60	94	138	BOOT0	BOOT0		
C5	B4	D5	61	95	139	PB8	PB8	TIM4_CH3[35]	I2C1_SCL[36]
B5	A4	B6	62	96	140	PB9	PB9	TIM4_CH4[37]	I2C1_SDA[38]
A5	D4			97	141	PE0	PE0	TIM4_ETR	
A4	C4			98	142	PE1	PE1	FSMC_NBL1	
E5	E5	A7	63	99	143	V_{SS_3}	V_{SS_3}		
F5	F5	A8	64	100	144	V_{DD_3}	V_{DD_3}		

注：(1) WKUP/USART2_CTS，ADC123_IN0，TIM2_CH1_ETR，TIM5_CH1，TIM8_ETR；

(2) USART2_RTS，ADC123_IN1，TIM5_CH2，TIM2_CH2；

(3) USART2_TX，TIM5_CH3，ADC123_IN2，TIM2_CH3；

(4) USART2_RX，TIM5_CH4，ADC123_IN3，TIM2_CH4；

(5) SPI1_NSS，USART2_CK，DAC_OUT1，ADC12_IN4；

(6) SPI1_SCK，DAC_OUT2，ADC12_IN5；

(7) SPI1_MISO，TIM8_BKIN，DC12_IN6，TIM3_CH1；

(8) SPI1_MOSI，TIM8_CH1N，ADC12_IN7；

(9) ADC12_IN8，TIM3_CH3，TIM8_CH2N；

(10) ADC12_IN9，TIM3_CH4，TIM8_CH3N；

(11) I2C2_SCL，USART3_TX；

(12) I2C2_SDA，USART3_RX；

(13) SPI2_NSS，I2S2_WS，I2C2_SMBA，USART3_CK，TIM1_BKIN；

(14) SPI2_SCK/I2S2_CK，USART3_CTS，TIM1_CH1N；

(15) SPI2_MISO，TIM1_CH2N，USART3_RTS；

(16) SPI2_MOSI，I2S2_SD，TIM1_CH3N；

(17) I2S2_MCK，TIM8_CH1，SDIO_D6；

(18) I2S3_MCK，TIM8_CH2，SDIO_D7；

(19) USART1_CK，TIM1_CH1，MCO；

(20) USART1_TX，TIM1_CH2；

(21) USART1_RX，TIM1_CH3；

(22) USART1_CTS，USBDM，CAN_RX，TIM1_CH4；

(23) USART1_RTS，USBDP，CAN_TX，TIM1_ETR；

(24) SPI3_NSS，I2S3_WS；

(25) TIM2_CH1_ETR，PA15，SPI1_NSS；

(26) TIM3_ETR，UART5_RX，SDIO_CMD；

(27) FSMC_NCE4_1，FSMC_NE3；

(28) SPI3_SCK，I2S3_CK；

(29) PB3，TRACESWO，TIM2_CH2，SPI1_SCK；

(30) PB4，TIM3_CH1，SPI1_MISO；

(31) I2C1_SMBA，SPI3_MOSI，I2S3_SD；

(32) TIM3_CH2，SPI1_MOSI；

(33) I2C1_SCL，TIM4_CH1；

(34) I2C1_SDA，FSMC_NADV，TIM4_CH2；

(35) TIM4_CH3，SDIO_D4；

(36) I2C1_SCL，CAN_RX；

(37) TIM4_CH4，SDIO_D5；

(38) I2C1_SDA，CAN_TX；

2.2　STM32 系列处理器内部结构

STM32(CM3)是 32 位微处理器，即它的数据总线宽度是 32 位。在 STM32 系列 ARM 处理器中，包含一个支持 JTAG 仿真的 Cortex-M3 处理器、与片内的存储控制器接口的局部总线、与中断控制器接口的高性能总线 AHB (Advanced High performance Bus)和连接片内外设功能的 VLSI 外设总线 VPB (VLSI Peripheral Bus)。除了中断控制器 DMA 以外，其余都连接到了 VPB 总线上。通常 STM32 系列处理器的系统主要包括以下几部分。

(1) 5 个驱动单元。分别为 Cortex-M3 内核指令总线 I-bus、数据总线 D-bus、系统总线 S-bus、外部专用外设总线和内部专用外设总线。

(2) 3 个被动单元。分别为内部 SRAM、内部闪存存储器以及 AHB 到 APB 桥。该桥主要用来连接所有的 APB 设备。

I-bus 总线是 32 位的 AHB 总线，对程序存储器空间(0x00000000～0x1FFFFFFF)的取指和取向量在此总线上完成。所有取指都是按字来操作的，每个字的取指数目取决于运行的代码和存储器中代码的对齐情况。

D-bus 总线是 32 位的 AHB 总线，对程序存储器空间(0x00000000～0x1FFFFFFF)的取数据和调试访问在此总线上完成。数据访问的优先级比调试访问要高，因此当总线上同时出现内核访问和调试访问时，必须在内核访问结束后才开始调试访问。

S-bus 系统总线是 32 位的 AHB 总线，对系统存储空间(0x20000000～0xDFFFFFFF, 0xE0100000～0xFFFFFFFF)的取指、取向量及数据和调试访问在此总线上完成。系统总线用于访问内存和外设，覆盖的区域包括 SRAM、片上外设、片外 RAM、片外扩展设备及系统级存储区的部分空间。系统总线包含处理不对齐访问、FPB 重新映射访问、bit-band 访问及流水线取指的控制逻辑。

外部专用外设总线是 APB 总线，对 STM32 处理器外设存储空间(0xE0040000～0xE00FFFFF)的取数据和调试访问在此总线上完成。该总线用于 STM32 外部的 APB 设备、嵌入式跟踪宏单元(ETM)、跟踪端口接口单元(TPIU)和 ROM 表，也用于片外外设。

内部专用外设总线是 AHB 总线，对 CM3 处理器内部外设存储空间(0xE0000000～0xE003 FFFF)的取数据和调试访问在此总线上完成。该总线用于访问嵌套向量中断控制器(NVIC)、数据观察和触发(DWT)、Flash 修补和断点(FPB)及存储器保护单元(MPU)。

STM32F103xC/D/E 系列处理器的总体结构如图 2.4 所示。内部总线和两条 APB 总线将片上系统和外部设备资源紧密连接起来，其中内部总线是主系统总线，连接了 CPU、存储器和系统时钟信号。APB2 总线连接高速外设，APB1 总线连接较低速外设。

在 APB2 总线下有通用数字输入/输出端口 PA[15:0]、PB[15:0]、PC[15:0]、PD[15:0]、PE[15:0]、PF[15:0]、PG[15:0]、定时计数器 TIM1、定时计数器 TIM8、高速 SPI1、高速异步通信 USART1、12 位模数转换器 ADC1、ADC2、ADC3 和温度传感器等接口。

在 APB1 总线下有备份接口、定时计数器 TIM2、定时计数器 TIM3、定时计数器 TIM4、定时计数器 TIM5、定时计数器 TIM6、定时计数器 TIM7、异步通信 USART2、异步通信

USART3、异步通信 USART4、异步通信 UART5、SPI2/I²S2、SPI3/I²S3、I2C1、I²C2、CAN 总线、USB 2.0、12 位数模转换器 DAC1、12 位数模转换器 DAC2 和 WDG 看门狗定时器等接口。

在 STM32F103xx 系列处理器的 I/O 口中，绝大部分引脚都可以复用(见图 2.4 中的 A、F)。

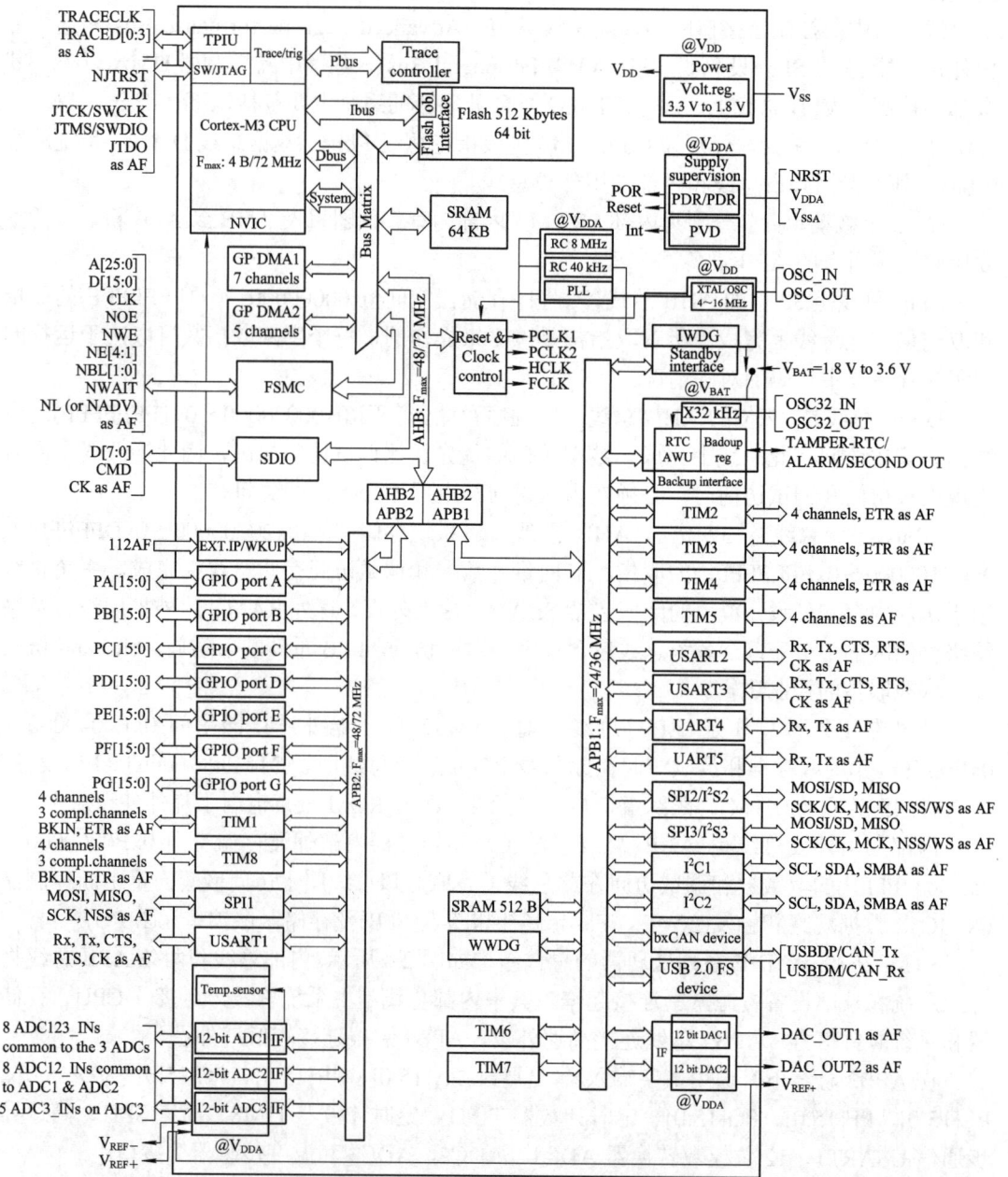

图 2.4　STM32F103xC/D/E 内部结构

2.3　STM32 系列处理器的电源管理

STM32 系列处理器除超强的处理能力和多功能以外，为了降低整个芯片的功耗和提高器件抗干扰能力，其内部不同的功能电路模块采用不同的电源设计和管理方式。

2.3.1　电源结构

STM32 处理器电源结构由模拟部分、数字部分和备用部分组成，如图 2.5 所示。图中 V_{DDA} 和 V_{SSA}、V_{REF+} 和 V_{REF-} 是模拟电源部分，V_{DD} 和 V_{SS} 是数字电源部分，V_{BAT} 是备份电源部分。

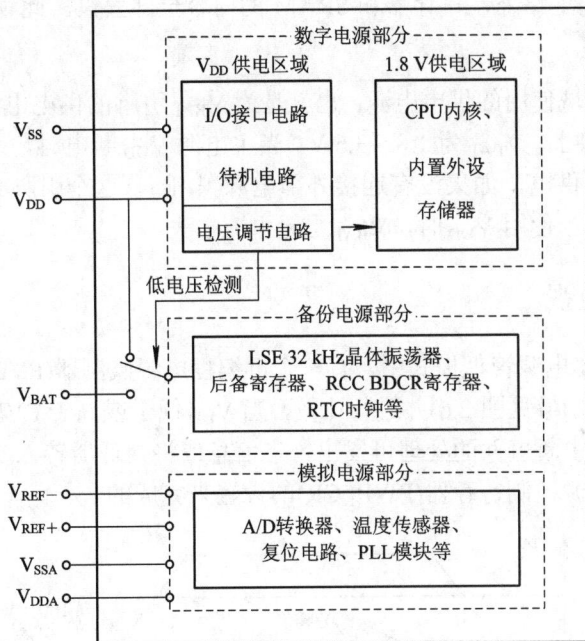

图 2.5　STM32 处理器电源结构

电源模块为系统其他模块提供所需要的电源。在应用电路设计中，除要考虑到电压范围和电流容量等基本参数外，还要在电源转换效率、降低噪声、防止干扰和简化电路等方面进行优化。可靠的电源设计是整个硬件电路稳定运行的基础。

1．模拟电源

为了提高 A/D 转换精度，ADC 使用一个独立的电源电路，通过电路中的滤波器和屏蔽措施可去除来自 PCB 板上的毛刺干扰。V_{SSA} 为独立的模拟电源地，V_{DDA} 范围为 2.0～3.6 V。供电区域是：ADC 电路、复位模块电路、RC 振荡器和 PLL 模块的模拟电路。当 V_{DD} 大于 2.4 V 时，ADC 工作；当 V_{DD} 大于 2.7 V 时，USB 工作。

V_{REF+} 电压范围为 2.4 V 至 V_{DDA} 之间，可以连接到 V_{DDA} 外部电源上。如果 V_{REF+} 采用

独立的外部参考电压，最好在 V_{REF+} 和 V_{REF-} 引脚上连接一个高频滤波小电容。

2．数字电源

V_{DD} 的电源范围是 2.0～3.6 V。通常用+3.3 V 的电源为 I/O 接口等电路供电。内置电压调节器可为 CPU 内核(CM3 处理器)提供所需的+1.8 V 高精度电源，即把外电源提供的 3.3 V 转换成 1.8 V。电压调节器主要有 3 种工作模式。

(1) 在运行模式下，为处理器、内存和外设提供+1.8 V 电源，此模式也称主模式(MR)。在该模式下，可以通过降低系统时钟，或者关闭 APB 和 AHB 总线上未被使用的时钟来降低功耗。

(2) 在停止模式下，选择性地提供 1.8 V 电源可为某些模块分时供电，如为寄存器和 SRAM 供电以保存其中的数据。此种模式也称为电压调节器的低功耗模式(LPR)。

(3) 在待机模式下，可切断处理器电路的供电，即调压器的输出为高阻状态(处于零消耗关闭状态)。除备用电路外，寄存器和 SRAM 的内容全部丢失。此种模式也称断模式。

3．备份电源

备份电源是备份域使用的供电电源，也就是为 V_{BAT} 引脚的供电电源，可使用电池或其他电源连接到 V_{BAT} 脚上。V_{BAT} 为 1.8～3.6 V。当主电源 V_{DD} 断电时，为 RTC、外部 32 kHz 振荡器和后备寄存器供电。如果没有连接外部电源(电池)，这个引脚必须连接一个高频小电容到 V_{DD} 电源上。当使用 V_{DD} 时，V_{BAT} 上无电流损失。

2.3.2　电源电压监视

在 STM32 处理器电源管理模式中，有一个可编程电源监测器(PVD)。该部分可编程监测 V_{DD} 电源与 PVD 阈值(见图 2.6)并进行比较，当 V_{DD} 低于或高于 PVD 阈值时，可产生中断请求信号，通过对中断事件的处理可发出警告信息或将处理器转入安全模式。PVD 的控制是通过对电压与电源控制寄存器(PWR_CR)的设置来完成的。

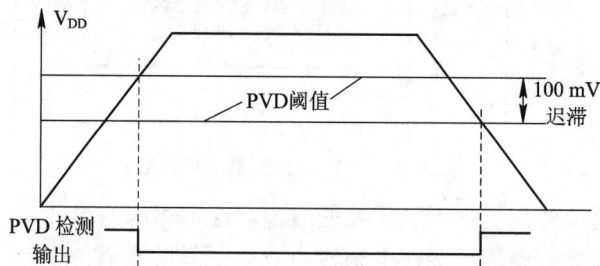

图 2.6　PVD 阈值示意图

2.3.3　复位电路

STM32 处理器支持 3 种复位形式，即系统复位、电源复位和备份区域复位。

1．系统复位

系统复位将复位除时钟控制器 CSR 中的复位标志和备用寄存器外的所有寄存器。当有下列事件中的一个发生时都将产生系统复位。其复位类型可通过查看控制/状态寄存器

(RCC-CSR, Control/Status Register)中的复位标志来识别复位源。

(1) NRST 引脚上出现低电平(外部复位)，如图 2.7 所示。其复位效果与需要的时间、处理器供电电源、复位阈值等有关。为了使其充分复位，在+3.3 V 电源工作条件下，复位时间可设置为 20 ms 左右。在图 2.7 中，复位源将最终作用于 NRST 引脚，并在复位过程中保持低电平。复位入口地址(矢量)为 0x00000004。

(2) 窗口看门狗计数溢出(WWDG 复位)。

(3) 独立看门狗计数溢出(IWDG 复位)。

(4) 上电(POR)/掉电(PDR)复位。

(5) 软件复位(SW 复位)，通过设置相应的控制寄存器位来实现。

(6) 低功耗管理复位，进入待机模式或停止模式时引起的复位。

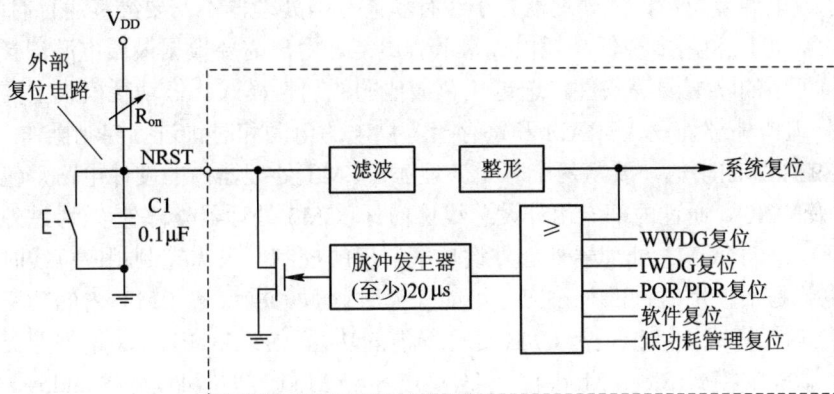

图 2.7　外部复位电路

2．电源复位

电源复位能复位除备份寄存器外的所有寄存器。当以下事件发生时，将产生电源复位。

(1)上电/掉电复位(POR/PDR 复位)。STM32 集成了一个上电复位(POR)和掉电复位(PDR)电路，当供电电压达到 2 V 时，系统就能正常工作。当 V_{DD} 低于特定的阈值 $V_{POR/PDR}$ 时，不需要外部复位电路，STM32 一直处于复位模式。上电复位和掉电复位的示意图如图 2.8 所示。

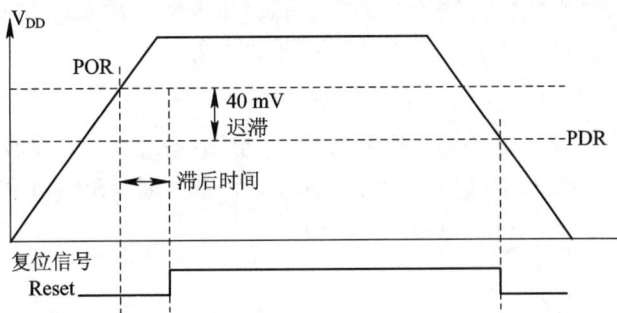

图 2.8 上电/掉电复位示意图

(2) 芯片内部的复位。复位信号会在 NRST 引脚上输出，脉冲发生器保证每个外部或内部复位源都能有至少 20 μs 的脉冲延时；当 NRST 引脚被拉低产生外部复位时，它将产生复位脉冲。

3. 备份区域复位

当发生以下事件时，将产生备份区域复位。

(1) 软件复位。备份区域复位可通过设置备份控制寄存器(RCC_BDCR)中的 BDRST 位来实现。

(2) 电源复位。在 V_{DD} 和 V_{BAT} 二者掉电的前提下，V_{DD} 或 V_{BAT} 上电将引发备份区域复位。

2.3.4　低功耗模式

在系统或电源复位后，微处理器处于运行状态。当处理器不需要继续运行时(如等待某个外部事件)，可以利用多种低功耗模式来节省电能。用户需要根据最低电源消耗、最快速启动时间和可用的唤醒源等条件，选定一个最佳的低功耗模式。低功耗模式主要是对处理器、CM3 处理器外部外设、SRAM 和寄存器等供电的电源和时钟进行控制操作。

描述 STM32 的功耗，要从两个方面来理解：CM3 处理器内的硬件电路，包括处理器内的外设(如 NVIC，通过内部专用外设总线访问)和 CM3 处理器外部外设(通过外部专用外设总线访问)。对于 CM3 处理器外部外设功率消耗的控制，只需控制相应总线时钟开关就可实现，也就是不使用时钟的外设应尽可能关掉时钟源。重点是 CM3 内的功率消耗，而STM32 的低功耗模式重点也是指 CM3 处理器内的功耗。STM32F103xx 增强型支持 3 种低功耗模式，即睡眠模式(Sleep Mode)、停止模式(Stop Mode)和待机模式(Standby Mode)。为便于读者比较，在下述介绍中，也加入了正常的运行模式(Run Mode)。

1. 运行模式

运行模式是指电压调节器工作在正常状态；CM3 处理器正常运行；CM3 的内部外设(如 NVIC)正常运行；STM32 的 PLL、HSE、HIS 时钟正常运行。

2. 睡眠模式

睡眠模式是指电压调节器工作在正常状态；CM3 处理器在停止状态，但 CM3 的内部外设仍正常运行；STM32 的 PLL、HSE、HIS 时钟也正常运行；所有的 SRAM 和寄存器内的内容被保留，但所有的外设仍继续运行(除非它们被关闭)；所有的 I/O 引脚都保持它们在运行模式时的状态；此时功耗相对于正常模式有所降低。

3. 待机模式

待机模式是指电压调节器关闭、整个 1.8 V 区域断电；CM3 处理器停止运行，CM3 的内部外设停止运行；STM32 的 PLL、HSE、HSI 时钟被关断；SRAM 和寄存器内的内容丢失；备份寄存器内容保留；待机电路维持供电。

4. 停止模式

停止模式也称为"深度睡眠模式"。电压调节器可被置于停止模式，即选择性地为某些模块提供 1.8 V 电源；CM3 处理器停止运行，CM3 的内部外设停止运行；STM32 的 PLL、HSE、HSI 时钟被关断；所有的 SRAM 和寄存器内的内容被保留。

当 STM32 处理器从以上三种低功耗模式返回到正常模式时，处理器有下列状态。

(1) 当 STM32 处于睡眠状态时，只有处理器停止工作，SRAM、寄存器的值仍然保留，当前执行状态的信息并未丢失，因此 STM32 从睡眠状态恢复后，回到进入睡眠状态指令的后一条指令开始执行。

(2) 当 STM32 处于停止状态时，SRAM、寄存器的值仍然保留，因此 STM32 从停止状态恢复后，回到进入停止状态指令的后一条指令开始执行。但不同于睡眠状态，进入停止状态后，STM32 时钟关断，因此从停止状态恢复后，STM32 将使用内部高速振荡器作为系统时钟(HIS，频率为不稳定的 8 MHz)。

(3) 当 STM32 处于待机状态时，所有 SRAM 和寄存器的值都丢失(恢复默认值)，因此从待机状态恢复后，程序重新从复位初始位置开始执行，这相当于一次软件复位效果。

2.3.5　STM32 的启动

处理器的启动一般是在出厂时均已固化好其寄存器的默认值，当上电时就可将固定入口地址装入程序计数器实现启动的过程。假设某个处理器程序计数器上电时默认值是 0x2000 0000，对于处理器来说，不论它的总线上挂接的是闪存、内存还是硬盘，处理器的第一条执行指令地址都是通过硬件设计来实现的。处理器启动后，就会从 0x2000 0000 这个地址读取指令。读取第一条指令的同时，处理器会产生对应地址空间的片选信号，以使能位于 0x2000 0000 地址处的存储器件。如果希望 0x2000 0000 地址所对应的是闪存的第一个字节，则要通过硬件设计，将闪存的片选信号与处理器的 0x2000 0000 地址所对应的片选信号相匹配，且通过恰当的地址线连接使得闪存的第一个字节在 0x2000 0000 处，即硬件设计需要完成地址与外设之间的映射。

1. 启动设置

在 STM32F10xxx 系列中，可以通过 BOOT[1:0]引脚选择 3 种不同启动模式，如表 2.5 所示。其硬件电路连接如图 2.9 所示。

表 2.5　STM32 启动模式

引脚自动选择模式		启动模式	说　　明
BOOT1	BOOT0		
x	0	主 Flash 存储器	主 Flash 存储器被选为启动区域，这是正常的工作模式
0	1	系统存储器	系统存储器被选为启动区域，这种模式可由厂家设置
1	1	内置 SRAM	内置 SRAM 被选为启动区域，这种模式可以用于调试

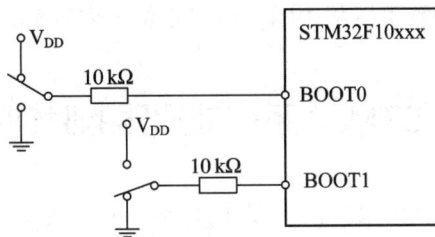

图 2.9　STM32 启动电路

在系统复位后，SYSCLK 的第 4 个上升沿到来时，BOOT 引脚的值将被读入锁存。用户可以通过设置 BOOT1 和 BOOT0 引脚的状态，来选择在复位后的启动模式。

根据选定的启动模式，主 Flash 存储器、系统存储器或内置 SRAM 可以按照以下方式进行访问。

(1) 从主 Flash 存储器启动。主 Flash 存储器被映射到启动空间(0x0000 0000)，但仍然能够在它原有的地址(0x0800 0000)区域访问它，即 Flash 存储器的内容可以在两个地址区域访问(0x0000 0000 或 0x0800 0000 访问)。

(2) 从系统存储器启动。系统存储器被映射到启动空间(0x0000 0000)，但仍能在其原有的地址(互联型产品原有地址为 0x1FFF B000，其他产品原有地址为 0x1FFF F000)区域访问它。

(3) 从内置 SRAM 启动。只能在 0x2000 0000 开始的地址区域访问 SRAM。多数情况下，SRAM 只是在调试时使用，也可以用于其他一些用途。如做故障的局部诊断处理(写一小段程序加载到 SRAM 中，诊断 PCB 上的其他电路是否有故障，或者用此方法读写 PCB 上的 Flash 存储器或 EEPROM 等内容)。还可以通过这种方法解除内部 Flash 的读/写保护，当然在解除读/写保护的同时，Flash 的内容也被自动清除，以防止恶意的软件复制。

当从内置 SRAM 启动时在应用程序的初始化代码中，必须使用 NVIC 的异常表和偏移寄存器，重新映射向量表(地址)到 SRAM 中。

注意，STM32 处理器在通过 USART0 串口下载程序时，一定要将 BOOT0 置为 1，BOOT1 置为 0。当程序下载完后，要将 BOOT0 置为 0，BOOT1 置为 0 方能启动程序。

2. 启动过程

STM32 的启动代码在 startup_stm32f10x_xx.s (xx 根据控制器的存储容量大、中、小分别为 hd、md、ld)中，其中的程序功能主要包括初始化堆栈、定义程序启动地址、中断向量表和中断服务程序入口地址，以及系统复位启动时，从启动代码跳转到用户 main 函数入口地址。嵌入式系统的启动还需要一段启动代码(Bootloader)，类似于启动 PC 时的 BIOS，一般用于完成处理器的初始化和自检。

STM32 处理器规定，起始地址必须存放堆顶指针，而第 2 个地址则必须存储复位中断入口向量地址，这样在处理器复位后，会自动从起始地址的下一个 32 位空间取出复位中断入口向量，跳转执行复位中断服务程序，启动有以下三种情况。

(1) 通过 BOOT 引脚设置可以将中断向量表定位于 FLASH 区，即起始地址为 0x800 0000，同时复位后 PC 指针位于 0x800 0000 处。

(2) 通过 BOOT 引脚设置可以将中断向量表定位于 SRAM 区，即起始地址为 0x200 0000，同时复位后 PC 指针位于 0x200 0000 处。

(3) 通过 BOOT 引脚设置可以将中断向量表定位于内置 Bootloader 区。

2.4　STM32 系列处理器的时钟系统

STM32 处理器的时钟系统比较复杂，不同性能、不同速度的电路采用了不同的时钟信号源，如图 2.10 所示。每个时钟源在不使用时都可以单独打开或关闭，这样就可以控制系统的功耗。

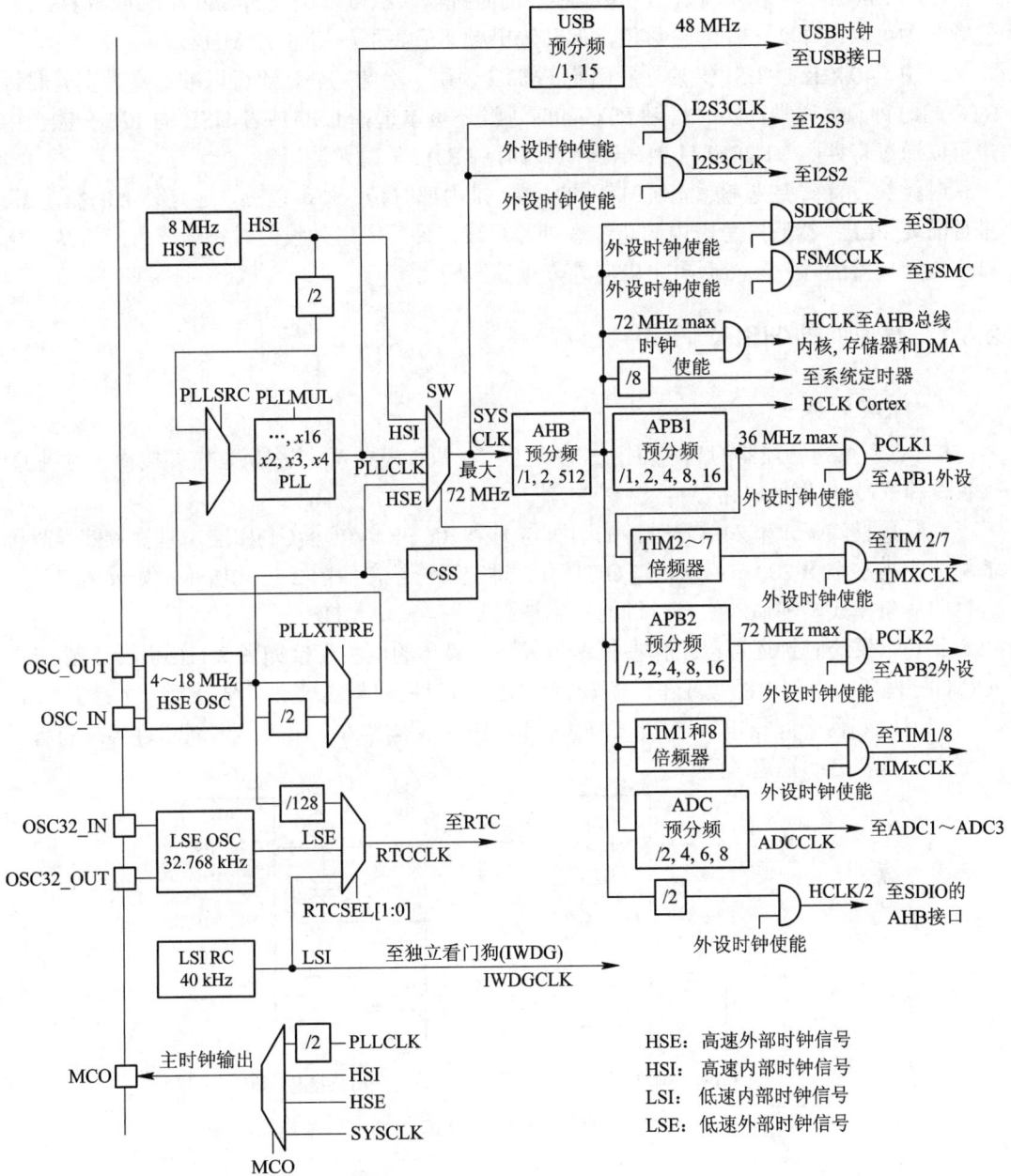

图 2.10　STM32 处理器时钟系统

STM32 的时钟主要由以下几个方法来获取：

(1) HIS(高速内部时钟)，即 RC 振荡器，时钟频率为 8 MHz。

(2) HSE(高速外部时钟)，可外接石英、陶瓷谐振器，或者接外部时钟源频率范围为 4～16 MHz。

(3) LSI(低速内部时钟)，即 RC 振荡器，频率为 40 kHz。

(4) LSE(低速外部时钟)，外接频率为 32.768 kHz 的石英晶体。

(5) PLL(锁相环倍频输出)，其中锁相环的时钟输入源可以选择 HIS/2、HSE 或者 HSE/2。倍频时钟可以选择 2～16 的整数倍，但其输出频率最高不得超过 72 MHz。

其中，40 kHz 的 LSI 供独立看门狗 IWDG 使用，除此之外，还可以被选择为实时时钟 RTC 的时钟源。通常，实时时钟 RTC 的时钟源还可以选择 LSE 或者 HSE 的 128 分频，用户可以通过寄存器 RTCSEL[1:0]来选择实时时钟 RTC 的时钟源。

时钟的设置需要先考虑系统时钟的来源，是内部时钟、外部晶振，还是外部的振荡器，是否需要 PLL；然后再考虑内部总线和外部总线，最后考虑外设的时钟信号。应遵从先倍频作为处理器的时钟，然后再由内向外分频的原则。

2.4.1　高速时钟(HSE、HSI)

1. HSE 时钟

STM32 系列处理器的高速 HSE 时钟工作在两种模式下：从属模式(外接输入时钟源)和振荡模式(外接振荡电路)。

在从属模式下，输入信号时钟的引脚与一个 100 pF 的电容(C1)相连，且输入信号时钟的幅值应当不小于 200 mV，OSC_OUT 引脚悬空不连接，如图 2.11(a)所示。如果用户使用时钟的从属模式，则输入信号时钟的频率被限制在 4～16 MHz。

此外，系统时钟还可以工作在振荡模式下，具体的电路连接如图 2.11(b)所示。由于在 ARM 处理器的内部已经集成了一个反馈电阻，所以用户只需要在外部连接一个晶振(JZ, 4～16 MHz)和两个起振电容 C2、C3(10～30 pF)，该电容的连接应尽可能靠近芯片引脚，以减小失真和启动稳定时间。

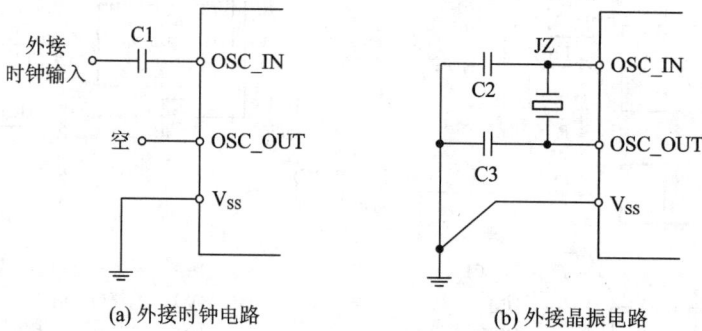

(a) 外接时钟电路　　　　　　　　(b) 外接晶振电路

图 2.11　高频时钟(HSE)电路

2. HSI 时钟

HSI 时钟信号由内部 8 MHz 的 RC 振荡器产生，可直接作为系统时钟或在 2 分频后作为 PLL 输入。HSI 的 RC 振荡器能够在不需要任何外部器件的条件下提供系统时钟。它的启动时间比 HSE 晶体振荡器时间短。但是，即使在校准后，HSI 的时钟频率精度仍较差。

2.4.2　锁相环时钟(PLL)

一般电子设备要正常工作，通常需要外部的时钟输入与内部的振荡信号同步，利用锁相环 PLL (Phase Lacked Loop)就可以实现这个目的。锁相环是一种反馈控制电路，其特点是利用外部输入的参考信号控制环路内部振荡信号的频率和相位。因锁相环可以实现输出信号频率对输入信号频率的自动跟踪，所以锁相环通常用于闭环跟踪电路。锁相环在工作过程中，当输出信号的频率与输入信号的频率相等时，输出电压与输入电压保持固定的相位差值，即输出电压与输入电压的相位被锁住，这就是锁相环名称的由来。内部 PLL 可以用于倍频 HSI 的 RC 输出时钟或 HSE 晶体输出时钟。PLL 的设置(选择 HSI 振荡器除 2 或 HSE 振荡器为 PLL 的输入时钟，和选择倍频因子)必须在其被激活前完成。一旦 PLL 被激活，这些参数就不能被改动。如果 PLL 控制器的中断在时钟中断寄存器中被允许，当 PLL 准备就绪时，则产生中断申请。如果需要在应用中使用 USB 接口，PLL 必须被设置为输出 48 MHz 或 72 MHz 的时钟，用于提供 48 MHz 的 USBCLK 时钟信号。

2.4.3　低速时钟(LSE、LSI)

1. LSE 时钟

LSE 是低速外部时钟，通常可接 32.768 kHz 的石英晶体。低速外部时钟源(LSE)可以由外部时钟输入和外接晶振两种电路产生，如图 2.12 所示。在外接晶振时，晶体是一个 32.768 kHz 的低速外部晶体或陶瓷谐振器。它的优点在于能为实时时钟部件(RTC)提供一个低速高精确的时钟源。RTC 可以用于时钟/日历或其他需要计时的场合。

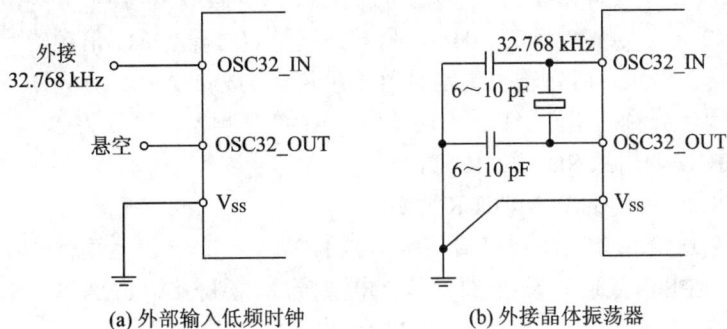

图 2.12　低频时钟(LSE)电路

2. LSI 时钟

LSI 是一个低功耗时钟源，它可以在停机模式或待机模式下保持运行，为独立看门狗和自动唤醒单元提供时钟。LSI 时钟频率大约为 40 kHz(在 30～60 kHz 之间)。LSI 可以通过控制状态寄存器(RCC_CSR)中的 LSION 位来启动或关闭。在控制状态寄存器(RCC_CSR)中的 LS1RI3Y 位判定低速内部振荡器是否稳定。在启动阶段，直到这个位被硬件设置为 1 后，此时钟才可使用。如果在时钟中断寄存器(RCC_CIR)中被允许，将产生 LSI 中断申请。

2.4.4　系统时钟(SYSCLK)

系统时钟 SYSCLK 是供 STM32 中绝大部分部件工作的时钟源。如图 2.10 所示，STM32 将时钟信号(通常为 HSE)经过分频或倍频(PLL)后，得到系统时钟，系统时钟经过分频，产生外设所使用的时钟。其中，典型值为 40 kHz 的 LSI 供给独立看门狗 IWDG 使用，另外它还可以为实时时钟 RTC 提供时钟源。RTC 的时钟源也可以选择为 LSE，或者为 HSE 的 128

分频。RTC 的时钟源通过备份控制寄存器(RCC_BDCR)的 RTCSEL [1:0]来选择。

STM32 中有一个全速功能的 USB 模块，其串行接口需要一个频率为 48 MHz 的时钟源。该时钟源只能从 PLL 输出端获取，可以选择为 1.5 分频或 1 分频，也就是当需要使用 USB 模块时，PLL 必须使能，并且时钟频率配置为 48 MHz 或 72 MHz，但这并不意味着 USB 模块工作时需要 48 MHz，48 MHz 仅提供给 USB 串行接口 SIE。另外，STM32 还可以选择一个时钟信号输出到 MCO 引脚(PA8)上，可以选择为 PLL 输出的 2 分频、HSI、HSE 或系统时钟。

系统时钟可选择为 PLL 输出、HSI 或 HSE，HSI 与 HSE 可以通过分频加至 PLLSRC，并由 PLLMUL 进行倍频后，直接充当 PLLCLK。系统时钟最大频率为 72 MHz，它通过 AHB 分频器分频后送给各个模块。

(1) 送给 AHB 总线、内核、内存和 DMA 使用的 HCLK 时钟。

(2) 通过 8 分频后送给系统定时器的时钟。

(3) 直接送给处理器的空闲运行时钟 FCLK。

(4) 送给 APB1 分频器。APB1 分频器可选择 1、2、4、8、16 分频，其输出一路供 APB1 外设使用(PCLK1，最大频率为 36 MHz)，另一路送给定时器 TIM2~TIM4 倍频器使用。该倍频器可选择 1 倍频或 2 倍频，时钟输出供定时器 2~定时器 4 使用。

(5) 送给 APB2 分频器。APB2 分频器可选择 1、2、4、8、16 分频，其输出一路供 APB2 外设使用(PCLK2，最大频率为 72 MHz)，另一路送给定时器 TIM1 倍频器使用。该倍频器可选择 1 倍频或 2 倍频，时钟输出供定时器 1 使用。另外，APB2 分频器还有一路输出供 ADC 分频器使用，分频后送给 ADC 模块使用。ADC 分频器可选择为 2、4、6、8 分频。

(6) 送给 SDIO 使用的 SDIOCLK 时钟。

(7) 送给 FSMC 使用的 FSMCCLK 时钟。

(8) 2 分频后送给 SDIO AHB 接口使用(HCLK/2)。

(9) 连接在 APB1 (低速外设)上的设备有电源接口、备份接口、CAN、USB、I2C1、I^2C2、UART2、UART3、SPI2、窗口看门狗、TIM2、TIM3、TIM4。

(10) 连接在 APB2(高速外设)上的设备有 UART1、SPI1、TIM1、ADC1、ADC2、所有普通 I/O 口(PA~PE)、第二功能 I/O 口。

2.4.5　RCC 寄存器配置

时钟配置与 RCC 寄存器密切相关，它能管理外部、内部和外设的时钟。RCC 寄存器包括：时钟控制寄存器(RCC_CR)、时钟配置寄存器(RCC_CFGR)、时钟中断寄存器(RCC_CIR)、APB2 外设复位寄存器(RCC_APB2RSTR)、APB1 外设复位寄存器(RCC_APB1RSTR)、AHB 外设时钟使能寄存器(RCC_AHBENR)、APB2 外设时钟使能寄存器(RCC_APB2ENR)、APB1 外设时钟使能寄存器(RCC_APB1ENR)、备份域控制寄存器(RCC_BDCR)和控制/状态寄存器(RCC_CSR)。

1. 时钟控制寄存器(RCC_CR)

RCC_CR 的偏移地址是 00H。复位默认值是 0000 0083H。可字、半字和字节无等待访问。它的 32 位(D31~D0)含义如下：

(1) D31～D26 是保留位，始终读为 0。

(2) D25(PLLRDY)是 PLL 时钟就绪标志位。PLL 锁定后由硬件置 1，否则清零。

(3) D24(PLLON)是 PLL 使能位。PLLON =1 时使能，PLLON = 0 时关闭。

(4) D23～D20 是保留位，始终读为 0。

(5) D19(CSSON)是时钟安全系统使能位。CSSON=0 时，时钟监测器关闭；CSSON=1 时，如果外部时钟 1～25 MHz 就绪，则时钟监测器开启。

(6) D18(HSEBYP)是外部高速时钟旁路位，在调试模式下由软件置 1 或清零来旁路外部晶体振荡器。只有在外部 1～25 MHz 振荡器关闭的情况下，该位才可以写入。HSEBYP=0 时，外部 1～25 MHz 振荡器没有旁路；HSEBYP=1 时，外部 1～25 MHz 外部晶体振荡器被旁路。

(7) D17(HSERDY)是外部高速时钟就绪标志位，由硬件置 1 来指示外部时钟已经稳定。HSERDY=0 时，外部 1～25 MHz 时钟没有就绪；HSERDY=1 时，外部 1～25 MHz 时钟就绪。

(8) D16(HSEON)是外部高速时钟使能位，由软件置 1 或清零。当进入待机和停止模式时，该位由硬件清零，关闭外部时钟。当外部时钟被用作或被选择将要作为系统时钟时，该位不能被清零。HSEON=0 时，HSE 振荡器关闭；HSEON=1 时，HSE 振荡器开启。

(9) D15～D8(HSICAL[7:0])是内部高速时钟校准位。当系统启动时，这些位被自动初始化。

(10) D7～D3(HSITRIM[4:0])是内部高速时钟调整位，由软件写入数据来调整内部高速时钟，它们被叠加在 HSICAL[5:0]数值上。

(11) D2 是保留位，始终读为 0。

(12) D1(HSIRDY)是内部高速时钟就绪标志位，由硬件置 1 来指示内部 8 MHz 时钟已经稳定。HSIRDY=0 时，内部 8 MHz 时钟没有就绪；HSIRDY=1 时，内部 8 MHz 时钟就绪。

(13) D0(HSION)是内部高速时钟使能位，由软件置 1 或清零。当从待机和停止模式返回或用作系统时钟的外部 1～25 MHz 时钟发生故障时，该位由硬件置 1 来启动内部 8 MHz 的 RC 振荡器。当内部 8 MHz 时钟被直接或间接地用作或被选择将要作为系统时钟时，该位不能被清零。HSION=0 时，内部 8 MHz 时钟关闭；HSION=1 时，内部 8 MHz 时钟开启。

2. 时钟配置寄存器(RCC_CFGR)

RCC_CFGR 的偏移地址是 04H。复位默认值是 0000 0000H。可字、半字和字节约 2 周等待访问。它的 32 位(D31～D0)含义如下：

(1) D31～D26 是保留位，始终读为 0。

(2) D25～D23(MCO[2:0])是处理器时钟输出控制位，由软件置 1 或清零。当设为 0xx 时，没有时钟输出；设为 100 时，系统时钟输出；设为 101 时，内部 8 MHz 的 RC 振荡器时钟输出；设为 110 时，外部 1～25 MHz 振荡器时钟输出；设为 111 时，PLL 时钟 2 分频后输出。

(3) D22(USBPRE)是 USB 预分频位，由软件设置来产生 48 MHz 的 USB 时钟。在 RCC_APB1ENR 寄存器中使能 USB 时钟之前，必须保证该位已经有效。如果 USB 时钟被使能，该位可以被清零。USBPRE=0 时，PLL 时钟 1.5 倍分频可作为 USB 时钟；USBPRE=1 时，PLL 时钟直接作为 USB 时钟。

(4) D21～D18(PLLMUL[3:0])是 PLL 倍频系数位，由软件设置来确定 PLL 倍频系数。该位只有在 PLL 关闭的情况下才可被写入(PLL 的输出频率不能超过 72 MHz)。当设为 0000 时，PLL 2 倍频输出；设为 0001 时，PLL 3 倍频输出；设为 0010 时，PLL 4 倍频输出；设为 0011 时，PLL 5 倍频输出；设为 0100 时，PLL 6 倍频输出；设为 0101 时，PLL 7 倍频输出；设为 0110 时，PLL 8 倍频输出；设为 0111 时，PLL 9 倍频输出；设为 1000 时，PLL 10 倍频输出；设为 1001 时，PLL 11 倍频输出；设为 1010 时，PLL 12 倍频输出；设为 1011 时，PLL 13 倍频输出；设为 1100 时，PLL 14 倍频输出；设为 1101 时，PLL 15 倍频输出；设为 1110 时，PLL 16 倍频输出；设为 1111 时，PLL 16 倍频输出。

(5) D17(PLLXTPRE)是 HSE 分频器作为 PLL 输入位，由软件设置来分频 HSE 后作为 PLL 输入时钟。该位只有在 PLL 关闭时才可以被写入。PLLXTPRE=0 时，HSE 不分频；PLLXTPRE=1 时，HSE 2 分频。

(6) D16(PLLSRC)是 PLL 输入时钟源配置位。由软件设置来选择 PLL 输入时钟源。该位只有在 PLL 关闭时才可以被写入。PLLSRC=0 时，HSI 时钟 2 分频后作为 PLL 输入时钟；PLLSRC=1 时，HSE 时钟作为 PLL 输入时钟。

(7) D15、D14(ADCPRE)是 ADC 预分频配置位，由软件设置来确定 ADC 时钟频率。当设为 00 时，PCLK2 2 分频后作为 ADC 时钟；设为 01 时，PCLK2 4 分频后作为 ADC 时钟；设为 10 时，PCLK2 6 分频后作为 ADC 时钟；设为 11 时，PCLK2 8 分频后作为 ADC 时钟。

(8) D13～D11(PPRE2)是高速 APB 预分频(APB2)位，由软件设置来控制高速 APB2 预分频系数。当设为 0xx 时，HCLK 不分频；设为 100 时，HCLK 2 分频；设为 101 时，HCLK 4 分频；设为 110 时，HCLK 8 分频；设为 111 时，HCLK 16 分频。

(9) D10～D8(PPRE1)是低速 APB 预分频(APB1)设置位，由软件设置来控制低速 APB1 预分频系数(软件必须保证 APB1 时钟频率不超过 36 MHz)。当设为 0xx 时，HCLK 不分频；设为 100 时，HCLK 2 分频；设为 101 时，HCLK 4 分频；设为 110 时，HCLK 8 分频；设为 111 时，HCLK 16 分频。

(10) D7～D4(HPRE[3:0])是 AHB 预分频设置位，由软件设置来控制 AHB 预分频系数。当设为 0xxx 时，SYSCLK 不分频；设为 1000 时，SYSCLK 2 分频；设为 1001 时，SYSCLK 4 分频；设为 1010 时，SYSCLK 8 分频；设为 1011 时，SYSCLK 16 分频；设为 1100 时，SYSCLK 64 分频；设为 1101 时，SYSCLK 128 分频；设为 1110 时，SYSCLK 256 分频；设为 1111 时，SYSCLK 512 分频。

(11) D3、D2(SWS[1:0])是系统时钟切换状态指示位，由硬件置 1 和清零来指示哪一个时钟源被作为系统时钟。当设为 00 时，HSI 作为系统时钟；当设为 01 时，HSE 作为系统时钟；当设为 10 时，PLL 输出作为系统时钟；当设为 11 时，表示不可用。

(12) D1、D0(SW[1:0])是系统时钟切换位，由软件设置来选择系统时钟源。当从停止或待机模式中返回时或直接或间接作为系统时钟的 HSE 出现故障时，由硬件强制选择 HSI 作为系统时钟(如果时钟安全系统已经启动)。当设为 00 时，HSI 作为系统时钟；当设为 01 时，HSE 作为系统时钟；当设为 10 时，PLL 输出作为系统时钟；当设为 11 时，表示不可用。

3. 时钟中断寄存器 (RCC_CIR)

RCC_CIR 的偏移地址是 08H。复位默认值是 0000 0000H。可字、半字和字节无等待访问。它的 32 位(D31～D0)含义如下：

(1) D31～D24 是保留位，始终读为 0。

(2) D23(CSSC)是时钟安全系统中断清除位，由软件置 1 来清除 CSSF 安全系统中断标志位 CSSF。在清除操作完成后，该位由硬件复位。CSSC=0 时，CSSF 安全系统中断标志位未清零；CSSC=1 时，CSSF 安全系统中断标志位清零。

(3) D22、D21 是保留位，始终读为 0。

(4) D20(PLLRDYC)是 PLL 就绪中断清除位，由软件置 1 来清零 PLL 就绪中断标志位 PLLRDYF。在清除操作完成后，该位由硬件复位。PLLRDYC=0 时，PLL 就绪中断标志位 PLLRDYF 未清零；PLLRDYC=1 时，PLL 中断标志位 PLLRDYF 清零完成。

(5) D19(HSERDYC)是 HSE 就绪中断清除位，由软件置 1 来清零 HSE 就绪中断标志位 HSERDYF。在清除操作完成后，该位由硬件复位。HSERDYC=0 时，HSE 就绪中断标志位 HSERDYF 未清零；HSERDYC=1 时，HSE 中断标志位 HSERDYF 清零完成。

(6) D18(HSIRDYC)是 HSI 就绪中断清除位。由软件置 1 来清零 HSI 就绪中断标志位 HSIRDYF。在清除操作完成后，该位由硬件复位。HSIRDYC=0 时，HSI 就绪中断标志位 HSIRDYF 未清零，HSIRDYC=1 时，HSI 中断标志位 HSIRDYF 清零完成。

(7) D17(LSERDYC)是 LSE 就绪中断清除位，由软件置 1 来清零 LSE 就绪中断标志位 LSERDYF。LSERDYC=0 时，LSE 就绪中断标志位 LSERDYF 未清零；LSERDYC=1 时，LSE 就绪中断标志位 LSERDYF 清零。

(8) D16(LSIRDYC)是 LSI 就绪中断清除位，由软件置 1 来清零 LSI 就绪中断标志位 LSIRDYF。LSIRDYC=0 时，LSI 就绪中断标志位 LSIRDYF 未清零；LSIRDYC=1 时，LSI 就绪中断标志位 LSIRDYF 清零。

(9) D15～D13 保留位，始终读为 0。

(10) D12(PLLRDYIE)是 PLL 就绪中断使能位。PLLRDYIE = 0 时，PLL 就绪中断关闭；PLLRDYIE=1 时，PLL 就绪中断使能完成。

(11) D11(HSERDYIE)是 HSE 就绪中断使能位。HSERDYIE=0 时，HSE 就绪中断关闭；HSERDYIE=1 时，HSE 就绪中断使能。

(12) D10(HSIRDYIE)是 HSI 就绪中断使能位，由软件置 1 或清零来使能或关闭内部 8 MHz RC 振荡器就绪中断。HSIRDYIE=0 时，HSI 就绪中断关闭；HSIRDYIE=1 时，HSI 就绪中断使能。

(13) D9(LSERDYIE)是 LSE 就绪中断使能位，由软件置 1 或清零来使能或关闭外部 32 kHz RC 振荡器就绪中断。LSERDYIE=0 时，LSE 就绪中断关闭；LSERDYIE=1 时，LSE 就绪中断使能。

(14) D8(LSIRDYIE)是 LSI 就绪中断使能位，由软件置 1 或清零来使能或关闭内部 32 kHz RC 振荡器就绪中断。LSIRDYIE=0 时，LSI 就绪中断关闭；LSIRDYIE=1 时，LSI 就绪中断使能。

(15) D7(CSSF)是时钟安全系统中断标志位。CSSF=0 时，无 HSE 时钟失效安全系统中断；CSSF=1 时，产生 HSE 时钟失效安全系统中断。

(16) D6、D5 位，保留，始终读为 0。

(17) D4(PLLRDYF)是 PLL 就绪中断标志位。PLLRDYF=0 时，无 PLL 中断；PLLRDYF=1 时，产生 PLL 中断。

(18) D3(HSERDYF)是 HSE 就绪中断标志位。HSERDYF=0 时，无外部 1～25 MHz 振荡器就绪中断；HSERDYF=1 时，产生外部 1～25 MHz 振荡器就绪中断。

(19) D2(HSIRDYF)是 HSI 就绪中断标志位。HSIRDYF 为 0 时，无内部 8 MHz RC 振荡器就绪中断；HSIRDYF 为 1 时，产生内部 8 MHz RC 振荡器就绪中断。

(20) D1(LSERDYF)是 LSE 就绪中断标志位。LSERDYF 为 0 时，无外部 32 kHz 振荡器就绪中断；LSERDYE 为 1 时，产生外部 32 kHz 振荡器就绪中断。

(21) D0(LSIRDYF)是 LSI 就绪中断标志位。LSIRDYF 为 0 时，无内部 32 kHz RC 振荡器就绪中断；LSIRDYF 为 1 时，产生内部 32 kHz RC 振荡器就绪中断。

4．APB2 外设复位寄存器 (RCC_APB2RSTR)

RCC_APB2RSTR 的偏移地址是 0CH。复位默认值是 0000 0000H。可字、半字和字节无等待访问。它的 32 位(D31～D0)含义如下：

(1) D31～D15 是保留位，始终读为 0。

(2) D14(USART1RST)是 USART1 复位位。设为 0 时，无效；设为 1 时，复位 USART1。

(3) D13 是保留位，始终读为 0。

(4) D12(SPI1RST)是 SPI1 复位位。设为 0 时，无效；设为 1 时，复位 SPI1。

(5) D11(TIM1RST)是 TIM1 复位位。设为 0 时，无效；设为 1 时，复位 TIM1。

(6) D10(ADC2RST)是 ADC2 复位位。设为 0 时，无效；设为 1 时，复位 ADC2。

(7) D9(ADC1RST)是 ADC1 复位位。设为 0 时，无效；设为 1 时，复位 ADC1。

(8) D8、D7 是保留位，始终读为 0。

(9) D6(IOPERST)是 IO 口 E 复位位。设为 0 时，无效；设为 1 时，复位 IO 口 E。

(10) D5(IOPDRST)是 IO 口 D 复位位。设为 0 时，无效；设为 1 时，复位 IO 口 D。

(11) D4(IOPCRST)是 IO 口 C 复位位。设为 0 时，无效；设为 1 时，复位 IO 口 C。

(12) D3(IOPBRST)是 IO 口 B 复位位。设为 0 时，无效；设为 1 时，复位 IO 口 B。

(13) D2(IOPARST)是 IO 口 A 复位位。设为 0 时，无效；设为 1 时，复位 IO 口 A。

(14) D1 是保留位，始终读为 0。

(15) D0(AFIORST)是辅助功能 IO 复位位。设为 0 时，无效；设为 1 时，复位辅助功能。

5．APB1 外设复位寄存器(RCC_APB1RSTR)

RCC_APB1RSTR 的偏移地址是 10H。复位默认值是 0000 0000H。可字、半字和字节无等待访问。它的 32 位(D31～D0)含义如下：

(1) D31～D29 是保留位，始终读为 0。

(2) D28(PWRRST)是电源复位位。设为 0 时，无效；设为 1 时，复位电源电路。

(3) D27(BKPRST)是备份复位位。设为 0 时，无效；设为 1 时，复位备份电路。

(4) D26 是保留位，始终读为 0。

(5) D25(CANRST)是 CAN 复位位。设为 0 时，无效；设为 1 时，复位 CAN。

(6) D24 是保留位，始终读为 0。

(7) D23(USBRST)是 USB 复位位。设为 0 时，无效；设为 1 时，复位 USB。

(8) D22(I2C2RST)是 I2C 2 复位位。设为 0 时，无效；设为 1 时，复位 I^2C2。

(9) D21(I2C1RST)是 I2C 1 复位位。设为 0 时，无效；设为 1 时，复位 I^2C1。

(10) D20、D19 是保留位，始终读为 0。

(11) D18(USART3RST)是 USART3 复位位。设为 0 时，无效；设为 1 时，复位 USART3。

(12) D17(USART2RST)是 USART2 复位位。设为 0 时，无效；设为 1 时，复位 USART2。

(13) D16、D15 是保留位，始终读为 0。

(14) D14(SPI2RST)是 SPI2 复位位。设为 0 时，无效；设为 1 时，复位 SPI2。

(15) D13、D12 是保留位，始终读为 0。

(16) D11(WWDGRST)是窗口看门狗复位位。设为 0 时，无效；设为 1 时，复位窗口看门狗。

(17) D10～D3 是保留位，始终读为 0。

(18) D2(TIM4RST)是定时器 4 复位位。设为 0 时，无效；设为 1 时，复位定时器 4。

(19) D1(TIM3RST)是定时器 3 复位位。设为 0 时，无效；设为 1 时，复位定时器 3。

(20) D0(TIM2RST)是定时器 2 复位位。设为 0 时，无效；设为 1 时，复位定时器 2。

6．AHB 外设时钟使能寄存器(RCC_AHBENR)

RCC_AHBENR 的偏移地址是 14H。复位默认值是 0000 0014H。可字、半字和字节无等待访问。它的 32 位(D31～D0)含义如下：

(1) D31～D5 是保留位，始终读为 0。

(2) D4(FLITFEN)是闪存接口电路时钟使能位。设为 0 时，睡眠模式时闪存接口电路时钟关闭；设为 1 时，睡眠模式时闪存接口电路时钟开启。

(3) D3 是保留，始终读为 0。

(4) D2(SRAMEN)是 SRAM 时钟使能位。设为 0 时，睡眠模式时 SRAM 时钟关闭；设为 1 时，睡眠模式时 SRAM 时钟开启。

(5) D1 是保留位，始终读为 0。

(6) D0(DMAEN)是 DMA 时钟使能位。设为 0 时，DMA 时钟关闭；设为 1 时，DMA 时钟开启。

7．APB2 外设时钟使能寄存器(RCC_APB2ENR)

RCC_APB2ENR 的偏移地址是 18H。复位默认值是 0000 0000H。可字、半字和字节无等待访问。它的 32 位(D31～D0)含义如下：

(1) D31-D15 是保留位，始终读为 0。

(2) D14(USART1EN)是 USART1 时钟使能位。设为 0 时，USART1 时钟关闭；设为 1 时，USART1 时钟开启。

(3) D13 是保留，始终读为 0。

(4) D12(SPI1EN)是 SPI1 时钟使能位。设为 0 时，SPI1 时钟关闭；设为 1 时，SPI1 时钟开启。

(5) D11(TIM1EN)是 TIM1 时钟使能位。设为 0 时，TIM1 时钟关闭；设为 1 时，TIM1 时钟开启。

(6) D10(ADC2EN)是 ADC2 时钟使能位。设为 0 时，ADC2 时钟关闭；设为 1 时，ADC2 时钟开启。

(7) D9(ADC1EN)是 ADC1 时钟使能位。设为 0 时，ADC1 时钟关闭；设为 1 时，ADC1 时钟开启。

(8) D8、D7 是保留位，始终读为 0。

(9) D6(IOPEEN)是 IO 口 E 时钟使能位。设为 0 时，IO 口 E 时钟关闭；设为 1 时，IO 口 E 时钟开启。

(10) D5(IOPDEN)是 IO 口 D 时钟使能位。设为 0 时，IO 口 D 时钟关闭；设为 1 时，IO 口 D 时钟开启。

(11) D4(IOPCEN)是 IO 口 C 时钟使能位。设为 0 时，IO 口 C 时钟关闭；设为 1 时，IO 口 C 时钟开启。

(12) D3(IOPBEN)是 IO 口 B 时钟使能位。设为 0 时，IO 口 B 时钟关闭；设为 1 时，IO 口 B 时钟开启。

(13) D2(IOPAEN)是 IO 口 A 时钟使能位。设为 0 时，IO 口 A 时钟关闭；设为 1 时，IO 口 A 时钟开启。

(14) D1 是保留位，始终读为 0。

(15) D0(AFIOEN)是辅助功能 IO 时钟使能位。设为 0 时，辅助功能 IO 时钟关闭；设为 1 时，辅助功能 IO 时钟开启。

8. APB1 外设时钟使能寄存器(RCC_APB1ENR)

RCC_APB1ENR 偏移地址是 1CH。复位默认值是 0000 0000H。可字、半字和字节无等待访问。它的 32 位(D31～D0)含义如下：

(1) D31～D29 是保留位，始终读为 0。

(2) D28(PWREN)是电源时钟使能位。设为 0 时，电源时钟关闭；设为 1 时，电源时钟开启。

(3) D27(BKPEN)是备份时钟使能位。设为 0 时，备份时钟关闭；设为 1 时，备份时钟开启。

(4) D26 是保留位，始终读为 0。

(5) D25(CANEN)是 CAN 时钟使能。设为 0 时，CAN 时钟关闭；设为 1 时，CAN 时钟开启。

(6) D24 是保留位，始终读为 0。

(7) D23(USBEN)是 USB 时钟使能位。设为 0 时，USB 时钟关闭；设为 1 时，USB 时钟开启。

(8) D22(I2C2EN)是 I2C2 时钟使能位。设为 0 时，I^2C2 时钟关闭；设为 1 时，I2C2 时钟开启。

(9) D21(I2C1EN)是 I2C1 时钟使能位。设为 0 时，I2C1 时钟关闭；设为 1 时，I2C1 时钟开启。

(10) D20、D19 是保留位，始终读为 0。

(11) D18(USART3EN)是 USART3 时钟使能位。设为 0 时，USART3 时钟关闭；设为 1

时，USART3 时钟开启。

(12) D17(USART2EN)是 USART2 时钟使能位。设为 0 时，USART2 时钟关闭；设为 1 时，USART2 时钟开启。

(13) D16、D15 是保留位，始终读为 0。

(14) D14(SPI2EN)是 SPI2 时钟使能位。设为 0 时，SPI2 时钟关闭；设为 1 时，SPI2 时钟开启。

(15) D13、D12 是保留位，始终读为 0。

(16) D11(WWDGEN)是窗口看门狗时钟使能位。设为 0 时，窗口看门狗时钟关闭；设为 1 时，窗口看门狗时钟开启。

(17) D10～D3 是保留位，始终读为 0。

(18) D2(TIM4EN)是定时器 4 时钟使能位。设为 0 时，定时器 4 时钟关闭；设为 1 时，定时器 4 时钟开启。

(19) D1(TIM3EN)是定时器 3 时钟使能位。设为 0 时，定时器 3 时钟关闭；设为 1 时，定时器 3 时钟开启。

(20) D0(TIM2EN)是定时器 2 时钟使能位。设为 0 时，定时器 2 时钟关闭；设为 1 时，定时器 2 时钟开启。

9. 备份域控制寄存器(RCC_BDCR)

RCC_BDCR 偏移地址是 20H。复位默认值是 0000 0000H。可字、半字和字节等待约 3 个机器周期访问。它的 32 位(D31～D0)含义如下：

(1) D31～D17 是保留位，始终读为 0。

(2) D16(BDRST)是备份域软件复位位。设为 0 时，复位未激活；设为 1 时，复位整个备份域。

(3) D15(RTCEN)是 RTC 时钟使能位。设为 0 时，RTC 时钟关闭；设为 1 时，RTC 时钟开启。

(4) D14～D10 是保留位，始终读为 0。

(5) D9、D8(RTCSEL[1:0])是 RTC 时钟源选择位。该位只能被写入一次，可通过置 1 BDRST 位来清除。设为 00 时，无时钟；设为 01 时，LSE 振荡器作为 RTC 时钟；设为 10 时，LSI 振荡器作为 RTC 时钟；设为 11 时，HSE 振荡器在 128 分频后作为 RTC 时钟。

(6) D7～D3 是保留位，始终读为 0。

(7) D2(LSEBYP)是外部低速时钟振荡器旁路位。只有在外部 32 kHz 振荡器关闭时，才能写入该位。设为 0 时，LSE 时钟未被旁路；设为 1 时，LSE 时钟被旁路。

(8) D1(LSERDY)是外部低速 LSE 就绪位。设为 0 时，外部 32 kHz 振荡器未就绪；设为 1 时，外部 32 kHz 振荡器就绪。

(9) D0(LSEON)是外部低速振荡器使能位。设为 0 时，外部 32 kHz 振荡器关闭；设为 1 时，外部 32 kHz 振荡器开启。

10. 控制/状态寄存器(RCC_CSR)

RCC_CSR 偏移地址是 24H。复位默认值是 0000 0000H。可字、半字和字节等待约 3 个机器周期访问。它的 32 位(D31～D0)含义如下：

(1) D31(LPWRRSTF)是低功耗复位标志位。设为 0 时，无低功耗管理复位发生；设为 1 时，发生低功耗管理复位。

(2) D30(WWDGRSTF)是窗口看门狗复位标志位。设为 0 时，无窗口看门狗复位发生；设为 1 时，发生窗口看门狗复位。

(3) D29(IWDGRSTF)是独立看门狗复位标志位。设为 0 时，无独立看门狗复位发生；设为 1 时，发生独立看门狗复位。

(4) D28(SFTRSTF)是软件复位标志位。设为 0 时，无软件复位发生；设为 1 时，发生软件复位。

(5) D27(PORRSTF)是上电/掉电复位标志位。设为 0 时，无上电/掉电复位发生；设为 1 时，发生上电/掉电复位。

(6) D26(PINRSTF)是 NRST 管脚复位标志位。设为 0 时，无 NRST 管脚复位发生；设为 1 时，发生 NRST 管脚复位。

(7) D25 是保留位，读操作返回 0。

(8) D24(RMVF)是清除复位标志位。设为 0 时，保持复位标志；设为 1 时，清零复位标志。

(9) D23～D2 是保留位，读操作返回 0。

(10) D1(LSIRDY)是内部低速时钟就绪位。设为 0 时，LSI(内部 32 kHz RC 振荡器)时钟未就绪；设为 1 时，LSI(内部 32 kHz RC 振荡器)时钟就绪。

(11) D0(LSION)是内部低速振荡器使能位。设为 0 时，内部 32 kHz RC 振荡器关闭；设为 1 时，内部 32 kHz RC 振荡器开启。

2.5　STM32 系列处理器的存储结构与映射

STM32 处理器将存储器看作是从地址 0 开始的字节(存储空间)的线性组合。在 0～3 字节(B)放置第 1 个存储的字数据(4 个字节)，在 4～7 B 放置第 2 个存储的字数据(4 字节)，依次类推排列。作为 32 位的微处理器，ARM 体系结构所支持的最大寻址空间为 4 GB(2^{32}B)。

内存中有两种格式存储字数据，称之为小端格式和大端格式。这种格式根据最低有效字节与相邻较高有效字节相比是存储在较低地址还是最高地址来区分。

小端格式存储方式下将较低字节存放在较低地址，大端格式则将较低字节存放在较高地址，如存储 0x12345678，如图 2.13 所示。

通常情况下，STM32 系列处理器在复位时确定使用大/小端的工作模式，且在运行的过程中不允许对其进行修改。在绝大多数情况下，STM32 系列处理器都使用了小端模式以避免不必要的麻烦。在这里，也同样推荐用户在非特殊情况下都使用小端模式。

在 STM32F103XX 处理器中，只有一个固定的存储器映射。这一点可以方便地实现软件代码在各种不同型号 STM32 系列处理器之间的移植。需要说明的是，STM32 系列处理器中有关存储器空间的划分是比较粗浅的，它允许芯片制造厂商按照各自的需要灵活地分配存储器空间，以适应各种不同的应用场合。

32b ··· 24b	23b ··· 16b	15b ··· 8b	7b ··· 0b
第 4 字节	第 3 字节	第 2 字节	第 1 字节
0x78	0x56	0x34	0x12

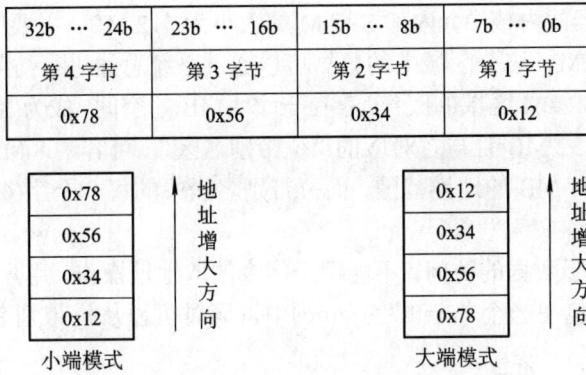

图 2.13　STM32 存储器中的大小端模式

2.5.1　存储器结构

STM32 处理器内部地址空间的大小为 4 GB，采用统一编址。用户编写的程序代码可以在代码区、内部 SRAM 区，以及外部扩展的 RAM 区中执行，具体的结构分布如图 2.14 所示。由于在 STM32 系统中指令地址和数据地址是在不同区域，因此建议用户将程序代码放置到代码区。这样就可以使取址操作和数据访问操作各自使用自己的区域，而不会发生冲突。

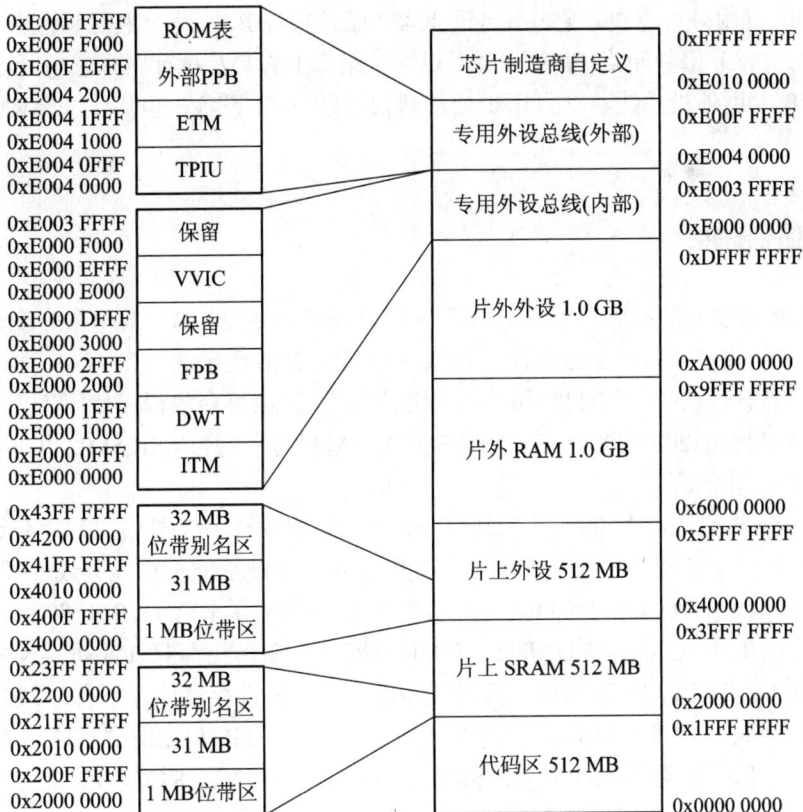

图 2.14　STM32 存储器组织

在 STM32 处理器的内核中，内部 SRAM 的大小为 512 MB，主要用于让芯片制造厂商能够连接到片上 SRAM。这个区域中的数据可以通过系统总线进行访问。

STM32 在内部 SRAM 区域的底部，存在一个 1 MB 的空间，成为"位带区"(见图 2.14)。"位带区"具有一个 32 MB 且与之对应的"位带别名区"，可容纳 8 MB 位变量。显然，位带区中对应的是最低 1 MB 的地址范围，而位带别名区中的每一个字(4 字节，32 位)对应于位带区中的每一位。

位带操作只适用于数据的访问，不能用于指令的取地址操作。用户可以通过位带功能，将多个位(bit)数据打包在一个单一的字(word)中，同时可以从位带别名区中对其直接进行访问。

在 ARM 处理器地址空间中，处于片上 SRAM 上方的是片上外设。与内部 SRAM 类似的是，片上外设同样也具有一个位带区，即 32 MB 的位带别名区，这样可以提高访问外部设备的速度。需要注意的是，在外设区不可以执行任何用户的指令。除了上述的存储空间外，还包含了两个 1 GB 范围的地址空间，主要用于连接外部 RAM 和外部设备。需要说明的是，在这两个 1 GB 范围的地址空间中并不存在位带区。两者的差别在于外部 RAM 区允许执行指令，而外部设备区则不可以执行任何指令。

由图 2.14 可知，在最上层有一个 512 MB 的地址范围，主要用于存放 ARM 内核，包括系统级组件、内部专有外设总线、外部专有外设总线，以及芯片制造商提供的系统信息等。在 STM32 系列处理器中，专用外设总线有两类。

(1) AHB 专用外设总线。它只用于处理器内部的 AHB 外设，主要包含嵌套中断向量控制(NVIC)、Flash 修补断点(FPB)、数据观测和跟踪(DWT)及执行跟踪宏单元(ITM)。

(2) APB 专用外设总线。它只用于处理器内部的 APB 设备，也用于非 ARM 内核以外的设备。

2.5.2　存储器映射

STM32 将可访问的存储器空间分成了 8 块，每块为 512 MB。其他未分配给片上存储器和外设的空间都是保留的地址空间，如图 2.15、图 2.16 所示。

(1) 程序代码区(0x0000 0000～0x1FFF FFFF)。该区域可存放程序代码。

(2) SRAM 区(0x2000 0000～0x3FFF FFFF)。该区域用于片内 SRAM，也可存放用于固件升级等维护工作的程序。

(3) 片上外设区(0x4000 0000～0x5FFF FFFF)。该区用于片上外设。片上外设区存储结构如图 2.16 所示。STM32 分配给片上各个外围设备的地址空间按总线分成 3 类。在 APB1 总线外设存储地址下有：TIM2～TIM7 定时器、RTC、WWDG、IWDG、SPI2/I2S2、SPI3/I2S3、USART2、USART3、UART4、UART5、I2C1、I2C2、USB 寄存器、USB/CAN 共享 SRAM 512B、BxCAN、BKP、PWR、DAC 等。在 APB2 总线外设存储地址下有：AFIO、EXTI、GPIOA～GPIOG、ADC1、ADC2、TIM1 定时器、SPI1、TIM8 定时器、USART1、ADC3 等。在 AHB 总线外设存储地址下有：SDIO、DMA1、DMA2、RCC、Flash 存储器接口、CRC 等。

(4) 外部 RAM 区的前半段(0x6000 0000～0x7FFF FFFF)。该区地址指向片上 RAM 或片外 RAM。

(5) 外部 RAM 区的后半段(0x8000 0000～0x9FFF FFFF)。同前半段。

(6) 外部外设区的前半段(0xA000 0000～0xBFFF FFFF)。用于片外外设的寄存器，也用于多核系统中的共享内存区域。

(7) 外部外设区的后半段(0xC000 0000～0xDFFF FFFF)。目前与前半段的功能完全一致。

(8) 系统区(0xE000 0000～0xFFFF FFFF)。此区是专用外设和供应商指定功能区。

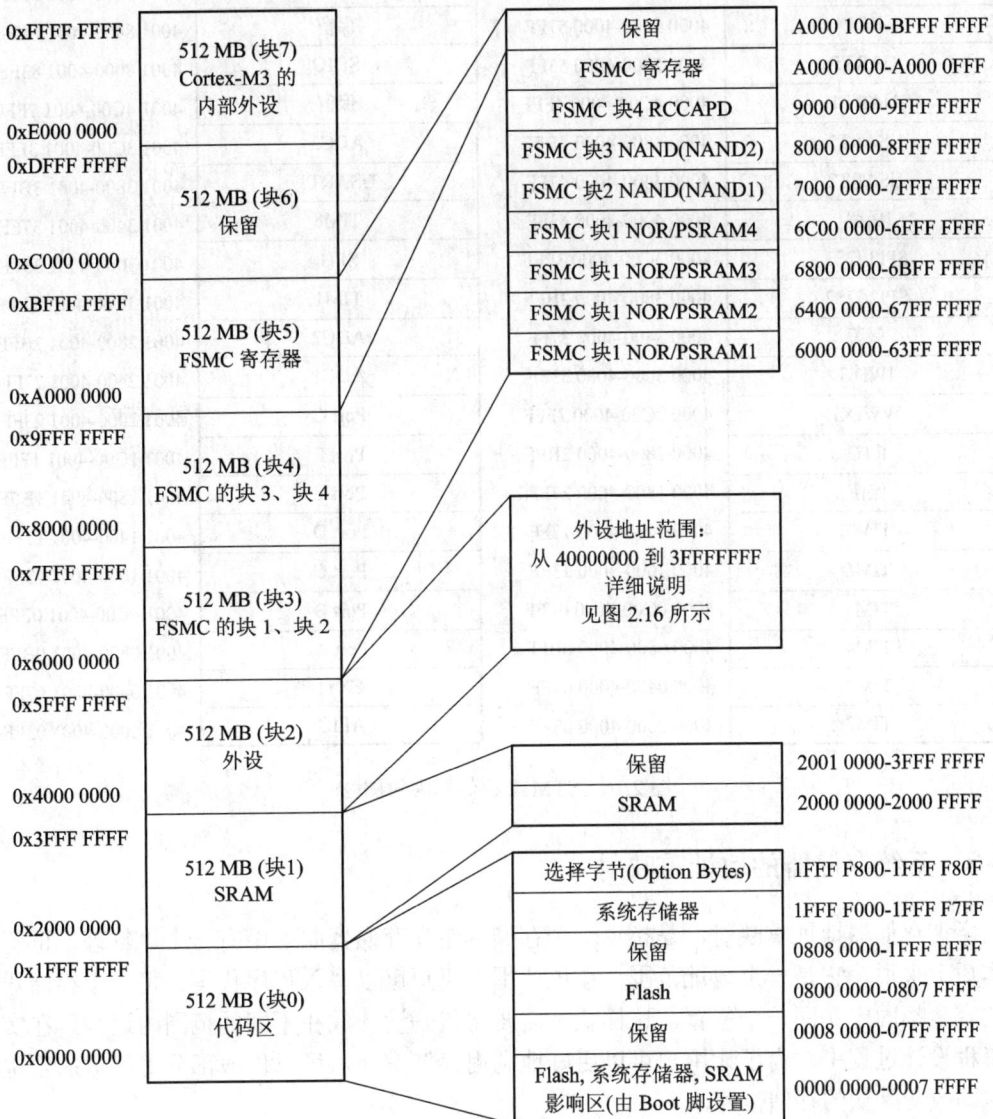

图 2.15　STM32 存储器映射图(1)

保留	4000 7800-4000 FFFF	保留	4002 4400-5FFF FFFF
DAC	4000 7400-4000 77FF	CRC	4002 3000-4002 33FF
PWR	4000 7000-4000 73FF	保留	4002 2400-4002 2FFF
BKP	4000 6C00-4000 6FFF	Flash 接口	4002 2000-4002 23FF
保留	4000 6800-4000 6BFF	保留	4002 1400-4002 1FFF
BxCAN	4000 6400-4000 67FF	RCC	4002 1000-4002 13FF
USB/CAN 共享512 B SRAM	4000 6000-4000 63FF	保留	4002 0400-4002 0FFF
USB寄存器	4000 5C00-4000 5FFF	DMA2	4002 0400-4002 07FF
I²C2	4000 5800-4000 5BFF	DMA1	4002 0000-4002 03FF
I²C1	4000 5400-4000 57FF	保留	4001 8400-4001 FFFF
UART5	4000 5000-4000 53FF	SDIO	4001 8000-4001 83FF
UART4	4000 4C00-4000 4FFF	保留	4001 4C00-4001 7FFF
USART3	4000 4800-4000 4BFF	ADC3	4001 3C00-4001 3FFF
USART2	4000 4400-4000 47FF	USART1	4001 3800-4001 3BFF
保留	4000 4000-4000 43FF	TIM8	4001 3400-4001 37FF
SPI3/I2S3	4000 3C00-4000 3FFF	SPI1	4001 3000-4001 33FF
SPI2/I2S2	4000 3800-4000 3BFF	TIM1	4001 2C00-4001 2FFF
保留	4000 3400-4000 37FF	ADC2	4001 2800-4001 2BFF
IWDG	4000 3000-4000 33FF	ADC1	4001 2400-4001 27FF
WWDG	4000 2C00-4000 2FFF	Port G	4001 2000-4001 23FF
RTC	4000 2800-4000 2BFF	Port F	4001 1C00-4001 1FFF
保留	4000 1800-4000 27FF	Port E	4001 1800-4001 1BFF
TIM7	4000 1400-4000 17FF	Port D	4001 1400-4001 17FF
TIM6	4000 1000-4000 13FF	Port C	4001 1000-4001 13FF
TIM5	4000 0C00-4000 0FFF	Port B	4001 0C00-4001 0FFF
TIM4	4000 0800-4000 0BFF	Port A	4001 0800-4001 0BFF
TIM3	4000 0400-4000 07FF	EXTI	4001 0400-4001 07FF
TIM2	4000 0000-4000 03FF	AFIO	4001 0000-4001 03FF

图 2.16　STM32 存储器映射图(2)

2.5.3　系统存储器的地址重映射

　　所谓存储器地址重映射，是指每一个存储器组在存储器映射中有一个"物理"位置。从本质上来说，它是一个地址范围，在该范围内用户可以写入程序代码，每一个存储器空间的容量都固定在同一个位置，这样就不需要将代码设计成在不同的范围内运行。在实际的工程设计过程中，为了让用户可以更好地利用存储空间，可以修改部分寄存器的定位映射，即改变默认的存储位置。

　　下面以 STM32 系列处理器中的引脚重映射为例来说明有关地址重映射的使用。在 ARM 处理器中，每一个内置外设都具有若干个输入/输出引脚。通常情况下，这些输出引脚的位置是固定不变的。为了能让用户更好地安排布线的走向及引脚的功能，STM32 系列处理器提供了外设引脚重映射的技术，即一个外设的引脚除了具有默认的引脚编号外，还可以通过设置重映射寄存器的方式，将这个外设的引脚映射到其他的引脚位置。如 USART3_TX、USART3_RX 系统默认引脚为 PB10、PB11，当用地址重映射功能时，可把 USART3_TX、USART3_RX 引脚重定义在 PD8、PD9。又如 USART1_TX、USART1_RX 系统默认引脚为 PA9、PA10，当用地址重映射功能时，可把 USART1_TX、USART1_RX 引脚重定义在 PB6、PB7。

除此之外，STM32 系列处理器中绝大部分内置外设都具有地址重映射的功能，例如，串口通信 USART、定时器 Timer、通信口 CAN、SPI 以及 I2C 等。用户可以参考不同型号的 STM32 数据手册。在 STM32 系列处理器的地址重映射功能中，除了上述介绍的单个重映射外，还可以支持多个地址的重映射功能。这里同样以 USART3 串口为例，介绍在 STM32 处理器中多个地址的重映射。从表 2.6 中可以看出，串口 USART3_TX 默认的引脚为 PB10，USART3_RX 的默认输出引脚是 PB11。根据 USART3_REMAP[1:0]引脚寄存器的配置，可以将 USART3_TX 重映射到 PC10，USART3_RX 重映射到 PC11，还可以将 USART3_TX 重映射到 PD8，USART3_RX 重映射到 PD9。

表 2.6　USART3 多地址重映射

复用功能 (Alternate function)	USART3_REMAP[1:0]= "00"（无重射）	USART3_REMAP[1:0]= "01"（部分重映射）	USART3_REMAP[1:0]= "11"（全重映射）
USART3_TX	PB10	PC10	PD8
USART3_RX	PB11	PC11	PD9
USART3_CK	PB12	PC12	PD10
USART3_CTS	PB13		PD11
USART3_RTS	PB14		PD12

第3章　STM32 常用固件库的使用与编程

3.1　STM32 固件库概述

STM32 固件库是一个标准的函数包，它由程序、数据结构和宏组成，包括了处理器所有的性能特征。该函数库还包括每一个外设的驱动描述和应用实例，为开发者访问底层硬件提供了一个中间 API；通过使用固件函数库，无需深入掌握底层硬件细节，开发者就可以轻松应用每一个外设。因此，使用固件函数库可以大大减少用户的程序编写时间，进而降低开发成本。每个外设驱动都由一组函数组成，这组函数覆盖了外设所有功能。每个器件的开发都由一个通用 API(application programming interface，应用编程接口)驱动，API 对该驱动程序的结构、函数和参数名称都进行了标准化。

所有的驱动源代码都符合 "Strict ANSI-C" 标准。固件库把驱动源代码文档化，它同时兼容 MISRA-C 2004 标准。由于整个固件函数库都按照 "Strict ANSI-C" 标准编写，它不受开发环境的影响，仅对话启动文件取决于开发环境。

固件函数库通过校验所有库函数的输入值来实现实时错误检测。实时检测适合于用户应用程序的开发和调试，但这会增加成本，可以在最终应用程序代码中移去，以优化代码大小和执行速度。因固件库是通用的，并且包括了所有外设的功能，所以应用程序代码的大小和执行速度可能不是最优的。但对大多数应用程序来说，用户可以直接使用之，对于那些在代码大小和执行速度方面有严格要求的应用程序，该固件库驱动程序可以作为如何设置外设的一份参考资料，根据实际需求对其进行调整。

ST 公司 2007 年 10 月发布了 V1.0 版本的固件库(MDK ARM3.22 之前的版本均支持该库)，2008 年 6 月发布了 V2.0 版的固件库，从 2008 年 9 月推出的 MDK ARM3.23 版本至今均使用 V2.0 版本的固件库。V3.0 以后的版本相对之前的版本改动较大，本书使用目前较新的 V3.5 版本。

1. 使用标准外设库开发的优势

简单地说，使用标准外设库进行开发最大的优势就在于可以使开发者不用深入了解底层硬件细节就可以灵活规范地使用每一个外设。标准外设库覆盖了从 GPIO 到定时器，再到 CAN、I2C、SPI、UART 和 ADC 等的所有标准外设。对应的 C 源代码只是用了最基本的 C 编程的知识，所有代码经过严格测试，易于理解和使用，并且配有完整的文档，非常方便进行二次开发和应用。

STM32 提供的 "固件库手册" 只是对 STM32 寄存器的管理。比如希望让某个 GPIO 端口输出数据，用函数可写成*(volatile unsingned long*)addr = xxxx，其中 addr 是某个寄存器的地址，xxxx 是要写入这个寄存器的值。若用固件库，写成 GPIO_Write(GPIOA, XXXX)

即可，这就是使用固件库的好处，它能让开发人员不用关心 STM32 的各个寄存器的定义和操作，只要直接调用固件库的函数就能完成相应的功能，很容易上手，能够大大加快开发进度。

2．基于 CMSIS 标准的软件架构

软件开发成本已经被嵌入式行业公认为是最主要的开发成本。对于 ARM 公司来说，一个 ARM 内核往往会授权给多个厂家，生产种类繁多的产品，如果没有一个通用的软件接口标准，那么开发者在使用不同厂家的芯片时将极大地增加软件开发成本。因此，ARM 与 Atmel、IAR、Keil、hami-nary Micro、Micrium、NXP、SEGGER 和 ST 等诸多芯片和软件厂商合作，将所有 Cortex 芯片厂商产品的软件接口标准化，制定了 CMSIS 标准。此举意在降低软件开发成本，尤其针对新设备项目开发，或者将已有软件移植到其他芯片厂商提供的基于 Cortex 处理器的情况。有了该标准，芯片厂商就能够将他们的资源专注于产品外设特性的差异化，并且消除对微控制器进行编程时需要维持的不同的、互相不兼容的标准的需求，从而达到降低开发成本的目的。基于 CMSIS 标准的软件架构主要分为以下 4 层 (如图 3.1 所示)：用户应用层、操作系统及中间件接口层、CMSIS 层、硬件寄存器层。其中 CMSIS 层起着承上启下的作用：一方面该层对硬件寄存器层进行统一实现，屏蔽了不同厂商对 Cortex-M 系列微处理器核内外设寄存器的不同定义；另一方面又向上层的操作系统及中间件接口层和应用层提供接口，简化了应用程序开发难度，使开发人员能够在完全透明的情况下进行应用程序开发。

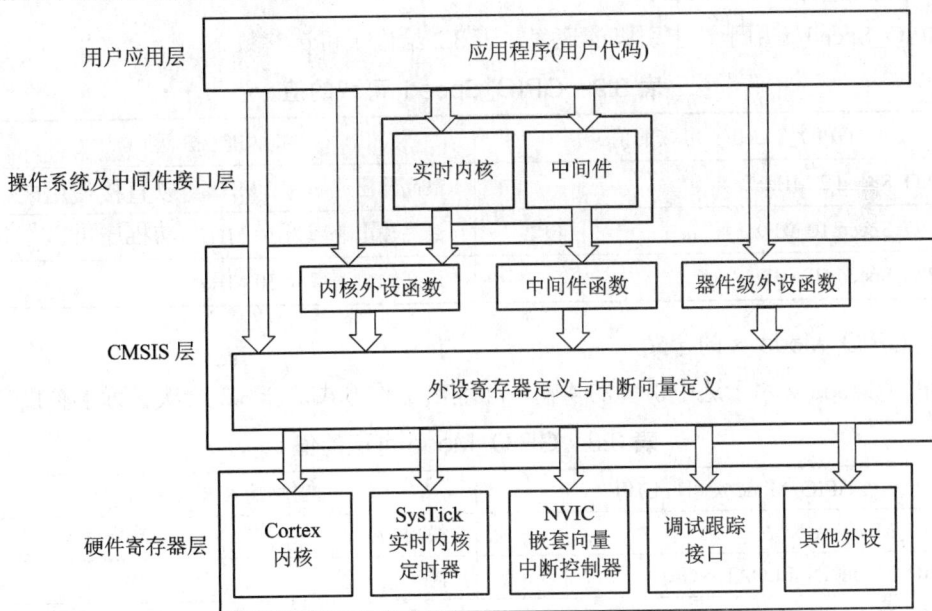

图 3.1　CMSIS 标准的软件架构

3.2　STM32 外设库函数调用基础

在进行 STM32 外设库函数调用时，往往涉及 I/O 引脚的配置等信息。为了使读者更清

楚地进行外设固件库的调用，固件库中把相关引脚寄存器(16 位)中的位值用代表某种含义的名字(字符串)表示，通过相关的连接操作实现编程。

1. GPIO_Pin_x 的含义

GPIO_Pin_x 用于选择待设置的端口 GPIO(PA～PE，每个端口：0～15)引脚号。使用操作符"|"可以一次选中多个引脚，其配置可用表 3.1 所列值任意组合。

表 3.1 GPIO_Pin_x 的值

GPIO_Pin_x 的值	功 能 描 述	GPIO_Pin_x 的值	功 能 描 述
GPIO_Pin_None	无引脚被选中	GPIO_Pin_All	选中全部引脚
GPIO_Pin_0	选中引脚 0	GPIO_Pin_8	选中引脚 8
GPIO_Pin_1	选中引脚 1	GPIO_Pin_9	选中引脚 9
GPIO_Pin_2	选中引脚 2	GPIO_Pin_10	选中引脚 10
GPIO_Pin_3	选中引脚 3	GPIO_Pin_11	选中引脚 11
GPIO_Pin_4	选中引脚 4	GPIO_Pin_12	选中引脚 12
GPIO_Pin_5	选中引脚 5	GPIO_Pin_13	选中引脚 13
GPIO_Pin_6	选中引脚 6	GPIO_Pin_14	选中引脚 14
GPIO_Pin_7	选中引脚 7	GPIO_Pin_15	选中引脚 15

2. GPIO_Speed_x 的含义

GPIO_Speed_x 用于选中引脚的速率，表 3.2 给出了可选参数。

表 3.2 GPIO_Speed 可取的值

GPIO_Speed_x 可取的值	功 能 描 述
GPIO_Speed 2 MHz	最高输出速率为 2 MHz
GPIO_Speed 10 MHz	最高输出速率为 10 MHz
GPIO_Speed 50 MHz	最高输出速率为 50 MHz

3. GPIO_Mode_x 的含义

GPIO_Mode_x 用于选中引脚的 4 输入/4 输出工作方式，表 3.3 给出了可选参数。

表 3.3 GPIO_Mode 可取的值

GPIO_Mode_x 可取的值	引脚输入/输出状态
GPIO_Mode_AIN	模拟输入
GPIO_Mode_IN_FLOATING	浮空输入
GPIO_Mode_IN_IPD	下拉输入
GPIO_Mode_IN_IPU	上拉输入
GPIO_Mode_Out_OD	开漏输出
GPIO_Mode_Out_PP	推挽输出
GPIO_Mode_AF_OD	复用开漏输出
GPIO_Mode_AF_PP	复用推挽输出

4．设置例程

如果把端口 B 的 3、7、12 引脚设为推挽输出，最大速率设为 10 MHz。其定义为：

```
GPIO_InitTypeDef    GPIO_InitStructure;                    //定义结构体
GPIO_InitStructure.GPI0_Pin=GPIO_Pin_3 | GPI0_Pin_7 | GPI0_Pin_12; //组合引脚
GPIO_InitStructure.GPI0_Speed = GPIO_Speed_10 MHz;        //定义引脚速率
GPIO_InitStructure.GPI0_Mode = GPIO_Mode_Out_PP;          //定义输出方式
GPIO_Init (GPIOB, &GPIO_InitStructure);                   //调用初始化函数
```

3.3　通用输入/输出(GPIO)库函数

通用的 GPIO 引脚被分组为 PA、PB、PC、PD 和 PE 等，统一可写成 Px 或 GPIOx。每组中的各端口根据 GPIO 寄存器中每位对应的位置又分别编号为 0～15。常用的 GPIO 库函数如表 3.4 所示。

表 3.4　GPIO 库函数

函 数 名	功 能 描 述
GPIO_Init	根据 GPIO_InitStruct 中指定的参数初始化外设 GPIOx 寄存器
GPIO_SetBits	设置指定的数据端口一个或多个所选定的位为高电平
GPIO_ResetBits	设置指定的数据端口一个或多个所选定的位为低电平
GPIO_WriteBit	设置或清除指定的数据端口的特定位
GPIO_Write	向指定的 GPIO 数据端口写入数据
GPIO_ReadInputDataBit	读取指定端口管脚的输入值，每次读取一个位
GPIO_ReadInputData	读取指定的 GPIO 端口输入值，为一个 16 位数据
GPIO_ReadOutputDataBit	读取指定端口引脚的输出值，每次读取一个位
GPIO_ReadOutputData	读取指定的 GPIO 端口输出值，为一个 16 位数据
GPIO_DeInit	将外设 GPIOx 寄存器重设为缺省(默认)值
GPIO_AFIODeInit	将复用功能(重映射事件控制和 EXTI 设置)重设为缺省值
GPIO_StructInit	把 GPIO_InitStruct 中的每一个参数按缺省值填入
GPIO_PinLockConfig	锁定 GPIO 管脚设置寄存器
GPIO_EventOutputConfig	选择 GPIO 管脚用作事件输出
GPIO_EventOutputCmd	使能或者失能事件输出
GPIO_PinRemapConfig	改变指定管脚的映射
GPIO_EXTILineConfig	选择 GPIO 管脚用作外部中断线路

3.3.1　GPIO 初始化相关函数

1．GPIO_Init 函数

GPIO_Init 函数的功能是设定 A、B、C、D、E 端口的任一个 I/O 口的输入和输出的配

置，通过该函数可以按需要初始化芯片的 I/O 口。表 3.5 描述了该函数的内容。

表 3.5　GPIO_Init 函数

函数原形	void GPIO_Init(GPIO_TypeDef* GPIOx, GPIO_InitTypeDef* GPIO_InitStruct)
功能描述	根据 GPIO_InitStruct 中指定的参数初始化外设 GPIOx 寄存器
输入参数 1	GPIOx：x 可以是 A、B、C、D 或者 E，用于选择 GPIO 外设
输入参数 2	GPIO_InitStruct：指向结构 GPIO_InitTypeDef 的指针，包含了外设 GPIO 的配置信息
输出参数：无；返回值：无；先决条件：无；被调用函数：无	

GPIO_InitTypeDef 结构体定义在文件"stm32f10x_gpio.h"中，其内容如下：

```
typedef struct
{   u16 GPIO_Pin;
    GPIOSpeed_TypeDef GPIO_Speed;
    GPIOMode_TypeDef GPIO_Mode;
} GPIO_InitTypeDef;
```

例 3.1　配置端口 A 的 2、3、6 为浮空输入，最大速率为 10 MHz。

```
GPIO_InitTypeDef GPIO_InitStructure;
GPIO_InitStructure.GPIO_Pin = GPIO_Pin_2 | GPI0_Pin_3 | GPI0_Pin_6;
GPIO_InitStructure.GPIO_Speed = GPIO_Speed_10MHz;
GPIO_InitStructure.GPIO_Mode = GPIO_Mode_IN_FLOATING;
GPIO_Init(GPIOA, &GPIO_InitStructure);
```

2. GPIO_DeInit 函数

GPIO_DeInit 函数的功能是将外设 GPIOx 寄存器重设为复位缺省值。表 3.6 描述了该函数的内容。

表 3.6　GPIO_DeInit 函数

函数原形	void GPIO_DeInit(GPIO_TypeDef* GPIOx)
功能描述	将外设 GPIOx 寄存器重设为缺省值
输入参数	GPIOx：x 可以是 A、B、C、D 或者 E，用于选择 GPIO 外设
输出参数：无；返回值：无；先决条件：无；被调用函数：RCC_APB2PeriphResetCmd()	

例 3.2　将外设端口 A 配置为复位缺省值。

```
GPIO_DeInit(GPIOA);
```

例 3.3　将外设端口 D 配置为复位缺省值。

```
GPIO_DeInit(GPIOD);
```

3. GPIO_AFIODeInit 函数

GPIO_AFIODeInit 函数的功能是将复用功能(重映射事件控制和 EXTI 设置)重设为缺省值。表 3.7 描述了该函数的内容。

表 3.7　GPIO_AFIODeInit 函数

函数原形	void GPIO_AFIODeInit(void)
功能描述	将复用功能重设为缺省值
输入参数：无；输出参数：无；返回值：无；先决条件：无；被调用函数：RCC_APB2PeriphResetCmd()	

例 3.4　将外设复用功能复位为缺省值。

> GPIO_AFIODeInit();

4. GPIO_StructInit 函数

GPIO_StructInit 函数的功能是把 GPIO_InitStruct 中的每一个参数按缺省值填入。表 3.8 描述了该函数的内容。

表 3.8　GPIO_StructInit 函数

函数原形	void GPIO_StructInit(GPIO_InitTypeDef* GPIO_InitStruct)
功能描述	把 GPIO_InitStruct 中的每一个参数按缺省值填入
输入参数	GPIO_InitStruct：指向结构 GPIO_InitTypeDef 的指针，待初始化(缺省值见表 3.9)
输出参数：无；返回值：　无；先决条件：无；被调用函数：无	

表 3.9　GPIO_InitStruct 缺省值

成　员	缺　省　值
GPIO_Pin	GPIO_Pin_All
GPIO_Speed	GPIO_Speed_2 MHz
GPIO_Mode	GPIO_Mode_IN_FLOATING

例 3.5　初始化 GPIO 初始化结构参数。

> GPIO_InitTypeDef GPIO_InitStructure;
>
> GPIO_StructInit(&GPIO_InitStructure);

5. GPIO_PinLockConfig 函数

GPIO_PinLockConfig 函数的功能是锁定 GPIO 管脚的设置寄存器。表 3.10 描述了该函数的内容。

表 3.10　GPIO_PinLockConfig 函数

函数原形	void GPIO_PinLockConfig(GPIO_TypeDef* GPIOx, u16 GPIO_Pin)
功能描述	锁定 GPIO 管脚的设置寄存器
输入参数 1	GPIOx：x 可以是 A、B、C、D 或者 E，用来选择 GPIO 外设
输入参数 2	GPIO_Pin：待锁定的端口位(x 可以是 0~15 的任意组合)
输出参数：无；返回值：无；先决条件：无；被调用函数：无	

例 3.6　锁定外设端口 A 的引脚 1 和引脚 5。

> GPIO_PinLockConfig(GPIOA,GPIO_Pin_1 | GPIO_Pin_5);

6. GPIO_PinRemapConfig 函数

GPIO_PinRemapConfig 函数的功能是改变指定管脚的映射。表 3.11 描述了该函数的内容。

表 3.11　GPIO_PinRemapConfig 函数

函数原形	void GPIO_PinRemapConfig(u32 GPIO_Remap, FunctionalState NewState)
功能描述	改变指定管脚的映射
输入参数 1	GPIO_Remap: 选择重映射的管脚(可重映射的管脚见表 3.12)
输入参数 2	NewState: 管脚重映射的新状态(可取 ENABLE 或 DISABLE)
输出参数：无；返回值：无；先决条件：无；被调用函数：无	

表 3.12　GPIO_Remap 的值

GPIO_Remap 选择	功 能 描 述
GPIO_Remap_SPI1	SPI1 复用功能映射
GPIO_Remap_I2C1	I2C1 复用功能映射
GPIO_Remap_USART1	USART1 复用功能映射
GPIO_Remap_USART2	USART2 复用功能映射
GPIO_FullRemap_USART3	USART3 复用功能完全映射
GPIO_PartialRemap_USART3	USART3 复用功能部分映射
GPIO_FullRemap_TIM1	TIM1 复用功能完全映射
GPIO_PartialRemap1_TIM2	TIM2 复用功能部分映射 1
GPIO_PartialRemap2_TIM2	TIM2 复用功能部分映射 2
GPIO_FullRemap_TIM2	TIM2 复用功能完全映射
GPIO_PartialRemap_TIM3	TIM3 复用功能部分映射
GPIO_FullRemap_TIM3	TIM3 复用功能完全映射
GPIO_Remap_TIM4	TIM4 复用功能映射
GPIO_Remap1_CAN	CAN 复用功能映射 1
GPIO_Remap2_CAN	CAN 复用功能映射 2
GPIO_Remap_PD01	PD01 复用功能映射
GPIO_Remap_SWJ_NoJTRST	除 JTRST 外 SWJ 完全使能(JTAG+SW-DP)
GPIO_Remap_SWJ_JTAGDisable	JTAG-DP 失能 + SW-DP 使能
GPIO_Remap_SWJ_Disable	SWJ 完全失能(JTAG+SW-DP)

例 3.7　在 PB8 引脚上映射 I2C1_SCL，在 PB9 引脚上映射 I2C1_SDA。

```
GPIO_PinRemapConfig(GPIO_Remap_I2C1, ENABLE);
```

3.3.2　GPIO 引脚读写函数

1. GPIO_SetBits 函数

GPIO_SetBits 函数的功能是设置所选定端口的一个或多个所选定的位为高电平，表 3.13 描述了该函数的内容。

表 3.13　GPIO_SetBits 函数

函数原形	void GPIO_SetBits(GPIO_TypeDef* GPIOx, u16 GPIO_Pin)
功能描述	设置指定的数据端口位为高电平（"1"）
输入参数 1	GPIOx：x 可以是 A、B、C、D 或者 E，用于选择 GPIO 外设
输入参数 2	GPIO_Pin：待设置的端口位
输出参数：无；返回值：无；先决条件：无；被调用函数：无	

例 3.8　设置外设端口 A 的第 7 脚、11 脚为高电平。

GPIO_SetBits(GPIOA, GPIO_Pin_7 | GPIO_Pin_11);

例 3.9　设置外设端口 D 的第 9 脚、14 脚为高电平。

GPIO_SetBits(GPIOD, GPIO_Pin_9 | GPIO_Pin_14);

2. GPIO_ResetBits 函数

GPIO_ResetBits 函数的功能是设置所选定端口的一个或多个所选定的位为低电平，表 3.14 描述了该函数的内容。

表 3.14　GPIO_ResetBits 函数

函数原形	void GPIO_ResetBits(GPIO_TypeDef* GPIOx, u16 GPIO_Pin)
功能描述	清除指定的数据端口的位为低电平（"0"）
输入参数 1	GPIOx：x 可以是 A、B、C、D 或者 E，用于选择 GPIO 外设
输入参数 2	GPIO_Pin：待清除的端口位
输出参数：无；返回值：无；先决条件：无；被调用函数：无	

例 3.10　清除外设端口 B 的第 4 脚、11 脚为低电平。

GPIO_ResetBit(GPIOB, GPIO_Pin_4 | GPIO_Pin_11);

例 3.11　清除外设端口 C 的第 2 脚、12 脚为低电平。

GPIO_ResetBit(GPIOC, GPIO_Pin_2 | GPIO_Pin_12);

3. GPIO_WriteBit 函数

GPIO_WriteBit 函数的功能是设置(或清除)选定端口的特定位为高电平(或低电平)，表 3.15 描述了该函数的内容。

表 3.15　GPIO_WriteBit 函数

函数原形	void GPIO_WriteBit(GPIO_TypeDef* GPIOx, u16 GPIO_Pin, BitAction BitVal)
功能描述	设置(或清除)指定的数据端口位
输入参数 1	GPIOx：x 可以是 A、B、C、D 或者 E，用于选择 GPIO 外设
输入参数 2	GPIO_Pin：待设置或清除的端口位
输入参数 3	BitVal：指定了待写入的位值是 Bit_SET(高电平)还是 Bit_RESET(低电平)
输出参数：无；返回值：无；先决条件：无；被调用函数：无	

例 3.12　要置外设数据端口 PE3 引脚为高电平。

　　　GPIO_GPIO_WriteBit(GPIOE, GPIO_Pin_3，Bit_SET);

例 3.13　要要清除外设端口 C 的第 2 脚为低电平。

　　　GPIO_GPIO_WriteBit(GPIOC, GPIO_Pin_2，Bit_RESET);

4. GPIO_ReadInputDataBit 函数

GPIO_ReadInputDataBit 函数的功能是读取指定外设端口引脚的输入值，每次读取一个位，高电平为 1，低电平为 0。表 3.16 描述了该函数的内容。

表 3.16　ReadInputDataBit 函数

函数原形	u8 GPIO_ReadInputDataBit(GPIO_TypeDef* GPIOx, u16 GPIO_Pin)
功能描述	读取指定端口管脚的输入值
输入参数 1	GPIOx：x 可以是 A、B、C、D 或者 E，用于选择 GPIO 外设
输入参数 2	GPIO_Pin：待读取的端口位
输出参数：无；返回值：输入端口的引脚值；先决条件：无；被调用函数：无	

例 3.14　读取外设端口 PA12 的值。

　　　u8 Read_Bit_Value1;

　　　Read_Bit_Value1 = GPIO_ReadInputDataBit(GPIOA, GPIO_Pin_12);

例 3.15　读取外设端口 PC2 的值。

　　　u8 Read_Bit_Value2;

　　　Read_Bit_Value2 = GPIO_ReadInputDataBit(GPIOC, GPIO_Pin_2);

5. GPIO_ReadOutputDataBit 函数

GPIO_ReadOutputDataBit 函数的功能是读取指定外设端口指定引脚的输出值(相当于读取该输出引脚的内部锁存器的值)。表 3.17 描述了该函数的内容。

表 3.17　GPIO_ReadOutputDataBit 函数

函数原形	u8 GPIO_ReadOutputDataBit(GPIO_TypeDef* GPIOx, u16 GPIO_Pin)
功能描述	读取指定端口引脚的输出值
输入参数 1	GPIOx：x 可以是 A、B、C、D 或者 E，用于选择 GPIO 外设
输入参数 2	GPIO_Pin：待读取的端口位
输出参数：无；返回值：GPIO 输出端口的引脚值；先决条件：无；被调用函数：无	

例 3.16　读取输出引脚 PA15 的值。

　　　u8 Read_Bit_Value1;

　　　Read_Bit_Value1 = GPIO_ReadOutputDataBit(GPIOA,GPIO_Pin_15);

例 3.17　读取输出引脚 PC10 的值。

　　　u8 Read_Bit_Value2;

　　　Read_Bit_Value2 = GPIO_ReadOutputDataBit(GPIOC,GPIO_Pin_10);

3.3.3　GPIO 端口读写函数

1．GPIO_ReadInputData 函数

GPIO_ReadInputData 函数的功能是读取指定外设端口的输入值，为 16 位数据。表 3.18 描述了该函数的内容。

表 3.18　ReadInputData 函数

函数原形	u16 GPIO_ReadInputData(GPIO_TypeDef* GPIOx)
功能描述	读取指定端口的输入值
输入参数	GPIOx：x 可以是 A、B、C、D 或者 E，用于选择 GPIO 外设
输出参数：无；返回值：输入端口的值；先决条件：无；被调用函数：无	

例 3.18　读取外设端口 B 的 I/O 值。

```
u16 Read_Value1;

Read_Value1 = GPIO_ReadInputData(GPIOB);
```

例 3.19　读取外设端口 D 的 I/O 值。

```
u16 Read_Value2;

Read_Value2 = GPIO_ReadInputData(GPIOD);
```

2．GPIO_Write 函数

GPIO_Write 函数的功能是向指定 GPIO 数据端口写入 16 位的数据。表 3.19 描述了该函数的内容。

表 3.19　GPIO_Write 函数

函数原形	void GPIO_Write(GPIO_TypeDef* GPIOx, u16 PortVal)
功能描述	向指定 GPIO 数据端口写入 16 位的数据
输入参数 1	GPIOx：x 可以是 A、B、C、D 或者 E，用于选择 GPIO 外设
输入参数 2	PortVal：待写入端口数据寄存器的值
输出参数：无；返回值：无；先决条件：无；被调用函数：无	

例 3.20　向外设端口 A 写入 0x1234。

```
GPIO_Write (GPIOA, 0x1234);
```

例 3.21　向外设端口 C 写入 0x5A2B。

```
GPIO_Write (GPIOC, 0x5A2B);
```

3．GPIO_ReadOutputData 函数

GPIO_ReadOutputData 函数的功能是读取指定外设端口的输出值(16 位数据)。表 3.20 描述了该函数的内容。

表 3.20　GPIO_ReadOutputData 函数

函数原形	u16 GPIO_ReadOutputData(GPIO_TypeDef* GPIOx)
功能描述	读取指定 GPIO 端口的输出值(16 位数据)
输入参数	GPIOx：x 可以是 A、B、C、D 或者 E，用于选择 GPIO 外设
输出参数：无；返回值：GPIO 输出端口值；先决条件：无；被调用函数：无	

例 3.22 读取输出外设端口 A 的值。

```
u16 Read_Value1;

Read_Value1 = GPIO_ReadOutputData(GPIOA);
```

例 3.23 读取输出外设端口 C 的值。

```
u16 Read_Value2;

Read_Value2 = GPIO_ReadOutputData(GPIOC);
```

3.3.4　GPIO 管脚事件输出配置使能函数

1．GPIO_EventOutputConfig 函数

GPIO_EventOutputConfig 函数的功能是选择 GPIO 管脚用作事件输出。表 3.21 描述了该函数的内容。

表 3.21　GPIO_EventOutputConfig 函数

函数原形	void GPIO_EventOutputConfig(u8 GPIO_PortSource, u8 GPIO_PinSource)
功能描述	选择 GPIO 管脚用作事件输出
输入参数 1	GPIO_PortSource: 选择用作事件输出的 GPIO 端口(可以是 A 或 B 或 C 或 D 或 E)
输入参数 2	GPIO_PinSourcex：事件输出的管脚(x 可以是 0～15 的任意组合)
输出参数：无；返回值：无；先决条件：无；被调用函数：无	

例 3.24 选择外设端口 E 的 5 脚为事件输出。

GPIO_EventOutputConfig (GPIO_PortSourceGPIOE，GPIO_PinSource5);

2．GPIO_EventOutputCmd 函数

GPIO_EventOutputCmd 函数的功能是使能或失能事件输出。表 3.22 描述了该函数的内容。

表 3.22　GPIO_EventOutputCmd 函数

函数原形	void GPIO_EventOutputCmd(FunctionalState NewState)
功能描述	使能或者失能事件输出
输入参数	NewState：事件输出的新状态(可选：ENABLE 或 DISABLE)
输出参数：无；返回值：无；先决条件：无；被调用函数：无	

例 3.25 允许(使能)外设端口 C 的 6 脚为事件输出。

```
GPIO_EventOutputConfig (GPIO_PortSourceGPIOC，GPIO_PinSource6);

GPIO_EventOutputCmd(ENABLE);
```

3.3.5　GPIO 管脚中断管理函数

GPIO 管脚中断函数 GPIO_EXTILineConfig 的功能是选择 GPIO 管脚用作外部中断线路。表 3.23 描述了该函数的内容。

表 3.23　GPIO_EXTILineConfig 函数

函数原形	void GPIO_EXTILineConfig(u8 GPIO_PortSource, u8 GPIO_PinSource)
功能描述	选择 GPIO 管脚用作外部中断线路
输入参数 1	GPIO_PortSource：选择用作外部中断线源的 GPIO 端口
输入参数 2	GPIO_PinSourcex：待设置的外部中断线路(x 可以是 0～15 的任意组合)

输出参数：无；返回值：无；先决条件：无；被调用函数：无

例 3.26　选择 PB8 端口作为外部(EXTI)中断线 8。

GPIO_EXTILineConfig(GPIO_PortSource GPIOB, GPIO_PinSource8);

3.4　复位和时钟设置(RCC)库函数

RCC 有多种用途，包括时钟设置、外设复位和时钟管理。RCC 寄存器库函数 RCC_TypeDef 结构的描述在文件"stm32f10x_map.h"中(结构成员见表 3.24)定义如下：

```
typedef struct
{
    vu32 CR;
    vu32 CFGR;
    vu32 CIR;
    vu32 APB2RSTR;
    vu32 APB1RSTR;
    vu32 AHBENR;
    vu32 APB2ENR;
    vu32 APB1ENR;
    vu32 BDCR;
    vu32 CSR;
} RCC_TypeDef;
```

表 3.24　RCC 结构中的成员(寄存器)

成员(寄存器)	功 能 描 述	成员(寄存器)	功 能 描 述
CR	时钟控制寄存器	CFGR	时钟配置寄存器
CIR	时钟中断寄存器	APB2RSTR	APB2 外设复位寄存器
APB1RSTR	APB1 外设复位寄存器	AHBENR	AHB 外设时钟使能寄存器
APB2ENR	APB2 外设时钟使能寄存器	APB1ENR	APB1 外设时钟使能寄存器
BDCR	备份域控制寄存器	CSR	控制/状态寄存器

相关 RCC 的库函数有 32 个，见表 3.25。

表 3.25 RCC 库函数

函　数　名	功　能　描　述
RCC_DeInit	将外设 RCC 寄存器重设为缺省值
RCC_HSEConfig	设置外部高速晶振(HSE)
RCC_WaitForHSEStartUp	等待 HSE 起振
RCC_AdjustHSICalibrationValue	调整内部高速晶振(HSI)校准值
RCC_HSICmd	使能或者失能内部高速晶振(HSI)
RCC_PLLConfig	设置 PLL 时钟源及倍频系数
RCC_PLLCmd	使能或者失能 PLL
RCC_SYSCLKConfig	设置系统时钟(SYSCLK)
RCC_GetSYSCLKSource	返回用作系统时钟的时钟源
RCC_HCLKConfig	设置 AHB 时钟(HCLK)
RCC_PCLK1Config	设置低速 AHB 时钟(PCLK1)
RCC_PCLK2Config	设置高速 AHB 时钟(PCLK2)
RCC_ITConfig	使能或者失能指定的 RCC 中断
RCC_USBCLKConfig	设置 USB 时钟(USBCLK)
RCC_ADCCLKConfig	设置 ADC 时钟(ADCCLK)
RCC_LSEConfig	设置外部低速晶振(LSE)
RCC_LSICmd	使能或者失能内部低速晶振(LSI)
RCC_RTCCLKConfig	设置 RTC 时钟(RTCCLK)
RCC_RTCCLKCmd	使能或者失能 RTC 时钟
RCC_GetClocksFreq	返回不同片上时钟的频率
RCC_AHBPeriphClockCmd	使能或者失能 AHB 外设时钟
RCC_APB2PeriphClockCmd	使能或者失能 APB2 外设时钟
RCC_APB1PeriphClockCmd	使能或者失能 APB1 外设时钟
RCC_APB2PeriphResetCmd	强制或者释放高速 APB(APB2)外设复位
RCC_APB1PeriphResetCmd	强制或者释放低速 APB(APB1)外设复位
RCC_BackupResetCmd	强制或者释放后备域复位
RCC_ClockSecuritySystemCmd	使能或者失能时钟安全系统
RCC_MCOConfig	选择在 MCO 管脚上输出的时钟源
RCC_GetFlagStatus	检查指定的 RCC 标志位设置与否
RCC_ClearFlag	清除 RCC 的复位标志位
RCC_GetITStatus	检查指定的 RCC 中断发生与否
RCC_ClearITPendingBit	清除 RCC 的中断待处理位

3.4.1　RCC 初始化相关函数

1．RCC_DeInit 函数

RCC_DeInit 函数的功能是将外设 RCC 寄存器重设为缺省值。表 3.26 描述了该函数的内容。

表 3.26　RCC_DeInit 函数

函数原形	void RCC_DeInit(void)
功能描述	将外设 RCC 寄存器重设为缺省值
输入参数：无；输出参数：无；返回值：无；先决条件：无；被调用函数：无	

例 3.27　设置 RCC 寄存器为初始(默认)值。

```
RCC_DeInit();
```

2．RCC_ClearFlag 函数

RCC_ClearFlag 函数的功能是清除 RCC 的复位标志位。表 3.27 描述了该函数的内容。

表 3.27　RCC_ClearFlag 函数

函数原形	void RCC_ClearFlag(void)
功能描述	清除 RCC 的复位标志位
输入参数	RCC_FLAG：清除的 RCC 复位标志位
输出参数：无；返回值：无；先决条件：无；被调用函数：无	
注：可以清除的复位标志位有：RCC_FLAG_PINRST、RCC_FLAG_PORRST、RCC_FLAG_SFTRST、RCC_FLAG_IWDGRST、RCC_FLAG_WWDGRST 和 RCC_FLAG_LPWRRST	

例 3.28　清除复位标志。

```
RCC_ClearFlag();
```

3．RCC_GetFlagStatus 函数

RCC_GetFlagStatus 函数的功能是检查指定的 RCC 标志位设置与否。表 3.28 描述了该函数的内容。

表 3.28　RCC_GetFlagStatus 函数

函数原形	FlagStatus RCC_GetFlagStatus(u8 RCC_FLAG)
功能描述	检查指定的 RCC 标志位设置与否
输入参数	RCC_FLAG：待检查的 RCC 标志位(见表 3.29)
输出参数：无；返回值：RCC_FLAG 的新状态(SET 或 RESET)；先决条件：无；被调用函数：无	

表 3.29 RCC_FLAG 取值

RCC_FLAG 取值	功 能 描 述	RCC_FLAG 取值	功 能 描 述
RCC_FLAG_HSIRDY	HSI 晶振就绪	RCC_FLAG_PORRST	POR/PDR 复位
RCC_FLAG_HSERDY	HSE 晶振就绪	RCC_FLAG_SFTRST	软件复位
RCC_FLAG_PLLRDY	PLL 就绪	RCC_FLAG_IWDGRST	IWDG 复位
RCC_FLAG_LSERDY	LSE 晶振就绪	RCC_FLAG_WWDGRST	WWDG 复位
RCC_FLAG_LSIRDY	LSI 晶振就绪	RCC_FLAG_LPWRRST	低功耗复位
RCC_FLAG_PINRST	管脚复位		

例 3.29 检查 PLL 时钟是否准备就绪。

```
FlagStatus Status;
Status = RCC_GetFlagStatus(RCC_FLAG_PLLRDY);
if(Status == RESET)
 {
    //做相关处理...
 }
else
 {
    //做相关处理
 }
```

3.4.2 配置高速(HSE、HSI)相关函数

1. RCC_HSEConfig 函数

RCC_HSEConfig 函数的功能是配置外部高速晶振(HSE)。表 3.30 描述了该函数的内容。

表 3.30 RCC_HSEConfig 函数

函数原形	void RCC_HSEConfig(u32 RCC_HSE)
功能描述	设置外部高速晶振(HSE)
输入参数	RCC_HSE: HSE 的新状态(取值见表 3.31)
输出参数: 无; 返回值: 无; 先决条件: 若 HSE 被直接或通过 PLL 用于系统时钟, 则不能被停振; 被调用函数: 无	

表 3.31 RCC_HSE 定义

RCC_HSE 取值	功 能 描 述
RCC_HSE_OFF	HSE 晶振 OFF
RCC_HSE_ON	HSE 晶振 ON
RCC_HSE_Bypass	HSE 晶振被外部时钟旁路

例 3.30 使能(打开)HSE 外部晶振。

RCC_HSEConfig(RCC_HSE_ON);

2. RCC_WaitForHSEStartUp 函数

RCC_WaitForHSEStartUp 函数的功能是等待 HSE 起振。表 3.32 描述了该函数的内容。

表 3.32 RCC_WaitForHSEStartUp 函数

函数原形	ErrorStatus RCC_WaitForHSEStartUp(void)
功能描述	等待 HSE 起振(等待直到 HSE 就绪，或者在超时的情况下退出)
输入参数：无；输出参数：无；先决条件：无；被调用函数：无	
返回值	SUCCESS：HSE 晶振稳定且就绪 ERROR：HSE 晶振未就绪

例 3.31 RCC_WaitForHSEStartup 函数的使用步骤。

```
ErrorStatus    HSEStartUpStatus;
RCC_HSEConfig(RCC_HSE_ON);                  //使能 HSE
HSEStartUpStatus = RCC_WaitForHSEStartUp();  //等待直到 HSE 就绪或在超时的情况下退出
if(HSEStartUpStatus == SUCCESS)
{
    /*加入 PLL 和系统时钟的定义 */
}
else
{
    /* 加入超时错误处理 */
}
```

3. RCC_HSICmd 函数

RCC_HSICmd 函数的功能是使能或者失能内部高速晶振(HIS)。表 3.33 描述了该函数的内容。

表 3.33 RCC_HSICmd 函数

函数原形	void RCC_HSICmd(FunctionalState NewState)
功能描述	使能或者失能内部高速晶振(HSI)
输入参数	NewState：HSI 新状态(取值：ENABLE 或 DISABLE)
先决条件	如果 HSI 被直接或通过 PLL 用于系统时钟，或者 FLASH 编写操作进行中，那么它不能被停振
输出参数：无；返回值：无；被调用函数：无	

例 3.32 使能内部高速 HIS 振荡器。

RCC_HSICmd(ENABLE);

3.4.3 设置 PLL 时钟源及倍频系数相关函数

1. RCC_PLLConfig 函数

RCC_PLLConfig 函数的功能是设置 PLL 时钟源及倍频系数。表 3.34 描述了该函数的内容。

表 3.34　RCC_PLLConfig 函数

函数原形	void RCC_PLLConfig(u32 RCC_PLLSource, u32 RCC_PLLMul)
功能描述	设置 PLL 时钟源及倍频系数
输入参数 1	RCC_PLLSource：PLL 的输入时钟源(见表 3.35)
输入参数 2	RCC_PLLMul：PLL 倍频系数(见表 3.36)
输出参数：无；返回值：无；先决条件：无；被调用函数：无	

表 3.35　RCC_PLLSource 取值

RCC_PLLSource 取值	功 能 描 述
RCC_PLLSource_HSI_Div2	PLL 的输入时钟 = HSI 时钟频率/2
RCC_PLLSource_HSE_Div1	PLL 的输入时钟 = HSE 时钟频率
RCC_PLLSource_HSE_Div2	PLL 的输入时钟 = HSE 时钟频率/2

表 3.36　RCC_PLLMul 取值

RCC_PLLMul 取值	功能描述	RCC_PLLMul 取值	功能描述
RCC_PLLMul_2	PLL 输入时钟×2	RCC_PLLMul_10	PLL 输入时钟×10
RCC_PLLMul_3	PLL 输入时钟×3	RCC_PLLMul_11	PLL 输入时钟×11
RCC_PLLMul_4	PLL 输入时钟×4	RCC_PLLMul_12	PLL 输入时钟×12
RCC_PLLMul_5	PLL 输入时钟×5	RCC_PLLMul_13	PLL 输入时钟×13
RCC_PLLMul_6	PLL 输入时钟×6	RCC_PLLMul_14	PLL 输入时钟×14
RCC_PLLMul_7	PLL 输入时钟×7	RCC_PLLMul_15	PLL 输入时钟×15
RCC_PLLMul_8	PLL 输入时钟×8	RCC_PLLMul_16	PLL 输入时钟×16
RCC_PLLMul_9	PLL 输入时钟×9		

注意：必须正确使用设置，使 PLL 输出时钟频率不得超过 72 MHz。

例 3.33　使用外部 8 MHz 晶振，设置 PLL 时钟为 72 MHz 时钟输出。

```
RCC_PLLConfig(RCC_PLLSource_HSE_Div1, RCC_PLLMul_9);
```

2. RCC_PLLCmd 函数

RCC_PLLCmd 函数的功能是使能或失能 PLL。表 3.37 描述了该函数的内容。

表 3.37　RCC_PLLCmd 函数

函数原形	void RCC_PLLCmd(FunctionalState NewState)
功能描述	使能或者失能 PLL
输入参数	NewState：PLL 新状态(可取：ENABLE 或 DISABLE)
输出参数：无；返回值：无；先决条件：如果 PLL 被用于系统时钟，那么它必须正常；被调用函数：无	

例 3.34　使能 PLL 时钟。

```
RCC_PLLCmd(ENABLE);
```

3.4.4　设置系统时钟(SYSCLK)相关函数

1. RCC_SYSCLKConfig 函数

RCC_SYSCLKConfig 函数的功能是设置系统时钟(SYSCLK)。表 3.38 描述了该函数的内容。

表 3.38　RCC_SYSCLKConfig 函数

函数原形	void RCC_SYSCLKConfig(u32 RCC_SYSCLKSource)
功能描述	设置系统时钟(SYSCLK)
输入参数	RCC_SYSCLKSource：用作系统时钟的时钟源(见表 3.39)
输出参数：无；返回值：无；先决条件：无；被调用函数：无	

表 3.39　RCC_SYSCLKSource 取值

RCC_SYSCLKSource 的取值	功　能　描　述
RCC_SYSCLKSource_HSI	选择 HSI 作为系统时钟
RCC_SYSCLKSource_HSE	选择 HSE 作为系统时钟
RCC_SYSCLKSource_PLLCLK	选择 PLL 作为系统时钟

例 3.35　选择 PLL 为系统时钟源。

```
RCC_SYSCLKConfig(RCC_SYSCLKSource_PLLCLK);
```

2. RCC_GetSYSCLKSource 函数

RCC_GetSYSCLKSource 函数的功能是返回用作系统时钟的时钟源。表 3.40 描述了该函数的内容。

表 3.40　RCC_GetSYSCLKSource 函数

函数原形	u8 RCC_GetSYSCLKSource(void)
功能描述	返回用作系统时钟的时钟源
返回值	0x00：HSI 作为系统时钟；0x04：HSE 作为系统时钟；0x08：PLL 作为系统时钟
输入参数：无；输出参数：无；先决条件：无；被调用函数：无	

例 3.36　检测 HSE 是否作为系统时钟源。

```
if(RCC_GetSYSCLKSource() != 0x04)
  {
      /*作相应处理*/
  }
else
  {
      /*作相应处理*/
  }
```

3.4.5　设置 AHB 时钟相关函数

1. RCC_HCLKConfig 函数

RCC_HCLKConfig 函数的功能是设置 AHB 时钟(HCLK)。表 3.41 描述了该函数的内容。

表 3.41　RCC_HCLKConfig 函数

函数原形	void RCC_HCLKConfig(u32 RCC_HCLK)
功能描述	设置 AHB 时钟(HCLK)
输入参数	RCC_HCLK：定义 HCLK，该时钟取自系统时钟(SYSCLK)(取值见表 3.42)
输出参数：无；返回值：无；先决条件：无；被调用函数：无	

表 3.42　RCC_HCLK 取值

RCC_HCLK 取值	功　能　描　述
RCC_SYSCLK_Div1	AHB 时钟 = 系统时钟
RCC_SYSCLK_Div2	AHB 时钟 = 系统时钟/2
RCC_SYSCLK_Div4	AHB 时钟 = 系统时钟/4
RCC_SYSCLK_Div8	AHB 时钟 = 系统时钟/8
RCC_SYSCLK_Div16	AHB 时钟 = 系统时钟/16
RCC_SYSCLK_Div64	AHB 时钟 = 系统时钟/64
RCC_SYSCLK_Div128	AHB 时钟 = 系统时钟/128
RCC_SYSCLK_Div256	AHB 时钟 = 系统时钟/256
RCC_SYSCLK_Div512	AHB 时钟 = 系统时钟/512

例 3.37　设定 AHB 时钟为系统时钟(AHB 时钟 = 系统时钟)。

```
RCC_HCLKConfig(RCC_SYSCLK_Div1);
```

2. RCC_PCLK1Config 函数

RCC_PCLK1Config 函数的功能是设置低速 AHB 时钟(PCLK1)。表 3.43 描述了该函数的内容。

表 3.43　RCC_PCLK1Config 函数

函数原形	void RCC_PCLK1Config(u32 RCC_PCLK1)
功能描述	设置低速 AHB 时钟(PCLK1)
输入参数	RCC_PCLK1：定义 PCLK1，该时钟源自 AHB 时钟(HCLK)(取值见表 3.44)
输出参数：无；返回值：无；先决条件：无；被调用函数：无	

表 3.44　RCC_PCLK1 取值

RCC_PCLK1 取值	功 能 描 述
RCC_HCLK_Div1	PCLK1 时钟 = HCLK
RCC_HCLK_Div2	PCLK1 时钟 = HCLK/2
RCC_HCLK_Div4	PCLK1 时钟 = HCLK/4
RCC_HCLK_Div8	PCLK1 时钟 = HCLK/8
RCC_HCLK_Div16	PCLK1 时钟 = HCLK/16

例 3.38　设定 PCLK1 时钟为系统时钟的 1/2。

RCC_PCLK1Config(RCC_HCLK_Div2);

3. RCC_PCLK2Config 函数

RCC_PCLK2Config 函数的功能是设置高速 AHB 时钟(PCLK2)。表 3.45 描述了该函数的内容。

表 3.45　RCC_PCLK2Config 函数

函数原形	void RCC_PCLK2Config(u32 RCC_PCLK2)
功能描述	设置高速 AHB 时钟(PCLK2)
输入参数	RCC_PCLK2：定义 PCLK2，该时钟源自 AHB 时钟(HCLK)(取值见表 3.46)
输出参数：无；返回值：无；先决条件：无；被调用函数：无	

表 3.46　RCC_PCLK2 取值

RCC_PCLK2 取值	功 能 描 述	RCC_PCLK2 取值	功 能 描 述
RCC_HCLK_Div1	APB2 时钟 = HCLK	RCC_HCLK_Div8	APB8 时钟 = HCLK/8
RCC_HCLK_Div2	APB2 时钟 = HCLK/2	RCC_HCLK_Div16	APB16 时钟 = HCLK/16
RCC_HCLK_Div4	APB4 时钟 = HCLK/4		

例 3.39　设定 PCLK2 时钟为 HCLK。

RCC_PCLK2Config(RCC_HCLK_Div1);

4. RCC_AHBPeriphClockCmd 函数

RCC_AHBPeriphClockCmd 函数的功能是使能或者失能 AHB 外设时钟。表 3.47 描述了该函数的内容。

表 3.47　RCC_AHBPeriphClockCmd 函数

函数原形	void RCC_AHBPeriphClockCmd(u32 RCC_AHBPeriph, FunctionalState NewState)
功能描述	使能或者失能 AHB 外设时钟
输入参数 1	RCC_AHBPeriph：门控 AHB 外设时钟(见表 3.48)
输入参数 2	NewState：指定外设时钟的新状态(取值：ENABLE 或 DISABLE)
输出参数：无；返回值：无；先决条件：无；被调用函数：无	

表 3.48　RCC_AHBPeriph 取值

RCC_AHBPeriph 取值	功能描述	RCC_AHBPeriph 取值	功能描述
RCC_AHBPeriph_DMA	DMA 时钟	RCC_AHBPeriph_FLITF	FLITF 时钟
RCC_AHBPeriph_SRAM	SRAM 时钟		

例 3.40　打开(使能)DMA 时钟源。

　　RCC_AHBPeriphClockCmd(RCC_AHBPeriph_DMA，ENABLE);

5. RCC_APB2PeriphClockCmd 函数

RCC_APB2PeriphClockCmd 函数的功能是使能或者失能 APB2 外设时钟。表 3.49 描述了该函数的内容。

表 3.49　RCC_APB2PeriphClockCmd 函数

函数原形	void RCC_APB2PeriphClockCmd(u32 RCC_APB2Periph,　FunctionalState NewState)
功能描述	使能或者失能 APB2 外设时钟
输入参数 1	RCC_APB2Periph：门控 APB2 外设时钟(见表 3.50)，可以组合
输入参数 2	NewState：指定外设时钟的新状态(取值：ENABLE 或 DISABLE)
输出参数：无；返回值：无；先决条件：无；被调用函数：无	

表 3.50　RCC_APB2Periph 取值

RCC_APB2Periph 取值	功能描述	RCC_APB2Periph 取值	功能描述
RCC_APB2Periph_AFIO	复用 IO 时钟	RCC_APB2Periph_ADC1	ADC1 时钟
RCC_APB2Periph_GPIOA	SRAM 时钟	RCC_APB2Periph_ADC2	ADC2 时钟
RCC_APB2Periph_GPIOB	GPIOB 时钟	RCC_APB2Periph_TIM1	TIM1 时钟
RCC_APB2Periph_GPIOC	GPIOC 时钟	RCC_APB2Periph_SPI1	SPI1 时钟
RCC_APB2Periph_GPIOD	GPIOD 时钟	RCC_APB2Periph_USART1	USART1 时钟
RCC_APB2Periph_GPIOE	GPIOE 时钟	RCC_APB2Periph_ALL	全部 APB2 外设时钟

例 3.41　打开(使能)端口 A、端口 B 和 SPI1 时钟源。

　　RCC_APB2PeriphClockCmd(RCC_APB2Periph_GPIOA | RCC_APB2Periph_GPIOB |
　　RCC_APB2Periph_SPI1, ENABLE);

6. RCC_APB1PeriphClockCmd 函数

RCC_APB1PeriphClockCmd 函数的功能是使能或者失能 APB1 外设时钟。表 3.51 描述了该函数的内容。

表 3.51　RCC_APB1PeriphClockCmd 函数

函数原形	vvoid RCC_APB1PeriphClockCmd(u32 RCC_APB1Periph, FunctionalState NewState)
功能描述	使能或者失能 APB1 外设时钟
输入参数 1	RCC_APB1Periph：门控 APB1 外设时钟(见表 3.52)，可以组合
输入参数 2	NewState：指定外设时钟的新状态(取值：ENABLE 或 DISABLE)
输出参数：无；返回值：无；先决条件：无；被调用函数：无	

表 3.52　RCC_APB1Periph 取值

RCC_APB1Periph 取值	功能描述	RCC_APB1Periph 取值	功能描述
RCC_APB1Periph_TIM2	TIM2 时钟	RCC_APB1Periph_I2C1	I2C1 时钟
RCC_APB1Periph_TIM3	TIM3 时钟	RCC_APB1Periph_I2C2	I2C2 时钟
RCC_APB1Periph_TIM4	TIM4 时钟	RCC_APB1Periph_USB	USB 时钟
RCC_APB1Periph_WWDG	WWDG 时钟	RCC_APB1Periph_CAN	CAN 时钟
RCC_APB1Periph_SPI2	SPI2 时钟	RCC_APB1Periph_BKP	BKP 时钟
RCC_APB1Periph_USART2	USART2 时钟	RCC_APB1Periph_PWR	PWR 时钟
RCC_APB1Periph_USART3	USART3 时钟	RCC_APB1Periph_ALL	全部 APB1 外设时钟

例 3.42　打开(使能)BKP 和 PWR 时钟源。

RCC_APB1PeriphClockCmd(RCC_APB1Periph_BKP | RCC_APB1Periph_PWR, ENABLE);

3.4.6　设置 USB、ADC 时钟相关函数

1. RCC_USBCLKConfig 函数

RCC_USBCLKConfig 函数的功能是设置 USB 时钟(USBCLK)。表 3.53 描述了该函数的内容。

表 3.53　RCC_USBCLKConfig 函数

函数原形	void RCC_USBCLKConfig(u32 RCC_USBCLKSource)
功能描述	设置 USB 时钟(USBCLK)
输入参数	RCC_USBCLKSource：定义 USBCLK，该时钟源自 PLL 输出(取值见表 3.54)
输出参数：无；返回值：无；先决条件：无；被调用函数：无	

表 3.54　RCC_USBCLKSource 取值

RCC_USBCLKSource 取值	功能描述
RCC_USBCLKSource_PLLCLK_1Div5	USB 时钟 = PLL 时钟/1.5
RCC_USBCLKSource_PLLCLK_Div1	USB 时钟 = PLL 时钟

例 3.43　设置 USB 的时钟为 PLL 时钟的 1/1.5。

　　　　RCC_USBCLKConfig(RCC_USBCLKSource_PLLCLK_1Div5);

2. RCC_ADCCLKConfig 函数

RCC_ADCCLKConfig 函数的功能是设置 ADC 时钟(ADCCLK)。表 3.55 描述了该函数的内容。

表 3.55　RCC_ADCCLKConfig 函数

函数原形	void ADC_ADCCLKConfig(u32 RCC_ADCCLKSource)
功能描述	设置 ADC 时钟(ADCCLK)
输入参数	RCC_ADCCLKSource：定义 ADCCLK，该时钟源自 APB2 时钟(PCLK2)(取值见表 3.56)
输出参数：无；返回值：无；先决条件：无；被调用函数：无	

表 3.56　RCC_ADCCLKSource 取值

RCC_ADCCLKSource	功能描述	RCC_ADCCLKSource 值	功能描述
RCC_PCLK2_Div2	ADC 时钟 = PCLK/2	RCC_PCLK2_Div6	ADC 时钟 = PCLK/6
RCC_PCLK2_Div4	ADC 时钟 = PCLK/4	RCC_PCLK2_Div8	ADC 时钟 = PCLK/8

例 3.44　设置 ADC 的时钟为 PCLK 时钟的 1/2。

　　　　ADC_ADCCLKConfig (RCC_PCLK2_Div2);

3.4.7 设置低速晶振(LSE、LSI)相关函数

1. RCC_LSEConfig 函数

RCC_LSEConfig 函数的功能是设置外部低速晶振(LSE)。表 3.57 描述了该函数的内容。

表 3.57　RCC_LSEConfig 函数

函数原形	void RCC_LSEConfig(u32 RCC_LSE)
功能描述	设置外部低速晶振(LSE)
输入参数	RCC_LSE：LSE 的新状态(取值见表 3.58)
输出参数：无；返回值：无；先决条件：无；被调用函数：无	

表 3.58　RCC_LSE 取值

RCC_LSE 取值	功能描述	RCC_LSE 取值	功能描述
RCC_LSE_OFF	LSE 晶振 OFF	RCC_LSE_Bypass	LSE 晶振被外部时钟旁路
RCC_LSE_ON	LSE 晶振 ON		

例 3.45　打开(使能)外部低速 LSE 晶振。

　　RCC_LSEConfig(RCC_LSE_ON);

2. RCC_LSICmd 函数

RCC_LSICmd 函数的功能是使能或失能内部低速晶振(LSI)。表 3.59 描述了该函数的内容。

表 3.59　RCC_LSICmd 函数

函数原形	void RCC_LSICmd(FunctionalState NewState)
功能描述	使能或者失能内部低速晶振(LSI)
输入参数	NewState：LSI 新状态(可取：ENABLE 或者 DISABLE)

输出参数：无；返回值：无；先决条件：如果 IWDG 运行的话，LSI 不能被失能；被调用函数：无

例 3.46　使能内部低速振荡器。

　　　RCC_LSICmd(ENABLE);

3.4.8　设置 RTC 时钟相关函数

1. RCC_RTCCLKConfig 函数

RCC_RTCCLKConfig 函数的功能是设置 RTC 时钟(RTCCLK)。表 3.60 描述了该函数的内容。

表 3.60　RCC_RTCCLKConfig 函数

函数原形	void RCC_RTCCLKConfig(u32 RCC_RTCCLKSource)
功能描述	设置 RTC 时钟(RTCCLK)
输入参数	RCC_RTCCLKSource：定义 RTCCLK(见表 3.61)

输出参数：无；返回值：无；先决条件：RTC 时钟一经选定即不能更改，除非复位；被调用函数：无

表 3.61　RCC_RTCCLKSource 选值

RCC_RTCCLKSource 选值	功 能 描 述
RCC_RTCCLKSource_LSE	选择 LSE 作为 RTC 时钟
RCC_RTCCLKSource_LSI	选择 LSI 作为 RTC 时钟
RCC_RTCCLKSource_HSE_Div128	选择 HSE 时钟频率除以 128 作为 RTC 时钟

例 3.47　选择 LSE 作为 RTC 时钟源。

　　　RCC_RTCCLKConfig(RCC_RTCCLKSource_LSE);

2. RCC_RTCCLKCmd 函数

RCC_RTCCLKCmd 函数的功能是设置 RTC 时钟(RTCCLK)。表 3.62 描述了该函数的内容。

表 3.62　RCC_RTCCLKCmd 函数

函数原形	void RCC_RTCCLKCmd(FunctionalState NewState)
功能描述	使能或者失能 RTC 时钟
输入参数	NewState：RTC 时钟的新状态(取值：ENABLE 或 DISABLE)

输出参数：无；返回值：无；先决条件：只有 RTC 时钟选定后，才能调用；被调用函数：无

例 3.48　打开(使能)RTC 时钟源。

　　　RCC_RTCCLKCmd(ENABLE);

3.4.9 RCC 相关中断函数

1. RCC_ITConfig 函数

RCC_ITConfig 函数的功能是使能或者失能指定的 RCC 中断。表 3.63 描述了该函数的内容。

表 3.63 RCC_ITConfig 函数

函数原形	void RCC_ITConfig(u8 RCC_IT, FunctionalState NewState)
功能描述	使能或者失能指定的 RCC 中断
输入参数 1	RCC_IT：待使能或者失能的 RCC 中断源(取值见表 3.64)
输入参数 2	NewState：RCC 中断的新状态(可取：ENABLE 或者 DISABLE)
输出参数：无；返回值：无；先决条件：无；被调用函数：无	

表 3.64 RCC_IT 取值

RCC_IT 取值	功能描述	RCC_IT 取值	功能描述
RCC_IT_LSIRDY	LSI 就绪中断	RCC_IT_HSERDY	HSE 就绪中断
RCC_IT_LSERDY	LSE 就绪中断	RCC_IT_PLLRDY	PLL 就绪中断
RCC_IT_HSIRDY	HSI 就绪中断		

例 3.49 使能 PLL 准备中断。

RCC_ITConfig(RCC_IT_PLLRDY,ENABLE);

2. RCC_GetITStatus 函数

RCC_GetITStatus 函数的功能是检查指定的 RCC 中断发生与否。表 3.65 描述了该函数的内容。

表 3.65 RCC_GetITStatus 函数

函数原形	ITStatus RCC_GetITStatus(u8 RCC_IT)
功能描述	检查指定的 RCC 中断发生与否
输入参数	RCC_IT：待检查的 RCC 中断源(见表 3.66)
输出参数：无；返回值：RCC_IT 的新状态(SET 或 RESET)；先决条件：无；被调用函数：无	

表 3.66 RCC_IT 取值

RCC_IT 取值	功能描述	RCC_IT 取值	功能描述
RCC_IT_LSIRDY	LSI 晶振就绪中断	RCC_IT_HSERDY	HSE 晶振就绪中断
RCC_IT_LSERDY	LSE 晶振就绪中断	RCC_IT_PLLRDY	PLL 就绪中断
RCC_IT_HSIRDY	HSI 晶振就绪中断	RCC_IT_CSS	RCC_IT_CSS

例 3.50 检查 PLL 中断是否发生。

ITStatus Status;

Status = RCC_GetITStatus(RCC_IT_PLLRDY);

if(Status == RESET)

```
    {
        //做相关处理...
    }
    else
    {
        //做相关处理...
    }
```

3. RCC_ClearITPendingBit 函数

RCC_ClearITPendingBit 函数的功能是清除 RCC 的中断待处理位。表 3.67 描述了该函数的内容。

表 3.67　RCC_ClearITPendingBit 函数

函数原形	void RCC_ClearITPendingBit(u8 RCC_IT)
功能描述	清除 RCC 的中断待处理位
输入参数	RCC_IT：待检查的 RCC 中断源(见表 3.66)
输出参数：无；返回值：无；先决条件：无；被调用函数：无	

例 3.51　清除 PLL 中断位。

```
RCC_ClearITPendingBit(RCC_IT_PLLRDY);
```

3.5　异步通信(USART)串口库函数

USART 寄存器结构 USART_TypeDeff 在文件"stm32f10x_map.h"中(结构成员见表 3.68)的定义如下：

```
    typedef struct
    {
        vu16 SR;
        u16    RESERVED1;
        vu16 DR;
        u16    RESERVED2;
        vu16 BRR;
        u16 RESERVED3;
        vu16 CR1;
        u16 RESERVED4;
        vu16 CR2;
        u16 RESERVED5;
        vu16 CR3;
        u16 RESERVED6;
```

```
    vu16 GTPR;
    u16 RESERVED7;
}   USART_TypeDef;
```

表 3.68　USART_TypeDef 结构中的寄存器

成员(寄存器)	功能描述	成员(寄存器)	功能描述
SR	USART 状态寄存器	CR2	USART 控制寄存器 2
DR	USART 数据寄存器	CR3	USART 控制寄存器 3
BRR	USART 波特率寄存器	GTPR	USART 保护时间和预分频寄存器
CR1	USART 控制寄存器 1		

相关 USART 的库函数见表 3.69。

表 3.69　USART 库函数

函 数 名	功 能 描 述
USART_DeInit	将外设 USARTx 寄存器重设为缺省值
USART_Init	根据 USART_InitStruct 中指定的参数初始化外设 USARTx 寄存器
USART_StructInit	USART_StructInit
USART_StructInit	使能或者失能 USART 外设
USART_ITConfig	使能或者失能指定的 USART 中断
USART_DMACmd	使能或者失能指定 USART 的 DMA 请求
USART_SetAddress	设置 USART 节点的地址
USART_WakeUpConfig	选择 USART 的唤醒方式
USART_ReceiverWakeUpCmd	检查 USART 是否处于静默模式
USART_LINBreakDetectLengthConfig	USART_LINBreakDetectLengthConfig
USART_LINCmd	使能或者失能 USARTx 的 LIN 模式
USART_SendData	通过外设 USARTx 发送单个数据
USART_ReceiveData	返回 USARTx 最近接收到的数据
USART_SendBreak	发送中断字
USART_SetGuardTime	设置指定的 USART 保护时间
USART_SetPrescaler	设置 USART 时钟预分频
USART_SmartCardCmd	使能或者失能指定 USART 的智能卡模式
USART_SmartCardNackCmd	使能或者失能 NACK 传输
USART_HalfDuplexCmd	使能或者失能 USART 半双工模式
USART_IrDAConfig	设置 USART IrDA 模式
USART_IrDACmd	使能或者失能 USART IrDA 模式
USART_GetFlagStatus	检查指定的 USART 标志位设置与否
USART_ClearFlag	清除 USARTx 的待处理标志位
USART_GetITStatus	检查指定的 USART 中断发生与否
USART_ClearITPendingBit	清除 USARTx 的中断待处理位

3.5.1　USART 初始化相关函数

1. USART_DeInit 函数

USART_DeInit 函数的功能是将外设 USARTx 寄存器重设为缺省值。表 3.70 描述了该函数的内容。

表 3.70　USART_DeInit 函数

函数原形	void USART_DeInit(USART_TypeDef* USARTx)
功能描述	将外设 USARTx 寄存器重设为缺省值
输入参数	USARTx：x 可以是 1、2 或者 3，用来选择 USART 外设，也可以是 UART4、UART5
被调用函数	RCC_APB2PeriphResetCmd()、RCC_APB1PeriphResetCmd()
输出参数：无；返回值：无；先决条件：无；	

例 3.52　恢复 USART1 寄存器到初始(默认)状态。

```
USART_DeInit(USART1);
```

2. USART_Init 函数

USART_Init 函数的功能是根据 USART_InitStruct 中指定的参数初始化外设 USARTx 寄存器。表 3.71 描述了该函数的内容。

表 3.71　USART_Init 函数

函数原形	void USART_Init(USART_TypeDef* USARTx, USART_InitTypeDef* USART_InitStruct)
功能描述	根据 USART_InitStruct 中指定的参数初始化外设 USARTx 寄存器
输入参数 1	USARTx：x 可以是 1、2 或 3，用来选择 USART 外设，也可以是 UART4、UART5
输入参数 2	USART_InitStruct：指向结构 USART_InitTypeDef 的指针，包含外设 USART 的信息
输出参数：无；返回值：无；先决条件：无；被调用函数：无	

USART_InitTypeDef 定义于文件"stm32f10x_usart.h"中：

```
typedef struct
{
    u32 USART_BaudRate;
    u16 USART_WordLength;
    u16 USART_StopBits;
    u16 USART_Parity;
    u16 USART_HardwareFlowControl;
    u16 USART_Mode;
} USART_InitTypeDef;
```

在 USART_InitTypeDef 结构中，其成员含义是：

(1) USART_BaudRate。该成员设置了 USART 传输的波特率，波特率可以由以下公式计算：

$$IntegerDivider = ((APBClock) / (16 \times (USART\_InitStruct\text{->}USART\_BaudRate)))$$

$$FractionalDivider = ((IntegerDivider - ((u32)\ IntegerDivider)) \times 16) + 0.5$$

该波特率不一定是 9600、14400、19200、38400、57600 等值，可以是任意值。

(2) USART_WordLength。该成员设置了在一个帧中传输或接收到的数据位数。其定义见表 3.72 所示。

表 3.72　USART_WordLength 可取的值

USART_WordLength 可取的值	功 能 描 述
USART_WordLength_8b	8 位数据
USART_WordLength_9b	9 位数据

(3) USART_StopBits。该成员定义了发送的停止位数目。表 3.73 给出了该参数可取的值。

表 3.73　USART_StopBits 可取的值

USART_StopBits 可取的值	功 能 描 述
USART_StopBits_1	在帧结尾传输 1 个停止位
USART_StopBits_0.5	在帧结尾传输 0.5 个停止位
USART_StopBits_2	在帧结尾传输 2 个停止位
USART_StopBits_1.5	在帧结尾传输 1.5 个停止位

(4) USART_Parity。该成员定义了奇偶模式。表 3.74 给出了该参数可取的值。奇偶校验一旦使能，在发送数据的 MSB 位插入经计算的奇偶位(字长 9 位时的第 9 位，字长 8 位时的第 8 位)。

表 3.74　USART_Parity 可取的值

USART_Parity 可取的值	功 能 描 述
USART_Parity_No	无校验
USART_Parity_Even	偶校验模式
USART_Parity_Odd	奇校验模式

(5) USART_HardwareFlowControl。该成员指定了硬件流控制模式使能还是失能。表 3.75 给出了该参数可取的值。

表 3.75　USART_HardwareFlowControl 可取的值

USART_HardwareFlowControl 可取的值	功 能 描 述
USART_HardwareFlowControl_None	无硬件控制流
USART_HardwareFlowControl_RTS	发送请求 RTS 使能
USART_HardwareFlowControl_CTS	清除发送 CTS 使能
USART_HardwareFlowControl_RTS_CTS	RTS 和 CTS 使能

(6) USART_Mode。该成员指定了使能或失能发送和接收模式。表 3.76 给出了该参数可取的值。

表 3.76　USART_Mode 可取的值

USART_Mode 可取的值	功 能 描 述
USART_Mode_Tx	发送使能
USART_Mode_Rx	接收使能

例 3.53　初始化异步通信串口 1，波特率为 9600、8 位数据、1 个停止位、无校验、无流量控制、接收发送使能。程序如下：

```
USART_InitTypeDef USART_InitStructure;                          //定义结构体
USART_InitStructure.USART_BaudRate = 9600;                      //定义通信速率
USART_InitStructure.USART_WordLength = USART_WordLength_8b;     //8 位数据
USART_InitStructure.USART_StopBits = USART_StopBits_1;          //1 个停止位
USART_InitStructure.USART_Parity = USART_Parity_No;             //无校验位
USART_InitStructure.USART_HardwareFlowControl =
USART_HardwareFlowControl_None;                                 //无硬件流量控制
USART_InitStructure.USART_Mode = USART_Mode_Tx | USART_Mode_Rx; //允许发送接收
USART_Init(USART1, &USART_InitStructure);                       //初始化串口 1
```

3. USART_StructInit 函数

USART_StructInit 函数的功能是把 USART_InitStruct 中的每一个参数按缺省值填入。表 3.77 描述了该函数的内容。

表 3.77　USART_StructInit 函数

函数原形	void USART_StructInit(USART_InitTypeDef* USART_InitStruct)
功能描述	把 USART_InitStruct 中的每一个参数按缺省值填入
输入参数	USART_InitStruct：指向结构 USART_InitTypeDef 的指针，待初始化(见表 3.78)
输出参数：无；返回值：无；先决条件：无；被调用函数：无	

表 3.78　USART_InitStruct 缺省值

成　　员	缺　省　值
USART_BaudRate	9600
USART_WordLength	USART_WordLength_8b
USART_StopBits	USART_StopBits_1
USART_Parity	USART_Parity_No
USART_HardwareFlowControl	USART_HardwareFlowControl_None
USART_Mode	USART_Mode_Rx	USART_Mode_Tx

例 3.54　恢复 USART1 的初始值。

```
USART_InitTypeDef USART_InitStructure;         //定义结构体
USART_StructInit(&USART_InitStructure);        //恢复默认值
```

3.5.2　USART 设置检查相关函数

1. USART_SetAddress 函数

USART_SetAddress 函数的功能是设置 USART 节点的地址。表 3.79 描述了该函数的内容。

表 3.79　USART_SetAddress 函数

函数原形	void USART_SetAddress(USART_TypeDef* USARTx, u8 USART_Address)
功能描述	设置 USART 节点的地址
输入参数 1	USARTx：x 可以是 1、2、3(或 UART4、UART5)，用来选择 USART 外设
输入参数 2	USART_Address：指示 USART 节点的地址
输出参数：无；返回值：无；先决条件：无；被调用函数：无	

例 3.55　设置 USART2 的节点地址为 0x05。

```
USART_SetAddress(USART2, 0x05);
```

2. USART_SetGuardTime 函数

USART_SetGuardTime 函数的功能是设置指定的 USART 保护时间。表 3.80 描述了该函数的内容。

表 3.80　USART_SetGuardTime 函数

函数原形	void USART_SetGuardTime(USART_TypeDef* USARTx, u8 USART_GuardTime)
功能描述	设置指定的 USART 保护时间
输入参数 1	USARTx：x 可以是 1、2、3(或 UART4、UART5)，用来选择 USART 外设
输入参数 2	USART_GuardTime: 指定的保护时间
输出参数：无；返回值：无；先决条件：无；被调用函数：无	

例 3.56　设置 USART1 的保护时间为 0x78。

```
USART_SetGuardTime(USART1, 0x78);
```

3. USART_SetPrescaler 函数

USART_SetPrescaler 函数的功能是设置 USART 时钟预分频。表 3.81 描述了该函数的内容。

表 3.81　USART_SetPrescaler 函数

函数原形	void USART_SetPrescaler(USART_TypeDef* USARTx, u8 USART_Prescaler)
功能描述	设置 USART 时钟预分频
输入参数 1	USARTx：x 可以是 1、2、3(或 UART4、UART5)，用来选择 USART 外设
输入参数 2	USART_Prescaler: 时钟预分频
输出参数：无；返回值：无；先决条件：无；被调用函数：无	

例 3.57　设置 USART1 的预分频值。

```
USART_SetPrescaler (USART1, 0x56);
```

4. USART_SmartCardCmd 函数

USART_SmartCardCmd 函数的功能是使能或者失能指定 USART 的智能卡模式。表 3.82 描述了该函数的内容。

表 3.82　USART_SmartCardCmd 函数

函数原形	void USART_SmartCardCmd(USART_TypeDef* USARTx, FunctionalState Newstate)
功能描述	使能或者失能指定 USART 的智能卡模式
输入参数 1	USARTx: x 可以是 1、2 或 3，用来选择 USART 外设，也可以是 UART4、UART5
输入参数 2	NewState: USART 智能卡模式的新状态(ENABLE 或 DISABLE)
输出参数：无；返回值：无；先决条件：无；被调用函数：无	

例 3.58　设置 USART2 为智能卡模式。

```
USART_SmartCardCmd(USART2, ENABLE);
```

5. USART_Cmd 函数

USART_Cmd 函数的功能是使能或者失能 USART 外设。表 3.83 描述了该函数的内容。

表 3.83　USART_Cmd 函数

函数原形	void USART_Cmd(USART_TypeDef* USARTx, FunctionalState NewState)
功能描述	使能或者失能 USART 外设
输入参数 1	USARTx: x 可以是 1、2、3(或 UART4、UART5)，用来选择 USART 外设
输入参数 2	NewState: 外设 USARTx 的新状态(ENABLE 或 DISABLE)
输出参数：无；返回值：无；先决条件：无；被调用函数：无	

例 3.59　打开(使能)USART1。

```
USART_Cmd(USART1, ENABLE);
```

6. USART_GetFlagStatus 函数

USART_GetFlagStatus 函数的功能是检查指定的 USART 标志位设置与否。表 3.84 描述了该函数的内容。

表 3.84　USART_GetFlagStatus 函数

函数原形	FlagStatus USART_GetFlagStatus(USART_TypeDef* USARTx, u16 USART_FLAG)
功能描述	检查指定的 USART 标志位设置与否
输入参数 1	USARTx: x 可以是 1、2 或者 3，用来选择 USART 外设，也可以是 UART4、UART5
输入参数 2	USART_FLAG：待检查的 USART 标志位(见表 3.85)
输出参数：无；返回值：USART_FLAG 的新状态(SET 或 RESET)；先决条件：无；被调用函数：无	

表 3.85　USART_FLAG 值

USART_FLAG 值	功 能 描 述	USART_FLAG 值	功 能 描 述
USART_FLAG_CTS	CTS 标志位	USART_FLAG_IDLE	空闲总线标志位
USART_FLAG_LBD	LIN 中断检测标志位	USART_FLAG_ORE	溢出错误标志位
USART_FLAG_TXE	发送数据寄存器空标志位	USART_FLAG_NE	噪声错误标志位
USART_FLAG_TC	发送完成标志位	USART_FLAG_FE	帧错误标志位
USART_FLAG_RXNE	接收数据寄存器非空标志位	USART_FLAG_PE	奇偶错误标志位

例 3.60　检查 USART1 发送标志位的值。

```
FlagStatus Status;
Status = USART_GetFlagStatus(USART1, USART_FLAG_TXE);
```

7. USART_ClearFlag 函数

USART_ClearFlag 函数的功能是清除 USARTx 的待处理标志位。表 3.86 描述了该函数的内容。

表 3.86　USART_ClearFlags 函数

函数原形	void USART_ClearFlag(USART_TypeDef* USARTx, u16 USART_FLAG)
功能描述	清除 USARTx 的待处理标志位
输入参数 1	USARTx：x 可以是 1、2 或者 3，用来选择 USART 外设，也可以是 UART4、UART5
输入参数 2	USART_FLAG：待清除的 USART 标志位(见表 3.85)
输出参数：无；返回值：无；先决条件：无；被调用函数：无	

例 3.61　清除 USART1 的溢出错误标志位。

```
USART_ClearFlag(USART1,USART_FLAG_ORE);
```

3.5.3　USART 输入/输出相关函数

1. USART_ReceiveData 函数

USART_ReceiveData 函数的功能是返回 USARTx 最近接收到的数据。表 3.87 描述了该函数的内容。

表 3.87　USART_ReceiveData 函数

函数原形	u8 USART_ReceiveData(USART_TypeDef* USARTx)
功能描述	返回 USARTx 最近接收到的数据
输入参数 1	USARTx：x 可以是 1、2 或 3，用来选择 USART 外设，也可以是 UART4、UART5
输出参数：无；返回值：接收到的数据；先决条件：无；被调用函数：无	

例 3.62　从 USART2 读取最新数据。

```
u8 RxData;
RxData = USART_ReceiveData(USART2);
```

2. USART_SendData 函数

USART_SendData 函数的功能是通过外设 USARTx 发送单个数据。表 3.88 描述了该函数的内容。

表 3.88　USART_SendData 函数

函数原形	void USART_SendData(USART_TypeDef* USARTx, u8 Data)
功能描述	通过外设 USARTx 发送单个数据
输入参数 1	USARTx：x 可以是 1、2 或 3，用来选择 USART 外设，也可以是 UART4、UART5
输入参数 2	Data：待发送的数据
输出参数：无；返回值：无；先决条件：无；被调用函数：无	

例 3.63　从 USART3 发送 0x45 数据。

    USART_SendData (USART3,0x45);

3.5.4　USART 相关中断函数

1. USART_SendBreak 函数

USART_SendBreak 函数的功能是发送中断字。表 3.89 描述了该函数的内容。

表 3.89　USART_SendBreak 函数

函数原形	void USART_SendBreak(USART_TypeDef* USARTx)
功能描述	发送中断字
输入参数	USARTx：x 可以是 1、2 或 3，用来选择 USART 外设，也可以是 UART4、UART5
输出参数：无；返回值：无；先决条件：无；被调用函数：无	

例 3.64　从 USART1 发送字符中断。

    USART_SendBreak(USART1);

2. USART_ITConfig 函数

USART_ITConfig 函数的功能是使能或失能指定的 USART 中断。表 3.90 描述了该函数的内容。

表 3.90　USART_ITConfig 函数

函数原形	void USART_ITConfig(USART_TypeDef* USARTx, u16 USART_IT, FunctionalState NewState)
功能描述	使能或者失能指定的 USART 中断
输入参数 1	USARTx：x 可以是 1、2 或 3，用来选择 USART 外设，也可以是 UART4、UART5
输入参数 2	USART_IT：待使能或者失能的 USART 中断源(见表 3.91)
输入参数 3	NewState：USARTx 中断的新状态(ENABLE 或 DISABLE)
输出参数：无；返回值：无；先决条件：无；被调用函数：无	

表 3.91　USART_IT 取值

USART_IT 取值	功 能 描 述	USART_IT 取值	功 能 描 述
USART_IT_PE	奇偶错误中断	USART_IT_IDLE	空闲总线中断
USART_IT_TXE	发送中断	USART_IT_LBD	LIN 中断检测中断
USART_IT_TC	发送完成中断	USART_IT_CTS	CTS 中断
USART_IT_RXNE	接收中断	USART_IT_ERR	错误中断

例 3.65　允许 USART1 接收中断。

　　　　USART_ITConfig(USART1, USART_IT_RXNE ENABLE);

3．USART_GetITStatus 函数

　　USART_GetITStatus 函数的功能是检查指定的 USART 中断发生与否。表 3.92 描述了该函数的内容。

表 3.92　USART_GetITStatus 函数

函数原形	ITStatus USART_GetITStatus(USART_TypeDef* USARTx, u16 USART_IT)
功能描述	检查指定的 USART 中断发生与否
输入参数 1	USARTx：x 可以是 1、2 或 3，用来选择 USART 外设，也可以是 UART4、UART5
输入参数 2	USART_IT：待使能或者失能的 USART 中断源(见表 3.93)
输出参数：无；返回值：无；先决条件：无；被调用函数：无	

表 3.93　USART_IT 取值

USART_IT 取值	功 能 描 述	USART_IT 取值	功 能 描 述
USART_IT_PE	奇偶错误中断	USART_IT_IDLE	空闲总线中断
USART_IT_TXE	发送中断	USART_IT_LBD	LIN 中断检测中断
USART_IT_TC	发输完成中断	USART_IT_CTS	CTS 中断
USART_IT_RXNE	接收中断	USART_IT_FE	帧错误中断
USART_IT_ORE	溢出错误中断	USART_IT_NE	噪音错误中断

例 3.66　检查 USART1 溢出中断状态。

　　　　ITStatus ErrorITStatus;

　　　　ErrorITStatus = USART_GetITStatus(USART1, USART_IT_OverrunError);

4．USART_ClearITPendingBit 函数

　　USART_ClearITPendingBit 函数的功能是清除 USARTx 的中断待处理位。表 3.94 描述了该函数的内容。

表 3.94　USART_ClearITPendingBit 函数

函数原形	void USART_ClearITPendingBit(USART_TypeDef* USARTx, u16 USART_IT)
功能描述	清除 USARTx 的中断待处理位
输入参数 1	USARTx：x 可以是 1、2 或 3，用来选择 USART 外设，也可以是 UART4、UART5
输入参数 2	USART_IT：待使能或者失能的 USART 中断源
输出参数：无；返回值：无；先决条件：无；被调用函数：无	

例 3.67　清除 USART1 溢出中断标志位。

　　USART_ClearITPendingBit(USART1,USART_IT_OverrunError);

3.6　通用定时器库函数

　　通用定时器是一个通过可编程预分频器驱动的 16 位自动装载计数器。它适用于多种场合，包括测量输入信号的脉冲长度(输入采集)或者产生输出波形(输出比较和 PWM)。使用定时器预分频器和 RCC 时钟控制器预分频器，脉冲长度和波形周期可以在几个微秒到几个毫秒间调整。常用的 TIM 库函数见表 3.95 所示。

表 3.95　常用的 TIM 库函数

函 数 名	功 能 描 述
TIM_DeInit	将外设 TIMx 寄存器重设为缺省值
TIM_TimeBaseInit	根据 TIM_TimeBaseInitStruct 中指定的参数初始化 TIMx 的时间基数
TIM_OCInit	根据 TIM_OCInitStruct 中指定的参数初始化外设 TIMx
TIM_ICInit	根据 TIM_ICInitStruct 中指定的参数初始化外设 TIMx
TIM_TimeBaseStructInit	把 TIM_TimeBaseInitStruct 中的每一个参数按缺省值填入
TIM_OCStructInit	把 TIM_OCInitStruct 中的每一个参数按缺省值填入
TIM_ICStructInit	把 TIM_ICInitStruct 中的每一个参数按缺省值填入
TIM_Cmd	使能或者失能 TIMx 外设
TIM_ITConfig	使能或者失能指定的 TIM 中断
TIM_DMAConfig	设置 TIMx 的 DMA 接口
TIM_DMACmd	使能或者失能指定的 TIMx 的 DMA 请求
TIM_InternalClockConfig	设置 TIMx 内部时钟
TIM_ITRxExternalClockConfig	设置 TIMx 内部触发为外部时钟模式
TIM_TIxExternalClockConfig	设置 TIMx 触发为外部时钟
TIM_ETRClockMode1Config	配置 TIMx 外部时钟模式 1
TIM_ETRClockMode2Config	配置 TIMx 外部时钟模式 2
TIM_ETRConfig	配置 TIMx 外部触发
TIM_SelectInputTrigger	选择 TIMx 输入触发源
TIM_PrescalerConfig	设置 TIMx 预分频
TIM_CounterModeConfig	设置 TIMx 计数器模式
TIM_ForcedOC1Config	置 TIMx 输出 1 为活动或者非活动电平
TIM_ForcedOC2Config	置 TIMx 输出 2 为活动或者非活动电平
TIM_ForcedOC3Config	置 TIMx 输出 3 为活动或者非活动电平

续表一

函 数 名	功 能 描 述
TIM_ForcedOC4Config	置 TIMx 输出 4 为活动或者非活动电平
TIM_ARRPreloadConfig	使能或者失能 TIMx 在 ARR 上的预装载寄存器
TIM_SelectCCDMA	选择 TIMx 外设的捕获比较 DMA 源
TIM_OC1PreloadConfig	使能或者失能 TIMx 在 CCR1 上的预装载寄存器
TIM_OC2PreloadConfig	使能或者失能 TIMx 在 CCR2 上的预装载寄存器
TIM_OC3PreloadConfig	使能或者失能 TIMx 在 CCR3 上的预装载寄存器
TIM_OC4PreloadConfig	使能或者失能 TIMx 在 CCR4 上的预装载寄存器
TIM_OC1FastConfig	设置 TIMx 捕获比较 1 快速特征
TIM_OC2FastConfig	设置 TIMx 捕获比较 2 快速特征
TIM_OC3FastConfig	设置 TIMx 捕获比较 3 快速特征
TIM_OC4FastConfig	设置 TIMx 捕获比较 4 快速特征
TIM_ClearOC1Ref	在一个外部事件时清除或者保持 OCREF1 信号
TIM_ClearOC2Ref	在一个外部事件时清除或者保持 OCREF2 信号
TIM_ClearOC3Ref	在一个外部事件时清除或者保持 OCREF3 信号
TIM_ClearOC4Ref	在一个外部事件时清除或者保持 OCREF4 信号
TIM_UpdateDisableConfig	使能或者失能 TIMx 更新事件
TIM_EncoderInterfaceConfig	设置 TIMx 编码界面
TIM_GenerateEvent	设置 TIMx 事件由软件产生
TIM_OC1PolarityConfig	设置 TIMx 通道 1 极性
TIM_OC2PolarityConfig	设置 TIMx 通道 2 极性
TIM_OC3PolarityConfig	设置 TIMx 通道 3 极性
TIM_OC4PolarityConfig	设置 TIMx 通道 4 极性
TIM_UpdateRequestConfig	设置 TIMx 更新请求源
TIM_SelectHallSensor	使能或者失能 TIMx 霍尔传感器接口
TIM_SelectOnePulseMode	设置 TIMx 单脉冲模式
TIM_SelectOutputTrigger	选择 TIMx 触发输出模式
TIM_SelectSlaveMode	选择 TIMx 从模式
TIM_SelectMasterSlaveMode	设置或者重置 TIMx 主/从模式
TIM_SetCounter	设置 TIMx 计数器寄存器值
TIM_SetAutoreload	设置 TIMx 自动重装载寄存器值
TIM_SetCompare1	设置 TIMx 捕获比较 1 寄存器值
TIM_SetCompare2	设置 TIMx 捕获比较 2 寄存器值

函 数 名	功 能 描 述
TIM_SetCompare3	设置 TIMx 捕获比较 3 寄存器值
TIM_SetCompare4	设置 TIMx 捕获比较 4 寄存器值
TIM_SetIC1Prescaler	设置 TIMx 输入捕获 1 预分频
TIM_SetIC2Prescaler	设置 TIMx 输入捕获 2 预分频
TIM_SetIC3Prescaler	设置 TIMx 输入捕获 3 预分频
TIM_SetIC4Prescaler	设置 TIMx 输入捕获 4 预分频
TIM_SetClockDivision	设置 TIMx 的时钟分割值
TIM_GetCapture1	获得 TIMx 输入捕获 1 的值
TIM_GetCapture2	获得 TIMx 输入捕获 2 的值
TIM_GetCapture3	获得 TIMx 输入捕获 3 的值
TIM_GetCapture4	获得 TIMx 输入捕获 4 的值
TIM_GetCounter	获得 TIMx 计数器的值
TIM_GetPrescaler	获得 TIMx 预分频值
TIM_GetFlagStatus	检查指定的 TIM 标志位设置与否
TIM_ClearFlag	清除 TIMx 的待处理标志位
TIM_GetITStatus	检查指定的 TIM 中断发生与否
TIM_ClearITPendingBit	清除 TIMx 的中断待处理位

3.6.1　定时器初始化与使能函数

1．TIM_DeInit 函数

TIM_DeInit 函数的功能是将外设 TIMx 寄存器重设为缺省值。表 3.96 描述了该函数的内容。

表 3.96　TIM_DeInit 函数

函数原形	void TIM_DeInit(TIM_TypeDef* TIMx)
功能描述	将外设 TIMx 寄存器重设为缺省值
输入参数	TIMx：x 可以是 1～8，用来选择 TIM 外设
输出参数：无；返回值：无；先决条件：无；被调用函数：RCC_APB1PeriphClockCmd()	

例 3.68　复位定时器 TIM2。

```
TIM_DeInit(TIM2);
```

2．TIM_TimeBaseInit 函数

TIM_TimeBaseInit 函数的功能是根据 TIM_TimeBaseInitStruct 中指定的参数初始化 TIMx 的时间基数单位。表 3.97 描述了该函数的内容。

表 3.97　　TIM_TimeBaseInit 函数

函数原形	void TIM_TimeBaseInit(TIM_TypeDef*TIMx, TIM_TimeBaseInitTypeDef* TIM_TimeBaseInitStruct)
功能描述	根据 TIM_TimeBaseInitStruct 中指定的参数初始化 TIMx 的时间基数单位
输入参数 1	TIMx：x 可以是 1～8，用来选择 TIM 外设
输入参数 2	TIM_TimeBaseInitStruct：指向结构 TIM_TimeBaseInitTypeDef 的指针，包含了 TIMx 时间基数单位的配置信息
输出参数：无；返回值：无；先决条件：无；被调用函数：无	

TIM_TimeBaseInitTypeDef 定义于文件 "stm32f10x_tim.h" 中，其结构为：

```
typedef struct
    {
        u16 TIM_Period;
        u16 TIM_Prescaler;
        u8 TIM_ClockDivision;
        u16 TIM_CounterMode;
    } TIM_TimeBaseInitTypeDef;
```

（1）TIM_Period。该参数设置了在下一个更新事件装入活动的自动重装载寄存器周期的值。它的取值必须在 0x0000 和 0xFFFF 之间。

（2）TIM_Prescaler。该参数设置了用来作为 TIMx 时钟频率除数的预分频值。它的取值必须在 0x0000 和 0xFFFF 之间。

（3）TIM_ClockDivision。该参数设置了时钟分割。取值见表 3.98。

表 3.98　　TIM_ClockDivision

TIM_ClockDivision 取值	功 能 描 述
TIM_CKD_DIV1	TDTS = Tck_tim
TIM_CKD_DIV2	TDTS = 2Tck_tim
TIM_CKD_DIV4	TDTS = 4Tck_tim

（4）TIM_CounterMode。该参数设置了计数器模式。取值见表 3.99。

表 3.99　　TIM_CounterMode

TIM_CounterMode 取值	功 能 描 述
TIM_CounterMode_Up	TIM 向上计数模式
TIM_CounterMode_Down	TIM 向下计数模式
TIM_CounterMode_CenterAligned1	TIM 中央对齐模式 1 计数模式
TIM_CounterMode_CenterAligned2	TIM 中央对齐模式 2 计数模式
TIM_CounterMode_CenterAligned3	TIM 中央对齐模式 3 计数模式

例 3.69　配置定时器 2 向上计数模式，重载寄存器值为 0xFFFF，预分频值为 16。

　　TIM_TimeBaseInitTypeDef TIM_TimeBaseStructure;

　　TIM_TimeBaseStructure.TIM_Period = 0xFFFF;

　　TIM_TimeBaseStructure.TIM_Prescaler = 0xF;

　　TIM_TimeBaseStructure.TIM_ClockDivision = 0x0;

　　TIM_TimeBaseStructure.TIM_CounterMode = TIM_CounterMode_Up;

　　TIM_TimeBaseInit(TIM2, & TIM_TimeBaseStructure);

3. TIM_OCInit 函数

TIM_OCInit 函数的功能是根据 TIM_OCInitStruct 中指定的参数初始化外设 TIMx。表 3.100 描述了该函数的内容。

表 3.100　TIM_OCInit 函数

函数原形	void TIM_OCInit(TIM_TypeDef* TIMx, TIM_OCInitTypeDef* TIM_OCInitStruct)
功能描述	根据 TIM_OCInitStruct 中指定的参数初始化外设 TIMx
输入参数 1	TIMx：x 可以是 1～8，用来选择 TIM 外设
输入参数 2	TIM_OCInitStruct：指向结构 TIM_OCInitTypeDef 的指针，包含了 TIMx 时间基数单位的配置信息
输出参数：无；返回值：无；先决条件：无；被调用函数：无	

　　TIM_OCInitTypeDef 定义于文件 "stm32f10x_tim.h" 中，其结构为：

　　typedef struct

　　　{

　　　　u16 TIM_OCMode;

　　　　u16 TIM_Channel;

　　　　u16 TIM_Pulse;

　　　　u16 TIM_OCPolarity;

　　　} TIM_OCInitTypeDef;

　　(1) TIM_OCMode。该参数是选择定时器模式。其参数取值见表 3.101。

表 3.101　TIM_OCMode 取值

TIM_OCMode 取值	功能描述	TIM_OCMode 取值	功能描述
TIM_OCMode_Timing	TIM 输出比较时间模式	TIM_OCMode_Toggle	TIM 输出比较触发模式
TIM_OCMode_Active	TIM 输出比较主动模式	TIM_OCMode_PWM1	TIM 脉冲宽度调制模式 1
TIM_OCMode_Inactive	TIM 输出比较非主动模式	TIM_OCMode_PWM2	TIM 脉冲宽度调制模式 2

　　(2) TIM_Channel。该参数选择定时器的通道。取值见表 3.102。

表 3.102　TIM_Channel 取值

TIM_Channel 取值	功能描述	TIM_Channel 取值	功能描述
TIM_Channel_1	使用 TIM 通道 1	TIM_Channel_3	使用 TIM 通道 3
TIM_Channel_2	使用 TIM 通道 2	TIM_Channel_4	使用 TIM 通道 4

(3) TIM_Pulse。该参数设置了待装入捕获比较寄存器的脉冲值。它的取值必须在 0x0000 和 0xFFFF 之间。

(4) TIM_OCPolarity。该参数确定输出极性。取值见表 3.103。

表 3.103　TIM_OCPolarity 取值

TIM_OCPolarity 取值	功 能 描 述
TIM_OCPolarity_High	TIM 输出比较极性高
TIM_OCPolarity_Low	TIM 输出比较极性低

例 3.70　配置定时器 2 的通道 1 为 PWM 模式。

TIM_OCInitTypeDef TIM_OCInitStructure;

TIM_OCInitStructure.TIM_OCMode = TIM_OCMode_PWM1;

TIM_OCInitStructure.TIM_Channel = TIM_Channel_1;

TIM_OCInitStructure.TIM_Pulse = 0x3FFF;

TIM_OCInitStructure.TIM_OCPolarity = TIM_OCPolarity_High;

TIM_OCInit(TIM2, & TIM_OCInitStructure);

4．TIM_ICInit 函数

TIM_ICInit 函数的功能是根据 TIM_ICInitStruct 中指定的参数初始化外设 TIMx。表 3.104 描述了该函数的内容。

表 3.104　TIM_ICInit 函数

函数原形	void TIM_ICInit(TIM_TypeDef* TIMx, TIM_ICInitTypeDef* TIM_ICInitStruct)
功能描述	根据 TIM_ICInitStruct 中指定的参数初始化外设 TIMx
输入参数 1	TIMx：x 可以是 1～8，用来选择 TIM 外设
输入参数 2	TIM_ICInitStruct：指向结构 TIM_ICInitTypeDef 的指针，包含了 TIMx 的配置信息
输出参数：无；返回值：无；先决条件：无；被调用函数：无	

TIM_ICInitTypeDef 定义于文件"stm32f10x_tim.h"中，其结构为：

```
typedef struct
    {
        u16 TIM_ICMode;
        u16 TIM_Channel;
        u16 TIM_ICPolarity;
        u16 TIM_ICSelection;
        u16 TIM_ICPrescaler;
        u16 TIM_ICFilter;
    } TIM_ICInitTypeDef;
```

(1) TIM_ICMode。该参数是选择 TIM 输入捕获模式。其参数取值见表 3.105。

表 3.105　TIM_ICMode 取值

TIM_ICMode 取值	功 能 描 述
TIM_ICMode_ICAP	TIM 使用输入捕获模式
TIM_ICMode_PWMI	TIM 使用输入 PWM 模式

(2) TIM_Channel。该参数是选择定时器的通道。取值见表 3.102。

(3) TIM_ICPolarity。该参数确定输入活动的边沿。取值见表 3.106。

表 3.106　TIM_ICPolarity 取值

TIM_ICPolarity 取值	功 能 描 述
TIM_ICPolarity_Rising	TIM 输入捕获上升沿
TIM_ICPolarity_Falling	TIM 输入捕获下降沿

(4) TIM_ICSelection。其参数的取值见表 3.107。

表 3.107　TIM_ICSelection 取值

TIM_ICSelection 取值	功 能 描 述
TIM_ICSelection_DirectTI	TIM 输入 2、3 或 4 选择对应地与 IC1 或 IC2 或 IC3 或 IC4 相连
TIM_ICSelection_IndirectTI	TIM 输入 2、3 或 4 选择对应地与 IC2 或 IC1 或 IC4 或 IC3 相连
TIM_ICSelection_TRC	TIM 输入 2、3 或 4 选择与 TRC 相连

(5) TIM_ICPrescaler。该参数确定输入捕获预分频器。取值见表 3.108。

表 3.108　TIM_ICPrescaler 取值

TIM_ICPrescaler 取值	功 能 描 述
TIM_ICPSC_DIV1	TIM 捕获在捕获输入上每探测到一个边沿执行一次
TIM_ICPSC_DIV2	TIM 捕获每 2 个事件执行一次
TIM_ICPSC_DIV3	TIM 捕获每 3 个事件执行一次
TIM_ICPSC_DIV4	TIM 捕获每 4 个事件执行一次

(6) TIM_ICFilter。该参数用于选择输入比较滤波器。取值在 0x0 和 0xF 之间。

例 3.71　把 TIM2 配置为 PWM 输入模式，且将外部信号连接到 TIM2 CH1 上并在上升沿用驱动，通过 TIM2 CCR2 来计算占空比值。

```
TIM_DeInit(TIM2);
TIM_ICStructInit(&TIM_ICInitStructure);
TIM_ICInitStructure.TIM_ICMode = TIM_ICMode_PWMI;
TIM_ICInitStructure.TIM_Channel = TIM_Channel_1;
TIM_ICInitStructure.TIM_ICPolarity = TIM_ICPolarity_Rising;
TIM_ICInitStructure.TIM_ICSelection = TIM_ICSelection_DirectTI;
TIM_ICInitStructure.TIM_ICPrescaler = TIM_ICPSC_DIV1;
TIM_ICInitStructure.TIM_ICFilter = 0x0;
TIM_ICInit(TIM2, &TIM_ICInitStructure);
```

5. TIM_TimeBaseStructInit 函数

TIM_TimeBaseStructInit 函数的功能是把 TIM_TimeBaseInitStruct 中的每一个参数按缺省值填入。表 3.109 描述了该函数的内容。

表 3.109 TIM_TimeBaseStructInit 函数

函数原形	void TIM_TimeBaseStructInit(TIM_TimeBaseInitTypeDef* TIM_TimeBaseInitStruct)
功能描述	把 TIM_TimeBaseInitStruct 中的每一个参数按缺省值填入
输入参数	TIM_TimeBaseInitStruct: 指向结构 TIM_TimeBaseInitTypeDef 的指针待初始化(见表 3.110)
输出参数：无；返回值：无；先决条件：无；被调用函数：无	

表 3.110 TIM_TimeBaseInitStruct 缺省值

成 员	缺 省 值
TIM_Period	TIM_Period_Reset_Mask
TIM_CKD	TIM_CKD_DIV1
TIM_Prescaler	TIM_Prescaler_Reset_Mask
TIM_CounterMode	TIM_CounterMode_Up

例 3.72 初始化 TIM_BaseInitTypeDef 结构。

    TIM_TimeBaseInitTypeDef TIM_TimeBaseInitStructure;

    TIM_TimeBaseStructInit(& TIM_TimeBaseInitStructure);

6. TIM_OCStructInit 函数

TIM_OCStructInit 函数的功能是把 TIM_OCInitStruct 中的每一个参数按缺省值填入。表 3.111 描述了该函数的内容。

表 3.111 TIM_OCStructInit 函数

函数原形	void TIM_OCStructInit(TIM_OCInitTypeDef* TIM_OCInitStruct)
功能描述	把 TIM_OCInitStruct 中的每一个参数按缺省值填入
输入参数	TIM_OCInitStruct：指向结构 TIM_OCInitTypeDef 的指针，待初始化(见表 3.112)
输出参数：无；返回值：无；先决条件：无；被调用函数：无	

表 3.112 TIM_OCInitStruct 缺省值

成 员	缺 省 值
TIM_OCMode	TIM_OCMode_Timing
TIM_Pulse	TIM_Pulse_Reset_Mask
TIM_Channel	TIM_Channel_1
TIM_OCPolarity	TIM_OCPolarity_High

例 3.73 初始化 OCInitTypeDef 结构。

    TIM_OCInitTypeDef TIM_OCInitStructure;

    TIM_OCStructInit(& TIM_OCInitStructure);

7. TIM_ICStructInit 函数

TIM_ICStructInit 函数的功能是把 TIM_ICInitStruct 中的每一个参数按缺省值填入。表 3.113 描述了该函数的内容。

表 3.113　TIM_ICStructInit 函数

函数原形	void TIM_ICStructInit(TIM_ICInitTypeDef* TIM_ICInitStruct)
功能描述	把 TIM_ICInitStruct 中的每一个参数按缺省值填入
输入参数	TIM_ICInitStruct：指向结构 TIM_ICInitTypeDef 的指针，待初始化(见表 3.114)
输出参数：无；返回值：无；先决条件：无；被调用函数：无	

表 3.114　TIM_ICInitStruct 缺省值

成　员	缺省值	成　员	缺省值
TIM_ICMode	TIM_ICMode_ICAP	TIM_Channel	TIM_Channel_1
TIM_ICPolarity	TIM_ICPolarity_Rising	TIM_ICSelection	TIM_ICSelection_DirectTI
TIM_ICPrescaler	TIM_ICPSC_DIV1	TIM_ICFilter	TIM_ICFilter_Mask

例 3.74　初始化 ICInitTypeDef structure 结构。

　　　　TIM_ICInitTypeDef TIM_ICInitStructure;

　　　　TIM_ICStructInit(& TIM_ICInitStructure);

8. TIM_Cmd 函数

TIM_Cmd 函数的功能是使能或者失能 TIMx 外设。表 3.115 描述了该函数的内容。

表 3.115　TIM_Cmd 函数

函数原形	void TIM_Cmd(TIM_TypeDef* TIMx, FunctionalState NewState)
功能描述	使能或者失能 TIMx 外设
输入参数 1	TIMx：x 可以是 1～8，用来选择 TIM 外设
输入参数 2	NewState：外设 TIMx 的新状态(ENABLE 或 DISABLE)
输出参数：无；返回值：无；先决条件：无；被调用函数：无	

例 3.75　使能定时器 2。

　　　　TIM_Cmd(TIM2, ENABLE);

3.6.2　定时器时钟设置类函数

1. TIM_InternalClockConfig 函数

TIM_InternalClockConfig 函数的功能是设置 TIMx 内部时钟。表 3.116 描述了该函数的
内容。

表 3.116　TIM_InternalClockConfig 函数

函数原形	void TIM_DMACmd(TIM_TypeDef* TIMx, u16 TIM_DMASource, FunctionalState Newstate)
功能描述	设置 TIMx 内部时钟
输入参数	TIMx：x 可以是 1～8，用来选择 TIM 外设
输出参数：无；返回值：无；先决条件：无；被调用函数：无	

例 3.76 设置定时器 2 为内部时钟。

TIM_InternalClockConfig(TIM2);

2. TIM_SelectInputTrigger 函数

TIM_SelectInputTrigger 函数的功能是选择 TIMx 输入触发源。表 3.117 描述了该函数的内容。

表 3.117 TIM_SelectInputTrigger 函数

函数原形	void TIM_SelectInputTrigger(TIM_TypeDef* TIMx, u16 TIM_InputTriggerSource)
功能描述	选择 TIMx 输入触发源
输入参数 1	TIMx：x 可以是 1～8，用来选择 TIM 外设
输入参数 2	TIM_InputTriggerSource：输入触发源(见表 3.118)
输出参数：无；返回值：无；先决条件：无；被调用函数：无	

表 3.118 TIM_InputTriggerSource 取值

输入源取值	功 能 描 述	输入源取值	功 能 描 述
TIM_TS_ITR0	TIM 内部触发 0	TIM_TS_TI1F_ED	TIM TL1 边沿探测器
TIM_TS_ITR1	TIM 内部触发 1	TIM_TS_TI1FP1	TIM 经滤波定时器输入 1
TIM_TS_ITR2	TIM 内部触发 2	TIM_TS_TI2FP2	TIM 经滤波定时器输入 2
TIM_TS_ITR3	TIM 内部触发 3	TIM_TS_ETRF	TIM 外部触发输入

例 3.77 选择内部触发 3 为定时器 2 的输入触发源。

void TIM_SelectInputTrigger(TIM2, TIM_TS_ITR3);

3. TIM_PrescalerConfig 函数

TIM_PrescalerConfig 函数的功能是设置 TIMx 预分频。表 3.119 描述了该函数的内容。

表 3.119 TIM_PrescalerConfig 函数

函数原形	void TIM_PrescalerConfig(TIM_TypeDef* TIMx, u16 Prescaler,u16 TIM_PSCReloadMode)
功能描述	设置 TIMx 预分频
输入参数 1	TIMx：x 可以是 1～8，用来选择 TIM 外设
输入参数 2	TIM_PSCReloadMode：预分频重载模式(见表 3.120)
输出参数：无；返回值：无；先决条件：无；被调用函数：无	

表 3.120 TIM_PSCReloadMode 取值

TIM_PSCReloadMode 取值	功 能 描 述
TIM_PSCReloadMode_Update	TIM 预分频值再更新事件装入
TIM_PSCReloadMode_Immediate	TIM 预分频值即时装入

例 3.78 配置定时器 2 新的预分频值。

u16 TIMPrescaler = 0xFF00;

TIM_PrescalerConfig(TIM2, TIMPrescaler, TIM_PSCReloadMode_Immediate);

3.6.3　定时器配置类函数

1．TIM_CounterModeConfig 函数

TIM_CounterModeConfig 函数的功能是设置 TIMx 计数器模式。表 3.121 描述了该函数的内容。

表 3.121　TIM_CounterModeConfig 函数

函数原形	void TIM_CounterModeConfig(TIM_TypeDef* TIMx, u16 TIM_CounterMode)
功能描述	设置 TIMx 计数器模式
输入参数 1	TIMx：x 可以是 1～8，用来选择 TIM 外设
输入参数 2	TIM_CounterMode：待使用的计数器模式
输出参数：无；返回值：无；先决条件：无；被调用函数：无	

例 3.79　选择定时器 2 为中心对齐计数器模式 1。

```
TIM_CounterModeConfig(TIM2, TIM_Counter_CenterAligned1);
```

2．TIM_ARRPreloadConfig 函数

TIM_ARRPreloadConfig 函数的功能是使能或者失能 TIMx 在 ARR 上的预装载寄存器。表 3.122 描述了该函数的内容。

表 3.122　TIM_ARRPreloadConfig 函数

函数原形	void TIM_ARRPreloadConfig(TIM_TypeDef* TIMx, FunctionalState Newstate)
功能描述	使能或者失能 TIMx 在 ARR 上的预装载寄存器
输入参数 1	TIMx：x 可以是 1～8，用来选择 TIM 外设
输入参数 2	NewState: TIM_CR1 寄存器 ARPE 位的新状态(可选 ENABLE 或 DISABLE)
输出参数：无；返回值：无；先决条件：无；被调用函数：无	

例 3.80　使能 TIM2 在 ARR 上的预装载寄存器。

```
TIM_ARRPreloadConfig(TIM2, ENABLE);
```

3．TIM_SelectHallSensor 函数

TIM_SelectHallSensor 函数的功能是使能或者失能 TIMx 霍尔传感器接口。表 3.123 描述了该函数的内容。

表 3.123　TIM_SelectHallSensor 函数

函数原形	void TIM_SelectHallSensor(TIM_TypeDef* TIMx, FunctionalState Newstate)
功能描述	使能或者失能 TIMx 霍尔传感器接口
输入参数 1	TIMx：x 可以是 1～8，用来选择 TIM 外设
输入参数 2	TIMx 霍尔传感器接口的新状态(可选 ENABLE 或 DISABLE)
输出参数：无；返回值：无；先决条件：无；被调用函数：无	

例 3.81　对于 TIM2 选择霍尔传感器接口。

```
TIM_SelectHallSensor(TIM2, ENABLE);
```

4. TIM_SelectOnePulseMode 函数

TIM_SelectOnePulseMode 函数的功能是设置 TIMx 单脉冲模式。表 3.124 描述了该函数的内容。

表 3.124　TIM_SelectOnePulseMode 函数

函数原形	void TIM_SelectOnePulseMode(TIM_TypeDef* TIMx, u16 TIM_OPMode)
功能描述	设置 TIMx 单脉冲模式
输入参数 1	TIMx：x 可以是 1～8，用来选择 TIM 外设
输入参数 2	TIM_OPMode：OPM 模式(见表 3.125)
输出参数：无；返回值：无；先决条件：无；被调用函数：无	

表 3.125　TIM_OPMode 取值

TIM_OPMode 取值	功 能 描 述
TIM_OPMode_Repetitive	生成重复的脉冲：在更新事件时计数器不停止
TIM_OPMode_Single	生成单一的脉冲：计数器在下一个更新事件停止

例 3.82　TIM2 选择为单脉冲模式。

```
TIM_SelectOnePulseMode(TIM2, TIM_OPMode_Single);
```

5. TIM_SelectOutputTrigger 函数

TIM_SelectOutputTrigger 函数的功能是选择 TIMx 触发输出模式。表 3.126 描述了该函数的内容。

表 3.126　TIM_SelectOutputTrigger 函数

函数原形	void TIM_SelectOutputTrigger(TIM_TypeDef* TIMx, u16 TIM_TRGOSource)
功能描述	选择 TIMx 触发输出模式
输入参数 1	TIMx：x 可以是 1～8，用来选择 TIM 外设
输入参数 2	TIM_TRGOSource：触发输出模式(见表 3.127)
输出参数：无；返回值：无；先决条件：无；被调用函数：无	

表 3.127　TIM_TRGOSource 取值

TIM_TRGOSource 取值	功 能 描 述
TIM_TRGOSource_Reset	使用寄存器 TIM_EGR 的 UG 位作为触发输出(TRGO)
TIM_TRGOSource_Enable	使用计数器使能 CEN 作为触发输出(TRGO)
TIM_TRGOSource_Update	使用更新事件作为触发输出(TRGO)
TIM_TRGOSource_OC1	一旦捕获或比较匹配发生,当标志位 CC1F 被设置时触发输出发送一个确定脉冲(TRGO)
TIM_TRGOSource_OC1Ref	使用 OC1REF 作为触发输出(TRGO)
TIM_TRGOSource_OC2Ref	使用 OC2REF 作为触发输出(TRGO)
TIM_TRGOSource_OC3Ref	使用 OC3REF 作为触发输出(TRGO)
TIM_TRGOSource_OC4Ref	使用 OC4REF 作为触发输出(TRGO)

例 3.83　配置 TIM2 使用更新事件触发。

TIM_SelectOutputTrigger(TIM2, TIM_TRGOSource_Update);

6. TIM_SelectSlaveMode 函数

TIM_SelectSlaveMode 函数的功能是选择 TIMx 从模式。表 3.128 描述了该函数的内容。

表 3.128　TIM_SelectSlaveMode 函数

函数原形	void TIM_SelectSlaveMode(TIM_TypeDef* TIMx, u16 TIM_SlaveMode)
功能描述	选择 TIMx 从模式
输入参数 1	TIMx：x 可以是 1～8，用来选择 TIM 外设
输入参数 2	TIM_SlaveMode：TIM 从模式(见表 3.129)
输出参数：无；返回值：无；先决条件：无；被调用函数：无	

表 3.129　TIM_SlaveMode 取值

TIM_SlaveMode 取值	功 能 描 述
TIM_SlaveMode_Reset	选中触发信号(TRGI)的上升沿重初始化计数器并触发寄存器的更新
TIM_SlaveMode_Gated	当触发信号(TRGI)为高电平计数器时钟使能
TIM_SlaveMode_Trigger	计数器在触发(TRGI)的上升沿开始
TIM_SlaveMode_External1	选中触发(TRGI)的上升沿作为计数器时钟

例 3.84　选择触发信号为高电平来触发从时钟 TIM2 开始计数。

TIM_SelectSlaveMode(TIM2, TIM_SlaveMode_Gated);

7. TIM_SelectMasterSlaveMode 函数

TIM_SelectMasterSlaveMode 函数的功能是设置或者重置 TIMx 主/从模式。表 3.130 描述了该函数的内容。

表 3.130　TIM_SelectMasterSlaveMode 函数

函数原形	void TIM_SelectMasterSlaveMode(TIM_TypeDef* TIMx, u16 TIM_MasterSlaveMode)
功能描述	设置或者重置 TIMx 主/从模式
输入参数 1	TIMx：x 可以是 1～8，用来选择 TIM 外设
输入参数 2	TIM_MasterSlaveMode：定时器主/从模式，取值为： TIM_MasterSlaveMode_Enable 或 TIM_MasterSlaveMode_Disable
输出参数：无；返回值：无；先决条件：无；被调用函数：无	

例 3.85　使能 TIM2 为主/从模式。

TIM_SelectMasterSlaveMode(TIM2, TIM_MasterSlaveMode_Enable);

8. TIM_SetCounter 函数

TIM_SetCounter 函数的功能是设置 TIMx 计数器寄存器值。表 3.131 描述了该函数的内容。

表 3.131　TIM_SetCounter 函数

函数原形	void TIM_SetCounter(TIM_TypeDef* TIMx, u16 Counter)
功能描述	设置 TIMx 计数器寄存器值
输入参数 1	TIMx：x 可以是 1~8，用来选择 TIM 外设
输入参数 2	Counter：计数器寄存器新值
输出参数：无；返回值：无；先决条件：无；被调用函数：无	

例 3.86　设置 TIM2 新的计数值。

```
u16 TIMCounter = 0xFFFF;
TIM_SetCounter(TIM2, TIMCounter);
```

9. TIM_SetAutoreload 函数

TIM_SetAutoreload 函数的功能是设置 TIMx 自动重装载寄存器值。表 3.132 描述了该函数的内容。

表 3.132　TIM_SetAutoreload 函数

函数原形	void TIM_SetCounter(TIM_TypeDef* TIMx, u16 Counter)
功能描述	设置 TIMx 自动重装载寄存器值
输入参数 1	TIMx：x 可以是 1~8，用来选择 TIM 外设
输入参数 2	Autoreload：自动重装载寄存器新值
输出参数：无；返回值：无；先决条件：无；被调用函数：无	

例 3.87　设置 TIM2 新的重装值。

```
u16 TIMAutoreload = 0xFFFF;
TIM_SetAutoreload(TIM2, TIMAutoreload);
```

10. TIM_SetAutoreload 函数

TIM_SetAutoreload 函数的功能是设置 TIMx 自动重装载寄存器值。表 3.133 描述了该函数的内容。

表 3.133　TIM_SetAutoreload 函数

函数原形	void TIM_SetCounter(TIM_TypeDef* TIMx, u16 Counter)
功能描述	设置 TIMx 自动重装载寄存器值
输入参数 1	TIMx：x 可以是 1~8，用来选择 TIM 外设
输入参数 2	Autoreload：自动重装载寄存器新值
输出参数：无；返回值：无；先决条件：无；被调用函数：无	

例 3.88　设置 TIM2 新的重装值。

```
u16 TIMAutoreload = 0xFFFF;
TIM_SetAutoreload(TIM2, TIMAutoreload);
```

3.6.4　定时器参数获取或清除标志类函数

1. TIM_GetCounter 函数

TIM_GetCounter 函数的功能是获得 TIMx 计数器的值。表 3.134 描述了该函数的内容。

表 3.134　TIM_GetCounter 函数

函数原形	u16 TIM_GetCounter(TIM_TypeDef* TIMx)
功能描述	获得 TIMx 计数器的值
输入参数	TIMx：x 可以是 1～8，用来选择 TIM 外设
输出参数：无；返回值：计数器的值；先决条件：无；被调用函数：无	

例 3.89　获取定时器 2 的计数值。

u16 TIMCounter = TIM_GetCounter(TIM2);

2. TIM_GetPrescaler 函数

TIM_GetPrescaler 函数的功能是获得 TIMx 预分频值。表 3.135 描述了该函数的内容。

表 3.135　TIM_GetPrescaler 函数

函数原形	u16 TIM_GetPrescaler (TIM_TypeDef* TIMx)
功能描述	获得 TIMx 预分频值
输入参数	TIMx：x 可以是 1～8，用来选择 TIM 外设
输出参数：无；返回值：预分频的值；先决条件：无；被调用函数：无	

例 3.90　获取定时器 2 的预分频值。

u16 TIMPrescaler = TIM_GetPrescaler(TIM2);

3. TIM_GetFlagStatus 函数

TIM_GetFlagStatus 函数的功能是检查指定的 TIM 标志位设置与否。表 3.136 描述了该函数的内容。

表 3.136　TIM_GetFlagStatus 函数

函数原形	FlagStatus TIM_GetFlagStatus(TIM_TypeDef* TIMx, u16 TIM_FLAG)
功能描述	检查指定的 TIM 标志位设置与否
输入参数 1	TIMx：x 可以是 1～8，用来选择 TIM 外设
输入参数 2	TIM_FLAG：待检查的 TIM 标志位(见表 3.137)
输出参数：无；返回值：SET 或 RESET；先决条件：无；被调用函数：无	

表 3.137　TIM_FLAG 取值

TIM_FLAG 取值	功　能	TIM_FLAG 取值	功　能
TIM_FLAG_Update	TIM 更新标志位	TIM_FLAG_Trigger	TIM 触发标志位
TIM_FLAG_CC1	TIM 捕获/比较 1 标志位	TIM_FLAG_CC1OF	TIM 捕获/比较 1 溢出标志位
TIM_FLAG_CC2	TIM 捕获/比较 2 标志位	TIM_FLAG_CC2OF	TIM 捕获/比较 2 溢出标志位
TIM_FLAG_CC3	TIM 捕获/比较 3 标志位	TIM_FLAG_CC3OF	TIM 捕获/比较 3 溢出标志位
TIM_FLAG_CC4	TIM 捕获/比较 4 标志位	TIM_FLAG_CC4OF	TIM 捕获/比较 4 溢出标志位

例 3.91　检查 TIM2 捕获/比较 1 标志是否置位。
```
if(TIM_GetFlagStatus(TIM2, TIM_FLAG_CC1) == SET)
    {
    }
```

4. TIM_ClearFlag 函数

TIM_ClearFlag 函数的功能是清除 TIMx 的待处理标志位。表 3.138 描述了该函数的内容。

表 3.138　TIM_ClearFlag 函数

函数原形	void TIM_ClearFlag(TIM_TypeDef* TIMx, u32 TIM_FLAG)
功能描述	清除 TIMx 的待处理标志位
输入参数 1	TIMx：x 可以是 1~8，用来选择 TIM 外设
输入参数 2	TIM_FLAG：待清除的 TIM 标志位
输出参数：无；返回值：无；先决条件：无；被调用函数：无	

例 3.92　清除 TIM2 捕获比较标志 1。
```
TIM_ClearFlag(TIM2, TIM_FLAG_CC1);
```

3.6.5　定时器中断类相关函数

1. TIM_ITConfig 函数

TIM_ITConfig 函数的功能是使能或者失能指定的 TIM 中断。表 3.139 描述了该函数的内容。

表 3.139　TIM_ITConfig 函数

函数原形	void TIM_ITConfig(TIM_TypeDef* TIMx, u16 TIM_IT, FunctionalState NewState)
功能描述	使能或者失能指定的 TIM 中断
输入参数 1	TIMx：x 可以是 1~8，用来选择 TIM 外设
输入参数 2	TIM_IT：待使能或者失能的 TIM 中断源(见表 3.140)
输入参数 3	NewState：TIMx 中断的新状态(可取：ENABLE 或 DISABLE)
输出参数：无；返回值：无；先决条件：无；被调用函数：无	

表 3.140　TIM_IT 取值

TIM_IT 取值	功　能	TIM_IT 取值	功　能
TIM_IT_Update	TIM 中断源	TIM_IT_CC3	TIM 捕获/比较 3 中断源
TIM_IT_CC1	TIM 捕获/比较 1 中断源	TIM_IT_CC4	TIM 捕获/比较 4 中断源
TIM_IT_CC2	TIM 捕获/比较 2 中断源	TIM_IT_Trigger	TIM 触发中断源

例 3.93　使能 TIM2 捕捉比较通道 1 中断源。
```
TIM_ITConfig(TIM2, TIM_IT_CC1, ENABLE );
```

2．TIM_GetITStatus 函数

TIM_GetITStatus 函数的功能是检查指定的 TIM 中断发生与否。表 3.141 描述了该函数的内容。

表 3.141　TIM_GetITStatus 函数

函数原形	ITStatus TIM_GetITStatus(TIM_TypeDef* TIMx, u16 TIM_IT)
功能描述	检查指定的 TIM 中断发生与否
输入参数 1	TIMx：x 可以是 1～8，用来选择 TIM 外设
输入参数 2	TIM_IT：待检查的 TIM 中断源
输出参数：无；返回值：TIM_IT 的新状态；先决条件：无；被调用函数：无	

例 3.94　检查 TIM2 捕捉比较 1 中断是否发生。

```
if(TIM_GetITStatus(TIM2, TIM_IT_CC1) == SET)
    {
    }
```

3．TIM_ClearITPendingBit 函数

TIM_ClearITPendingBit 函数的功能是清除 TIMx 的中断待处理位。表 3.142 描述了该函数的内容。

表 3.142　TIM_ClearITPendingBit 函数

函数原形	void TIM_ClearITPendingBit(TIM_TypeDef* TIMx, u16 TIM_IT)
功能描述	清除 TIMx 的中断待处理位
输入参数 1	TIMx：x 可以是 1～8，用来选择 TIM 外设
输入参数 2	TIM_IT：待检查的 TIM 中断源
输出参数：无；返回值：无；先决条件：无；被调用函数：无	

例 3.95　清除 TIM2 捕捉比较 1 中断标志位。

```
TIM_ClearITPendingBit(TIM2, TIM_IT_CC1);
```

3.7　系统时基定时器(SysTick)库函数

STM32F10x 系列内核有一个系统时基定时器(SysTick)，其为一个 24 位递减计数器，具有灵活的控制机制。系统时基定时器设定初始后，每经 1 个系统时钟周期，计数就减 1，当减数到 0 时，系统时基定时器自动重装初值，并继续向下计数，同时触发中断,即产生嘀嗒节拍。

常用的系统时基定时器库函数见表 3.143 所示。

表 3.143　常用的 SysTick 库函数

函　数　名	功　能　描　述
SysTick_CLKSourceConfig	设置 SysTick 时钟源
SysTick_SetReload	设置 SysTick 重装载值
SysTick_CounterCmd	使能或者失能 SysTick 计数器
SysTick_ITConfig	使能或者失能 SysTick 中断
SysTick_GetCounter	获取 SysTick 计数器的值
SysTick_GetFlagStatus	检查指定的 SysTick 标志位设置与否

1. SysTick_CLKSourceConfig 函数

SysTick_CLKSourceConfig 函数的功能是设置 SysTick 时钟源。表 3.144 描述了该函数的内容。

表 3.144　SysTick_CLKSourceConfig 函数

函数原形	void SysTick_CLKSourceConfig(u32 SysTick_CLKSource)
功能描述	设置 SysTick 时钟源
输入参数	SysTick_CLKSource：SysTick 时钟源(见表 3.145)
输出参数：无；返回值：无；先决条件：无；被调用函数：无	

表 3.145　SysTick_CLKSource 取值

SysTick_CLKSource 取值	功　能　描　述
SysTick_CLKSource_HCLK_Div8	SysTick 时钟源为 AHB 时钟除以 8
SysTick_CLKSource_HCLK	SysTick 时钟源为 AHB 时钟

例 3.96　选择 AHB 时钟为系统时基源。

```
SysTick_CLKSourceConfig(SysTick_CLKSource_HCLK);
```

2. SysTick_SetReload 函数

SysTick_SetReload 函数的功能是设置 SysTick 重装载值。表 3.146 描述了该函数的内容。

表 3.146　SysTick_SetReload 函数

函数原形	void SysTick_SetReload(u32 Reload)
功能描述	设置 SysTick 重装载值
输入参数	Reload：重装载值(该参数取值必须在 1 和 0x00FFFFFF 之间)
输出参数：无；返回值：无；先决条件：无；被调用函数：无	

例 3.97　设系统时基定时器的重载值为 0xffff。

```
SysTick_SetReload(0xFFFF);
```

3. SysTick_CounterCmd 函数

SysTick_CounterCmd 函数的功能是使能或者失能 SysTick 计数器。表 3.147 描述了该函数的内容。

表 3.147　SysTick_CounterCmd 函数

函数原形	void SysTick_CounterCmd(u32 SysTick_Counter)
功能描述	使能或者失能 SysTick 计数器
输入参数	SysTick_Counter：SysTick 计数器新状态(见表 3.148)
输出参数：无；返回值：无；先决条件：无；被调用函数：无	

表 3.148　SysTick_Counter 取值

SysTick_Counter 取值	功 能 描 述
SysTick_Counter_Disable	失能计数器
SysTick_Counter_Enable	使能计数器
SysTick_Counter_Clear	清除计数器值为 0

例 3.98　使能系统时基定时器。

```
SysTick_CounterCmd(SysTick_Counter_Enable);
```

4. SysTick_ITConfig 函数

SysTick_ITConfig 函数的功能是使能或者失能 SysTick 中断。表 3.149 描述了该函数的内容。

表 3.149　SysTick_ITConfig 函数

函数原形	void SysTick_ITConfig(FunctionalState NewState)
功能描述	使能或者失能 SysTick 中断
输入参数	NewState：SysTick 中断的新状态(可取：ENABLE 或 DISABLE)
输出参数：无；返回值：无；先决条件：无；被调用函数：无	

例 3.99　打开(使能)系统时基定时器中断。

```
SysTick_ITConfig(ENABLE);
```

5. SysTick_GetCounter 函数

SysTick_GetCounter 函数的功能是获取 SysTick 计数器的值。表 3.150 描述了该函数的内容。

表 3.150　SysTick_GetCounter 函数

函数原形	u32 SysTick_GetCounter(void)
功能描述	获取 SysTick 计数器的值
输入参数：无；输出参数：无；返回值：SysTick 计数器的值；先决条件：无；被调用函数：无	

例 3.100 获取系统时基定时器的计数值。

```
u32 SysTickCurrentCounterValue;
SysTickCurrentCounterValue = SysTick_GetCounter();
```

6. SysTick_GetFlagStatus 函数

SysTick_GetFlagStatus 函数的功能是检查指定的 SysTick 标志位设置与否。表 3.151 描述了该函数的内容。

表 3.151　SysTick_GetFlagStatus 函数

函数原形	FlagStatus SysTick_GetFlagStatus(u8 SysTick_FLAG)
功能描述	检查指定的 SysTick 标志位设置与否
输入参数	SysTick_FLAG：待检查的 SysTic 标志位(见表 3.152)
输出参数：无；返回值：无；先决条件：无；被调用函数：无	

表 3.152　SysTick_FLAG 取值

SysTick_FLAG 取值	功 能 描 述
SysTick_FLAG_COUNT	自从上一次被读取，计数器计数至 0
SysTick_FLAG_SKEW	由于时钟频率偏差，校准精确等于 10 ms
SysTick_FLAG_NOREF	参考时钟未提供

例 3.101 测试计数的标志是否存在。

```
FlagStatus Status;
Status = SysTick_GetFlagStatus(SysTick_FLAG_COUNT);
if(Status == RESET)
    {
    ... //作相应处理
    }
else
    {
    ... //作相应处理
    }
```

3.8　实时时钟(RTC)库函数

实时时钟(RTC)是一个独立的定时器。RTC 模块拥有一组连续计数的计数器，在相应的软件配置下，可提供时钟日历的功能。修改计数器的值可以重新设置系统当前的时间和日期。常用的库函数见表 3.153 所示。

表 3.153　RTC 库函数

函 数 名	功 能 描 述
RTC_EnterConfigMode	进入 RTC 配置模式
RTC_ExitConfigMode	退出 RTC 配置模式
RTC_GetCounter	获取 RTC 计数器的值
RTC_SetCounter	设置 RTC 计数器的值
RTC_SetPrescaler	设置 RTC 预分频的值
RTC_SetAlarm	设置 RTC 闹钟的值
RTC_GetDivider	获取 RTC 预分频分频因子的值
RTC_WaitForLastTask	等待最近一次对 RTC 寄存器的写操作完成
RTC_WaitForSynchro	等待 RTC 寄存器(RTC_CNT, RTC_ALR and RTC_PRL)与 RTC 的 APB 时钟同步
RTC_GetFlagStatus	检查指定的 RTC 标志位设置与否
RTC_ClearFlag	清除 RTC 的待处理标志位
RTC_GetITStatus	检查指定的 RTC 中断发生与否
RTC_ClearITPendingBit	清除 RTC 的中断待处理位
RTC_ITConfig	使能或者失能指定的 RTC 中断

3.8.1　RTC 设置读取类函数

1. RTC_EnterConfigMode 函数

RTC_EnterConfigMode 函数的功能是进入 RTC 配置模式。表 3.154 描述了该函数的内容。

表 3.154　RTC_EnterConfigMode 函数

函数原形	void RTC_EnterConfigMode(void)
功能描述	进入 RTC 配置模式
输入参数：无；输出参数：无；返回值：无；先决条件：无；被调用函数：无	

例 3.102　进入配置模式。

```
RTC_EnterConfigMode();
```

2. RTC_ExitConfigMode 函数

RTC_ExitConfigMode 函数的功能是退出 RTC 配置模式。表 3.155 描述了该函数的内容。

表 3.155　RTC_ExitConfigMode 函数

函数原形	void RTC_ExitConfigMode(void)
功能描述	退出 RTC 配置模式
输入参数：无；输出参数：无；返回值：无；先决条件：无；被调用函数：无	

例 3.103 退出配置模式。

    RTC_ExitConfigMode();

3. RTC_GetCounter 函数

RTC_GetCounter 函数的功能是获取 RTC 计数器的值。表 3.156 描述了该函数的内容。

表 3.156　RTC_GetCounter 函数

函数原形	u32 RTC_GetCounter(void)
功能描述	获取 RTC 计数器的值
输入参数：无；输出参数：无；返回值：RTC 计数器的值；先决条件：无；被调用函数：无	

例 3.104 读取计数器的值。

    u32 RTCCounterValue;
    RTCCounterValue = RTC_GetCounter();

4. RTC_SetCounter 函数

RTC_SetCounter 函数的功能是设置 RTC 计数器的值。表 3.157 描述了该函数的内容。

表 3.157　RTC_SetCounter 函数

函数原形	void RTC_SetCounter(u32 CounterValue)
功能描述	设置 RTC 计数器的值
输入参数	CounterValue：新的 RTC 计数器值
输出参数：无；返回值：无；先决条件：在使用本函数前必须先调用函数 RTC_WaitForLastTask()，等待标志位 RTOFF 被设置；被调用函数：RTC_EnterConfigMode()，RTC_ExitConfigMode()	

例 3.105 设置计数器值。

    RTC_WaitForLastTask();   //等待，直到最后一次 RTC 操作完成
    RTC_SetCounter(0xFFFF5555);   //设置 RTC 计数器的值为 0xFFFF5555

5. RTC_SetPrescaler 函数

RTC_SetPrescaler 函数的功能是设置 RTC 预分频的值。表 3.158 描述了该函数的内容。

表 3.158　RTC_SetPrescaler 函数

函数原形	void RTC_SetPrescaler(u32 PrescalerValue)
功能描述	设置 RTC 预分频的值
输入参数	PrescalerValue：新的 RTC 预分频值
输出参数：无；返回值：无；先决条件：在使用本函数前必须先调用函数 RTC_WaitForLastTask()，等待标志位 RTOFF 被设置；被调用函数：RTC_EnterConfigMode()，RTC_ExitConfigMode()	

例 3.106 设置预分频值。

    RTC_WaitForLastTask();   //等待，直到最后一次 RTC 操作完成
    RTC_SetPrescaler(0x7A12);   //设置 RTC 的预分频值为 0x7A12

6. RTC_SetAlarm 函数

RTC_SetAlarm 函数的功能是设置 RTC 闹钟的值。表 3.159 描述了该函数的内容。

表 3.159　RTC_SetAlarm 函数

函数原形	void RTC_SetAlarm(u32 AlarmValue)
功能描述	设置 RTC 闹钟的值
输入参数	AlarmValue：新的 RTC 闹钟值
输出参数：无；返回值：无；先决条件：在使用本函数前必须先调用函数 RTC_WaitForLastTask()，等待标志位 RTOFF 被设置；被调用函数：RTC_EnterConfigMode()，RTC_ExitConfigMode()	

例 3.107　设置预分频值。

```
RTC_WaitForLastTask();              //等待，直到最后一次 RTC 操作完成
RTC_SetAlarm(0xFFFFFFFA);           //设置 RTC 的闹钟值为 0xFFFFFFFA
```

7. RTC_GetDivider 函数

RTC_GetDivider 函数的功能是获取 RTC 预分频分频因子的值。表 3.160 描述了该函数的内容。

表 3.160　RTC_GetDivider 函数

函数原形	u32 RTC_GetDivider(void)
功能描述	获取 RTC 预分频分频因子的值
输入参数：无；输出参数：无；返回值：RTC 预分频分频因子的值；先决条件：无；被调用函数：无	

例 3.108　获取 RTC 当前的预分频因子值。

```
u32 RTCDividerValue;
RTCDividerValue = RTC_GetDivider();
```

3.8.2　RTC 等待检查类函数

1. RTC_WaitForLastTask 函数

RTC_WaitForLastTask 函数的功能是等待最近一次对 RTC 寄存器的写操作完成。表 3.161 描述了该函数的内容。

表 3.161　RTC_WaitForLastTask 函数

函数原形	void RTC_WaitForLastTask(void)
功能描述	等待最近一次对 RTC 寄存器的写操作完成
输入参数：无；输出参数：无；返回值：无；先决条件：无；被调用函数：无	

例 3.109　设置闹钟值的一种方法。

```
RTC_WaitForLastTask();              //等待最近一次对 RTC 寄存器的写操作完成
RTC_SetAlarm(0x10);                 //设置闹钟值为 0x10
```

2. RTC_WaitForSynchro 函数

函数 RTC_WaitForSynchro 函数的功能是等待最近一次对 RTC 寄存器的写操作完成。表 3.162 描述了该函数的内容。

表 3.162 RTC_WaitForSynchro 函数

函数原形	void RTC_WaitForSynchro(void)
功能描述	等待最近一次对 RTC 寄存器的写操作完成
输入参数：无；输出参数：无；返回值：无；先决条件：无；被调用函数：无	

例 3.110 等待最近一次对 RTC 寄存器的写操作完成。

```
RTC_WaitForSynchro();
```

3.8.3 RTC 状态检查与中断类函数

1. RTC_GetFlagStatus 函数

RTC_GetFlagStatus 函数的功能是检查指定的 RTC 标志位设置与否。表 3.163 描述了该函数的内容。

表 3.163 RTC_GetFlagStatus 函数

函数原形	FlagStatus RTC_GetFlagStatus(u16 RTC_FLAG)
功能描述	检查指定的 RTC 标志位设置与否
输入参数	RTC_FLAG：待检查的 RTC 标志位(参见表 3.164)
输出参数：无；返回值：SET 或 RESET；先决条件：无；被调用函数：无	

表 3.164 RTC_FLAG 的取值

RTC_FLAG 取值	功 能 描 述	RTC_FLAG 取值	功 能 描 述
RTC_FLAG_RTOFF	RTC 操作 OFF 标志位	RTC_FLAG_RSF	寄存器已同步标志位
RTC_FLAG_OW	溢出中断标志位	RTC_FLAG_ALR	闹钟中断标志位
RTC_FLAG_SEC	秒中断标志位		

例 3.111 检查 RTC 溢出中断标志。

```
FlagStatus OverrunFlagStatus;
OverrunFlagStatus = RTC_GetFlagStatus(RTC_Flag_OW);
```

2. RTC_ClearFlag 函数

RTC_ClearFlag 函数的功能是清除 RTC 的待处理标志位。表 3.165 描述了该函数的内容。

表 3.165 RTC_ClearFlag 函数

函数原形	void RTC_ClearFlag(u16 RTC_FLAG)
功能描述	清除 RTC 的待处理标志位
输入参数	待清除的 RTC 标志位
输出参数：无；返回值：无；先决条件：在使用本函数前必须先调用函数 RTC_WaitForLastTask()，等待标志位 RTOFF 被设置；被调用函数：无	

例 3.112　清除 RTC 溢出标志。

```
RTC_WaitForLastTask();              //等待，直到最后一次 RTC 操作完成
RTC_ClearFlag(RTC_FLAG_OW);         //清除 RTC 溢出标志
```

3. RTC_GetITStatus 函数

RTC_GetITStatus 函数的功能是检查指定的 RTC 中断发生与否。表 3.166 描述了该函数的内容。

表 3.166　RTC_GetITStatus 函数

函数原形	ITStatus　RTC_GetITStatus(u16 RTC_IT)
功能描述	检查指定的 RTC 中断发生与否
输入参数	待检查的 RTC 中断源
输出参数：无；返回值：SET 或 RESET；先决条件：无；被调用函数：无	

例 3.113　检查指定的 RTC 中断标志。

```
ITStatus SecondITStatus;
SecondITStatus = RTC_GetITStatus(RTC_IT_SEC);
```

4. RTC_ClearITPendingBit 函数

RTC_ClearITPendingBit 函数的功能是清除 RTC 的中断待处理位。表 3.167 描述了该函数的内容。

表 3.167　RTC_ClearITPendingBit 函数

函数原形	ITStatus RTC_GetITStatus(u16 RTC_IT)
功能描述	清除 RTC 的中断待处理位
输入参数	待清除的 RTC 中断待处理位(参见表 3.169)
输出参数：无；返回值：无；先决条件：在使用本函数前必须先调用函数 RTC_WaitForLastTask()，等待标志位 RTOFF 被设置；被调用函数：无	

例 3.114　清除 RTC 的中断待处理位。

```
RTC_WaitForLastTask();                    //等待，上一次 RTC 操作完成
RTC_ClearITPendingBit(RTC_IT_SEC);        //清除 RTC 秒中断
```

5. RTC_ITConfig 函数

RTC_ITConfig 函数的功能是使能或者失能指定的 RTC 中断。表 3.168 描述了该函数的内容。

表 3.168　RTC_ITConfig 函数

函数原形	void RTC_ITConfig(u16 RTC_IT, FunctionalState NewState)
功能描述	使能或者失能指定的 RTC 中断
输入参数 1	RTC_IT：待使能或者失能的 RTC 中断源(见表 3.169)
输入参数 2	ENABLE 或者 DISABLE
输出参数：无；返回值：无；先决条件：在使用本函数前必须先调用函数 RTC_WaitForLastTask()，等待标志位 RTOFF 被设置；被调用函数：无	

表 3.169　RTC_IT 取值

RTC_IT 取值	功能描述
RTC_IT_OW	溢出中断使能
RTC_IT_ALR	闹钟中断使能
RTC_IT_SEC	秒中断使能

例 3.115　使能秒中断。

```
RTC_WaitForLastTask();                    //等待直到最后一次对 RTC 操作完成
RTC_ITConfig(RTC_IT_ALR, ENABLE);   //使能秒中断
```

3.9　后备域(BKP)库函数

后备域(BKP)是 42 个 16 位的寄存器，可用来存储 84 字节的用户应用数据。它们处在后备域中，当 V_{DD} 电源被切断，它们仍由外接的 V_{BAT} 维持供电。当系统在待机模式下被唤醒、系统复位或电源复位时，它们也不会被复位。

此外，BKP 控制寄存器用来管理侵入检测和 RTC 校准功能。复位后，对备份寄存器和RTC 的访问被禁止，且后备域被保护，以防止可能存在的意外写操作。BKP 常见的函数见表 3.170 所示。

表 3.170　BKP 库函数

函数名	功能描述
BKP_DeInit	将外设 BKP 的全部寄存器重设为缺省值
BKP_TamperPinLevelConfig	设置侵入检测管脚的有效电平
BKP_TamperPinCmd	使能或者失能管脚的侵入检测功能
BKP_ITConfig	使能或者失能侵入检测中断
BKP_RTCOutputConfig	选择在侵入检测管脚上输出的 RTC 时钟源
BKP_SetRTCCalibrationValue	设置 RTC 时钟校准值
BKP_WriteBackupRegister	向指定的后备寄存器中写入用户程序数据
BKP_ReadBackupRegister	从指定的后备寄存器中读出数据
BKP_GetFlagStatus	检查侵入检测管脚事件的标志位被设置与否
BKP_ClearFlag	清除侵入检测管脚事件的待处理标志位
BKP_GetITStatus	检查侵入检测中断发生与否
BKP_ClearITPendingBit	清除侵入检测中断的待处理位

1. BKP_DeInit 函数

BKP_DeInit 函数的功能是将外设 BKP 的全部寄存器重设为缺省值。表 3.171 描述了该函数的内容。

表 3.171　BKP_DeInit 函数

函数原形	void BKP_DeInit(void)
功能描述	检查指定的 RTC 中断发生与否
输入参数：无；输出参数：无；返回值：无；先决条件：无；被调用函数：RCC_BackupResetCmd	

例 3.116　复位 BKP 寄存器。

　　BKP_DeInit();

2．BKP_TamperPinLevelConfig 函数

BKP_TamperPinLevelConfig 函数的功能是设置侵入检测管脚的有效电平。表 3.172 描述了该函数的内容。

表 3.172　BKP_TamperPinLevelConfig 函数

函数原形	void BKP_TamperPinLevelConfig(u16 BKP_TamperPinLevel)
功能描述	设置侵入检测管脚的有效电平
输入参数	BKP_TamperPinLevel：侵入检测管脚的有效电平(见表 3.173)
输出参数：无；返回值：无；先决条件：无；被调用函数：无	

表 3.173　BKP_TamperPinLevel 取值

BKP_TamperPinLevel 取值	功　能　描　述
BKP_TamperPinLevel_High	侵入检测管脚高电平有效
BKP_TamperPinLevel_Low	侵入检测管脚低电平有效

例 3.117　设置 Tamper 引脚高电平有效。

　　BKP_TamperPinLevelConfig(BKP_TamperPinLevel_High);

3．BKP_TamperPinCmd 函数

BKP_TamperPinCmd 函数的功能是使能或者失能管脚的侵入检测功能。表 3.174 描述了该函数的内容。

表 3.174　BKP_TamperPinCmd 函数

函数原型	void BKP_TamperPinCmd(FunctionalState NewState)
功能描述	使能或者失能管脚的侵入检测功能
输入参数	NewState：侵入检测功能的新状态(ENABLE 或 DISABLE)
输出参数：无；返回值：无；先决条件：无；被调用函数：无	

例 3.118　使能 Tamper 引脚侵入检测功能。

　　BKP_TamperPinCmd(ENABLE);

4．BKP_ITConfig 函数

BKP_ITConfig 函数的功能是使能或者失能侵入检测中断。表 3.175 描述了该函数的内容。

表 3.175　BKP_ITConfig 函数

函数原型	void BKP_ITConfig(FunctionalState NewState)
功能描述	使能或者失能管脚的侵入检测功能
输入参数	NewState：侵入检测中断的新状态(ENABLE 或 DISABLE)
输出参数：无；返回值：无；先决条件：无；被调用函数：无	

例 3.119　使能 Tamper 引脚中断功能。

```
BKP_ITConfig(ENABLE);
```

5. BKP_WriteBackupRegister 函数

BKP_WriteBackupRegister 函数的功能是向指定的后备寄存器中写入用户程序数据。表 3.176 描述了该函数的内容。

表 3.176　BKP_WriteBackupRegister 函数

函数原型	void BKP_WriteBackupRegister(u16 BKP_DR, u16 Data)
功能描述	向指定的后备寄存器中写入用户程序数据
输入参数 1	BKP_DR：数据后备寄存器(见表 3.177)
输入参数 2	Data：待写入的数据
输出参数：无；返回值：无；先决条件：无；被调用函数：无	

表 3.177　BKP_DR 取值

BKP_DR 取值	功 能 描 述	BKP_DR 取值	功 能 描 述
BKP_DR1	选中数据寄存器 1	BKP_DR2	选中数据寄存器 2
BKP_DR3	选中数据寄存器 3	BKP_DR4	选中数据寄存器 4
BKP_DR5	选中数据寄存器 5	BKP_DR6	选中数据寄存器 6
BKP_DR7	选中数据寄存器 7	BKP_DR8	选中数据寄存器 8
BKP_DR9	选中数据寄存器 9	BKP_DR10	选中数据寄存器 10

例 3.120　写 0x1234 数据到寄存器 1 中。

```
BKP_WriteBackupRegister(BKP_DR1, 0x1234);
```

6. BKP_ReadBackupRegister 函数

BKP_ReadBackupRegister 函数的功能是从指定的后备寄存器中读出数据。表 3.178 描述了该函数的内容。

表 3.178　BKP_ReadBackupRegister 函数

函数原型	u16 BKP_ReadBackupRegister(u16 BKP_DR)
功能描述	从指定的后备寄存器中读出数据
输入参数	BKP_DR：数据后备寄存器(见表 3.177)
输出参数：无；返回值：指定的后备寄存器中的数据；先决条件：无；被调用函数：无	

例 3.121　读寄存器 1 中的数据。

    u16 Data;

    Data = BKP_ReadBackupRegister(BKP_DR1);

7. BKP_GetITStatus 函数

BKP_GetITStatus 函数的功能是检查侵入检测中断发生与否。表 3.179 描述了该函数的内容。

表 3.179　BKP_GetITStatus 函数

函数原型	ITStatus BKP_GetITStatus(void)
功能描述	检查侵入检测中断发生与否
输入参数：无；输出参数：无；返回值：检查侵入检测中断标志位的新状态(SET 或者 RESET)；先决条件：无；被调用函数：无	

例 3.122　判断 Tamper 引脚中断是否发生。

    ITStatus Status;

    Status = BKP_GetITStatus();

    if(Status == RESET)

        { ... }

    else { ... }

8. BKP_ClearITPendingBit 函数

BKP_ClearITPendingBit 函数的功能是清除侵入检测中断的待处理位。表 3.180 描述了该函数的内容。

表 3.180　BKP_ClearITPendingBit 函数

函数原型	void BKP_ClearITPendingBit(void)
功能描述	清除侵入检测中断的待处理位
输入参数：无；输出参数：无；返回值：无；先决条件：无；被调用函数：无	

例 3.123　清除 Tamper 引脚中断标志。

    BKP_ClearITPendingBit();

3.10　独立看门狗(IWDG)库函数

独立看门狗(IWDG)用来解决软件或硬件引起的处理器故障(如死机)。它也可以在停止(Stop)模式和待命(Standby)模式下工作。IWDG 寄存器结构为 IWDG_TypeDeff，定义在文件"stm32f10x_map.h"中。常用的 IWDG 库函数见表 3.181 所示。

表 3.181　常用的 IWDG 库函数

函 数 名	功 能 描 述
IWDG_WriteAccessCmd	使能或者失能对寄存器 IWDG_PR 和 IWDG_RLR 的写操作
IWDG_SetPrescaler	设置 IWDG 预分频值
IWDG_SetReload	设置 IWDG 重装载值
IWDG_ReloadCounter	按照 IWDG 重装载寄存器的值重装载 IWDG 计数器
IWDG_Enable	使能 IWDG
IWDG_GetFlagStatus	检查指定的 IWDG 标志位被设置与否

1. IWDG_WriteAccessCmd 函数

IWDG_WriteAccessCmd 函数的功能是使能或者失能对寄存器 IWDG_PR 和 IWDG_RLR 的写操作。表 3.182 描述了该函数的内容。

表 3.182　IWDG_WriteAccessCmd 函数

函数原形	void IWDG_WriteAccessCmd(u16 IWDG_WriteAccess)
功能描述	使能或者失能对寄存器 IWDG_PR 和 IWDG_RLR 的写操作
输入参数	WDG_WriteAccess：对寄存器 IWDG_PR 和 IWDG_RLR 的写操作的新状态(见表 3.183)
输出参数：无；返回值：无；先决条件：无；被调用函数：无	

表 3.183　WDG_WriteAccess 取值

IWDG_WriteAccess 取值	功 能 描 述
IWDG_WriteAccess_Enable	使能对寄存器 IWDG_PR 和 IWDG_RLR 的写操作
IWDG_WriteAccess_Disable	失能对寄存器 IWDG_PR 和 IWDG_RLR 的写操作

例 3.124　使能对 IWDG_PR 和 IWDG_RLR 寄存器的写操作。

```
IWDG_WriteAccessCmd(IWDG_WriteAccess_Enable);
```

2. IWDG_SetPrescaler 函数

IWDG_SetPrescaler 函数的功能是设置 IWDG 预分频值。表 3.184 描述了该函数的内容。

表 3.184　IWDG_SetPrescaler 函数

函数原形	void IWDG_SetPrescaler(u8 IWDG_Prescaler)
功能描述	设置 IWDG 预分频值
输入参数	IWDG_Prescaler：IWDG 预分频值(见表 3.185)
输出参数：无；返回值：无；先决条件：无；被调用函数：无	

表 3.185　IWDG_Prescaler 取值

IWDG_Prescaler 取值	功 能 描 述	IWDG_Prescaler 取值	功 能 描 述
IWDG_Prescaler_4	设置 IWDG 预分频值为 4	IWDG_Prescaler_8	设置 IWDG 预分频值为 8
IWDG_Prescaler_16	设置 IWDG 预分频值为 16	IWDG_Prescaler_32	设置 IWDG 预分频值为 32
IWDG_Prescaler_64	设置 IWDG 预分频值为 64	IWDG_Prescaler_128	设置 IWDG 预分频值为 128
IWDG_Prescaler_256	设置 IWDG 预分频值为 256		

例 3.125　设置 IWDG 预分频值为 8。

```
IWDG_SetPrescaler(IWDG_Prescaler_8);
```

3. IWDG_SetReload 函数

IWDG_SetReload 函数的功能是设置 IWDG 重装载值。表 3.186 描述了该函数的内容。

表 3.186　IWDG_SetReload 函数

函数原形	void IWDG_SetReload(u16 Reload)
功能描述	设置 IWDG 重装载值
输入参数	IWDG_Reload：IWDG 重装载值(取值范围为 0～0x0FFF)
输出参数：无；返回值：无；先决条件：无；被调用函数：无	

例 3.126　设置 IWDG 重装值为 0xfff。

```
IWDG_SetReload(0xFFF);
```

4. IWDG_ReloadCounter 函数

IWDG_ReloadCounter 函数的功能是按照 IWDG 重装载寄存器的值重装载 IWDG 计数器。表 3.187 描述了该函数的内容。

表 3.187　IWDG_ReloadCounter 函数

函数原形	void IWDG_ReloadCounter(void)
功能描述	按照 IWDG 重装载寄存器的值重装载 IWDG 计数器
输入参数：无；输出参数：无；返回值：无；先决条件：无；被调用函数：无	

例 3.127　重装载 IWDG 寄存器。

```
IWDG_ReloadCounter();
```

5. IWDG_Enable 函数

IWDG_Enable 函数的功能是使能 IWDG。表 3.188 描述了该函数的内容。

表 3.188　IWDG_Enable 函数

函数原形	void IWDG_Enable(void)
功能描述	使能 IWDG
输入参数：无；输出参数：无；返回值：无；先决条件：无；被调用函数：无	

例 3.128　使能 IWDG。

```
IWDG_Enable();
```

6. IWDG_GetFlagStatus 函数

IWDG_GetFlagStatus 函数的功能是检查指定的 IWDG 标志位被设置与否。表 3.189 描述了该函数的内容。

表 3.189　IWDG_GetFlagStatus 函数

函数原形	FlagStatus IWDG_GetFlagStatus(u16 IWDG_FLAG)
功能描述	检查指定的 IWDG 标志位被设置与否
输入参数	IWDG_FLAG：待检查的标志位(见表 3.190)
输出参数：无；返回值：IWDG_FLAG 的新状态(SET 或者 RESET)；先决条件：无；被调用函数：无	

表 3.190　IWDG_FLAG 取值

IWDG_FLAG 取值	功 能 描 述
IWDG_FLAG_PVU	预分频值更新进行中
IWDG_FLAG_RVU	重装载值更新进行中

例 3.129　检查预分频值标志位被设置与否。

```
FlagStatus Status;

Status = IWDG_GetFlagStatus(IWDG_FLAG_PVU);

if(Status == RESET)

    {...}

else

    {...}
```

3.11　窗口看门狗(WWDG)库函数

窗口看门狗用来检测是否发生过软件错误。通常软件错误是由外部干涉或不可预见的逻辑冲突引起的，这些错误将打断正常的程序流程。WWDG 寄存器结构为 WWDG_TypeDeff，定义在文件"stm32f10x_map.h"中。常用的 WWDG 库函数见表 3.191 所示。

表 3.191　常用的 WWDG 库函数

函 数 名	功 能 描 述
WWDG_DeInit	将外设 WWDG 寄存器重为缺省值
WWDG_SetPrescaler	设置 WWDG 预分频值
WWDG_SetWindowValue	设置 WWDG 窗口值
WWDG_EnableIT	使能 WWDG 早期唤醒中断(EWI)
WWDG_SetCounter	设置 WWDG 计数器值
WWDG_Enable	使能 WWDG 并装入计数器值
WWDG_GetFlagStatus	检查 WWDG 早期唤醒中断标志位被设置与否
WWDG_ClearFlag	清除早期唤醒中断标志位

1. WWDG_DeInit 函数

WWDG_DeInit 函数的功能是将外设 WWDG 寄存器重设为缺省值。表 3.192 描述了该函数的内容。

表 3.192　WWDG_DeInit 函数

函数原形	void WWDG_DeInit(WWDG_TypeDef* WWDGx)
功能描述	将外设 WWDG 寄存器重设为缺省值
输入参数：无；输出参数：无；返回值：无；先决条件：无；被调用函数：RCC_APB1PeriphResetCmd()	

例 3.130　设置 WWDG 寄存器为默认值。

```
WWDG_DeInit();
```

2. WWDG_SetPrescaler 函数

WWDG_SetPrescaler 函数的功能是设置 WWDG 预分频值。表 3.193 描述了该函数的内容。

表 3.193　WWDG_SetPrescaler 函数

函数原形	void WWDG_SetPrescaler(u32 WWDG_Prescaler)
功能描述	设置 WWDG 预分频值
输入函数	指定 WWDG 预分频(取值范围见表 3.194)
输出参数：无；返回值：无；先决条件：无；被调用函数：无	

表 3.194　WWDG 的取值

WWDG_Prescaler 取值	功 能 描 述
WWDG_Prescaler_1	WWDG 计数器时钟为(PCLK/4096)/1
WWDG_Prescaler_2	WWDG 计数器时钟为(PCLK/4096)/2
WWDG_Prescaler_4	WWDG 计数器时钟为(PCLK/4096)/4
WWDG_Prescaler_8	WWDG 计数器时钟为(PCLK/4096)/8

例 3.131　设定 WWDG 计数器时钟 8 分频。

```
WWDG_SetPrescaler(WWDG_Prescaler_8);
```

3. WWDG_SetWindowValue 函数

WWDG_SetWindowValue 函数的功能是设置 WWDG 窗口值。表 3.195 描述了该函数的内容。

表 3.195　WWDG_SetWindowValue 函数

函数原形	void WWDG_SetWindowValue(u8 WindowValue)
功能描述	设置 WWDG 窗口值
输入参数	指定的窗口值(取值必须在 0x40～0x7F 之间)
输入参数：无；输出参数：无；返回值：无；先决条件：无；被调用函数：无	

例 3.132　设定 WWDG 窗口值为 0x50。

    WWDG_SetWindowValue(0x50);

4．WWDG_EnableIT 函数

WWDG_EnableIT 函数的功能是使能 WWDG 早期唤醒中断(EWI)。表 3.196 描述了该函数的内容。

表 3.196　WWDG_EnableIT 函数

函数原形	void WWDG_EnableIT(void)
功能描述	使能 WWDG 早期唤醒中断(EWI)
输入参数：无；输出参数：无；返回值：无；先决条件：无；被调用函数：无	

例 3.133　使能 WWDG 唤醒中断。

    WWDG_EnableIT();

5．WWDG_SetCounter 函数

WWDG_SetCounter 函数的功能是设置 WWDG 计数器值。表 3.197 描述了该函数的内容。

表 3.197　WWDG_SetCounter 函数

函数原形	void WWDG_SetCounter(u8 Counter)
功能描述	设置 WWDG 计数器值
输入参数	指定看门狗计数器值(取值必须在 0x40～0x7F 之间)
输出参数：无；返回值：无；先决条件：无；被调用函数：无	

例 3.134　设定 WWDG 计数器为 0x7F。

    WWDG_SetCounter(0x7F);

6．WWDG_Enable 函数

WWDG_Enable 函数的功能是使能 WWDG 并装入计数器，一旦使能(打开)就不能被关闭。表 3.198 描述了该函数的内容。

表 3.198　WWDG_Enable 函数

函数原形	Void WWDG_Enable(u8 Counter)
功能描述	使能 WWDG 并装入计数器值
输入参数	指定看门狗计数器值(取值必须在 0x40～0x7F 之间)
输出参数：无；返回值：无；先决条件：无；被调用函数：无	

例 3.135　使能 WWDG，设定看门狗计数器为 0x7F。

    WWDG_Enable(0x7F);

7．WWDG_GetFlagStatus 函数

WWDG_GetFlagStatus 函数的功能是检查 WWDG 早期唤醒中断标志位被设置与否。表 3.199 描述了该函数的内容。

表 3.199　WWDG_GetFlagStatus 函数

函数原形	FlagStatus WWDG_GetFlagStatus(void)
功能描述	检查 WWDG 早期唤醒中断标志位被设置与否
输入参数：无；输出参数：无；返回值：SET 或 RESET；先决条件：无；被调用函数：无	

例 3.136　检查早期唤醒中断标志位是否设置。

```
FlagStatus Status;
Status = WWDG_GetFlagStatus();
if(Status == RESET)
    { ... }
else
    { ... }
```

8．WWDG_ClearFlag 函数

WWDG_ClearFlag 函数的功能是清除早期唤醒中断标志位。表 3.200 描述了该函数的内容。

表 3.200　WWDG_ClearFlag 函数

函数原形	void WWDG_ClearFlag(void)
功能描述	清除早期唤醒中断标志位
输入参数：无；输出参数：无；返回值：SET 或 RESET；先决条件：无；被调用函数：无	

例 3.137　清除 EWI 标志位。

```
WWDG_ClearFlag();
```

3.12　模/数转换器(ADC)库函数

模/数(A/D)转换器是一种提供可选择多通道输入，逐次逼近型的模数转换器。分辨率为 12 位。有 18 个通道，可测量 16 个外部和两个内部信号源。各通道的 A/D 转换可以单次、连续、扫描或间断模式执行。ADC 的结果可以左对齐或右对齐方式存储在 10 位数据寄存器中。

ADC 寄存器结构为 ADC_TypeDef，定义于文件"stm32f10x_map.h"中。常用的 ADC 库函数见表 3.201 所示。

表 3.201　常用的 ADC 库函数

函　数　名	功　能　描　述
ADC_DeInit	将外设 ADCx 的全部寄存器重设为缺省值
ADC_Init	根据 ADC_InitStruct 中指定的参数初始化外设 ADCx 的寄存器
ADC_StructInit	把 ADC_InitStruct 中的每一个参数按缺省值填入
ADC_Cmd	使能或者失能指定的 ADC
ADC_DMACmd	使能或者失能指定的 ADC 的 DMA 请求
ADC_ITConfig	使能或者失能指定的 ADC 的中断
ADC_ResetCalibration	重置指定的 ADC 的校准寄存器
ADC_GetResetCalibrationStatus	获取 ADC 重置校准寄存器的状态
ADC_StartCalibration	开始指定 ADC 的校准程序
ADC_GetCalibrationStatus	获取指定 ADC 的校准状态
ADC_SoftwareStartConvCmd	使能或者失能指定的 ADC 的软件转换启动功能
ADC_GetSoftwareStartConvStatus	获取 ADC 软件转换启动状态
ADC_DiscModeChannelCountConfig	对 ADC 规则组通道配置间断模式
ADC_DiscModeCmd	使能或者失能指定的 ADC 规则组通道的间断模式
ADC_RegularChannelConfig	设置指定 ADC 的规则组通道，设置它们的转化顺序和采样时间
ADC_ExternalTrigConvConfig	使能或者失能 ADCx 的经外部触发启动转换功能
ADC_GetConversionValue	返回最近一次 ADCx 规则组的转换结果
ADC_GetDuelModeConversionValue	返回最近一次双 ADC 模式下的转换结果
ADC_AutoInjectedConvCmd	使能或者失能指定 ADC 在规则组转化后自动开始注入组转换
ADC_InjectedDiscModeCmd	使能或者失能指定 ADC 的注入组间断模式
ADC_ExternalTrigInjectedConvConfig	配置 ADCx 的外部触发启动注入组转换功能
ADC_ExternalTrigInjectedConvCmd	使能或者失能 ADCx 的经外部触发启动注入组转换功能
ADC_SoftwareStartinjectedConvCmd	使能或者失能 ADCx 软件启动注入组转换功能
ADC_GetsoftwareStartinjectedConvStatus	获取指定 ADC 的软件启动注入组转换状态
ADC_InjectedChannleConfig	设置指定 ADC 的注入组通道，设置它们的转化顺序和采样时间
ADC_InjectedSequencerLengthConfig	设置注入组通道的转换序列长度
ADC_SetinjectedOffset	设置注入组通道的转换偏移值
ADC_GetInjectedConversionValue	返回 ADC 指定注入通道的转换结果
ADC_AnalogWatchdogCmd	使能或者失能指定单个/全体，规则/注入组通道上的模拟看门狗
ADC_AnalogWatchdongThresholdsConfig	设置模拟看门狗的高/低阈值
ADC_AnalogWatchdongSingleChannelConfig	对单个 ADC 通道设置模拟看门狗
ADC_TampSensorVrefintCmd	使能或者失能温度传感器和内部参考电压通道
ADC_GetFlagStatus	检查指定 ADC 标志位置 1 与否
ADC_ClearFlag	清除 ADCx 的待处理标志位
ADC_GetITStatus	检查指定的 ADC 中断是否发生
ADC_ClearITPendingBit	清除 ADCx 的中断待处理位

3.12.1　ADC 初始化与使能类函数

1. ADC_DeInit 函数

ADC_DeInit 函数的功能是将外设 ADCx 的全部寄存器重设为缺省值。表 3.202 描述了该函数的内容。

表 3.202　ADC_DeInit 函数

函数原形	void ADC_DeInit(ADC_TypeDef* ADCx)
功能描述	将外设 ADCx 的全部寄存器重设为缺省值
输入参数	ADCx：x 可以是 1 或者 2 来选择 ADC 外设 ADC1 或 ADC2
输出参数：无；返回值：无；先决条件：无；被调用函数：RCC_APB2PeriphClockCmd()	

例 3.138　复位 ADC2。

```
ADC_DeInit(ADC2);
```

2. ADC_Init 函数

ADC_Init 函数的功能是根据 ADC_InitStruct 中指定的参数初始化外设 ADCx 的寄存器。表 3.203 描述了该函数的内容。

表 3.203　ADC_Init 函数

函数原形	void ADC_Init(ADC_TypeDef* ADCx, ADC_InitTypeDef* ADC_InitStruct)
功能描述	根据 ADC_InitStruct 中指定的参数初始化外设 ADCx 的寄存器
输入参数 1	ADCx：x 可以是 1 或者 2 来选择 ADC 外设 ADC1 或 ADC2
输入参数 2	ADC_InitStruct：指向结构 ADC_InitTypeDef 的指针，包含了指定外设 ADC 的配置信息
输出参数：无；返回值：无；先决条件：无；被调用函数：无	

ADC_InitTypeDef 定义于文件"stm32f10x_adc.h"中，其结构体为：

```
typedef struct
{
    u32 ADC_Mode;
    FunctionalState ADC_ScanConvMode;
    FunctionalState ADC_ContinuousConvMode;
    u32 ADC_ExternalTrigConv;
    u32 ADC_DataAlign;
    u8 ADC_NbrOfChannel;
} ADC_InitTypeDef
```

在 ADC_InitTypeDef 结构中，其成员含义是：

(1) ADC_Mode。该成员设置了 ADC 工作在独立或双 ADC 模式。其取值见表 3.204。

表 3.204　ADC_Mode 取值

ADC_Mode 取值	功 能 描 述
ADC_Mode_Independent	ADC1 和 ADC2 工作在独立模式
ADC_Mode_RegInjecSimult	ADC1 和 ADC2 工作在同步规则和同步注入模式
ADC_Mode_RegSimult_AlterTrig	ADC1 和 ADC2 工作在同步规则模式和交替触发模式
ADC_Mode_InjecSimult_FastInterl	ADC1 和 ADC2 工作在同步规则模式和快速交替模式
ADC_Mode_InjecSimult_SlowInterl	ADC1 和 ADC2 工作在同步注入模式和慢速交替模式
ADC_Mode_InjecSimult	ADC1 和 ADC2 工作在同步注入模式
ADC_Mode_RegSimult	ADC1 和 ADC2 工作在同步规则模式
ADC_Mode_FastInterl	ADC1 和 ADC2 工作在快速交替模式
ADC_Mode_SlowInterl	ADC1 和 ADC2 工作在慢速交替模式
ADC_Mode_AlterTrig	ADC1 和 ADC2 工作在交替触发模式

(2) ADC_ScanConvMode。该成员规定了模数转换工作在扫描模式(多通道)还是单次(单通道)模式。可以设置这个参数为 ENABLE 或 DISABLE。

(3) ADC_ContinuousConvMode。该成员规定了模数转换工作在连续还是单次模式。可以设置这个参数为 ENABLE 或 DISABLE。

(4) ADC_ExternalTrigConv。该成员定义了使用外部触发来启动规则通道的模数转换。其取值见表 3.205。

表 3.205　ADC_ExternalTrigConv 取值

ADC_ExternalTrigConv 取值	功 能 描 述
ADC_ExternalTrigConv_T1_CC1	选择定时器 1 的捕获比较 1 作为转换外部触发
ADC_ExternalTrigConv_T1_CC2	选择定时器 1 的捕获比较 2 作为转换外部触发
ADC_ExternalTrigConv_T1_CC3	选择定时器 1 的捕获比较 3 作为转换外部触发
ADC_ExternalTrigConv_T2_CC2	选择定时器 2 的捕获比较 2 作为转换外部触发
ADC_ExternalTrigConv_T3_TRGO	选择定时器 3 的 TRGO 作为转换外部触发
ADC_ExternalTrigConv_T4_CC4	选择定时器 4 的捕获比较 4 作为转换外部触发
ADC_ExternalTrigConv_Ext_IT11	选择外部中断线 11 事件作为转换外部触发
ADC_ExternalTrigConv_None	转换由软件而不是外部触发启动

(5) ADC_DataAlign。该成员规定了 ADC 数据向左边对齐还是向右边对齐。其取值见表 3.206。

表 3.206　ADC_DataAlign 取值

ADC_DataAlign 取值	功 能 描 述
ADC_DataAlign_Right	ADC 数据右对齐
ADC_DataAlign_Left	ADC 数据左对齐

(6) ADC_NbreOfChannel。该成员规定了顺序进行规则转换的 ADC 通道的数目。这个数目的取值范围是 1～16。

例 3.139　根据 ADC 的结构，初始化 ADC1。

```
ADC_InitTypeDef ADC_InitStructure;
ADC_InitStructure.ADC_Mode = ADC_Mode_Independent;    //ADC1 和 ADC2 工作在独立模式
ADC_InitStructure.ADC_ScanConvMode = ENABLE;          //工作在扫描模式
ADC_InitStructure.ADC_ContinuousConvMode = DISABLE;   //工作在单次模式
ADC_InitStructure.ADC_ExternalTrigConv = ADC_ExternalTrigConv_Ext_IT11;
//选择外部中断线 11 事件作为转换外部触发
ADC_InitStructure.ADC_DataAlign = ADC_DataAlign_Right;  // ADC 数据右对齐
ADC_InitStructure.ADC_NbrOfChannel = 16;              //ADC 通道数为 16
ADC_Init(ADC1, &ADC_InitStructure);                   //初始化 ADC1
```

3. ADC_StructInit 函数

ADC_StructInit 函数的功能是把 ADC_InitStruct 中的每一个参数按缺省值填入。表 3.207 描述了该函数的内容。

表 3.207　ADC_StructInit 函数

函数原形	void ADC_StructInit(ADC_InitTypeDef* ADC_InitStruct)
功能描述	把 ADC_InitStruct 中的每一个参数按缺省值填入
输入参数	ADC_InitStruct：指向结构 ADC_InitTypeDef 的指针，待初始化
输出参数：无；返回值：无；先决条件：无；被调用函数：无	

例 3.140　初始化 ADC_InitTypeDef 结构。

```
ADC_InitTypeDef ADC_InitStructure;
ADC_StructInit(&ADC_InitStructure);
```

4. ADC_Cmd 函数

ADC_Cmd 函数的功能是使能或者失能指定的 ADC，但 ADC_Cmd 只能在其他 ADC 设置函数之后被调用。表 3.208 描述了该函数的内容。

表 3.208　ADC_Cmd 函数

函数原形	void ADC_Cmd(ADC_TypeDef* ADCx, FunctionalState NewState)
功能描述	使能或者失能指定的 ADC
输入参数 1	ADCx：x 可以是 1 或者 2 来选择 ADC 外设 ADC1 或 ADC2
输入参数 2	NewState：外设 ADCx 的新状态，可取 ENABLE 或 DISABLE
输出参数：无；返回值：无；先决条件：无；被调用函数：无	

例 3.141　使能 ADC1。

```
ADC_Cmd(ADC1，ENABLE);
```

5. ADC_DMACmd 函数

ADC_DMACmd 函数的功能是使能或者失能指定的 ADC 的 DMA 请求。表 3.209 描述了该函数的内容。

表 3.209　ADC_DMACmd 函数

函数原形	ADC_DMACmd(ADC_TypeDef* ADCx, FunctionalState NewState)
功能描述	使能或者失能指定的 ADC 的 DMA 请求
输入参数 1	ADCx：x 可以是 1 或者 2 来选择 ADC 外设 ADC1 或 ADC2
输入参数 2	NewState：ADC DMA 传输的新状态，可取 ENABLE 或 DISABLE
输出参数：无；返回值：无；先决条件：无；被调用函数：无	

例 3.142　使能 ADC2 DMA 传输。

```
ADC_DMACmd(ADC2, ENABLE);
```

6. ADC_SoftwareStartConvCmd 函数

ADC_SoftwareStartConvCmd 函数的功能是使能或失能指定的 ADC 的软件转换启动功能。表 3.210 描述了该函数的内容。

表 3.210　ADC_SoftwareStartConvCmd 函数

函数原形	void ADC_SoftwareStartConvCmd(ADC_TypeDef* ADCx, FunctionalState NewState)
功能描述	使能或者失能指定的 ADC 的软件转换启动功能
输入参数 1	ADCx：x 可以是 1 或者 2 来选择 ADC 外设 ADC1 或 ADC2
输入参数 2	NewState：指定 ADC 的软件转换启动新状态，可取 ENABLE 或 DISABLE
输出参数：无；返回值：无；先决条件：无；被调用函数：无	

例 3.143　软件启动 ADC1 开始转换。

```
ADC_SoftwareStartConvCmd(ADC1, ENABLE);
```

7. ADC_DiscModeCmd 函数

ADC_DiscModeCmd 函数的功能是使能或者失能指定的 ADC 规则组通道的间断模式。表 3.211 描述了该函数的内容。

表 3.211　ADC_DiscModeCmd 函数

函数原形	void ADC_DiscModeCmd(ADC_TypeDef* ADCx, FunctionalState NewState)
功能描述	使能或者失能指定的 ADC 规则组通道的间断模式
输入参数 1	ADCx：x 可以是 1 或者 2 来选择 ADC 外设 ADC1 或 ADC2
输入参数 2	NewState：ADC 规则组通道上间断模式的新状态，可取 ENABLE 或 DISABLE
输出参数：无；返回值：无；先决条件：无；被调用函数：无	

例 3.144　使能 ADC1 规则组通道的间断模式。

```
ADC_DiscModeCmd(ADC1, ENABLE);
```

8．ADC_InjectedDiscModeCmd 函数

ADC_InjectedDiscModeCmd 函数的功能是使能或者失能指定 ADC 的注入组间断模式。表 3.212 描述了该函数的内容。

表 3.212　ADC_InjectedDiscModeCmd 函数

函数原形	void ADC_InjectedDiscModeCmd(ADC_TypeDef* ADCx, FunctionalState NewState)
功能描述	使能或者失能指定 ADC 的注入组间断模式
输入参数 1	ADCx：x 可以是 1 或者 2 来选择 ADC 外设 ADC1 或 ADC2
输入参数 2	NewState：ADC 注入组通道上间断模式的新状态，可取 ENABLE 或 DISABLE
输出参数：无；返回值；无；先决条件：无；被调用函数：无	

例 3.145　使能 ADC2 的注入间断模式。

```
ADC_InjectedDiscModeCmd(ADC2, ENABLE);
```

9．ADC_AutoInjectedConvCmd 函数

ADC_AutoInjectedConvCmd 函数的功能是使能或失能指定 ADC 在规则组转化后自动开始注入组转换。表 3.213 描述了该函数的内容。

表 3.213　ADC_AutoInjectedConvCmd 函数

函数原形	void ADC_AutoInjectedConvCmd(ADC_TypeDef* ADCx, FunctionalState NewState)
功能描述	使能或者失能指定 ADC 在规则组转化后自动开始注入组转换
输入参数 1	ADCx：x 可以是 1 或者 2 来选择 ADC 外设 ADC1 或 ADC2
输入参数 2	NewState：指定 ADC 自动注入转化的新状态，可取 ENABLE 或 DISABLE
输出参数：无；返回值：无；先决条件：无；被调用函数：无	

例 3.146　使能 ADC2 在规则组转换后自动开始注入转换。

```
ADC_AutoInjectedConvCmd(ADC2, ENABLE);
```

10．ADC_SoftwareStartinjectedConvCmd 函数

ADC_SoftwareStartinjectedConvCmd 函数的功能是使能或失能 ADCx 软件启动注入组转换功能。表 3.214 描述了该函数的内容。

表 3.214　ADC_SoftwareStartinjectedConvCmd 函数

函数原形	void ADC_SoftwareStartInjectedConvCmd(ADC_TypeDef* ADCx, FunctionalState NewState)
功能描述	使能或者失能 ADCx 软件启动注入组转换功能
输入参数 1	ADCx：x 可以是 1 或者 2 来选择 ADC 外设 ADC1 或 ADC2
输入参数 2	NewState：指定 ADC 软件触发启动注入转换的新状态，可取 ENABLE 或 DISABLE
输出参数：无；返回值：无；先决条件：无；被调用函数：无	

例 3.147　软件启动 ADC2 转换使能。

```
ADC_SoftwareStartInjectedConvCmd(ADC2, ENABLE);
```

3.12.2 ADC 设置获取类函数

1. ADC_ResetCalibration 函数

ADC_ResetCalibration 函数的功能是重置指定的 ADC 的校准寄存器。表 3.215 描述了该函数的内容。

表 3.215 ADC_ResetCalibration 函数

函数原形	void ADC_ResetCalibration(ADC_TypeDef* ADCx)
功能描述	重置指定的 ADC 的校准寄存器
输入参数	ADCx：x 可以是 1 或者 2 来选择 ADC 外设 ADC1 或 ADC2
输出参数：无；返回值：无；先决条件：无；被调用函数：无	

例 3.148 重置 ADC1 校准寄存器。

```
ADC_ResetCalibration(ADC1);
```

2. ADC_GetResetCalibrationStatus 函数

ADC_GetResetCalibrationStatus 函数的功能是获取 ADC 重置校准寄存器的状态。表 3.216 描述了该函数的内容。

表 3.216 ADC_GetResetCalibrationStatus 函数

函数原形	FlagStatus ADC_GetResetCalibrationStatus(ADC_TypeDef* ADCx)
功能描述	获取 ADC 重置校准寄存器的状态
输入参数	ADCx：x 可以是 1 或者 2 来选择 ADC 外设 ADC1 或 ADC2
输出参数：无；返回值：ADC 重置校准寄存器的状态(SET 或 RESET)；先决条件：无；被调用函数：无	

例 3.149 获取 ADC2 重置校准寄存器的状态。

```
FlagStatus Status;
Status = ADC_GetResetCalibrationStatus(ADC2);
```

3. ADC_StartCalibration 函数

ADC_StartCalibration 函数的功能是开始指定 ADC 的校准状态。表 3.217 描述了该函数的内容。

表 3.217 ADC_StartCalibration 函数

函数原形	void ADC_StartCalibration(ADC_TypeDef* ADCx)
功能描述	开始指定 ADC 的校准状态
输入参数	ADCx：x 可以是 1 或者 2 来选择 ADC 外设 ADC1 或 ADC2
输出参数：无；返回值：无；先决条件：无；被调用函数：无	

例 3.150 启动 ADC2 校准。

```
ADC_StartCalibration(ADC2);
```

4．ADC_GetCalibrationStatus 函数

ADC_GetCalibrationStatus 函数的功能是获取指定 ADC 的校准程序状态。表 3.218 描述了该函数的内容。

表 3.218　ADC_GetCalibrationStatus 函数

函数原形	FlagStatus ADC_GetCalibrationStatus(ADC_TypeDef* ADCx)
功能描述	获取指定 ADC 的校准程序状态
输入参数	ADCx：x 可以是 1 或者 2 来选择 ADC 外设 ADC1 或 ADC2
输出参数：无；返回值：ADC 校准的新状态(SET 或 RESET)；先决条件：无；被调用函数：无	

例 3.151 获取 ADC2 的校准状态。

```
FlagStatus Status;
Status = ADC_GetCalibrationStatus(ADC2);
```

5．ADC_GetSoftwareStartConvStatus 函数

ADC_GetSoftwareStartConvStatus 函数的功能是获取 ADC 软件转换启动状态。表 3.219 描述了该函数的内容。

表 3.219　ADC_GetSoftwareStartConvStatus 函数

函数原形	FlagStatus ADC_GetSoftwareStart (ADC_TypeDef* ADCx)
功能描述	获取 ADC 软件转换启动状态
输入参数	ADCx：x 可以是 1 或者 2 来选择 ADC 外设 ADC1 或 ADC2
输出参数：无；返回值：ADC 软件转换启动的状态(SET 或 RESET)；先决条件：无；被调用函数：无	

例 3.152 获取 ADC1 的转换启动位。

```
FlagStatus Status;
Status = ADC_GetSoftwareStartConvStatus(ADC1);
```

6．ADC_RegularChannelConfig 函数

ADC_RegularChannelConfig 函数的功能是设置指定 ADC 的规则组通道和它们的转化顺序及采样时间。表 3.220 描述了该函数的内容。

表 3.220　ADC_RegularChannelConfig 函数

函数原形	void ADC_RegularChannelConfig(ADC_TypeDef* ADCx, u8 ADC_Channel, u8 Rank, u8 ADC_SampleTime)
功能描述	设置指定 ADC 的规则组通道和它们的转化顺序及采样时间
输入参数 1	ADCx：x 可以是 1 或者 2 来选择 ADC 外设 ADC1 或 ADC2
输入参数 2	ADC_Channel：被设置的 ADC 通道(见表 3.221)
输入参数 3	Rank：规则组采样顺序。取值范围 1～16
输入参数 4	ADC_SampleTime：指定 ADC 通道的采样时间值(见表 3.222)
输出参数：无；返回值：无；先决条件：无；被调用函数：无	

表 3.221　ADC_Channel 取值

ADC_Channel 取值	功能描述	ADC_Channel 取值	功能描述
ADC_Channel_0	选择 ADC 通道 0	ADC_Channel_1	选择 ADC 通道 1
ADC_Channel_2	选择 ADC 通道 2	ADC_Channel_3	选择 ADC 通道 3
ADC_Channel_4	选择 ADC 通道 4	ADC_Channel_5	选择 ADC 通道 5
ADC_Channel_6	选择 ADC 通道 6	ADC_Channel_7	选择 ADC 通道 7
ADC_Channel_8	选择 ADC 通道 8	ADC_Channel_9	选择 ADC 通道 9
ADC_Channel_10	选择 ADC 通道 10	ADC_Channel_11	选择 ADC 通道 11
ADC_Channel_12	选择 ADC 通道 12	ADC_Channel_13	选择 ADC 通道 13
ADC_Channel_14	选择 ADC 通道 14	ADC_Channel_15	选择 ADC 通道 15
ADC_Channel_16	选择 ADC 通道 16	ADC_Channel_17	选择 ADC 通道 17

表 3.222　ADC_SampleTime 取值

ADC_SampleTime 取值	功 能 描 述
ADC_SampleTime_1Cycles5	采样时间为 1.5 倍时钟周期
ADC_SampleTime_7Cycles5	采样时间为 7.5 倍时钟周期
ADC_SampleTime_13Cycles5	采样时间为 13.5 倍时钟周期
ADC_SampleTime_28Cycles5	采样时间为 28.5 倍时钟周期
ADC_SampleTime_41Cycles5	采样时间为 41.5 倍时钟周期
ADC_SampleTime_55Cycles5	采样时间为 55.5 倍时钟周期
ADC_SampleTime_71Cycles5	采样时间为 71.5 倍时钟周期
ADC_SampleTime_239Cycles5	采样时间为 239.5 倍时钟周期

例 3.153　设置 ADC1 通道 2 为第 1 个采样，采样时间为 7.5 倍的时钟周期。

ADC_RegularChannelConfig(ADC1, ADC_Channel_2, 1, ADC_SampleTime_7Cycles5);

例 3.154　设置 ADC1 通道 8 为第 2 个采样，采样时间为 1.5 倍的时钟周期。

ADC_RegularChannelConfig(ADC1, ADC_Channel_8, 2, ADC_SampleTime_1Cycles5);

7. ADC_InjectedChannleConfig 函数

ADC_InjectedChannleConfig 函数的功能是设置指定 ADC 的注入组通道和它们的转化顺序及采样时间。表 3.223 描述了该函数的内容。

表 3.223　ADC_InjectedChannleConfig 函数

函数原形	void ADC_InjectedChannelConfig(ADC_TypeDef* ADCx, u8 ADC_Channel, u8 Rank, u8 ADC_SampleTime)
功能描述	设置指定 ADC 的注入组通道和它们的转化顺序及采样时间
输入参数 1	ADCx：x 可以是 1 或者 2 来选择 ADC 外设 ADC1 或 ADC2
输入参数 2	ADC_Channel：被设置的 ADC 通道(见表 3.221)
输入参数 3	Rank：规则组采样顺序。取值范围 1～4
输入参数 4	ADC_SampleTime：指定 ADC 通道的采样时间值(见表 3.222)

输出参数：无；返回值：无；先决条件：之前必须调用函数 ADC_InjectedSequencerLengthConfig 来确定注入转换通道的数目，特别是在通道数目小于 4 的情况下，来正确配置每个注入通道的转化顺序；被调用函数：无

例 3.155　配置 ADC1 第 12 通道采样周期为 28.5 倍时钟周期，第 2 个周期开始转换。

ADC_InjectedChannelConfig(ADC1, ADC_Channel_12, 2, ADC_SampleTime_28Cycles5);

3.12.3　ADC 转换结果类函数

1. ADC_GetConversionValue 函数

ADC_GetConversionValue 函数的功能是返回最近一次 ADCx 规则组的转换结果。表 3.224 描述了该函数的内容。

表 3.224　ADC_GetConversionValue 函数

函数原形	u16 ADC_GetConversionValue(ADC_TypeDef* ADCx)
功能描述	返回最近一次 ADCx 规则组的转换结果
输入参数	ADCx：x 可以是 1 或者 2 来选择 ADC 外设 ADC1 或 ADC2
输出参数：无；返回值：转换结果；先决条件：无；被调用函数：无	

例 3.156　返回 ADC1 上次转换通道的结果。

u16 DataValue;

DataValue = ADC_GetConversionValue(ADC1);

2. ADC_GetDuelModeConversionValue 函数

ADC_GetDuelModeConversionValue 函数的功能是返回最近一次双 ADC 模式下的转换结果。表 3.225 描述了该函数的内容。

表 3.225　ADC_GetDuelModeConversionValue 函数

函数原形	u32 ADC_GetDualModeConversionValue()
功能描述	返回最近一次双 ADC 模式下的转换结果
输入参数：无；输出参数：无；返回值：转换结果；先决条件：无；被调用函数：无	

例 3.157　返回 ADC1 和 ADC2 最近一次转换的结果。

u32 DataValue;

DataValue = ADC_GetDualModeConversionValue();

3. ADC_GetInjectedConversionValue 函数

ADC_GetInjectedConversionValue 函数的功能是返回 ADC 指定注入通道的转换结果。表 3.226 描述了该函数的内容。

表 3.226　ADC_GetInjectedConversionValue 函数

函数原形	u16 ADC_GetInjectedConversionValue(ADC_TypeDef* ADCx, u8 ADC_InjectedChannel)
功能描述	返回 ADC 指定注入通道的转换结果
输入参数 1	ADCx：x 可以是 1 或者 2 来选择 ADC 外设 ADC1 或 ADC2
输入参数 2	ADC_InjectedChannel：被转换的 ADC 注入通道(见表 3.221)
输出参数：无；返回值：转换结果；先决条件：无；被调用函数：无	

例 3.158   返回 ADC1 指定注入通道 1 的转换结果。

    u16 InjectedDataValue;

    InjectedDataValue = ADC_GetInjectedConversionValue(ADC1, ADC_InjectedChannel_1);

3.12.4   ADC 标志与中断类函数

1. ADC_GetFlagStatus 函数

ADC_GetFlagStatus 函数的功能是检查指定 ADC 标志位置 1 与否。表 3.227 描述了该函数的内容。

表 3.227   ADC_GetFlagStatus 函数

函数原形	FlagStatus ADC_GetFlagStatus(ADC_TypeDef* ADCx, u8 ADC_FLAG)
功能描述	检查指定 ADC 标志位置 1 与否
输入参数 1	ADCx：x 可以是 1 或者 2 来选择 ADC 外设 ADC1 或 ADC2
输入参数 2	ADC_FLAG：指定需检查的标志位(见表 3.228)
输出参数：无；返回值：无；先决条件：无；被调用函数：无	

表 3.228   ADC_FLAG 取值

ADC_FLAG 取值	功 能 描 述	ADC_FLAG 取值	功 能 描 述
ADC_FLAG_AWD	模拟看门狗标志位	ADC_FLAG_EOC	转换结束标志位
ADC_FLAG_JEOC	注入组转换结束标志位	ADC_FLAG_JSTRT	注入组转换开始标志位
ADC_FLAG_STRT	规则组转换开始标志位		

例 3.159   检查 ADC1 转换结束标志位是否置位。

    FlagStatus Status;

    Status = ADC_GetFlagStatus(ADC1, ADC_FLAG_EOC);

2. ADC_ClearFlag 函数

ADC_ClearFlag 函数的功能是清除 ADCx 的待处理标志位。表 3.229 描述了该函数的内容。

表 3.229   ADC_ClearFlag 函数

函数原形	void ADC_ClearFlag(ADC_TypeDef* ADCx, u8 ADC_FLAG)
功能描述	清除 ADCx 的待处理标志位
输入参数 1	ADCx：x 可以是 1 或者 2 来选择 ADC 外设 ADC1 或 ADC2
输入参数 2	ADC_FLAG：待处理的标志位(见表 3.228)
输出参数：无；返回值：无；先决条件：无；被调用函数：无	

例 3.160   清除 ADC2 规则组转换开始标志。

    ADC_ClearFlag(ADC2, ADC_FLAG_STRT);

3. ADC_GetITStatus 函数

ADC_GetITStatus 函数的功能是检查指定的 ADC 中断是否发生。表 3.230 描述了该函数的内容。

表 3.230　ADC_GetITStatus 函数

函数原形	ITStatus ADC_GetITStatus(ADC_TypeDef* ADCx, u16 ADC_IT)
功能描述	检查指定的 ADC 中断是否发生
输入参数 1	ADCx：x 可以是 1 或者 2 来选择 ADC 外设 ADC1 或 ADC2
输入参数 2	ADC_IT：将要被检查指定 ADC 中断源(见表 3.231)
输出参数：无；返回值：无；先决条件：无；被调用函数：无	

表 3.231　ADC IT 取值

ADC IT 取值	功 能 描 述
ADC IT EOC	EOC 中断屏蔽
ADC IT JEOC	JEOC 中断屏蔽
ADC IT AWD	AWDOG 中断屏蔽

例 3.161　测试 ADC1 的 AWD 是否发生。

```
ITStatus Status;
Status = ADC_GetITStatus(ADC1, ADC_IT_AWD);
```

4. ADC_ClearITPendingBit 函数

ADC_ClearITPendingBit 函数的功能是清除 ADCx 的中断待处理位。表 3.232 描述了该函数的内容。

表 3.232　ADC_ClearITPendingBit 函数

函数原形	void ADC_ClearITPendingBit(ADC_TypeDef* ADCx, u16 ADC_IT)
功能描述	清除 ADCx 的中断待处理位
输入参数 1	ADCx：x 可以是 1 或者 2 来选择 ADC 外设 ADC1 或 ADC2
输入参数 2	ADC_IT：待清除的 ADC 中断待处理位(取值见表 3.231)
输出参数：无；返回值：无；先决条件：无；被调用函数：无	

例 3.162　清除 ADC2 的 JEOC 中断位。

```
ADC_ClearITPendingBit(ADC2, ADC_IT_JEOC);
```

5. ADC_ITConfig 函数

ADC_ITConfig 函数的功能是使能或者失能指定的 ADC 中断。表 3.233 描述了该函数的内容。

表 3.233　ADC_ITConfig 函数

函数原形	void ADC_ITConfig(ADC_TypeDef* ADCx, u16 ADC_IT, FunctionalState NewState)
功能描述	使能或者失能指定的 ADC 的中断
输入参数 1	ADCx：x 可以是 1 或者 2 来选择 ADC 外设 ADC1 或 ADC2
输入参数 2	ADC_IT：将要被使能或者失能的指定 ADC 中断源(参数见表 3.231)
输入参数 3	NewState：指定 ADC 中断的新状态(可取 ENABLE 或 DISABLE)
输出参数：无；返回值：无；先决条件：无；被调用函数：无	

例 3.163　使能 ADC2 的 EOC 和 AWDOG 中断。

ADC_ITConfig(ADC2, ADC_IT_EOC | ADC_IT_AWD, ENABLE);

3.13　I2C 总线接口库函数

I2C 接口连接控制器和串行 I2C 总线。它提供多主机功能，控制所有 I2C 总线特定的时序、协议、仲裁和定时。支持标准和快速两种模式，同时与 SMBus 2.0 兼容。I2C 总线有多种用途，包括 CRC 码的生成和校验、SMBus(System Management Bus，系统管理总线)PMBus(Power Management Bus，电源管理总线)。

I2C 寄存器结构为 I2C_TypeDeff，定义在文件"stm32f10x_map.h"中。常用的 I2C 总线库函数见表 3.234 所示。

表 3.234　常用的 I2C 库函数

函　数　名	功　能　描　述
I2C_DeInit	将外设 I2Cx 寄存器重设为缺省值
I2C_Init	根据 I2C_InitStruct 中指定的参数初始化外设 I2Cx 寄存器
I2C_StructInit	把 I2C_InitStruct 中的每一个参数按缺省值填入
I2C_Cmd	使能或者失能 I2C 外设
I2C_DMACmd	使能或者失能指定 I2C 的 DMA 请求
I2C_DMALastTransferCmd	使下一次 DMA 传输为最后一次传输
I2C_GenerateSTART	产生 I2Cx 传输 START 条件
I2C_GenerateSTOP	产生 I2Cx 传输 STOP 条件
I2C_AcknowledgeConfig	使能或者失能指定 I2C 的应答功能
I2C_OwnAddress2Config	设置指定 I2C 的自身地址 2
I2C_DualAddressCmd	使能或者失能指定 I2C 的双地址模式
I2C_GeneralCallCmd	使能或者失能指定 I2C 的广播呼叫功能
I2C_ITConfig	使能或者失能指定的 I2C 中断
I2C_SendData	通过外设 I2Cx 发送一个数据

函　数　名	功　能　描　述
I2C_Send7bitAddress	向指定的从 I2C 设备传送地址字
I2C_ReceiveData	返回通过 I2Cx 最近接收的数据
I2C_ReadRegister	读取指定的 I2C 寄存器并返回其值
I2C_SoftwareResetCmd	使能或者失能指定 I2C 的软件复位
I2C_SMBusAlertConfig	驱动指定 I2Cx 的 SMBusAlert 管脚电平为高或低
I2C_TransmitPEC	使能或者失能指定 I2C 的 PEC 传输
I2C_PECPositionConfig	选择指定 I2C 的 PEC 位置
I2C_CalculatePEC	使能或者失能指定 I2C 的传输字 PEC 值计算
I2C_GetPEC	返回指定 I2C 的 PEC 值
I2C_ARPCmd	使能或者失能指定 I2C 的 ARP
I2C_StretchClockCmd	使能或者失能指定 I2C 的时钟延展
I2C_FastModeDutyCycleConfig	选择指定 I2C 的快速模式占空比
I2C_GetLastEvent	返回最近一次 I2C 事件
I2C_CheckEvent	检查最近一次 I2C 事件是否是输入的事件
I2C_GetFlagStatus	检查指定的 I2C 标志位设置与否
I2C_ClearFlag	清除 I2Cx 的待处理标志位
I2C_GetITStatus	检查指定的 I2C 中断发生与否
I2C_ClearITPendingBit	清除 I2Cx 的中断待处理位

3.13.1　I2C 初始化类函数

1．I2C_DeInit 函数

I2C_DeInit 函数的功能是将外设 I2Cx 寄存器重设为缺省值。表 3.235 描述了该函数的内容。

表 3.235　I2C_DeInit 函数

函数原形	void I2C_DeInit(I2C_TypeDef* I2Cx)
功能描述	将外设 I2Cx 寄存器重设为缺省值
输入参数	I2Cx：x 可以是 1 或者 2 来选择 I2C 外设
输出参数：无；返回值：无；先决条件：无；被调用函数：RCC_APB1PeriphClockCmd()	

例 3.164　I2C2 寄存器重设为默认值。

```
I2C_DeInit(I2C2);
```

2．I2C_ Init 函数

I2C_Init 函数的功能是根据 I2C_InitStruct 中指定的参数初始化外设 I2Cx 寄存器。表 3.236 描述了该函数的内容。

表 3.236　I2C_ Init 函数

函数原形	void I2C_Init(I2C_TypeDef* I2Cx, I2C_InitTypeDef* I2C_InitStruct)
功能描述	根据 I2C_InitStruct 中指定的参数初始化外设 I2Cx 寄存器
输入参数 1	I2Cx：x 可以是 1 或者 2 来选择 I2C 外设
输入参数 2	I2C_InitStruct：指向结构 I2C_InitTypeDef 的指针，包含了外设 GPIO 的配置信息
输出参数：无；返回值：无；先决条件：无；被调用函数：无	

I2C_InitTypeDef 定义于文件"stm32f10x_i2c.h"中，其结构体为：

```
typedef struct
    {
        u16 I2C_Mode;
        u16 I2C_DutyCycle;
        u16 I2C_OwnAddress1;
        u16 I2C_Ack;
        u16 I2C_AcknowledgedAddress;
        u32 I2C_ClockSpeed;
    } I2C_InitTypeDef;
```

在 I2C_InitTypeDef 结构中，其成员含义是：

(1) I2C_MODE。该成员用于设置 I2C 的模式，其模式见表 3.237。

表 3.237　I2C 的模式

I2C 模式	功 能 描 述
I2C_Mode_I2C	设置 I2C 为 I2C 模式
I2C_Mode_SMBusDevice	设置 I2C 为 SMBus 设备模式
I2C_Mode_SMBusHost	设置 I2C 为 SMBus 主控模式

(2) I2C_DutyCycle。该成员用以设置 I2C 的占空比。表 3.238 给出了该参数的可取值。该参数只有在 I2C 工作在快速模式(时钟工作频率高于 100 kHz)下才有意义。

表 3.238　I2C_DutyCycle 的取值

I2C_DutyCycle 取值	功 能 描 述
I2C_DutyCycle_16_9	I2C 快速模式 Tlow / Thigh = 16/9
I2C_DutyCycle_2	I2C 快速模式 Tlow / Thigh = 2

(3) I2C_OwnAddress1。该成员用以设置第一个设备自身地址，它可以是 7 位地址或一个 10 位地址。

(4) I2C_Ack。该成员用于使能或失能应答(ACK)。表 3.239 给出了该参数可取值。

表 3.239　I2C Ack 的取值

I2C_Ack 取值	功 能 描 述
I2C_Ack_Enable	使能应答(ACK)
I2C_Ack_Disable	失能应答(ACK)

(5) I2C_AcknowledgedAddress。该成员定义了应答 7 位地址还是 10 位地址。表 3.240 给出了该参数的可取值。

表 3.240　I2C_AcknowledgedAddress 的取值

I2C_AcknowledgedAddres 取值	功 能 描 述
I2C_AcknowledgeAddress_7bit	应答 7 位地址
I2C_AcknowledgeAddress_10bit	应答 10 位地址

(6) I2C_ClockSpeed。该成员用来设置时钟频率，这个值不能高于 400 kHz。

例 3.165　设置 I2C 为 I2C 模式，I2C 快速模式 Tlow/Thigh=2，10 位地址 0xx3C4，使能应答(ACK)，7 位应答地址，速度 200 kHz。

```
I2C_InitTypeDef I2C_InitStructure;
I2C_InitStructure.I2C_Mode = I2C_Mode_SMBusHost;
I2C_InitStructure.I2C_DutyCycle = I2C_DutyCycle_2;
I2C_InitStructure.I2C_OwnAddress1 = 0x03A2;
I2C_InitStructure.I2C_Ack = I2C_Ack_Enable;
I2C_InitStructure.I2C_AcknowledgedAddress =
I2C_AcknowledgedAddress_7bit;
I2C_InitStructure.I2C_ClockSpeed = 200000;
I2C_Init(I2C1, &I2C_InitStructure);
```

3．I2C_ StructInit 函数

I2C_ StructInit 函数的功能是把 I2C_InitStruct 中的每一个参数按缺省值填入。表 3.241 描述了该函数的内容。

表 3.241　I2C_ StructInit 函数

函数原形	void I2C_StructInit(I2C_InitTypeDef* I2C_InitStruct)
功能描述	把 I2C_InitStruct 中的每一个参数按缺省值填入
输入参数	I2C_InitStruct：指向结构 I2C_InitTypeDef 的指针，待初始化(见表 3.242)
输出参数：无；返回值：无；先决条件：无；被调用函数：无	

表 3.242　I2C_InitStruct 缺省值

I2C_InitStruct 成员	缺 省 值	I2C_InitStruct 成员	缺 省 值
I2C_Mode	I2C_Mode_I2C	I2C_DutyCycle	I2C_DutyCycle_2
I2C_OwnAddress1	0	I2C_Ack	I2C_Ack_Disable
I2C_AcknowledgedAddres	I2C_AcknowledgedAddress_7bit	I2C_ ClockSpeed	5000

例 3.166　把 I2C 的缺省值填入。

```
I2C_InitTypeDef I2C_InitStructure;
I2C_StructInit(&I2C_InitStructure);
```

3.13.2 I2C 使能类函数

1. I2C_ Cmd 函数

I2C_Cmd 函数的功能是使能或失能 I2C 外设。表 3.243 描述了该函数的内容。

表 3.243 I2C_Cmd 函数

函数原形	void I2C_Cmd(I2C_TypeDef* I2Cx, FunctionalState NewState)
功能描述	使能或者失能 I2C 外设
输入参数 1	I2Cx：x 可以是 1 或者 2 来选择 I2C 外设
输入参数 2	NewState：外设 I2Cx 的新状态(可取 ENABLE 或 DISABLE)
输出参数：无；返回值：无；先决条件：无；被调用函数：无	

例 3.167 使能 I2C1 外设。

    I2C_Cmd(I2C1, ENABLE);

2. I2C_ DMACmd 函数

I2C_ DMACmd 函数的功能是使能或失能指定 I2C 的 DMA 请求。表 3.244 描述了该函数的内容。

表 3.244 I2C_ DMACmd 函数

函数原形	I2C_DMACmd(I2C_TypeDef* I2Cx, FunctionalState NewState)
功能描述	使能或者失能指定 I2C 的 DMA 请求
输入参数 1	I2Cx：x 可以是 1 或者 2 来选择 I2C 外设
输入参数 2	NewState：I2Cx DMA 传输的新状态(可取 ENABLE 或 DISABLE)
输出参数：无；返回值：无；先决条件：无；被调用函数：无	

例 3.168 失能 I^2C 传输 DMA 的请求。

    I2C_DMACmd(I2C2, ENABLE);

3. I2C_DMALastTransferCmd 函数

I2C_DMALastTransferCmd 函数的功能是使下一次 DMA 传输为最后一次传输。表 3.245 描述了该函数的内容。

表 3.245 I2C_DMALastTransferCmd 函数

函数原形	I2C_DMALastTransferCmd(I2C_TypeDef* I2Cx, FunctionalState NewState)
功能描述	使下一次 DMA 传输为最后一次传输
输入参数 1	I2Cx：x 可以是 1 或者 2 来选择 I2C 外设
输入参数 2	NewState：I2Cx DMA 最后一次传输的新状态(可取 ENABLE 或 DISABLE)
输出参数：无；返回值：无；先决条件：无；被调用函数：无	

例 3.169 使下一次 I2C 的 DMA 传输为最后一次。

    I2C_DMALastTransferCmd(I2C2, ENABLE);

4．I2C_AcknowledgeConfig 函数

I2C_AcknowledgeConfig 函数的功能是使能或者失能指定 I2C 的应答功能。表 3.246 描述了该函数的内容。

表 3.246　I2C_AcknowledgeConfig 函数

函数原形	void I2C_AcknowledgeConfig(I2C_TypeDef* I2Cx, FunctionalState NewState)
功能描述	使能或者失能指定 I2C 的应答功能
输入参数 1	I2Cx：x 可以是 1 或者 2 来选择 I2C 外设
输入参数 2	NewState：I2Cx 应答的新状态(可取 ENABLE 或 DISABLE)
输出参数：无；返回值：无；先决条件：无；被调用函数：无	

例 3.170　使能 I2C1 的应答。

```
I2C_AcknowledgeConfig(I2C1, ENABLE);
```

5．I2C_ DualAddressCmd 函数

I2C_DualAddressCmd 函数的功能是使能或失能指定 I2C 的双地址模式。表 3.247 描述了该函数的内容。

表 3.247　I2C_ DualAddressCmd 函数

函数原形	void I2C_DualAddressCmd(I2C_TypeDef* I2Cx, FunctionalState NewState)
功能描述	使能或者失能指定 I2C 的双地址模式
输入参数 1	I2Cx：x 可以是 1 或者 2 来选择 I2C 外设
输入参数 2	NewState：I2Cx 双地址模式的新状态(可取 ENABLE 或 DISABLE)
输出参数：无；返回值：无；先决条件：无；被调用函数：无	

例 3.171　使能 I2C2 双地址模式。

```
I2C_DualAdressCmd(I2C2, ENABLE);
```

6．I2C_SoftwareResetCmd 函数

I2C_SoftwareResetCmd 函数的功能是使能或者失能指定 I2C 的软件复位。表 3.248 描述了该函数的内容。

表 3.248　I2C_SoftwareResetCmd 函数

函数原形	I2C_SoftwareResetCmd(I2C_TypeDef* I2Cx, FunctionalState NewState)
功能描述	使能或者失能指定 I2C 的软件复位
输入参数 1	I2Cx：x 可以是 1 或者 2 来选择 I2C 外设
输入参数 2	NewState：I2Cx 软件复位的新状态(可取 ENABLE 或 DISABLE)
输出参数：无；返回值：无；先决条件：无；被调用函数：无	

例 3.172　复位 I2C1 外设。

```
I2C_SoftwareResetCmd(I2C1, ENABLE);
```

7. I2C_ CalculatePEC 函数

I2C_CalculatePEC 函数的功能是使能或者失能指定 I2C 的传输字 PEC 值计算。表 3.249 描述了该函数的内容。

表 3.249　I2C_ CalculatePEC 函数

函数原形	void I2C_CalculatePEC(I2C_TypeDef* I2Cx, FunctionalState NewState)
功能描述	使能或者失能指定 I2C 的传输字 PEC 值计算
输入参数 1	I2Cx：x 可以是 1 或者 2 来选择 I2C 外设
输入参数 2	NewState：I2Cx 传输字 PEC 值计算的新状态(可取 ENABLE 或 DISABLE)
输出参数：无；返回值：无；先决条件：无；被调用函数：无	

例 3.173　对 I2C2 的传输字节，进行 PEC 计算。

```
I2C_CalculatePEC(I2C2, ENABLE);
```

8. I2C_ARPCmd 函数

I2C_ARPCmd 函数的功能是使能或者失能指定 I2C 的 ARP。表 3.250 描述了该函数的内容。

表 3.250　I2C_ARPCmd 函数

函数原形	void I2C_ARPCmd(I2C_TypeDef* I2Cx, FunctionalState NewState)
功能描述	使能或者失能指定 I2C 的 ARP
输入参数 1	I2Cx：x 可以是 1 或者 2 来选择 I2C 外设
输入参数 2	NewState：I2Cx ARP 的新状态(可取 ENABLE 或 DISABLE)
输出参数：无；返回值：无；先决条件：无；被调用函数：无	

例 3.174　使能 ARP I2C1 功能。

```
I2C_ARPCmd(I2C1, ENABLE);
```

3.13.3　I2C 传输类函数

1. I2C_GenerateSTART 函数

I2C_GenerateSTART 函数的功能是产生 I2Cx 传输 START 条件。表 3.251 描述了该函数的内容。

表 3.251　I2C_GenerateSTART 函数

函数原形	void I2C_GenerateSTART(I2C_TypeDef* I2Cx, FunctionalState NewState)
功能描述	产生 I2Cx 传输 START 条件
输入参数 1	I2Cx：x 可以是 1 或者 2 来选择 I2C 外设
输入参数 2	NewState：I2Cx START 条件的新状态(可取 ENABLE 或 DISABLE)
输出参数：无；返回值：无；先决条件：无；被调用函数：无	

例 3.175　产生 I2C1 的启动条件。

```
I2C_GenerateSTART(I2C1, ENABLE);
```

2. I2C_ GenerateSTOP 函数

I2C_GenerateSTOP 函数的功能是产生 I2Cx 传输 STOP 条件。表 3.252 描述了该函数的内容。

表 3.252　I2C_GenerateSTOP 函数

函数原形	void I2C_GenerateSTOP(I2C_TypeDef* I2Cx, FunctionalState NewState)
功能描述	产生 I2Cx 传输 STOP 条件
输入参数 1	I2Cx: x 可以是 1 或者 2 来选择 I2C 外设
输入参数 2	NewState: I2Cx STOP 条件的新状态(可取 ENABLE 或 DISABLE)
输出参数：无；返回值：无；先决条件：无；被调用函数：无	

例 3.176　产生 I2C2 的停止条件。

```
I2C_GenerateSTOP(I2C2, ENABLE);
```

3. I2C_OwnAddress2Config 函数

I2C_OwnAddress2Config 函数的功能是设置指定 I2C 的自身地址 2。表 3.253 描述了该函数的内容。

表 3.253　I2C_ OwnAddress2Config 函数

函数原形	void I2C_OwnAddress2Config(I2C_TypeDef* I2Cx, u8 Address)
功能描述	设置指定 I2C 的自身地址 2
输入参数 1	I2Cx：x 可以是 1 或者 2 来选择 I2C 外设
输入参数 2	Address: 指定的 7 位 I2C 自身地址 2
输出参数：无；返回值：无；先决条件：无；被调用函数：无	

例 3.177　设置 I2C 自身地址 2 为 0x38。

```
I2C_OwnAddress2Config(I2C1, 0x38);
```

4. I2C_ SendData 函数

I2C_SendData 函数的功能是通过外设 I2Cx 发送一个数据。表 3.254 描述了该函数的内容。

表 3.254　I2C_SendData 函数

函数原形	void I2C_SendData(I2C_TypeDef* I2Cx, u8 Data)
功能描述	通过外设 I2Cx 发送一个数据
输入参数 1	I2Cx：x 可以是 1 或者 2 来选择 I2C 外设
输入参数 2	Data: 待发送的数据
输出参数：无；返回值：无；先决条件：无；被调用函数：无	

例 3.178　在 I2C2 接口上发送 0x5D。

```
I2C_SendData(I2C2, 0x5D);
```

5. I2C_ ReceiveData 函数

I2C_ReceiveData 函数的功能是返回通过 I2Cx 最近接收的数据。表 3.255 描述了该函数的内容。

表 3.255　I2C_ ReceiveData 函数

函数原形	u8 I2C_ReceiveData(I2C_TypeDef* I2Cx)
功能描述	返回通过 I2Cx 最近接收的数据
输入参数 1	I2Cx：x 可以是 1 或者 2 来选择 I2C 外设
输出参数：无；返回值：接收到的字；先决条件：无；被调用函数：无	

例 3.179 在 I2C1 接口上读取数据。

```
u8 ReceivedData;

ReceivedData = I2C_ReceiveData(I2C1);
```

6. I2C_ Send7bitAddress 函数

I2C_Send7bitAddress 函数的功能是向指定的从 I2C 设备传送地址字。表 3.256 描述了该函数的内容。

表 3.256　I2C_ Send7bitAddress 函数

函数原形	void I2C_Send7bitAddress(I2C_TypeDef* I2Cx, u8 Address, u8 I2C_Direction)
功能描述	向指定的从 I2C 设备传送地址字
输入参数 1	I2Cx：x 可以是 1 或者 2 来选择 I2C 外设
输入参数 2	Address：待传输的从 I2C 地址
输入参数 3	I2C_Direction：设置指定的 I2C 设备工作为发射端还是接收端(见表 3.257)
输出参数：无；返回值：无；先决条件：无；被调用函数：无	

表 3.257　I2C_Direction 取值

I2C_Direction 取值	功 能 描 述
I2C_Direction_Transmitter	选择发送方向
I2C_Direction_Receiver	选择接收方向

例 3.180 在 I2C1 上发送地址 0xA8。

```
I2C_Send7bitAddress(I2C1, 0xA8, I2C_Direction_Transmitter);
```

7. I2C_ ReadRegister 函数

I2C_ReadRegister 函数的功能是读取指定的 I2C 寄存器并返回其值。表 3.258 描述了该函数的内容。

表 3.258　I2C_ ReadRegister 函数

函数原形	u16 I2C_ReadRegister(I2C_TypeDef* I2Cx, u8 I2C_Register)
功能描述	读取指定的 I2C 寄存器并返回其值
输入参数 1	I2Cx：x 可以是 1 或者 2 来选择 I2C 外设
输入参数 2	A I2C_Register：待读取的 I2C 寄存器(见表 3.259)
输出参数：无；返回值：被读取的寄存器值；先决条件：无；被调用函数：无	

表 3.259　I2C_ReadRegister 取值

I2C_ReadRegister 取值	功 能 描 述	I2C_ReadRegister 取值	功 能 描 述
I2C_Register_CR1	读取寄存器 I2C_CR1	I2C_Register_CR2	读取寄存器 I2C_CR2
I2C_Register_OAR1	读取寄存器 I2C_OAR1	I2C_Register_ OAR2	读取寄存器 I2C_OAR2
I2C_Register_DR	读取寄存器 I2C_DR	I2C_Register_SR1	读取寄存器 I2C_SR1
I2C_Register_SR2	读取寄存器 I2C_SR2	I2C_Register_CCR	读取寄存器 I2C_CCR
I2C_Register_TRISE	读取寄存器 I2C_ TRISE		

例 3.181　返回 I2C2 外设 I2C_CR1 寄存器的值。

　　　u16 RegisterValue;

　　　RegisterValue = I2C_ReadRegister(I2C2, I2C_Register_CR1);

8．I2C_SMBusAlertConfig 函数

I2C_SMBusAlertConfig 函数的功能是驱动指定 I2Cx 的 SMBusAlert 管脚电平为高或低。表 3.260 描述了该函数的内容。

表 3.260　I2C_SMBusAlertConfig 函数

函数原形	void I2C_SMBusAlertConfig(I2C_TypeDef* I2Cx, u16 I2C_SMBusAlert)
功能描述	驱动指定 I2Cx 的 SMBusAlert 管脚电平为高或低
输入参数 1	I2Cx：x 可以是 1 或者 2 来选择 I2C 外设
输入参数 2	I2C_SMBusAlert：SMBusAlert 管脚电平(见表 3.261)
输出参数：无；返回值：无；先决条件：无；被调用函数：无	

表 3.261　I2C_SMBusAlert 取值

I2C_ SMBusAlert 取值	功 能 描 述
I2C_SMBusAlert_Low	驱动 SMBusAlert 管脚电平为低
I2C_SMBusAlert_High	驱动 SMBusAlert 管脚电平为高

例 3.182　使 I2C2 SMBusAlert 引脚为高电平。

　　　I2C_SMBusAlertConfig(I2C2, I2C_SMBusAlert_High);

3.13.4　I2C 标志与中断类函数

1．I2C_GetFlagStatus 函数

I2C_GetFlagStatus 函数的功能是检查指定的 I2C 标志位设置与否。表 3.262 描述了该函数的内容。

表 3.262　I2C_ GetFlagStatus 函数

函数原形	FlagStatus I2C_GetFlagStatus(I2C_TypeDef* I2Cx, u32 I2C_FLAG)
功能描述	检查指定的 I2C 标志位设置与否
输入参数 1	I2Cx：x 可以是 1 或者 2 来选择 I2C 外设
输入参数 2	I2C_FLAG：待检查的 I2C 标志位(见表 3.263)
输出参数：无；返回值：I2C_FLAG 的新状态；先决条件：无；被调用函数：无	

表 3.263　I2C_FLAG 取值

I2C_FLAG 取值	功 能 描 述
I2C_FLAG_DUALF	双标志位(从模式)
I2C_FLAG_SMBHOST	SMBus 主报头(从模式)
I2C_FLAG_SMBDEFAULT	SMBus 缺省报头(从模式)
I2C_FLAG_GENCALL	广播报头标志位(从模式)
I2C_FLAG_TRA	发送/接收标志位
2C_FLAG_BUSY	总线忙标志位
I2C_FLAG_MSL	主/从标志位
I2C_FLAG_SMBALERT	SMBus 报警标志位
I2C_FLAG_TIMEOUT	超时或者 Tlow 错误标志位
I2C_FLAG_BTF	字传输完成标志位
I2C_FLAG_PECERR	接收 PEC 错误标志位
I2C_FLAG_OVR	溢出/不足标志位(从模式)
I2C_FLAG_AF	应答错误标志位
I2C_FLAG_ARLO	仲裁丢失标志位(主模式)
I2C_FLAG_BERR	总线错误标志位
I2C_FLAG_TXE	数据寄存器空标志位(发送端)
I2C_FLAG_RXNE	数据寄存器非空标志位(接收端)
I2C_FLAG_STOPF	停止探测标志位(从模式)
I2C_FLAG_ADD10	0 位报头发送(主模式)
I2C_FLAG_SB	起始位标志位(主模式)

例 3.183　返回 I2C2 外设的 I2C_FLAG_AF 标志。

    Flagstatus Status;

    Status = I2C_GetFlagStatus(I2C2, I2C_FLAG_AF);

2．I2C_ ClearFlag 函数

I2C_ClearFlag 函数的功能是清除 I2Cx 的待处理标志位。表 3.264 描述了该函数的内容。

表 3.264　I2C_ClearFlag 函数

函数原形	void I2C_ClearFlag(I2C_TypeDef* I2Cx, u32 I2C_FLAG)
功能描述	清除 I2Cx 的待处理标志位
输入参数 1	I2Cx：x 可以是 1 或者 2 来选择 I2C 外设
输入参数 2	I2C_FLAG：待清除的 I2C 标志位(见表 3.263)
输出参数：无；返回值：无；先决条件：无；被调用函数：无	

3．I2C_ ITConfig 函数

I2C_ITConfig 函数的功能是使能或者失能指定的 I^2C 中断。表 3.265 描述了该函数的内容。

表 3.265　I2C_ITConfig 函数

函数原形	void I2C_ITConfig(I2C_TypeDef* I2Cx, u16 I2C_IT, FunctionalState NewState)
功能描述	使能或者失能指定的 I2C 中断
输入参数 1	I2Cx：x 可以是 1 或者 2 来选择 I2C 外设
输入参数 2	I2C_IT：待使能或者失能的 I2C 中断源(见表 3.266)
输入参数 3	NewState：I2Cx 中断的新状态(取值 ENABLE 或 DISABLE)
输出参数：无；返回值：无；先决条件：无；被调用函数：无	

表 3.266　I2C_IT 取值

I2C_IT 取值	功 能 描 述
I2C_IT_BUF	缓存中断屏蔽
I2C_IT_EVT	事件中断屏蔽
I2C_IT_ERR	错误中断屏蔽

例 3.184　使能 I2C2 缓冲和事件中断。

```
I2C_ITConfig(I2C2, I2C_IT_BUF | I2C_IT_EVT, ENABLE);
```

4. I2C_ GetITStatus 函数

I2C_GetITStatus 函数的功能是检查指定的 I2C 中断发生与否。表 3.267 描述了该函数的内容。

表 3.267　I2C_ GetITStatus 函数

函数原形	ITStatus I2C_GetITStatus(I2C_TypeDef* I2Cx, u32 I2C_IT)
功能描述	检查最近一次 I2C 事件是否是输入的事件
输入参数 1	I2Cx：x 可以是 1 或者 2 来选择 I2C 外设
输入参数 2	I2C_IT：待检查的 I2C 中断源(见表 3.268)
输出参数：无；返回值：I2C_IT 的新状态(SET 或 RESET)；先决条件：无；被调用函数：无	

表 3.268　I2C_IT 取值

I2C_IT 取值	功 能 描 述
I2C_IT_SMBALERT	SMBus 报警标志位
I2C_IT_PECERR	接收 PEC 错误标志位
I2C_IT_AF	应答错误标志位
I2C_IT_BERR	总线错误标志位
I2C_IT_ADD10	10 位报头发送(主模式)
I2C_IT_SB	起始位标志位(主模式)
I2C_IT_TIMEOUT	超时或者 Tlow 错误标志位
I2C_IT_OVR	溢出/不足标志位(从模式)
I2C_IT_ARLO	仲裁丢失标志位(主模式)
I2C_IT_STOPF	停止探测标志位(从模式)
I2C_IT_BTF	字传输完成标志位
I2C_IT_ADDR	地址发送标志位(主模式) "ADSL"　地址匹配标志位(从模式) "ENDAD"

例 3.185　返回 I2C1 的 I2C_IT_OVR 标志。

ITstatus Status;

Status = I2C_GetITStatus(I2C1, I2C_IT_OVR);

3.14　SPI 总线接口库函数

串行外设接口(SPI)提供与外部设备进行同步串行通讯的功能。接口可以被设置工作在主模式或者从模式。SPI 寄存器结构为 SPI_TypeDeff，定义在文件"stm32f10x_map.h"中。常用的 SPI 库函数见表 3.269 所示。

表 3.269　常用的 SPI 库函数

函　数　名	功　能　描　述
SPI_DeInit	将外设 SPIx 寄存器重设为缺省值
SPI_Init	根据 SPI_InitStruct 中指定的参数初始化外设 SPIx 寄存器
SPI_StructInit	把 SPI_InitStruct 中的每一个参数按缺省值填入
SPI_Cmd	使能或者失能 SPI 外设
SPI_ITConfig	使能或者失能指定的 SPI 中断
SPI_DMACmd	使能或者失能指定 SPI 的 DMA 请求
SPI_SendData	通过外设 SPIx 发送一个数据
SPI_ReceiveData	返回通过 SPIx 最近接收的数据
SPI_DMALastTransferCmd	使下一次 DMA 传输为最后一次传输
SPI_NSSInternalSoftwareConfig	为选定的 SPI 软件配置内部 NSS 管脚
SPI_SSOutputCmd	使能或者失能指定的 SPI SS 输出
SPI_DataSizeConfig	设置选定的 SPI 数据大小
SPI_TransmitCRC	发送 SPIx 的 CRC 值
SPI_CalculateCRC	使能或者失能指定 SPI 的传输字 CRC 值计算
SPI_GetCRC	返回指定 SPI 的发送或者接收 CRC 寄存器值
SPI_GetCRCPolynomial	返回指定 SPI 的 CRC 多项式寄存器值
SPI_BiDirectionalLineConfig	选择指定 SPI 在双向模式下的数据传输方向
SPI_GetFlagStatus	检查指定的 SPI 标志位设置与否
SPI_ClearFlag	清除 SPIx 的待处理标志位
SPI_GetITStatus	检查指定的 SPI 中断发生与否
SPI_ClearITPendingBit	清除 SPIx 的中断待处理位

3.14.1　SPI 初始化与使能类函数

1．SPI_DeInit 函数

SPI_DeInit 函数的功能是将外设 SPIx 寄存器重设为缺省值。表 3.270 描述了该函数的内容。

表 3.270　SPI_DeInit 函数

函数原形	void SPI_DeInit(SPI_TypeDef* SPIx)
功能描述	将外设 SPIx 寄存器重设为缺省值
输入参数 1	SPIx：x 可以是 1 或者 2 来选择 SPI 外设

输出参数：无；返回值：无；先决条件：无；被调用函数：对 SPI1，RCC_APB2PeriphClockCmd()，对 SPI2，RCC_APB1PeriphClockCmd()

例 3.186　将外设 SPI2 重设为默认值。

```
SPI_DeInit(SPI2);
```

2．SPI_Init 函数

SPI_Init 函数的功能是根据 SPI_InitStruct 中指定的参数初始化外设 SPIx 寄存器。表 3.271 描述了该函数的内容。

表 3.271　SPI_Init 函数

函数原形	void SPI_Init(SPI_TypeDef* SPIx, SPI_InitTypeDef* SPI_InitStruct)
功能描述	根据 SPI_InitStruct 中指定的参数初始化外设 SPIx 寄存器
输入参数 1	SPIx：x 可以是 1 或者 2 来选择 SPI 外设
输入参数 2	SPI_InitStruct：指向结构 SPI_InitTypeDef 的指针，包含了外设 SPI 的配置信息

输出参数：无；返回值：无；先决条件：无；被调用函数：无

SPI_InitTypeDef 定义于文件"stm32f10x_spi.h"中，其结构体为：

```
typedef struct
  {
      u16 SPI_Direction;
      u16 SPI_Mode;
      u16 SPI_DataSize;
      u16 SPI_CPOL;
      u16 SPI_CPHA;
      u16 SPI_NSS;
      u16 SPI_BaudRatePrescaler;
      u16 SPI_FirstBit;
      u16 SPI_CRCPolynomial;
  }  SPI_InitTypeDef;
```

(1) SPI_Dirction。该成员用于设置 SPI 单向或双向的数据。表 3.272 给出了该参数的取值。

表 3.272 SPI_Dirction 取值

SPI_Dirction 取值	功 能 描 述
SPI_Direction_2Lines_FullDuplex	SPI 设置为双线双向全双工
SPI_Direction_2Lines_RxOnly	SPI 设置为双线单向接收
SPI_Direction_1Line_Rx	SPI 设置为单线双向接收
SPI_Direction_1Line_Tx	SPI 设置为单线双向发送

(2) SPI_Mode。该成员设置了 SPI 工作模式。表 3.273 给出了该参数的取值。

表 3.273 SPI_Mode 取值

SPI_Mode 取值	功 能 描 述
SPI_Mode_Master	设置为主 SPI
SPI_Mode_Slave	设置为从 SPI

(3) SPI_DataSize。该成员函数设置了 SPI 的数据大小。表 3.274 给出了该参数的取值。

表 3.274 SPI_DataSize 取值

SPI_DataSize 取值	功 能 描 述
SPI_DataSize_16b	SPI 发送接收 16 位帧结构
SPI_DataSize_8b	SPI 发送接收 8 位帧结构

(4) SPI_CPOL。该成员选择了串行时钟的状态。表 3.275 给出了该参数的取值。

表 3.275 SPI_ SPI_CPOL 取值

SPI_CPOL 取值	功 能 描 述
SPI_CPOL_High	时钟悬空高
SPI_CPOL_Low	时钟悬空低

(5) SPI_CPHA。该成员设置了位捕获的时钟活动沿。表 3.276 给出了该参数的取值。

表 3.276 SPI_SPI_CPHA 取值

SPI_CPHA 取值	功 能 描 述
SPI_CPHA_2Edge	数据捕获于第二个时钟沿
SPI_CPHA_1Edge	数据捕获于第一个时钟沿

(6) SPI_NSS。该成员指定了 NSS 信号由硬件(NSS 管脚)还是软件(使用 SSI 位)的管理。表 3.277 给出了该参数的取值。

表 3.277 SPI_NSS 取值

SPI_NSS 取值	功 能 描 述
SPI_NSS_Hard	NSS 由外部管脚管理
SPI_NSS_Soft	内部 NSS 信号由 SSI 位控制

(7) SPI_BaudRatePrescaler。该成员用来定义波特率预分频的值，这个值用以设置发送和接收的 SCK 时钟，表 3.278 给出了该参数的取值。

表 3.278　SPI_BaudRatePrescaler 取值

SPI_BaudRatePrescaler 取值	功 能 描 述
SPI_BaudRatePrescaler2	波特率预分频值为 2
SPI_BaudRatePrescaler4	波特率预分频值为 4
SPI_BaudRatePrescaler8	波特率预分频值为 8
SPI_BaudRatePrescaler16	波特率预分频值为 16
SPI_BaudRatePrescaler32	波特率预分频值为 32
SPI_BaudRatePrescaler64	波特率预分频值为 64
SPI_BaudRatePrescaler128	波特率预分频值为 128
SPI_BaudRatePrescaler256	波特率预分频值为 256

注：通讯时钟由主 SPI 的时钟分频而得，不需要设置从 SPI 的时钟。

(8) SPI_FirstBit。该成员指定了数据传输从 MSB 位还是 LSB 位开始。表 3.279 给出了该参数的取值。

表 3.279　SPI_FirstBit 取值

SPI_FirstBit 取值	功 能 描 述
SPI_FisrtBit_MSB	数据传输从 MSB 位开始
SPI_FisrtBit_LSB	数据传输从 LSB 位开始

(9) SPI_CRCPolynomial。该成员指定义了用于 CRC 值计算的多项式。

例 3.187　依据 SPI_InitStructure 中指定参数初始化 SPI1。

```
SPI_InitTypeDef   SPI_InitStructure;
SPI_InitStructure.SPI_Direction = SPI_Direction_2Lines_FullDuplex;
SPI_InitStructure.SPI_Mode = SPI_Mode_Master;
SPI_InitStructure.SPI_DatSize = SPI_DatSize_16b;
SPI_InitStructure.SPI_CPOL = SPI_CPOL_Low;
SPI_InitStructure.SPI_CPHA = SPI_CPHA_2Edge;
SPI_InitStructure.SPI_NSS = SPI_NSS_Soft;
SPI_InitStructure.SPI_BaudRatePrescaler =SPI_BaudRatePrescaler_128;
SPI_InitStructure.SPI_FirstBit = SPI_FirstBit_MSB;
SPI_InitStructure.SPI_CRCPolynomial = 7;
SPI_Init(SPI1, &SPI_InitStructure);
```

3．SPI_StructInit 函数

SPI_StructInit 函数的功能是把 SPI_InitStruct 中的每一个参数按缺省值填入。表 3.280 描述了该函数的内容。

表 3.280　SPI_StructInit 函数

函数原形	void SPI_StructInit(SPI_InitTypeDef* SPI_InitStruct)
功能描述	把 SPI_InitStruct 中的每一个参数按缺省值填入
输入参数	SPI_InitStruct：指向结构 SPI_InitTypeDef 的指针，待初始化
输出参数：无；返回值：无；先决条件：无；被调用函数：无	

例 3.188 初始化 SPI_InitTypeDef 结构。

```
SPI_InitTypeDef SPI_InitStructure;
SPI_StructInit(&SPI_InitStructure);
```

4. SPI_Cmd 函数

SPI_Cmd 函数的功能是使能或失能 SPI 外设。表 3.281 描述了该函数的内容。

表 3.281　SPI_Cmd 函数

函数原形	void SPI_Cmd(SPI_TypeDef* SPIx, FunctionalState NewState)
功能描述	使能或者失能 SPI 外设
输入参数 1	SPIx：x 可以是 1 或者 2 来选择 SPI 外设
输入参数 2	NewState：外设 SPIx 的新状态(ENABLE 或 DISABLE)
输出参数：无；返回值：无；先决条件：无；被调用函数：无	

例 3.189 使能 SPI1。

```
SPI_Cmd(SPI1, ENABLE);
```

5. SPI_DMACmd 函数

SPI_DMACmd 函数的功能是使能或者失能指定 SPI 的 DMA 请求。表 3.282 描述了该函数的内容。

表 3.282　SPI_DMACmd 函数

函数原形	void SPI_DMACmd(SPI_TypeDef* SPIx, u16 SPI_DMAReq, FunctionalState NewState)
功能描述	使能或者失能指定 SPI 的 DMA 请求
输入参数 1	SPIx：x 可以是 1 或者 2 来选择 SPI 外设
输入参数 2	SPI_DMAReq：待使能或者失能的 SPI DMA 传输请求(见表 3.283)
输入参数 3	NewState：SPIx DMA 传输的新状态(可取 ENABLE 或 DISABLE)
输出参数：无；返回值：无；先决条件：无；被调用函数：无	

表 3.283　SPI_DMAReq 取值

SPI_DMAReq 取值	功 能 描 述
SPI_DMAReq_Tx	选择 Tx 缓存 DMA 传输请求
SPI_DMAReq_Rx	选择 Rx 缓存 DMA 传输请求

例 3.190　使能 SPI2 的 Rx 缓存 DMA 传输请求。

SPI_DMACmd(SPI2, SPI_DMAReq_Rx, ENABLE);

3.14.2　SPI 传输与 CRC 校验类函数

1. SPI_SendData 函数

SPI_SendData 函数的功能是通过外设 SPIx 发送一个数据。表 3.284 描述了该函数的内容。

表 3.284　SPI_SendData 函数

函数原形	void SPI_SendData(SPI_TypeDef* SPIx, u16 Data)
功能描述	通过外设 SPIx 发送一个数据
输入参数 1	SPIx：x 可以是 1 或者 2 来选择 SPI 外设
输入参数 2	Data：待发送的数据
输出参数：无；返回值：无；先决条件：无；被调用函数：无	

例 3.191　通过外设 SPI1 发送 0xA5。

SPI_SendData(SPI1,0xA5);

2. SPI_ReceiveData 函数

SPI_ReceiveData 函数的功能是返回通过 SPIx 最近接收的数据。表 3.285 描述了该函数的内容。

表 3.285　SPI_ReceiveData 函数

函数原形	u16 SPI_ReceiveData(SPI_TypeDef* SPIx)
功能描述	返回通过 SPIx 最近接收的数据
输入参数	SPIx：x 可以是 1 或者 2 来选择 SPI 外设
输出参数：无；返回值：接收到的字；先决条件：无；被调用函数：无	

例 3.192　读 SPI2 最近接收到的数据。

u16 ReceivedData;

ReceivedData = SPI_ReceiveData(SPI2);

3. SPI_DataSizeConfig 函数

SPI_DataSizeConfig 函数的功能是设置选定的 SPI 数据大小。表 3.286 描述了该函数的内容。

表 3.286　SPI_DataSizeConfig 函数

函数原形	void SPI_DataSizeConfig(SPI_TypeDef* SPIx, u16 SPI_DatSize)
功能描述	设置选定的 SPI 数据大小
输入参数 1	SPIx：x 可以是 1 或者 2 来选择 SPI 外设
输入参数 2	SPI_DataSize：SPI 数据大小(取值见表 3.287)
输出参数：无；返回值：接收到的字；先决条件：无；被调用函数：无	

表 3.287　SPI_DataSize 取值

SPI_DataSize 取值	功　能　描　述
SPI_DataSize_8b	设置数据为 8 位
SPI_DataSize_16b	设置数据为 16 位

例 3.193　设置 SPI1 为 8 位数据。

　　SPI_DataSizeConfig(SPI1, SPI_DataSize_8b);

4．SPI_TransmitCRC 函数

SPI_TransmitCRC 函数的功能是使能或者失能指定 SPI 的 CRC 传输。表 3.288 描述了该函数的内容。

表 3.288　SPI_TransmitCRC 函数

函数原形	SPI_TransmitCRC(SPI_TypeDef* SPIx, FunctionalState NewState)
功能描述	使能或者失能指定 SPI 的 CRC 传输
输入参数 1	SPIx：x 可以是 1 或者 2 来选择 SPI 外设
输入参数 2	NewState：SPIxCRC 传输的新状态(可取 ENABLE 或 DISABLE)
输出参数：无；返回值：无；先决条件：无；被调用函数：无	

例 3.194　使能 SPI1 的 CRC 传输。

　　SPI_TransmitCRC(SPI1);

5．SPI_CalculateCRC 函数

SPI_CalculateCRC 函数的功能是使能或者失能指定 SPI 的传输字 CRC 值计算。表 3.289 描述了该函数的内容。

表 3.289　SPI_CalculateCRC 函数

函数原形	void SPI_CalculateCRC(SPI_TypeDef* SPIx, FunctionalState NewState)
功能描述	使能或者失能指定 SPI 的传输字 CRC 值计算
输入参数 1	SPIx：x 可以是 1 或者 2 来选择 SPI 外设
输入参数 2	NewState：SPIx 传输字 CRC 值计算的新状态(可取 ENABLE 或 DISABLE)
输出参数：无；返回值：无；先决条件：无；被调用函数：无	

例 3.195　使能 SPI2 传输字 CRC 计算。

　　SPI_CalculateCRC(SPI2, ENABLE);

6．SPI_GetCRC 函数

SPI_GetCRC 函数的功能是返回指定 SPI 的 CRC 值。表 3.290 描述了该函数的内容。

表 3.290　SPI_GetCRC 函数

函数原形	u16 SPI_GetCRC(SPI_TypeDef* SPIx)
功能描述	返回指定 SPI 的 CRC 值
输入参数 1	SPIx：x 可以是 1 或者 2 来选择 SPI 外设
输入参数 2	SPI_CRC：待读取的 CRC 寄存器(SPI_CRC_Tx 或 SPI_CRC_Rx)
输出参数：无；返回值：CRC 值；先决条件：无；被调用函数：无	

例 3.196　返回 SPI1 写数据的 CRC 值。

```
u16 CRCValue;
CRCValue = SPI_GetCRC(SPI1, SPI_CRC_Tx);
```

3.14.3　SPI 标志与中断类函数

1．SPI_GetFlagStatus 函数

SPI_GetFlagStatus 函数的功能是检查指定的 SPI 标志位设置与否。表 3.291 描述了该函数的内容。

表 3.291　SPI_GetFlagStatus 函数

函数原形	FlagStatus SPI_GetFlagStatus(SPI_TypeDef* SPIx, u16 SPI_FLAG)
功能描述	检查指定的 SPI 标志位设置与否
输入参数 1	SPIx：x 可以是 1 或者 2 来选择 SPI 外设
输入参数 2	SPI_FLAG：待检查的 SPI 标志位(参数见表 3.292)
输出参数：无；返回值：SPI_FLAG 的新状态(SET 或者 RESET)；先决条件：无；被调用函数：无	

表 3.292　SPI_FLAG 取值

SPI_FLAG 取值	功 能 描 述	SPI_FLAG 取值	功 能 描 述
SPI_FLAG_BSY	忙标志位	SPI_FLAG_OVR	超出标志位
SPI_FLAG_MODF	模式错位标志位	SPI_FLAG_CRCERR	CRC 错误标志位
SPI_FLAG_TXE	发送缓存空标志位	SPI_FLAG_RXNE	接收缓存非空标志位

例 3.197　测试 SPI1 的忙状态。

```
FlagStatus Status;
Status =SPI_GetFlagStatus(SPI1, SPI_FLAG_BSY);
```

2．SPI_ClearFlag 函数

SPI_ClearFlag 函数的功能是清除 SPIx 的待处理标志位。表 3.293 描述了该函数的内容。

表 3.293　SPI_ClearFlag 函数

函数原形	void SPI_ClearFlag(SPI_TypeDef* SPIx, u16 SPI_FLAG)
功能描述	清除 SPIx 的待处理标志位
输入参数 1	SPIx：x 可以是 1 或者 2 来选择 SPI 外设
输入参数 2	SPI_FLAG：待检查的 SPI 标志位(参数见表 3.292)
输出参数：无；返回值：无；先决条件：无；被调用函数：无	

例 3.198　清除 SPI2 溢出中断标志位。

```
SPI_ClearFlag(SPI2, SPI_FLAG_OVR);
```

3．SPI_ITConfig 函数

SPI_ITConfig 函数的功能是使能或者失能指定的 SPI 中断。表 3.294 描述了该函数的内容。

表 3.294　SPI_ITConfig 函数

函数原形	void SPI_ITConfig(SPI_TypeDef* SPIx, u16 SPI_IT, FunctionalState NewState)
功能描述	使能或者失能指定的 SPI 中断
输入参数 1	SPIx：x 可以是 1 或者 2 来选择 SPI 外设
输入参数 2	SPI_IT：待使能或者失能的 SPI 中断源(参数见表 3.295)
输入参数 3	NewState：SPIx 中断的新状态(ENABLE 或 DISABLE)
输出参数：无；返回值：无；先决条件：无；被调用函数：无	

表 3.295　SPI_IT 取值

SPI_IT 取值	功 能 描 述
SPI_IT_TXE	发送缓存空中断屏蔽
SPI_IT_ERR	错误中断屏蔽
SPI_IT_RXNE	接收缓存非空中断屏蔽

例 3.199　使能 SPI2 Tx 寄存器空中断。

    SPI_ITConfig(SPI2, SPI_IT_TXE, ENABLE);

4．SPI_GetITStatus 函数

SPI_GetITStatus 函数的功能是检查指定的 SPI 中断发生与否。表 3.296 描述了该函数的内容。

表 3.296　SPI_GetITStatus 函数

函数原形	ITStatus SPI_GetITStatus(SPI_TypeDef* SPIx, u8 SPI_IT)
功能描述	检查指定的 SPI 中断发生与否
输入参数 1	SPIx：x 可以是 1 或者 2 来选择 SPI 外设
输入参数 2	SPI_IT：待检查的 SPI 中断源(参数见表 3.297)
输出参数：无；返回值：无；先决条件：无；被调用函数：无	

表 3.297　SPI_IT 取值

SPI_IT 取值	功 能 描 述	SPI_IT 取值	功 能 描 述
SPI_IT_OVR	超出中断标志位	SPI_IT_MODF	模式错误标志位
SPI_IT_CRCERR	CRC 错误标志位	SPI_IT_TXE	发送缓存空中断标志位
SPI_IT_RXNE	接受缓存非空中断标志位		

例 3.200　测试 SPI1 溢出中断是否发生。

    ITStatus Status;

    Status = SPI_GetITStatus(SPI1, SPI_IT_OVR);

5．SPI_ClearITPendingBit 函数

SPI_ClearITPendingBit 函数的功能是清除 SPIx 的中断待处理位。表 3.298 描述了该函数的内容。

表 3.298　SPI_ClearITPendingBit 函数

函数原形	void SPI_ClearITPendingBit(SPI_TypeDef* SPIx, u8 SPI_IT)
功能描述	清除 SPIx 的中断待处理位
输入参数 1	SPIx：x 可以是 1 或者 2 来选择 SPI 外设
输入参数 2	SPI_IT：待检查的 SPI 中断源(参数见表 3.297)
输出参数：无；返回值：无；先决条件：无；被调用函数：无	

例 3.201　清除 SPI2 CRC 错误中断标志位。

SPI_ClearITPendingBit(SPI2, SPI_IT_CRCERR);

3.15　局域网(CAN)库函数

局域网(CAN)支持 CAN 协议 2.0A 和 2.0B。它的设计目标是，以最小的 CPU 负荷来高效处理大量收到的报文。它也支持报文发送的优先级要求(优先级特性可软件配置)。对于安全性应用，CAN 提供所有支持时间触发通信模式所需要的硬件功能。

CAN 寄存器结构为 CAN_TypeDef，定义在文件"stm32f10x_map.h"中。常用的 CAN 库函数见表 3.299 所示。

表 3.299　常用的 CAN 库函数

函　数　名	功　能　描　述
CAN_DeInit	将外设 CAN 的全部寄存器重设为缺省值
CAN_Init	根据 CAN_InitStruct 中指定的参数初始化外设 CAN 的寄存器
CAN_FilterInit	根据 CAN_FilterInitStruct 中指定的参数初始化外设 CAN 的寄存器
CAN_StructInit	把 CAN_InitStruct 中的每一个参数按缺省值填入
CAN_ITConfig	使能或者失能指定的 CAN 中断
CAN_Transmit	开始一个消息的传输
CAN_TransmitStatus	检查消息传输的状态
CAN_CancelTransmit	取消一个传输请求
CAN_FIFORelease	释放一个 FIFO
CAN_MessagePending	返回挂号的信息数量
CAN_Receive	接收一个消息
CAN_Sleep	使 CAN 进入低功耗模式
CAN_WakeUp	将 CAN 唤醒
CAN_GetFlagStatus	检查指定的 CAN 标志位被设置与否
CAN_ClearFlag	清除 CAN 的待处理标志位
CAN_GetITStatus	检查指定的 CAN 中断发生与否
CAN_ClearITPendingBit	清除 CAN 的中断待处理标志位

3.15.1　CAN 初始化与使能类函数

1．CAN_DeInit 函数

CAN_DeInit 函数的功能是将外设 CAN 的全部寄存器重设为缺省值。表 3.300 描述了该函数的内容。

表 3.300　CAN_DeInit 函数

函数原形	void CAN_DeInit(void)
功能描述	将外设 CAN 的全部寄存器重设为缺省值
输入参数：无；输出参数：无；返回值：无；先决条件：无；被调用函数：RCC_APB1PeriphResetCmd()	

例 3.202　恢复 CAN 设置。

```
CAN_DeInit();
```

2．CAN_Init 函数

CAN_Init 函数的功能是根据 CAN_InitStruct 中指定的参数初始化外设 CAN 的寄存器。表 3.301 描述了该函数的内容。

表 3.301　CAN_Init 函数

函数原形	u8 CAN_Init(CAN_InitTypeDef* CAN_InitStruct)
功能描述	根据 CAN_InitStruct 中指定的参数初始化外设 CAN 寄存器
输入参数	CAN_InitStruct：指向结构 CAN_InitTypeDef 的指针，包含了指定外设 CAN 的配置信息
输出参数：无；返回值：指示 CAN 初始化成功的常数 CANINITFAILED = 初始化失败 CANINITOK = 初始化成功；先决条件：无；被调用函数：无	

CAN_InitTypeDef 定义于文件"stm32f10x_can.h"中，其结构体为：

```
typedef struct
  {
    FunctionnalState CAN_TTCM;
    FunctionnalState CAN_ABOM;
    FunctionnalState CAN_AWUM;
    FunctionnalState CAN_NART;
    FunctionnalState CAN_RFLM;
    FunctionnalState CAN_TXFP;
    u8 CAN_Mode; u8 CAN_SJW;
    u8 CAN_BS1; u8 CAN_BS2;
    u16 CAN_Prescaler;
  } CAN_InitTypeDef;
```

(1) CAN_TTCM。该成员用来使能或失能时间触发通讯模式，可以设置这个参数的值为 ENABLE 或 DISABLE。

(2) CAN_ABOM。该成员用来使能或失能自动离线管理，可以设置这个参数的值为 ENABLE 或 DISABLE。

(3) CAN_AWUM。该成员用来使能或失能自动唤醒模式，可以设置这个参数的值为 ENABLE 或 DISABLE。

(4) CAN_NART。该成员用来使能或失能非自动重传输模式，可以设置这个参数的值为 ENABLE 或 DISABLE。

(5) CAN_RFLM。该成员用来使能或失能接收 FIFO 锁定模式，可以设置这个参数的值为 ENABLE 或 DISABLE。

(6) CAN_TXFP。该成员用来使能或失能发送 FIFO 优先级，可以设置这个参数的值为 ENABLE 或 DISABLE。

(7) CAN_Mode。该成员设置了 CAN 的工作模式。表 3.302 给出了该参数的取值。

表 3.302　CAN_Mode 取值

CAN_Mode 取值	功 能 描 述
CAN_Mode_Normal	CAN 硬件工作在正常模式
CAN_Mode_Silent	CAN 硬件工作在静默模式
CAN_Mode_LoopBack	CAN 硬件工作在环回模式
CAN_Mode_Silent_LoopBack	CAN 硬件工作在静默环回模式

(8) CAN_SJW。该成员定义了重新同步跳跃宽度(SJW)，即在每位中可以延长或缩短多少个时间单位的上限。表 3.303 给出了该参数的取值。

表 3.303　CAN_SJW 取值

CAN_SJW 取值	功 能 描 述
CAN_SJW_1tq	重新同步跳跃宽度 1 个时间单位
CAN_SJW_2tq	重新同步跳跃宽度 2 个时间单位
CAN_SJW_3tq	重新同步跳跃宽度 3 个时间单位
CAN_SJW_4tq	重新同步跳跃宽度 4 个时间单位

(9) CAN_BS1。该成员设定了时间段 1 的时间单位数目。表 3.304 给出了该参数的取值。

表 3.304　CAN_BS1 取值

CAN_BS1 取值	功 能 描 述
CAN_BS1_1tq	时间段 1 为 1 个时间单位
...	...
CAN_BS1_16tq	时间段 1 为 16 个时间单位

(10) CAN_BS2。该成员设定了时间段 2 的时间单位数目，表 3.305 给出了该参数的取值。

表 3.305　CAN_BS2 取值

CAN_BS2 取值	功 能 描 述
CAN_BS2_1tq	时间段 2 为 1 个时间单位
...	...
CAN_BS2_16tq	时间段 2 为 16 个时间单位

(11) CAN_Prescaler。该成员设定了一个时间单位的长度，它的范围是 1~1024。

例 3.203　配置 CAN 工作在正常模式，FIFO 锁定模式。

```
CAN_InitTypeDef CAN_InitStructure;
CAN_InitStructure.CAN_TTCM = DISABLE;
CAN_InitStructure.CAN_ABOM = DISABLE;
CAN_InitStructure.CAN_AWUM = DISABLE;
CAN_InitStructure.CAN_NART = DISABLE;
CAN_InitStructure.CAN_RFLM = ENABLE;
CAN_InitStructure.CAN_TXFP = DISABLE;
CAN_InitStructure.CAN_Mode = CAN_Mode_Normal;
CAN_InitStructure.CAN_BS1 = CAN_BS1_4tq;
CAN_InitStructure.CAN_BS2 = CAN_BS2_3tq;
CAN_InitStructure.CAN_Prescaler = 0;
CAN_Init(&CAN_InitStructure);
```

3. CAN_FilterInit 函数

CAN_FilterInit 函数的功能是根据 CAN_FilterInitStruct 中指定的参数初始化外设 CAN 的寄存器。表 3.306 描述了该函数的内容。

表 3.306　CAN_FilterInit 函数

函数原形	void CAN_FilterInit(CAN_FilterInitTypeDef* CAN_FilterInitStruct)
功能描述	根据 CAN_FilterInitStruct 中指定的参数初始化外设 CAN 的寄存器
输入参数	CAN_FilterInitStruct：指向结构 CAN_FilterInitTypeDef 的指针
输出参数：无；返回值：无；先决条件：无；被调用函数：无	

CAN_FilterInitTypeDef 定义于文件"stm32f10x_can.h"中，其结构体为：

```
typedef struct
{
    u8 CAN_FilterNumber;
    u8 CAN_FilterMode;
    u8 CAN_FilterScale;
    u16 CAN_FilterIdHigh;
    u16 CAN_FilterIdLow;
    u16 CAN_FilterMaskIdHigh;
```

u16 CAN_FilterMaskIdLow;

u16 CAN_FilterFIFOAssignment;

FunctionalState CAN_FilterActivation;

} CAN_FilterInitTypeDef;

(1) CAN_FilterNumber。该成员指定了待初始化的过滤器，它的范围是 1～13。

(2) CAN_FilterMode。该成员指定了过滤器将被初始化到的模式。表 3.307 给出了该参数的取值。

表 3.307　CAN_FilterMode 取值

CAN_FilterMode 取值	功 能 描 述
CAN_FilterMode_IdMask	标识符屏蔽位模式
CAN_FilterMode_IdList	标识符列表模式

(3) CAN_FilterScale。该成员给出了过滤器位宽。表 3.308 给出了该参数的取值。

表 3.308　CAN_FilterScale 取值

CAN_FilterScale 取值	功 能 描 述
CAN_FilterScale_Two16bit	2 个 16 位过滤器
CAN_FilterScale_One32bit	1 个 32 位过滤器

(4) CAN_FilterIdHigh。该成员用来设定过滤器标识符(32 位位宽时为其高段位，16 位位宽时为第一个)。它的范围是 0x0000～0xFFFF。

(5) CAN_FilterIdLow。该成员用来设定过滤器标识符(32 位位宽时为其低段位，16 位位宽时为第二个)。它的范围是 0x0000～0xFFFF。

(6) CAN_FilterMaskIdHigh。该成员用来设定过滤器屏蔽标识符或者过滤器标识符(32 位位宽时为其高段位，16 位位宽时为第一个)。它的范围是 0x0000～0xFFFF。

(7) CAN_FilterMaskIdLow。该成员用来设定过滤器屏蔽标识符或者过滤器标识符(32 位位宽时为其低段位，16 位位宽时为第二个)。它的范围是 0x0000～0xFFFF。

(8) CAN_FilterFIFO。该成员设定了指向过滤器的 FIFO(0 或 1)。表 3.309 给出了该参数的取值。

表 3.309　CAN_FilterFIFO 取值

CAN_FilterFIFO 取值	功 能 描 述
CAN_FilterFIFO0	过滤器 FIFO0 指向过滤器 x
CAN_FilterFIFO1	过滤器 FIFO1 指向过滤器 x

(9) CAN_FilterActivation。该成员使能或失能过滤器。该参数可取的值为 ENABLE 或 DISABLE。

例 3.204　配置 CAN 滤波器 2。

CAN_FilterInitTypeDef CAN_FilterInitStructure;

CAN_FilterInitStructure.CAN_FilterNumber = 2;

CAN_FilterInitStructure.CAN_FilterMode = CAN_FilterMode_IdMask;

CAN_FilterInitStructure.CAN_FilterScale = CAN_FilterScale_One32bit;

CAN_FilterInitStructure.CAN_FilterIdHigh = 0x0F0F;

CAN_FilterInitStructure.CAN_FilterIdLow = 0xF0F0;

CAN_FilterInitStructure.CAN_FilterMaskIdHigh = 0xFF00;

CAN_FilterInitStructure.CAN_FilterMaskIdLow = 0x00FF;

CAN_FilterInitStructure.CAN_FilterFIFO = CAN_FilterFIFO0;

CAN_FilterInitStructure.CAN_FilterActivation = ENABLE;

CAN_FilterInit(&CAN_InitStructure);

4. CAN_StructInit 函数

CAN_StructInit 函数的功能是把 CAN_InitStruct 中的每一个参数按缺省值填入。表3.310 描述了该函数的内容。

表 3.310　CAN_StructInit 函数

函数原形	void CAN_StructInit(CAN_InitTypeDef* CAN_InitStruct)
功能描述	把 CAN_InitStruct 中的每一个参数按缺省值填入
输入参数	CAN_InitStruct：指向待初始化结构 CAN_InitTypeDef 的指针(取值见表 3.311)
输出参数：无；返回值：无；先决条件：无；被调用函数：无	

表 3.311　CAN_InitStruct 取值

CAN_InitStruct 取值	功 能 描 述	CAN_InitStruct 取值	功 能 描 述
CAN_TTCM	DISABLE	CAN_ABOM	DISABLE
CAN_AWUM	DISABLE	CAN_NART	DISABLE
CAN_RFLM	DISABLE	DISABLE CAN_TXFP	DISABLE
CAN_Mode	CAN_Mode_Normal	CAN_SJW	CAN_SJW_1tq
CAN_BS1	CAN_BS1_4tq	CAN_BS2	CAN_BS2_3tq
CAN_Prescaler	1		

例 3.205 配置 CAN_IntTypeDef 结构体中的值为默认值。

CAN_InitTypeDef CAN_InitStructure；

CAN_StructInit(&CAN_InitStructure)；

3.15.2　CAN 传输类函数

1. CAN_Transmit 函数

CAN_Transmit 函数的功能是开始一个消息的传输。表 3.312 描述了该函数的内容。

表 3.312　CAN_Transmit 函数

函数原形	u8 CAN_Transmit(CanTxMsg* TxMessage)
功能描述	开始一个消息的传输
输入参数	TxMessage：指向某结构的指针，该结构包含 CAN id，CAN DLC 和 CAN data
输出参数：无；返回值：所使用邮箱的号码，如果没有空邮箱返回 CAN_NO_MB；先决条件：无；被调用函数：无	

CanTxMsg 定义于文件"stm32f10x_can.h"中，其结构体为：

```
typedef struct
{
    u32 StdId;
    u32 ExtId;
    u8 IDE;
    u8 RTR;
    u8 DLC;
    u8 Data[8];
} CanTxMsg;
```

(1) StdId。该成员用来设定标准标识符。它的取值范围为 0～0x7FF。

(2) ExtId。该成员用来设定扩展标识符。它的取值范围为 0～0x3FFFF。

(3) IDE。该成员用来设定消息标识符的类型。表 3.313 给出了该参数的取值。

表 3.313　IDE 取值

IDE 取值	功 能 描 述
CAN_ID_STD	使用标准标识符
CAN_ID_EXT	使用标准标识符 + 扩展标识符

(4) RTR。该成员用来设定待传输消息的帧类型。它可以设置为数据帧或者远程帧。RTR 取值见表 3.314。

表 3.314　RTR 取值

RTR 取值	功 能 描 述
CAN_RTR_DATA	数据帧
CAN_RTR_REMOTE	远程帧

(5) DLC。该成员用来设定待传输消息的帧长度。它的取值范围是 0～0x8。

(6) Data[8]。该成员包含了待传输数据，它的取值范围为 0～0xFF。

例 3.206　使用 CAN 发送数据。

```
CanTxMsg TxMessage;
TxMessage.StdId = 0x1F;
TxMessage.ExtId = 0x00;
TxMessage.IDE = CAN_ID_STD;
TxMessage.RTR = CAN_RTR_DATA;
TxMessage.DLC = 2;
TxMessage.Data[0] = 0xAA;
TxMessage.Data[1] = 0x55;
CAN_Transmit(&TxMessage);
```

2. CAN_TransmitStatus 函数

CAN_TransmitStatus 函数的功能是检查消息传输的状态。表 3.315 描述了该函数的内容。

表 3.315　CAN_TransmitStatus 函数

函数原形	u8 CAN_TransmitStatus(u8 TransmitMailbox)
功能描述	检查消息传输的状态
输入参数	TransmitMailbox：用来传输的邮箱号码
输出参数：无；返回值：CANTXPENDING 或 CANTXFAILED；先决条件：传输进行中；被调用函数：无	

例 3.207　检测 CAN 消息传输状态。

```
CanTxMsg TxMessage;
...
switch(CAN_TransmitStatus(CAN_Transmit(&TxMessage))
{
    case CANTXOK: ...;break;
    ...
}
```

3. CAN_CancelTransmit 函数

CAN_CancelTransmit 函数的功能是取消一个传输请求。表 3.316 描述了该函数的内容。

表 3.316　CAN_CancelTransmit 函数

函数原形	void CAN_CancelTransmit(u8 Mailbox)
功能描述	取消一个传输请求
输入参数	邮箱号码
输出参数：无；返回值：无；先决条件：传输挂号于某邮箱；被调用函数：无	

例 3.208　取消 CAN 传输请求。

```
u8 MBNumber;
CanTxMsg TxMessage;
MBNumber = CAN_Transmit(&TxMessage);
if (CAN_TransmitStatus(MBNumber) == CANTXPENDING)
{
CAN_CancelTransmit(MBNumber);
}
```

4. CAN_FIFORelease 函数

CAN_FIFORelease 函数的功能是释放一个 FIFO。表 3.317 描述了该函数的内容。

表 3.317　CAN_FIFORelease 函数

函数原形	void CAN_FIFORelease(u8 FIFONumber)
功能描述	释放一个 FIFO
输入参数	FIFO number：接收 FIFO，CANFIFO0 或 CANFIFO1
输出参数：无；返回值：无；先决条件：无；被调用函数：无	

例 3.209　释放 FIFO0。

  CAN_FIFORelease(CANFIFO0);

5. CAN_MessagePending 函数

CAN_MessagePending 函数的功能是返回挂号的信息数量。表 3.318 描述了该函数的内容。

表 3.318　CAN_MessagePending 函数

函数原形	u8 CAN_MessagePending(u8 FIFONumber)
功能描述	返回挂号的信息数量
输入参数	FIFO number：接收 FIFO，CANFIFO0 或 CANFIFO1
输出参数：无；返回值：NbMessage 为挂号的信息数量；先决条件：无；被调用函数：无	

例 3.210　检查 FIFO0 中挂号信息数量。

  u8 MessagePending = 0;

  MessagePending = CAN_MessagePending(CANFIFO0);

6. CAN_Receive 函数

CAN_Receive 函数的功能是接收一个消息。表 3.319 描述了该函数的内容。

表 3.319　CAN_Receive 函数

函数原形	void CAN_Receive(u8 FIFONumber, CanRxMsg* RxMessage)
功能描述	接收一个消息
输入参数	FIFO number：接收 FIFO，CANFIFO0 或 CANFIFO1
输出参数	RxMessage：指向某结构的指针，该结构包含 CAN id，CAN DLC 和 CAN data
返回值：无；先决条件：无；被调用函数：无	

CanRxMsg 定义于文件 "stm32f10x_can.h" 中，其结构体为：

```
typedef struct
  {
    u32 StdId;
    u32 ExtId;
    u8 IDE;
    u8 RTR;
    u8 DLC;
    u8 Data[8];
    u8 FMI;
  } CanRxMsg;
```

(1) StdId。该成员用来设定标准标识符。它的取值范围为 0～0x7FF。

(2) ExtId。该成员用来设定扩展标识符。它的取值范围为 0～0x3FFFF。

(3) IDE。该成员用来设定消息标识符的类型。表 3.320 给出了该参数的取值。

表 3.320　IDE 取值

IDE 取值	功 能 描 述
CAN_ID_STD	使用标准标识符
CAN_ID_EXT	使用标准标识符 + 扩展标识符

(4) RTR。该成员用来设定待传输消息的帧类型。它可以设置为数据帧或者远程帧。RTR 取值见表 3.321。

表 3.321　RTR 取值

RTR 取值	功 能 描 述
CAN_RTR_DATA	数据帧
CAN_RTR_REMOTE	远程帧

(5) DLC。该成员用来设定待传输消息的帧长度。它的取值范围是 0～0x8。

(6) Data[8]。该成员包含了待传输数据。它的取值范围为 0～0xFF。

(7) FMI。该成员设定为消息将要通过的过滤器索引，这些消息存储于邮箱中。该参数取值范围 0～0xFF。

例 3.211　接收 CAN 的一个消息。

　　　CanRxMsg RxMessage;

　　　CAN_Receive(&RxMessage);

7. CAN_Sleep 函数

CAN_Sleep 函数的功能是使 CAN 进入低功耗模式。表 3.322 描述了该函数的内容。

表 3.322　CAN_Sleep 函数

函数原形	u8 CAN_Sleep(void)
功能描述	使 CAN 进入低功耗模式
输入参数：无；输出参数：无；返回值：CANSLEEPOK 进入睡眠模式 CANSLEEPFAILDED；先决条件：无；被调用函数：无	

例 3.212　进入 CAN 睡眠模式。

　　　CAN_Sleep();

8. CAN_WakeUp 函数

CAN_WakeUp 函数的功能是将 CAN 唤醒。表 3.323 描述了该函数的内容。

表 3.323　CAN_WakeUp 函数

函数原形	u8 CAN_WakeUp(void)
功能描述	将 CAN 唤醒
输入参数：无；输出参数：无；返回值：CANWAKEUPOK 退出睡眠模式 CANWAKEUPFAILDED；先决条件：无；被调用函数：无	

例 3.213　将 CAN 唤醒。

　　　CAN_WakeUp();

3.15.3　CAN 标志与中断类函数

1. CAN_GetFlagStatus 函数

　　CAN_GetFlagStatus 函数的功能是检查指定的 CAN 标志位被设置与否。表 3.324 描述了该函数的内容。

表 3.324　CAN_GetFlagStatus 函数

函数原形	FlagStatus CAN_GetFlagStatus(u32 CAN_FLAG)
功能描述	检查指定的 CAN 标志位被设置与否
输入参数	CAN_FLAG：待检查的 CAN 标志位(取值见表 3.325)
输出参数：无；返回值：CAN_FLAG 的新状态(SET 或 RESET)；先决条件：无；被调用函数：无	

表 3.325　CAN_FLAG 取值

CAN_FLAG 取值	功 能 描 述
CAN_FLAG_EWG	错误警告标志位
CAN_FLAG_BOF	离线标志位
CAN_FLAG_EPV	错误被动标志位

例 3.214　检查 CAN 错误警告标志。

　　　FlagStatus Status;

　　　Status = CAN_GetFlagStatus(CAN_FLAG_EWG);

2. CAN_ClearFlag 函数

　　CAN_ClearFlag 函数的功能是清除 CAN 的待处理标志位。表 3.326 描述了该函数的内容。

表 3.326　CAN_ClearFlag 函数

函数原形	void CAN_ClearFlag(u32 CAN_Flag)
功能描述	清除 CAN 的待处理标志位
输入参数	CAN_FLAG：待检查的 CAN 标志位
输出参数：无；返回值：CAN_FLAG 的新状态(SET 或 RESET)；先决条件：无；被调用函数：无	

例 3.215　清理线标志。

　　　CAN_ClearFlag(CAN_FLAG_BOF);

3. CAN_GetITStatus 函数

　　CAN_GetITStatus 函数的功能是检查指定的 CAN 中断发生与否。表 3.327 描述了该函数的内容。

表 3.327　CAN_GetITStatus 函数

函数原形	ITStatus CAN_GetITStatus(u32 CAN_IT)
功能描述	检查指定的 CAN 中断发生与否
输入参数	CAN_IT：待检查的 CAN 中断源(取值见表 3.328)
输出参数：无；返回值：CAN_IT 的新状态(SET 或 RESET)；先决条件：无；被调用函数：无	

表 3.328　CAN_IT 取值

CAN_IT 取值	功能描述	CAN_IT 取值	功能描述
CAN_IT_RQCP0	邮箱 1 请求完成	CAN_IT_RQCP1	邮箱 2 请求完成
CAN_IT_RQCP2	邮箱 3 请求完成	CAN_IT_FMP0	FIFO0 消息挂号
CAN_IT_FULL0	FIFO0 已存入 3 消息	CAN_IT_FOVR0	FIFO0 溢出
CAN_IT_FMP1	FIFO1 消息挂号	CAN_IT_FULL1	FIFO1 已存入 3 消息
CAN_IT_FOVR1	FIFO1 溢出	CAN_IT_EWGF	上限到达警告
CAN_IT_EPVF	错误被动上限到达	CAN_IT_BOFF	进入离线状态
CAN_IT_WKUI	睡眠模式下 SOF 侦测		

例 3.216　检查 CAN FIFO 0 溢出中断状态。

    ITStatus Status;

    Status = CAN_GetITStatus(CAN_IT_FOVR0);

4. CAN_ClearITPendingBit 函数

CAN_ClearITPendingBit 函数的功能是清除 CAN 中断待处理标志位。表 3.329 描述了该函数的内容。

表 3.329　CAN_ClearITPendingBit 函数

函数原形	void CAN_ClearITPendingBit(u32 CAN_IT)
功能描述	清除 CAN 中断待处理标志位
输入参数	CAN_IT：待清除中断待处理标志位(取值见表 3.328)
输出参数：无；返回值：无；先决条件：无；被调用函数：无	

例 3.217　清 CAN 错误被动上限到达中断标志位。

    CAN_ClearITPendingBit(CAN_IT_EPVF);

5. CAN_ITConfig 函数

CAN_ITConfig 函数的功能是使能或者失能指定的 CAN 中断。表 3.330 描述了该函数的内容。

表 3.330　CAN_ITConfig 函数

函数原形	void CAN_ITConfig(u32 CAN_IT, FunctionalState NewState)
功能描述	使能或者失能指定的 CAN 中断
输入参数 1	CAN_IT：待使能或者失能的 CAN 中断(取值见表 3.331)
输入参数 2	NewState：CAN 中断的新状态(ENABLE 或 DISABLE)
输出参数：无；返回值：无；先决条件：无；被调用函数：无	

表 3.331　CAN_IT 取值

CAN_IT 取值	功能描述	CAN_IT 取值	功能描述
CAN_IT_TME	发送邮箱空中断屏蔽	CAN_IT_FMP0	FIFO0 消息挂号中断屏蔽
CAN_IT_FF0	FIFO0 满中断屏蔽	CAN_IT_FOV0	FIFO0 溢出中断屏蔽
AN_IT_FMP1	FIFO1 消息挂号中断屏蔽	CAN_IT_FF1	FIFO1 满中断屏蔽
CAN_IT_FOV1	FIFO1 溢出中断屏蔽	CAN_IT_EWG	错误警告中断屏蔽
CAN_IT_EPV	错误被动中断屏蔽	CAN_IT_BOF	离线中断屏蔽
CAN_IT_LEC	上次错误号中断屏蔽	CAN_IT_ERR	错误中断屏蔽
CAN_IT_WKU	唤醒中断屏蔽	CAN_IT_SLK	睡眠标志位中断屏蔽

例 3.218　使能 CAN FAFO 0 溢出中断。

CAN_ITConfig(CAN_IT_FOV0, ENABLE);

3.16　DMA 控制器库函数

DMA 控制器提供 7 个数据通道的访问。由于外设实现了向存储器的映射，因此数据对来自或发向外设的数据传输，也可以像内存之间的数据传输一样管理。

DMA 寄存器结构为 DMA_Cannel_TypeDef 和 DMA_TypeDef，定义在文件"stm32f10x_map.h"中。常用的 DMA 库函数见表 3.332 所示。

表 3.332　常用的 DMA 库函数

函　数　名	功　能　描　述
DMA_DeInit	将 DMA 的通道 x 寄存器重设为缺省值
DMA_Init	根据 DMA_InitStruct 中指定的参数初始化 DMA 的通道 x 寄存器
DMA_StructInit	把 DMA_InitStruct 中的每一个参数按缺省值填入
DMA_Cmd	使能或者失能指定的通道 x
DMA_ITConfig	使能或者失能指定的通道 x 中断
DMA_GetCurrDataCounte	返回当前 DMA 通道 x 剩余的待传输数据数目
DMA_GetFlagStatus	检查指定的 DMA 通道 x 标志位设置与否
DMA_ClearFlag	清除 DMA 通道 x 待处理标志位
DMA_GetITStatus	检查指定的 DMA 通道 x 中断发生与否
DMA_ClearITPendingBit	清除 DMA 通道 x 中断待处理标志位

1. DMA_DeInit 函数

DMA_DeInit 函数的功能是将 DMA 的通道 x 寄存器重设为缺省值。表 3.333 描述了该函数的内容。

表 3.333   DMA_DeInit 函数

函数原形	void DMA_DeInit(DMA_Channel_TypeDef* DMA_Channelx)
功能描述	将 DMA 的通道 x 寄存器重设为缺省值
输入参数	DMA Channelx: x 可以是 1, 2, …, 7 来选择 DMA 通道 x
输出参数: 无; 返回值: 无; 先决条件: 无; 被调用函数: RCC_APBPeriphResetCmd()	

例 3.219   重设 DMA 通道 2 的初值。

```
DMA_DeInit(DMA_Channel2);
```

2. DMA_Init 函数

DMA_Init 函数的功能是根据 DMA_InitStruct 中指定的参数初始化 DMA 的通道 x 寄存器。表 3.334 描述了该函数的内容。

表 3.334   DMA_Init 函数

函数原形	void DMA_Init(DMA_Channel_TypeDef* DMA_Channelx, DMA_InitTypeDef* DMA_InitStruct)
功能描述	根据 DMA_InitStruct 中指定的参数初始化 DMA 的通道 x 寄存器
输入参数 1	DMA Channelx: x 可以是 1, 2, …, 7 来选择 DMA 通道 x
输入参数 2	DMA_InitStruct: 指向结构 DMA_InitTypeDef 的指针, 包含了 DMA 通道 x 的配置信息
输出参数: 无; 返回值: 无; 先决条件: 无; 被调用函数: 无	

DMA_InitTypeDef 定义于文件"stm32f10x_dma.h"中, 其结构体为:

```
typedef struct
  {
    u32 DMA_PeripheralBaseAddr;
    u32 DMA_MemoryBaseAddr;
    u32 DMA_DIR;
    u32 DMA_BufferSize;
    u32 DMA_PeripheralInc;
    u32 DMA_MemoryInc;
    u32 DMA_PeripheralDataSize;
    u32 DMA_MemoryDataSize;
    u32 DMA_Mode;
    u32 DMA_Priority;
    u32 DMA_M2M;
  } DMA_InitTypeDef;
```

(1) DMA_PeripheralBaseAddr。该成员用以定义 DMA 外设基地址。

(2) DMA_MemoryBaseAddr。该成员用以定义 DMA 内存基地址。

(3) DMA_DIR。该成员规定了外设是作为数据传输的目的地还是来源。表 3.335 给出了该参数的取值范围。

表 3.335　DMA_DIR 取值

DMA_DIR 取值	功 能 描 述
DMA_DIR_PeripheralDST	外设作为数据传输的目的地
DMA_DIR_PeripheralSRC	外设作为数据传输的来源

(4) DMA_BufferSize。该成员用以定义指定 DMA 通道的 DMA 缓存的大小，单位为数据单位。根据传输方向，数据单位等于结构中参数 DMA_PeripheralDataSize 或参数 DMA_MemoryDataSize 的值。

(5) DMA_PeripheralInc。该成员用来设定外设地址寄存器递增与否。表 3.336 给出了该参数的取值范围。

表 3.336　DMA_PeripheralInc 取值

DMA_PeripheralInc 取值	功 能 描 述
DMA_PeripheralInc_Enable	外设地址寄存器递增
DMA_PeripheralInc_Disable	外设地址寄存器不变

(6) DMA_MemoryInc。该成员用来设定内存地址寄存器递增与否。表 3.337 给出了该参数的取值范围。

表 3.337　DMA_MemoryInc 取值

DMA_MemoryInc 取值	功 能 描 述
DMA_MemoryInc_Enable	内存地址寄存器递增
DMA_MemoryInc_Disable	内存地址寄存器不变

(7) DMA_PeripheralDataSize。该成员用来设定外设数据宽度。表 3.338 给出了该参数的取值范围。

表 3.338　DMA_PeripheralDataSize 取值

DMA_PeripheralDataSize 取值	功 能 描 述
DMA_PeripheralDataSize_Byte	数据宽度为 8 位
DMA_PeripheralDataSize_HalfWord	数据宽度为 16 位
DMA_PeripheralDataSize_Word	数据宽度为 32 位

(8) DMA_MemoryDataSize。该成员设定了外设数据宽度。表 3.339 给出了该参数的取值范围。

表 3.339　DMA_MemoryDataSize 取值

DMA_MemoryDataSize 取值	功 能 描 述
DMA_MemoryDataSize_Byte	数据宽度为 8 位
DMA_MemoryDataSize_HalfWord	数据宽度为 16 位
DMA_MemoryDataSize_Word	数据宽度为 32 位

(9) DMA_Mode。该成员设置了 DMA 的工作模式。表 3.340 给出了该参数可取的值。

表 3.340　DMA_Mode 取值

DMA_Mode 取值	功　能　描　述
DMA_Mode_Circular	工作在循环缓存模式
DMA_Mode_Normal	工作在正常缓存模式

(10) DMA_Priority。该成员设定了 DMA 通道 x 的软件优先级。表 3.341 给出了该参数可取的值。

表 3.341　DMA_Priority 取值

DMA_Priority 取值	功　能　描　述
DMA_Priority_VeryHigh	DMA 通道 x 拥有非常高优先级
DMA_Priority_High	DMA 通道 x 拥有高优先级
DMA_Priority_Medium	DMA 通道 x 拥有中优先级
DMA_Priority_Low	DMA 通道 x 拥有低优先级

(11) DMA_M2M。该成员使能 DMA 通道的内存到内存传输。表 3.342 给出了该参数可取的值。

表 3.342　DMA_M2M 取值

DMA_M2M 取值	功　能　描　述
DMA_M2M_Enable	DMA 通道 x 设置为内存到内存传输
DMA_M2M_Disable	DMA 通道 x 没有设置为内存到内存传输

例 3.220　根据 DMA_InitStructure 成员初始化的 DMA 通道 1。

```
DMA_InitTypeDef DMA_InitStructure;
DMA_InitStructure.DMA_PeripheralBaseAddr = 0x40005400;
DMA_InitStructure.DMA_MemoryBaseAddr = 0x20000100;
DMA_InitStructure.DMA_DIR = DMA_DIR_PeripheralSRC;
DMA_InitStructure.DMA_BufferSize = 256;
DMA_InitStructure.DMA_PeripheralInc = DMA_PeripheralInc_Disable;
DMA_InitStructure.DMA_MemoryInc = DMA_MemoryInc_Enable;
DMA_InitStructure.DMA_PeripheralDataSize = DMA_PeripheralDataSize_HalfWord;
DMA_InitStructure.DMA_MemoryDataSize = DMA_MemoryDataSize_HalfWord;
DMA_InitStructure.DMA_Mode = DMA_Mode_Normal;
DMA_InitStructure.DMA_Priority = DMA_Priority_Medium;
DMA_InitStructure.DMA_M2M = DMA_M2M_Disable;
DMA_Init(DMA_Channel1, &DMA_InitStructure);
```

3. DMA_Cmd 函数

DMA_Cmd 函数的功能是使能或者失能指定的通道 x。表 3.343 描述了该函数的内容。

表 3.343　DMA_Cmd 函数

函数原形	void DMA_Cmd(DMA_Channel_TypeDef* DMA_Channelx, FunctionalState NewState)
功能描述	根据 DMA_InitStruct 中指定的参数初始化 DMA 的通道 x 寄存器
输入参数 1	DMA Channelx：x 可以是 1，2，…，7 来选择 DMA 通道 x
输入参数 2	NewState：DMA 通道 x 的新状态(可取 ENABLE 或 DISABLE)
输出参数：无；返回值：无；先决条件：无；被调用函数：无	

例 3.221　使能 DMA 通道 7。

DMA_Cmd(DMA_Channel7, ENABLE);

4．DMA_ITConfig 函数

DMA_ITConfig 函数的功能是使能或者失能指定的通道 x 中断。表 3.344 描述了该函数的内容。

表 3.344　DMA_ITConfig 函数

函数原形	void DMA_ITConfig(DMA_Channel_TypeDef* DMA_Channelx, u32 DMA_IT, FunctionalState NewState)
功能描述	使能或者失能指定的通道 x 中断
输入参数 1	DMA Channelx：x 可以是 1，2，…，7 来选择 DMA 通道 x
输入参数 2	DMA_IT：待使能或者失能的 DMA 中断源(取值见表 3.345)
输入参数 3	NewState：DMA 通道 x 中断的新状态(可取 ENABLE 或 DISABLE)
输出参数：无；返回值：无；先决条件：无；被调用函数：无	

表 3.345　DMA_IT 取值

DMA_IT 取值	功 能 描 述
DMA_IT_TC	传输完成中断屏蔽
DMA_IT_HT	传输过半中断屏蔽
DMA_IT_TE	传输错误中断屏蔽

例 3.222　使能 DMA 通道 5 完整的传输中断。

DMA_ITConfig(DMA_Channel5, DMA_IT_TC, ENABLE);

3.17　外部中断/事件控制器(EXTI)库函数

外部中断/事件控制器(EXTI)由 19 个产生事件/中断要求的边沿检测器组成。每个输入线可以独立地配置输入类型(脉冲或挂起)和对应的触发事件(上升沿或下降沿或者双边沿都触发)。每个输入线都可以被独立地屏蔽。挂起寄存器保持着状态线的中断要求。

EXTI 寄存器结构为 EXTI_TypeDef，定义于文件"stm32f10x_map.h"中。常用的 EXTI 库函数见表 3.346 所示。

表 3.346　常用的 EXTI 库函数

函 数 名	功 能 描 述
EXTI_DeInit	将外设 EXTI 寄存器重设为缺省值
EXTI_Init	根据 EXTI_InitStruct 中指定的参数初始化外设 EXTI 寄存器
EXTI_StructInit	把 EXTI_InitStruct 中的每一个参数按缺省值填入
EXTI_GenerateSWInterrupt	产生一个软件中断
EXTI_GetFlagStatus	检查指定的 EXTI 线路标志位设置与否
EXTI_ClearFlag	清除 EXTI 线路挂起标志位
EXTI_GetITStatus	检查指定的 EXTI 线路触发请求发生与否
EXTI_ClearITPendingBit	清除 EXTI 线路挂起位

1．EXTI_DeInit 函数

EXTI_DeInit 函数的功能是将外设 EXTI 寄存器重设为缺省值。表 3.347 描述了该函数的内容。

表 3.347　EXTI_DeInit 函数

函数原形	void EXTI_DeInit(void)
功能描述	将外设 EXTI 寄存器重设为缺省值
输入参数：无；输出参数：无；返回值：无；先决条件：无；被调用函数：无	

例 3.223　重置 EXTI 寄存器为默认的复位值。

```
EXTI_Init();
```

2．EXTI_Init 函数

EXTI_DeInit 函数的功能是根据 EXTI_InitStruct 中指定的参数初始化外设 EXTI 寄存器。表 3.348 描述了该函数的内容。

表 3.348　EXTI_Init 函数

函数原形	void EXTI_Init(EXTI_InitTypeDef* EXTI_InitStruct)
功能描述	根据 EXTI_InitStruct 中指定的参数初始化外设 EXTI 寄存器
输入参数	EXTI_InitStruct：指向结构 EXTI_InitTypeDef 的指针，包含了外设 EXTI 的配置信息
输出参数：无；返回值：无；先决条件：无；被调用函数：无	

EXTI_InitTypeDef 定义于文件"stm32f10x_exti.h"中，其成员功能为：

```
typedef struct
{
u32 EXTI_Line;
EXTIMode_TypeDef EXTI_Mode;
EXTIrigger_TypeDef EXTI_Trigger;
FunctionalState EXTI_LineCmd;
```

} EXTI_InitTypeDef;

(1) EXTI_Line。该成员用于选择待使能或者失能的外部线路。表 3.349 给出了该参数可取的值。

表 3.349　EXTI_Line 取值

EXTI_Line 取值	功能描述	EXTI_Line 取值	功能描述
EXTI_Line0	外部中断线 0	EXTI_Line1	外部中断线 1
EXTI_Line2	外部中断线 2	EXTI_Line3	外部中断线 3
EXTI_Line4	外部中断线 4	EXTI_Line5	外部中断线 5
EXTI_Line6	外部中断线 6	EXTI_Line7	外部中断线 7
EXTI_Line8	外部中断线 8	EXTI_Line9	外部中断线 9
EXTI_Line10	外部中断线 10	EXTI_Line11	外部中断线 11
EXTI_Line12	外部中断线 12	EXTI_Line13	外部中断线 13
EXTI_Line14	外部中断线 14	EXTI_Line15	外部中断线 15
EXTI_Line16	外部中断线 16	EXTI_Line17	外部中断线 17
EXTI_Line18	外部中断线 18		

(2) EXTI_Mode。该成员用于设置被使能线路的模式。表 3.350 给出了该参数可取的值。

表 3.350　EXTI_Mode 取值

EXTI_Mode 取值	功 能 描 述
EXTI_Mode_Event	设置 EXTI 线路为事件请求
EXTI_Mode_Interrupt	设置 EXTI 线路为中断请求

(3) EXTI_Trigger。该成员用于设置被使能线路的触发边沿。表 3.351 给出了该参数可取的值。

表 3.351　EXTI_Trigger 取值

EXTI_Trigger 取值	功 能 描 述
EXTI_Trigger_Falling	设置输入线路下降沿为中断请求
EXTI_Trigger_Rising	设置输入线路上升沿为中断请求
EXTI_Trigger_Rising_Falling	设置输入线路上升沿和下降沿为中断请求

(4) EXTI_LineCmd。该成员用于定义选中线路的新状态。它可以被设为 ENABLE 或 DISABLE。

例 3.224　设置外部线路 12 和 14 下降沿产生中断。

```
EXTI_InitTypeDef EXTI_InitStructure;

EXTI_InitStructure.EXTI_Line = EXTI_Line12 | EXTI_Line14;

EXTI_InitStructure.EXTI_Mode = EXTI_Mode_Interrupt;

EXTI_InitStructure.EXTI_Trigger = EXTI_Trigger_Falling;
```

EXTI_InitStructure.EXTI_LineCmd = ENABLE;

EXTI_Init(&EXTI_InitStructure);

3. EXTI_StructInit 函数

EXTI_StructInit 函数的功能是把 EXTI_InitStruct 中的每一个参数按缺省值填入。表 3.352 描述了该函数的内容。

表 3.352 EXTI_StructInit 函数

函数原形	void EXTI_StructInit(EXTI_InitTypeDef*EXTI_InitStruct)
功能描述	把 EXTI_InitStruct 中的每一个参数按缺省值填入(缺省值见表 3.353)
输入参数	EXTI_InitStruct：指向结构 EXTI_InitTypeDef 的指针，待初始化
输出参数：无；返回值：无；先决条件：无；被调用函数：无	

表 3.353 EXTI_InitStruct 缺省值

EXTI_InitStruct 成员	缺 省 值	EXTI_InitStruct 成员	缺 省 值
EXTI_Line	EXTI_LineNone	EXTI_Mode	EXTI_Mode_Interrupt
EXTI_Trigger	EXTI_Trigger_Falling	EXTI_LineCmd	DISABLE

例 3.225 初始化 EXTI 结构参数。

EXTI_InitTypeDef EXTI_InitStructure;

EXTI_StructInit(&EXTI_InitStructure);

4. EXTI_GenerateSWInterrupt 函数

EXTI_GenerateSWInterrupt 函数的功能是产生一个软件中断。表 3.354 描述了该函数的内容。

表 3.354 EXTI_GenerateSWInterrupt 函数

函数原形	void EXTI_GenerateSWInterrupt(u32 EXTI_Line)
功能描述	产生一个软件中断
输入参数	EXTI_Line：待使能或者失能的 EXTI 线路
输出参数：无；返回值：无；先决条件：无；被调用函数：无	

例 3.226 产生一个软件中断请求。

EXTI_GenerateSWInterrupt(EXTI_Line6);

5. EXTI_GetFlagStatus 函数

EXTI_GetFlagStatus 函数的功能是检查指定的 EXTI 线路标志位设置与否。表 3.355 描述了该函数的内容。

表 3.355 EXTI_GetFlagStatus 函数

函数原形	FlagStatus EXTI_GetFlagStatus(u32 EXTI_Line)
功能描述	检查指定的 EXTI 线路标志位设置与否
输入参数	EXTI_Line：待检查的 EXTI 线路标志位
输出参数：无；返回值：EXTI_Line 的新状态(SET 或 RESET)；先决条件：无；被调用函数：无	

例 3.227　获取 EXTI 线 8 的状态。

　　FlagStatus EXTIStatus;

　　EXTIStatus = EXTI_GetFlagStatus(EXTI_Line8);

6．EXTI_ClearFlag 函数

EXTI_ClearFlag 函数的功能是清除 EXTI 线路挂起标志位。表 3.356 描述了该函数的内容。

表 3.356　EXTI_ClearFlag 函数

函数原形	void EXTI_ClearFlag(u32 EXTI_Line)
功能描述	清除 EXTI 线路挂起标志位
输入参数	EXTI_Line：待清除标志位的 EXTI 线路
输出参数：无；返回值：无；先决条件：无；被调用函数：无	

例 3.228　清除 EXTI2 号线标志位。

　　EXTI_ClearFlag(EXTI_Line2);

7．EXTI_GetITStatus 函数

EXTI_GetITStatus 函数的功能是检查指定的 EXTI 线路触发请求发生与否。表 3.357 描述了该函数的内容。

表 3.357　EXTI_GetITStatus 函数

函数原形	ITStatus EXTI_GetITStatus(u32 EXTI_Line)
功能描述	检查指定的 EXTI 线路触发请求发生与否
输入参数	EXTI_Line：待检查 EXTI 线路的挂起位
输出参数：无；返回值：EXTI_Line 的新状态(SET 或 RESET)；先决条件：无；被调用函数：无	

例 3.229　检查 EXTI 线 8 的状态。

　　ITStatus EXTIStatus;

　　EXTIStatus = EXTI_GetITStatus(EXTI_Line8);

8．EXTI_ClearITPendingBit 函数

EXTI_ClearITPendingBit 函数的功能是清除 EXTI 线路挂起位。表 3.358 描述了该函数的内容。

表 3.358　EXTI_ClearITPendingBit 函数

函数原形	void EXTI_ClearITPendingBit(u32 EXTI_Line)
功能描述	清除 EXTI 线路挂起位
输入参数	EXTI_Line：待清除 EXTI 线路的挂起位
输出参数：无；返回值：无；先决条件：无；被调用函数：无	

例 3.230　清除 EXTI 线 2 中断标志位。

　　EXTI_ClearITpendingBit(EXTI_Line2);

3.18　嵌套向量中断控制器(NVIC)库函数

NVIC 驱动有多种功能，如使能或失能 IRQ 中断，使能或失能单独的 IRQ 通道，改变 IRQ 通道的优先级等。

NVIC 寄存器结构为 NVIC_TypeDeff，定义于文件"stm32f10x_map.h"中。常用的 NVIC 库函数见表 3.359 所示。

表 3.359　常用的 NVIC 库函数

函　数　名	功　能　描　述
NVIC_DeInit	将外设 NVIC 寄存器重设为缺省值
NVIC_SCBDeInit	将外设 SCB 寄存器重设为缺省值
NVIC_PriorityGroupConfig	设置优先级分组：先占优先级和从优先级
NVIC_Init	根据 NVIC_InitStruct 中指定的参数初始化外设 NVIC 寄存器
NVIC_StructInit	把 NVIC_InitStruct 中的每一个参数按缺省值填入
NVIC_SETPRIMASK	使能 PRIMASK 优先级：提升执行优先级至 0
NVIC_RESETPRIMASK	失能 PRIMASK 优先级
NVIC_SETFAULTMASK	使能 FAULTMASK 优先级：提升执行优先级至 −1
NVIC_RESETFAULTMASK	失能 FAULTMASK 优先级
NVIC_BASEPRICONFIG	改变执行优先级从 N(最低可设置优先级)提升至 1
NVIC_GetBASEPRI	返回 BASEPRI 屏蔽值
NVIC_GetCurrentPendingIRQChannel	返回当前待处理 IRQ 标识符
NVIC_GetIRQChannelPendingBitStatus	检查指定的 IRQ 通道待处理位设置与否
NVIC_SetIRQChannelPendingBit	设置指定的 IRQ 通道待处理位
NVIC_ClearIRQChannelPendingBit	清除指定的 IRQ 通道待处理位
NVIC_GetCurrentActiveHandler	返回当前活动的 Handler(IRQ 通道和系统 Handler)的标识符
NVIC_GetIRQChannelActiveBitStatus	检查指定的 IRQ 通道活动位设置与否
NVIC_GetCPUID	返回 ID 号码，Cortex-M3 内核的版本号和实现细节
NVIC_SetVectorTable	设置向量表的位置和偏移
NVIC_GenerateSystemReset	产生一个系统复位
NVIC_GenerateCoreReset	产生一个内核(内核+NVIC)复位
NVIC_SystemLPConfig	选择系统进入低功耗模式的条件
NVIC_SystemHandlerConfig	使能或者失能指定的系统 Handler
NVIC_SystemHandlerPriorityConfig	设置指定的系统 Handler 优先级
NVIC_GetSystemHandlerPendingBitStatus	检查指定的系统 Handler 待处理位设置与否
NVIC_SetSystemHandlerPendingBit	设置系统 Handler 待处理位
NVIC_ClearSystemHandlerPendingBit	清除系统 Handler 待处理位
NVIC_GetSystemHandlerActiveBitStatus	检查系统 Handler 活动位设置与否
NVIC_GetFaultHandlerSources	返回表示出错的系统 Handler 源
NVIC_GetFaultAddress	返回产生表示出错的系统 Handler 所在位置的地址

3.18.1　NVIC 初始化设置类函数

1．NVIC_DeInit 函数

NVIC_DeInit 函数的功能是将外设 NVIC 寄存器重设为缺省值。表 3.360 描述了该函数的内容。

表 3.360　NVIC_DeInit 函数

函数原形	void NVIC_DeInit(void)
功能描述	将外设 NVIC 寄存器重设为缺省值
输入参数：无；输出参数：无；返回值：无；先决条件：无；被调用函数：无	

例 3.231　重置 NVIC 寄存器为默认的复位值。

```
NVIC_DeInit();
```

2．NVIC_SCBDeInit 函数

NVIC_SCBDeInit 函数的功能是将外设 SCB 寄存器重设为缺省值。表 3.361 描述了该函数的内容。

表 3.361　NVIC_SCBDeInit 函数

函数原形	void NVIC_SCBDeInit(void)
功能描述	将外设 SCB 寄存器重设为缺省值
输入参数：无；输出参数：无；返回值：无；先决条件：无；被调用函数：无	

例 3.232　复位 SCB 寄存器的值。

```
NVIC_SCBDeInit();
```

3．NVIC_PriorityGroupConfig 函数

NVIC_PriorityGroupConfig 函数的功能是设置优先级分组为先占优先级或从优先级。表 3.362 描述了该函数的内容。

表 3.362　NVIC_PriorityGroupConfig 函数

函数原形	void NVIC_PriorityGroupConfig(u32 NVIC_PriorityGroup)
功能描述	设置优先级分组：先占优先级和从优先级
输入参数	NVIC_PriorityGroup：优先级分组位长度(参数取值见表 3.363)
输出参数：无；返回值：无；先决条件：优先级分组只能设置一次；被调用函数：无	

表 3.363　NVIC_PriorityGroup 取值

NVIC_PriorityGroup 取值	功 能 描 述
NVIC_PriorityGroup_0	先占优先级 0 位，从优先级(副优先级)4 位
NVIC_PriorityGroup_1	先占优先级 1 位，从优先级(副优先级)3 位
NVIC_PriorityGroup_2	先占优先级 2 位，从优先级(副优先级)2 位
NVIC_PriorityGroup_3	先占优先级 3 位，从优先级(副优先级)1 位
NVIC_PriorityGroup_4	先占优先级 4 位，从优先级(副优先级)0 位

例 3.233 定义先占优先级 1 位，从优先级 3 位。

NVIC_PriorityGroupConfig(NVIC_PriorityGroup_1);

4. NVIC_Init 函数

NVIC_Init 函数的功能是根据 NVIC_InitStruct 中指定的参数初始化外设 NVIC 寄存器。表 3.364 描述了该函数的内容。

表 3.364   NVIC_Init 函数

函数原形	void NVIC_Init(NVIC_InitTypeDef* NVIC_InitStruct)
功能描述	根据 NVIC_InitStruct 中指定的参数初始化外设 NVIC 寄存器
输入参数	NVIC_InitStruct：指向结构 NVIC_InitTypeDef 的指针，包含了外设 GPIO 的配置信息
输出参数：无；返回值：无；先决条件：优先级分组只能设置一次；被调用函数：无	

NVIC_InitTypeDef 定义于文件 "stm32f10x_exti.h" 中，其成员功能为：

```
typedef struct
{
    u8 NVIC_IRQChannel;
    u8 NVIC_IRQChannelPreemptionPriority;
    u8 NVIC_IRQChannelSubPriority;
    FunctionalState NVIC_IRQChannelCmd;
} NVIC_InitTypeDef;
```

（1）NVIC_IRQChannel。该成员用以使能或者失能指定的 IRQ 通道。表 3.365 给出了该参数可取的值。

表 3.365   NVIC_IRQChannel 取值

NVIC_IRQChannel 取值	功 能 描 述
WWDG_IRQChannel	窗口看门狗中断
PVD_IRQChannel	PVD 通过 EXTI 探测中断
TAMPER_IRQChannel	篡改中断
RTC_IRQChannel	RTC 全局中断
FlashItf_IRQChannel	FLASH 全局中断
RCC_IRQChannel	RCC 全局中断
EXTI0_IRQChannel	外部中断线 0 中断
EXTI1_IRQChannel	外部中断线 1 中断
EXTI2_IRQChannel	外部中断线 2 中断
EXTI3_IRQChannel	外部中断线 3 中断
EXTI4_IRQChannel	外部中断线 4 中断
DMAChannel1_IRQChannel	DMA 通道 1 中断
DMAChannel2_IRQChannel	DMA 通道 2 中断

NVIC_IRQChannel 取值	功　能　描　述
DMAChannel3_IRQChannel	DMA 通道 3 中断
DMAChannel4_IRQChannel	DMA 通道 4 中断
DMAChannel5_IRQChannel	DMA 通道 5 中断
DMAChannel6_IRQChannel	DMA 通道 6 中断
DMAChannel7_IRQChannel	DMA 通道 7 中断
ADC_IRQChannel	ADC 全局中断
USB_HP_CANTX_IRQChannel	USB 高优先级或者 CAN 发送中断
CAN_RX1_IRQChannel	CAN 接收 1 中断
USB_LP_CAN_RX0_IRQChannel	USB 低优先级或者 CAN 接收 0 中断
CAN_SCE_IRQChannel	CAN SCE 中断
EXTI9_5_IRQChannel	外部中断线 9-5 中断
TIM1_BRK_IRQChannel	TIM1 暂停中断
TIM1_UP_IRQChannel	TIM1 刷新中断
TIM2_IRQChannel	TIM2 全局中断
TIM1_TRG_COM_IRQChannel	TIM1 触发和通讯中断
TIM3_IRQChannel	TIM3 全局中断
TIM1_CC_IRQChannel	TIM1 捕获比较中断
TIM4_IRQChannel	TIM4 全局中断
I2C1_EV_IRQChannel	I2C1 事件中断
I2C1_ER_IRQChannel	I2C1 错误中断
I2C2_EV_IRQChannel	I2C2 事件中断
I2C2_ER_IRQChannel	I2C2 错误中断
SPI1_IRQChannel	SPI1 全局中断
SPI2_IRQChannel	SPI2 全局中断
USART1_IRQChannel	USART1 全局中断
USART2_IRQChannel	USART2 全局中断
EXTI15_10_IRQChannel	外部中断线 15-10 中断
USART3_IRQChannel	USART3 全局中断
RTCAlarm_IRQChannel	RTC 闹钟通过 EXTI 线中断

（2）NVIC_IRQChannelPreemptionPriority。该成员设置了成员 NVIC_IRQChannel 中的先占优先级。表 3.366 列举了该参数的取值。

（3）NVIC_IRQChannelSubPriority。该成员设置了成员 NVIC_IRQChannel 中的从优先级。表 3.366 列举了该参数的取值。

表 3.366　先占优先级和从优先级取值

NVIC_PriorityGroup	NVIC_IRQChannel 的先占优先级	NVIC_IRQChannel 的从优先级	功 能 描 述
NVIC_PriorityGroup_0	0	0~15	先占优先级 0 位，从优先级 4 位
NVIC_PriorityGroup_1	0~1	0~7	先占优先级 1 位，从优先级 3 位
NVIC_PriorityGroup_2	0~3	0~3	先占优先级 2 位，从优先级 2 位
NVIC_PriorityGroup_3	0~7	0~1	先占优先级 3 位，从优先级 1 位
NVIC_PriorityGroup_4	0~15	0	先占优先级 4 位，从优先级 0 位

(4) NVIC_IRQChannelCmd。该成员指定了在成员 NVIC_IRQChannel 中定义的 IRQ 通道被使能还是失能。这个参数取值为 ENABLE 或者 DISABLE。

例 3.234　定义优先级。

```
NVIC_InitTypeDef NVIC_InitStructure;
NVIC_PriorityGroupConfig(NVIC_PriorityGroup_1);    //先占优先级用 1 位，从优先级用 3 位
//定义 TIM3 中断的优先，先占优先级为 0，从优先级为 2
NVIC_InitStructure.NVIC_IRQChannel = TIM3_IRQChannel;
NVIC_InitStructure.NVIC_IRQChannelPreemptionPriority = 0;
NVIC_InitStructure.NVIC_IRQChannelSubPriority = 2;
NVIC_InitStructure.NVIC_IRQChannelCmd = ENABLE;
NVIC_InitStructure(&NVIC_InitStructure);
//定义 USART1 串口中断的优先级，先占优先级为 1，从优先为 5
NVIC_InitStructure.NVIC_IRQChannel = USART1_IRQChannel;
NVIC_InitStructure.NVIC_IRQChannelPreemptionPriority = 1;
NVIC_InitStructure.NVIC_IRQChannelSubPriority = 5;
NVIC_InitStructure(&NVIC_InitStructure);
//定义 RTC 中断先占优先级为 1，从优先为 7
NVIC_InitStructure.NVIC_IRQChannel = RTC_IRQChannel;
NVIC_InitStructure.NVIC_IRQChannelSubPriority = 7;
NVIC_InitStructure(&NVIC_InitStructure);
```

5. NVIC_SetIRQChannelPendingBit 函数

NVIC_SetIRQChannelPendingBit 函数的功能是设置指定的 IRQ 通道待处理位。表 3.367 描述了该函数的内容。

表 3.367　NVIC_SetIRQChannelPendingBit 函数

函数原形	void NVIC_SetIRQChannelPendingBit(u8 NVIC_IRQChannel)
功能描述	设置指定的 IRQ 通道待处理位
输入参数	NVIC_IRQChannel：待设置的 IRQ 通道待处理位
输出参数：无；返回值：无；先决条件：无；被调用函数：无	

例 3.235　设置通道 SPI1 处理。

NVIC_SetIRQChannelPendingBit(SPI1_IRQChannel);

3.18.2　NVIC 使能类函数

1. NVIC_SETPRIMASK 函数

NVIC_SETPRIMASK 函数的功能是使能 PRIMASK 优先级，提升执行优先级至 0。
表 3.368 描述了该函数的内容。

表 3.368　NVIC_SETPRIMASK 函数

函数原形	void NVIC_SETPRIMASK(void)
功能描述	使能 PRIMASK 优先级；提升执行优先级至 0
输入参数：无；输出参数：无；返回值：无；先决条件：无；被调用函数：__SETPRIMASK()	

例 3.236　使能 PRIMASK 的优先级。

NVIC_SETPRIMASK();

2. NVIC_RESETPRIMASK 函数

NVIC_RESETPRIMASK 函数的功能是失能 PRIMASK 优先级。表 3.369 描述了该函数
的内容。

表 3.369　NVIC_RESETPRIMASK 函数

函数原形	void NVIC_RESETPRIMASK(void)
功能描述	失能 PRIMASK 优先级
输入参数：无；输出参数：无；返回值：无；先决条件：无；被调用函数：__RESETPRIMASK()	

例 3.237　失能 PRIMASK 的优先级。

NVIC_RESETPRIMASK();

3. NVIC_RESETFAULTMASK 函数

NVIC_RESETFAULTMASK 函数的功能是失能 FAULTMASK 优先级。表 3.370 描述了
该函数的内容。

表 3.370　NVIC_RESETFAULTMASK 函数

函数原形	void NVIC_RESETFAULTMASK(void)
功能描述	失能 FAULTMASK 优先级
输入参数：无；输出参数：无；返回值：无；先决条件：无；被调用函数：__RESETFAULTMASK()	

例 3.238　失能 FAULTMASK 的优先级。

NVIC_RESETFAULTMASK();

4. NVIC_SystemHandlerConfig 函数

NVIC_SystemHandlerConfig 函数的功能是使能或者失能指定的系统 Handler。表 3.371
描述了该函数的内容。

表 3.371　NVIC_SystemHandlerConfig 函数

函数原形	void NVIC_SystemHandlerConfig(u32 SystemHandler, FunctionalStateNewState)
功能描述	使能或者失能指定的系统 Handler
输入参数 1	SystemHandler：待使能或者失能指定的系统 Handler(取值参数见表 3.372)
输入参数 2	NewState：指定系统 Handler 的新状态(ENABLE 或 DISABLE)
输出参数：无；返回值：无；先决条件：无；被调用函数：无	

表 3.372　SystemHandler 取值

SystemHandler 取值	功　能　描　述
SystemHandler_MemoryManage	存储器管 Handler
SystemHandler_UsageFault	使用错误 Handler
SystemHandler_BusFault	总线错误 Handler

例 3.239　使能默认的 Handler。

NVIC_SystemHandlerConfig(SystemHandler_MemoryManage, ENABLE);

3.18.3　NVIC 检查选择类函数

1. NVIC_ClearIRQChannelPendingBit 函数

NVIC_ClearIRQChannelPendingBit 函数的功能是清除指定的 IRQ 通道待处理位。表 3.373 描述了该函数的内容。

表 3.373　NVIC_ClearIRQChannelPendingBit 函数

函数原形	void NVIC_ClearIRQChannelPendingBit(u8 NVIC_IRQChannel)
功能描述	清除指定的 IRQ 通道待处理位
输入参数	NVIC_IRQChannel：待清除的 IRQ 通道待处理位
输出参数：无；返回值：无；先决条件：无；被调用函数：无	

例 3.240　清除 ADC IRQ 待处理位。

NVIC_ClearIRQChannelPendingBit(ADC_IRQChannel);

2. NVIC_GenerateSystemReset 函数

NVIC_GenerateSystemReset 函数的功能是产生一个系统复位。表 3.374 描述了该函数的内容。

表 3.374　NVIC_GenerateSystemReset 函数

函数原形	void NVIC_GenerateSystemReset(void)
功能描述	产生一个系统复位
输入参数	NVIC_IRQChannel：待清除的 IRQ 通道待处理位
输出参数：无；返回值：无；先决条件：无；被调用函数：无	

例 3.241　产生一个系统复位。

    NVIC_GenerateSystemReset();

3. NVIC_SystemLPConfig 函数

NVIC_SystemLPConfig 函数的功能是选择系统进入低功耗模式的条件。表 3.375 描述了该函数的内容。

表 3.375　NVIC_SystemLPConfig 函数

函数原形	void NVIC_SystemLPConfig(u8 LowPowerMode, FunctionalState NewState)
功能描述	选择系统进入低功耗模式的条件
输入参数 1	LowPowerMode：系统进入低功耗模式的新模式(参数取值表 3.376)
输入参数 2	NewState：LP 条件的新状态(ENABLE 或 DISABLE)
输出参数：无；返回值：无；先决条件：无；被调用函数：无	

表 3.376　LowPowerMode 取值

LowPowerMode 取值	功　能　描　述
NVIC_LP_SEVONPEND	根据待处理请求唤醒
NVIC_LP_SLEEPDEEP	深度睡眠使能
NVIC_LP_SLEEPONEXIT	退出 ISR 后睡眠

例 3.242　从中断中唤醒系统。

    NVIC_SystemLPConfig(SEVONPEND, ENABLE);

4. VIC_GetSystemHandlerActiveBitStatus 函数

VIC_GetSystemHandlerActiveBitStatus 函数的功能是检查系统 Handler 活动位设置与否。表 3.377 描述了该函数的内容。

表 3.377　VIC_GetSystemHandlerActiveBitStatus 函数

函数原形	ITStatus NVIC_GetSystemHandlerActiveBitStatus(u32 SystemHandler)
功能描述	检查系统 Handler 活动位设置与否
输入参数 1	SystemHandler：待检查的系统 Handler 活动位(取值参数见表 3.378)
输出参数：无；返回值：系统 Handler 活动位的新状态(SET 或 RESET)；先决条件：无；被调用函数：无	

表 3.378　SystemHandler 取值

SystemHandler 取值	功　能　描　述
SystemHandler_MemoryManage	存储器管 Handler
SystemHandler_BusFault	总线错 Handler
SystemHandler_UsageFault	使用错误 Handler
SystemHandler_DebugMonitor	除错监 Handler
SystemHandler_PSV	PSV Handler
SystemHandler_SysTick	系统滴答定时 Handler

例 3.243 检查系统 Handler 是否设置。

```
ITStatus BusFaultHandlerStatus;
BusFaultHandlerStatus=NVIC_GetSystemHandlerActiveBitStatus(SystemHandler_BusFault)
```

3.19 存储器(FLASH)库函数

FLASH 寄存器结构描述了固件函数库所使用的数据结构。FLASH 寄存器结构为 FLASH_TypeDef 和 OB_TypeDef，定义于文件 "stm32f10x_map.h" 中。常用的 FLASH 库 函数见表 3.379 所示。

表 3.379 常用的 FLASH 库函数

函 数 名	功 能 描 述
FLASH_SetLatency	设置代码延时值
FLASH_HalfCycleAccessCmd	使能或者失能 FLASH 半周期访问
FLASH_PrefetchBufferCmd	使能或者失能预取指缓存
FLASH_Unlock	解锁 FLASH 编写擦除控制器
FLASH_Lock	锁定 FLASH 编写擦除控制器
FLASH_ErasePage	擦除一个 FLASH 页面
FLASH_EraseAllPages	擦除全部 FLASH 页面
FLASH_EraseOptionBytes	擦除 FLASH 选择字节
FLASH_ProgramWord	在指定地址编写一个字
FLASH_ProgramHalfWord	在指定地址编写半字
FLASH_ProgramOptionByteData	在指定 FLASH 选择字节地址编写半字
FLASH_EnableWriteProtection	对期望的页面写保护
FLASH_ReadOutProtection	使能或者失能读出保护
FLASH_UserOptionByteConfig	编写 FLASH 用户选择字节：IWDG_SW /RST_STOP/ RST_STDBY
FLASH_GetUserOptionByte	返回 FLASH 用户选择字节的值
FLASH_GetWriteProtectionOptionByte	返回 FLASH 写保护选择字节的值
FLASH_GetReadOutProtectionStatus	检查 FLASH 读出保护设置与否
FLASH_GetPrefetchBufferStatus	检查 FLASH 预取指缓存设置与否
FLASH_ITConfig	使能或者失能指定 FLASH 中断
FLASH_GetFlagStatus	检查指定的 FLASH 标志位设置与否
FLASH_ClearFlag	清除 FLASH 待处理标志位
FLASH_GetStatus	返回 FLASH 状态
FLASH_WaitForLastOperation	等待某一个 FLASH 操作完成，或者发生 TIMEOUT

3.19.1　FLASH 设置使能类函数

1．FLASH_SetLatency 函数

FLASH_SetLatency 函数的功能是设置代码延时值。表 3.380 描述了该函数的内容。

表 3.380　FLASH_SetLatency 函数

函数原形	void FLASH_SetLatency(u32 FLASH_Latency)
功能描述	设置代码延时值
输入参数	FLASH_Latency：指定 FLASH_Latency 的值(参数取值见表 3.381)
输出参数：无；返回值：无；先决条件：无；被调用函数：无	

表 3.381　FLASH_Latency 取值

FLASH_Latency 取值	功　能　描　述
FLASH_Latency_0	0 延时周期
FLASH_Latency_1	1 延时周期
FLASH_Latency_2	2 延时周期

例 3.244　配置延迟周期，设定 2 个延时周期。

```
FLASH_SetLatency(FLASH_Latency_2);
```

2．FLASH_HalfCycleAccessCmd 函数

FLASH_HalfCycleAccessCmd 函数的功能是使能或者失能 FLASH 半周期访问。表 3.382 描述了该函数的内容。

表 3.382　FLASH_HalfCycleAccessCmd 函数

函数原形	void FLASH_HalfCycleAccessCmd(u32 FLASH_HalfCycleAccess)
功能描述	使能或者失能 FLASH 半周期访问
输入参数	FLASH_HalfCycleAccess：FLASH_HalfCycle 访问模式(参数取值见表 3.383)
输出参数：无；返回值：无；先决条件：无；被调用函数：无	

表 3.383　FLASH_HalfCycleAccess 取值

FLASH_HalfCycleAccess 取值	功　能　描　述
FLASH_HalfCycleAccess_Enable	半周期访问使能
FLASH_HalfCycleAccess_Disable	半周期访问失能

例 3.245　使能 FLASH 半周期访问。

```
FLASH_HalfCycleAccessCmd(FLASH_HalfCycleAccess_Enable);
```

3．FLASH_PrefetchBufferCmd 函数

FLASH_PrefetchBufferCmd 函数的功能是使能或失能预取指缓存。表 3.384 描述了该函数的内容。

表 3.384　　FLASH_PrefetchBufferCmd 函数

函数原形	void FLASH_PrefetchBufferCmd(u32 FLASH_PrefetchBuffer)
功能描述	使能或者失能预取指缓存
输入参数	FLASH_PrefetchBuffer：预取指缓存状态(参数取值见表 3.385)
输出参数：无；返回值：无；先决条件：无；被调用函数：无	

表 3.385　　FLASH_PrefetchBuffer 取值

FLASH_PrefetchBuffer 取值	功 能 描 述
FLASH_PrefetchBuffer_Enable	预取指缓存使能
FLASH_PrefetchBuffer_Disable	预取指缓存失能

例 3.246　使能预取指缓存。

　　　　FLASH_PrefetchBufferCmd(FLASH_PrefetchBuffer_Enable);

4．FLASH_ReadOutProtection 函数

FLASH_ReadOutProtection 函数的功能是使能或失能读出保护。表 3.386 描述了该函数的内容。

表 3.386　　FLASH_ReadOutProtection 函数

函数原形	FLASH_Status FLASH_ReadOutProtection(FunctionalState NewState)
功能描述	使能或者失能读出保护
输入参数	NewState：读出保护的新状态(ENABLE 或 DISABLE)
输出参数：无；返回值：保护操作状态；先决条件：如果用户在调用本函数之前编写过其他选择字节，那么必须在调用本函数之后重新编写选择字节，因为本操作会擦除所有选择字节；被调用函数：无	

例 3.247　失能读出保护。

　　　　FLASH_Status status = FLASH_COMPLETE;

　　　　status = FLASH_ReadOutProtection(DISABLE);

5．FLASH_UserOptionByteConfig 函数

FLASH_UserOptionByteConfig 函数的功能是编写 FLASH 用户选择字节：IWDG_SW/RST_STOP/RST_STDBY。表 3.387 描述了该函数的内容。

表 3.387　　FLASH_UserOptionByteConfig 函数

函数原形	FLASH_Status FLASH_UserOptionByteConfig(u16 OB_IWDG, u16 OB_STOP, u16 OB_STDBY)
功能描述	编写 FLASH 用户选择字节：IWDG_SW /RST_STOP /RST_STDBY
输入参数 1	OB_IWDG：选择 IWDG 模式(参数取值见表 3.388)
输入参数 2	OB_STOP：当进入 STOP 模式产生复位事件(参数取值见表 3.389)
输入参数 3	OB_STDBY：当进入 Standby 模式产生复位事件(参数取值见表 3.390)
输出参数：无；返回值：选择字节编写状态；先决条件：无；被调用函数：无	

表 3.388　OB_IWDG 取值

OB_IWDG 取值	功 能 描 述
OB_IWDG_SW	选择软件独立看门狗
OB_IWDG_HW	选择硬件独立看门狗

表 3.389　OB_STOP 取值

OB_STOP 取值	功 能 描 述
OB_STOP_NoRST	进入 STOP 模式不产生复位
OB_STOP_RST	进入 STOP 模式产生复位

表 3.390　OB_STDBY 取值

OB_STDBY 取值	功 能 描 述
OB_STDBY_NoRST	进入 Standby 模式不产生复位
OB_STDBY_RST	进入 Standby 模式产生复位

例 3.248　FLASH 用户选择字节配置，软件看门狗进入 STOP 时产生复位和进入 Standby 时不产生复位。

```
FLASH_Status status = FLASH_COMPLETE;
status = FLASH_UserOptionByteConfig(OB_IWDG_SW, OB_STOP_RST, OB_STDBY_NoRST);
```

3.19.2　FLASH 检查擦除类函数

1．FLASH_Unlock 函数

FLASH_Unlock 函数的功能是解锁 FLASH 编写擦除控制器。表 3.391 描述了该函数的内容。

表 3.391　FLASH_Unlock 函数

函数原形	void FLASH_Unlock(void)
功能描述	解锁 FLASH 编写擦除控制器
输入参数：无；输出参数：无；返回值：无；先决条件：无；被调用函数：无	

例 3.249　解锁 FLASH。

```
FLASH_Unlock();
```

2．FLASH_Lock 函数

FLASH_Lock 函数的功能是锁定 FLASH 编写擦除控制器。表 3.392 描述了该函数的内容。

表 3.392　FLASH_Lock 函数

函数原形	void FLASH_Lock(void)
功能描述	锁定 FLASH 编写擦除控制器
输入参数：无；输出参数：无；返回值：无；先决条件：无；被调用函数：无	

例 3.250 锁定 FLASH。

    FLASH_Lock();

3. FLASH_ErasePage 函数

FLASH_ErasePage 函数的功能是擦除一个 FLASH 页面。表 3.393 描述了该函数的内容。

表 3.393　FLASH_ErasePage 函数

函数原形	FLASH_Status FLASH_ErasePage(u32 Page_Address)
功能描述	擦除一个 FLASH 页面
输入参数：无；输出参数：无；返回值：擦除操作状态；先决条件：无；被调用函数：无	

例 3.251 擦除 FLASH 的 0 页面。

    FLASH_Status status = FLASH_COMPLETE;

    status = FLASH_ErasePage(0x08000000);

4. FLASH_EraseAllPages 函数

FLASH_EraseAllPages 函数的功能是擦除全部 FLASH 页面。表 3.394 描述了该函数的内容。

表 3.394　FLASH_EraseAllPages 函数

函数原形	FLASH_Status FLASH_EraseAllPages(void)
功能描述	擦除全部 FLASH 页面
输入参数：无；输出参数：无；返回值：擦除操作状态；先决条件：无；被调用函数：无	

例 3.252 擦除 FLASH。

    FLASH_Status status = FLASH_COMPLETE;

    status = FLASH_EraseAllPages();

5. FLASH_EraseOptionBytes 函数

FLASH_EraseOptionBytes 函数的功能是擦除 FLASH 选择字节。表 3.395 描述了该函数的内容。

表 3.395　FLASH_EraseOptionBytes 函数

函数原形	FLASH_Status FLASH_EraseOptionBytes(void)
功能描述	擦除 FLASH 选择字节
输入参数：无；输出参数：无；返回值：擦除操作状态；先决条件：无；被调用函数：无	

例 3.253 擦除 FLASH 选择字节。

    FLASH_Status status = FLASH_COMPLETE;

    status = FLASH_EraseOptionBytes();

6. FLASH_GetReadOutProtectionStatus 函数

FLASH_GetReadOutProtectionStatus 函数的功能是检查 FLASH 读出保护设置与否。表 3.396 描述了该函数的内容。

表 3.396　FLASH_GetReadOutProtectionStatus 函数

函数原形	FlagStatus FLASH_GetReadOutProtectionStatus(void)
功能描述	检查 FLASH 读出保护设置与否
输入参数：无；输出参数：无；返回值：FLASH 读出保护状态(SET 或 RESET)；先决条件：无；被调用函数：无	

例 3.254　获得读出保护状态。

```
FlagStatus status = RESET;

status = FLASH_GetReadOutProtectionStatus();
```

7. FLASH_GetPrefetchBufferStatus 函数

FLASH_GetPrefetchBufferStatus 函数的功能是检查 FLASH 预取指缓存设置与否。表 3.397 描述了该函数的内容。

表 3.397　FLASH_GetPrefetchBufferStatus 函数

函数原形	FlagStatus FLASH_GetPrefetchBufferStatus(void)
功能描述	检查 FLASH 预取指缓存设置与否
输入参数：无；输出参数：无；返回值：FLASH 预取指缓存状态(SET 或 RESET)；先决条件：无；被调用函数：无	

例 3.255　获得预取缓存的状态。

```
FlagStatus status = RESET;

status = FLASH_GetPrefetchBufferStatus();
```

3.19.3　FLASH 数据写入读出与保护类函数

1. FLASH_ProgramWord 函数

FLASH_ProgramWord 函数的功能是在指定地址写入一个字。表 3.398 描述了该函数的内容。

表 3.398　FLASH_ProgramWord 函数

函数原形	FLASH_Status FLASH_ProgramWord(u32 Address, u32 Data)
功能描述	在指定地址编写一个字
输入参数 1	Address：待编写的地址
输入参数 2	Data：待写入的数据
输出参数：无；返回值：编写操作状态；先决条件：无；被调用函数：无	

例 3.256　在 Address1(0x8000000)编写 Data1(0x1234567)。

```
FLASH_Status status = FLASH_COMPLETE;

u32 Data1 = 0x1234567;

u32 Address1 = 0x8000000;

status = FLASH_ProgramWord(Address1, Data1);
```

2．FLASH_ProgramHalfWord 函数

FLASH_ProgramHalfWord 函数的功能是在指定地址写入半个字。表 3.399 描述了该函数的内容。

表 3.399　FLASH_ProgramHalfWord 函数

函数原形	FLASH_Status FLASH_ProgramHalfWord(u32 Address, u16 Data)
功能描述	在指定地址编写半字
输入参数 1	Address：待编写的地址
输入参数 2	Data：待写入的数据
输出参数：无；返回值：无；先决条件：无；被调用函数：无	

例 3.257　在指定 Address1(0x8000004)写入一个半字 Data1(0x1234)。

    FLASH_Status status = FLASH_COMPLETE;

    u16 Data1 = 0x1234;

    u32 Address1 = 0x8000004;

    status = FLASH_ProgramHalfWord(Address1, Data1);

3．FLASH_ProgramOptionByteData 函数

FLASH_ProgramOptionByteData 函数的功能是在指定 FLASH 选择字节地址写入半个字。表 3.400 描述了该函数的内容。

表 3.400　FLASH_ProgramOptionByteData 函数

函数原形	FLASH_Status FLASH_ProgramOptionByteData(u32 Address, u8 Data)
功能描述	在指定 FLASH 选择字节地址写入半个字
输入参数 1	Address：待编写的地址，该参数取值可以是 0x1FFF804 或者 0x1FFF806
输入参数 2	Data：待写入的数据
输出参数：无；返回值：无；先决条件：无；被调用函数：无	

例 3.258　写入一个字节到指定位置。

    FLASH_Status status = FLASH_COMPLETE;

    u8 Data1 = 0x12;

    u32 Address1 = 0x1FFFF804;

    status = FLASH_ProgramOptionByteData(Address1, Data1);

4．FLASH_EnableWriteProtection 函数

FLASH_EnableWriteProtection 函数的功能是对期望的页面写保护。表 3.401 描述了该函数的内容。

表 3.401　FLASH_EnableWriteProtection 函数

函数原形	FLASH_Status FLASH_EnableWriteProtection(u32 FLASH_Pages)
功能描述	对期望的页面写保护
输入参数	FLASH_Page：待写保护页面的地址(参数取值见表 3.402)
输出参数：无；返回值：写保护操作状态；先决条件：无；被调用函数：无	

表 3.402　FLASH_Page 取值

FLASH_Page 取值	功 能 描 述
FLASH_WRProt_Pages0to3	写保护页面 0～3
FLASH_WRProt_Pages4to7	写保护页面 4～7
FLASH_WRProt_Pages8to11	写保护页面 8～11
FLASH_WRProt_Pages12to15	写保护页面 12～15
FLASH_WRProt_Pages16to19	写保护页面 16～19
FLASH_WRProt_Pages20to23	写保护页面 20～23
FLASH_WRProt_Pages24to27	写保护页面 24～27
FLASH_WRProt_Pages28to31	写保护页面 28～31
FLASH_WRProt_Pages32to35	写保护页面 32～35
FLASH_WRProt_Pages36to39	写保护页面 36～39
FLASH_WRProt_Pages40to43	写保护页面 40～43
FLASH_WRProt_Pages44to47	写保护页面 44～47
FLASH_WRProt_Pages48to51	写保护页面 48～51
FLASH_WRProt_Pages52to55	写保护页面 52～55
FLASH_WRProt_Pages56to59	写保护页面 56～59
FLASH_WRProt_Pages60to63	写保护页面 60～63
FLASH_WRProt_Pages64to67	写保护页面 64～67
FLASH_WRProt_Pages68to71	写保护页面 68～71
FLASH_WRProt_Pages72to75	写保护页面 72～75
FLASH_WRProt_Pages76to79	写保护页面 76～79
FLASH_WRProt_Pages80to83	写保护页面 80～83
FLASH_WRProt_Pages84to87	写保护页面 84～87
FLASH_WRProt_Pages88to91	写保护页面 88～91
FLASH_WRProt_Pages92to95	写保护页面 92～95
FLASH_WRProt_Pages96to99	写保护页面 96～99
FLASH_WRProt_Pages100to103	写保护页面 100～103
FLASH_WRProt_Pages104to107	写保护页面 104～107
FLASH_WRProt_Pages108to111	写保护页面 108～111
FLASH_WRProt_Pages112to115	写保护页面 112～115
FLASH_WRProt_Pages116to119	写保护页面 116～119
FLASH_WRProt_Pages120to123	写保护页面 120～123
FLASH_WRProt_Pages124to127	写保护页面 124～127
FLASH_WRProt_AllPages	写保护全部页面

例 3.259 写出保护页面 0～3 和 108～111。

```
FLASH_Status status = FLASH_COMPLETE;
status = FLASH_EnableWriteProtection
(FLASH_WRProt_Pages0to3|FLASH_WRProt_Pages108to111);
```

5. FLASH_GetWriteProtectionOptionByte 函数

FLASH_GetWriteProtectionOptionByte 函数的功能是返回 FLASH 写保护选择字节的值。表 3.403 描述了该函数的内容。

表 3.403 FLASH_GetWriteProtectionOptionByte 函数

函数原形	u32 FLASH_GetWriteProtectionOptionByte(void)
功能描述	返回 FLASH 写保护选择字节的值
输入参数：无；输出参数：无；返回值：FLASH 写保护选择字节的值；先决条件：无；被调用函数：无	

例 3.260 读取写保护字节的值。

```
u32 WriteProtectionValue = 0x0;
WriteProtectionValue = FLASH_GetWriteProtectionOptionByte();
```

6. FLASH_GetUserOptionByte 函数

FLASH_GetUserOptionByte 函数的功能是返回 FLASH 用户选择字节的值。表 3.404 描述了该函数的内容。

表 3.404 FLASH_GetUserOptionByte 函数

函数原形	u32 FLASH_GetUserOptionByte(void)
功能描述	返回 FLASH 用户选择字节的值
输入参数：无；输出参数：无；返回值：FLASH 用户选择字节的值：IWDG_SW(Bit0), RST_STOP(Bit1) and RST_STDBY(Bit2)；先决条件：无；被调用函数：无	

例 3.261 读取选择字节的值。

```
u32 UserByteValue = 0x0;
u32 IWDGValue = 0x0, RST_STOPValue = 0x0, RST_STDBYValue = 0x0;
UserByteValue = FLASH_GetUserOptionByte();
IWDGValue = UserByteValue & 0x0001;
RST_STOPValue = UserByteValue & 0x0002; RST_STDBYValue = UserByteValue & 0x0004;
```

3.19.4 FLASH 中断标志类函数

1. FLASH_ITConfig 函数

FLASH_ITConfig 函数的功能是使能或失能指定 FLASH 中断。表 3.405 描述了该函数的内容。

表 3.405　FLASH_ITConfig 函数

函数原形	void FLASH_ITConfig(u16 FLASH_IT, FunctionalState NewState)
功能描述	使能或者失能指定 FLASH 中断
输入参数 1	FLASH_IT：待使能或者失能的指定 FLASH 中断源(参数取值见表 3.406)
输入参数 2	NewState：指定 FLASH 中断的新状态(ENABLE 或 DISABLE)
输出参数：无；返回值：无；先决条件：无；被调用函数：无	

表 3.406　FLASH_IT 取值

FLASH_IT 取值	功 能 描 述
FLASH_IT_ERROR	FPEC 错误中断源
FLASH_IT_EOP	FLASH 操作结束中断源

例 3.262　使能 FLASH 操作结束中断。

```
FLASH_ITConfig(FLASH_IT_EOP, ENABLE);
```

2. FLASH_GetFlagStatus 函数

FLASH_GetFlagStatus 函数的功能是检查指定的 FLASH 标志位设置与否。表 3.407 描述了该函数的内容。

表 3.407　FLASH_GetFlagStatus 函数

函数原形	FlagStatus FLASH_GetFlagStatus(u16 FLASH_FLAG)
功能描述	检查指定的 FLASH 标志位设置与否
输入参数	FLASH_FLAG：待检查的标志位(参数取值见表 3.408)
输出参数：无；返回值：无；先决条件：无；被调用函数：无	

表 3.408　FLASH_FLAG 取值

FLASH_FLAG 取值	功 能 描 述
FLASH_FLAG_BSY	FLASH 忙标志位
FLASH_FLAG_PGERR	FLASH 编写错误标志位
FLASH_FLAG_OPTERR	FLASH 选择字节错误标志位
FLASH_FLAG_EOP	FLASH 操作结束标志位
FLASH_FLAG_WRPRTERR	FLASH 页面写保护错误标志位

例 3.263　检查 EOP 标志位是否设置。

```
FlagStatus status = RESET;
status = FLASH_GetFlagStatus(FLASH_FLAG_EOP);
```

3. FLASH_ClearFlag 函数

FLASH_ClearFlag 函数的功能是清除 FLASH 待处理标志位。表 3.409 描述了该函数的内容。

表 3.409　FLASH_ClearFlag 函数

函数原形	void FLASH_ClearFlag(u16 FLASH_Flag)
功能描述	清除 FLASH 待处理标志位
输入参数	FLASH_FLAG：待清除的标志位(参数取值见表 3.410)
输出参数：无；返回值：无；先决条件：无；被调用函数：无	

表 3.410　FLASH_FLAG 取值

LASH_FLAG 取值	功 能 描 述
FLASH_FLAG_BSY	FLASH 忙标志位
FLASH_FLAG_PGERR	FLASH 编写错误标志位
FLASH_FLAG_EOP	FLASH 操作结束标志位
FLASH_FLAG_WRPRTERR	FLASH 页面写保护错误标志位

例 3.264　清除所有标志位。

```
FLASH_ClearFlag(FLASH_FLAG_BSY|FLASH_FLAG_EOP|FLASH_FLAG_PGER|FLASH_
FLAG_WRPRTERR);
```

4．FLASH_GetStatus 函数

FLASH_GetStatus 函数的功能是返回 FLASH 状态。表 3.411 描述了该函数的内容。

表 3.411　FLASH_GetStatus 函数

函数原形	FLASH_Status FLASH_GetStatus(void)
功能描述	返回 FLASH 状态
输入参数：无；输出参数：无；返回值：FLASH_Status：返回值可以是：FLASH_BUSY，FLASH_ERROR_PG，FLASH_ERROR_WRP 或 FLASH_COMPLETE；先决条件：无；被调用函数：无	

例 3.265　检查 FLASH 的状态。

```
FLASH_Status status = FLASH_COMPLETE;
status = FLASH_GetStatus();
```

5．FLASH_WaitForLastOperation 函数

FLASH_WaitForLastOperation 函数的功能是等待某一个 Flash 操作完成，或者发生 TIMEOUT。表 3.412 描述了该函数的内容。

表 3.412　FLASH_WaitForLastOperation 函数

函数原形	FLASH_Status FLASH_WaitForLastOperation(u32 Timeout)
功能描述	等待某一个 FLASH 操作完成，或发生 TIMEOUT
输入参数：无；输出参数：无；返回值：返回适当的操作状态。这个参数可以是：FLASH_BUSY，FLASH_ERROR_PG，FLASH_ERROR_WRP，FLASH_COMPLETE 或 FLASH_TIMEOUT；先决条件：无；被调用函数：无	

例 3.266　等待 FLASH 操作完成或超过设定值 0x0000000f。

```
FLASH_Status status = FLASH_COMPLETE;
status = FLASH_WaitForLastOperation();
```

第 4 章　GPIO 端口的结构与编程应用

STM32 处理器系列有丰富的端口，包括 26、37、51、80、112 个多功能双向 5 V 兼容的快速 I/O 端口，所有端口可映射 16 个外部中断(见第 5 章)。每个通用 I/O(GPIO)端口有两个 32 位配置寄存器、两个 32 位数据寄存器、一个 32 位置位/复位寄存器、一个 16 位复位寄存器和一个 32 位锁定寄存器。

通用的 GPIO 引脚通常分组为 PA、PB、PC、PD 和 PE 等，统一写成 Px。每组中的各端口根据 GPIO 寄存器中每位对应的位置又分别编号为 0~15。

4.1　GPIO 的硬件结构和功能

为了避免输入阻抗高时吸收杂散信号而损坏电路，STM32 处理器在硬件设计上采用输入端上拉(电阻接电源正极)、输入端下拉(电阻接电源负极)和浮空(不接电阻)等技术。多个 I/O 接口中的一个端口位基本硬件结构如图 4.1 所示。

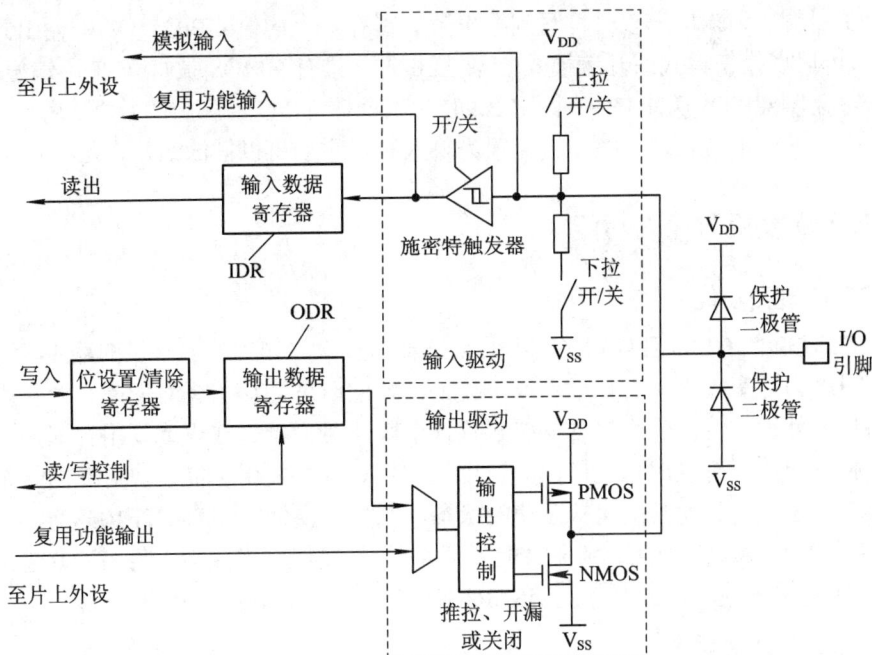

图 4.1　I/O 端口位的基本结构

图 4.1 中，输出数据寄存器缩写成 ODR，输入数据寄存器缩写为 IDR。GPIO 端口的每个位可以由软件分别配置成多种模式，包括浮空输入、上拉输入、下拉输入、模拟输入、通用开漏输出、通用推挽输出、开漏复用输出和推挽复用输出。各模式特点如表 4.1 和表 4.2 所示。

表 4.1 GPIO 输出模式

输出模式	输出信号来源	推挽或开漏	输出频率(带宽)
通用开漏输出	输出数据寄存器	开漏	2 MHz、10 MHz、50 MHz 可选
通用推挽输出		推挽	
开漏复用输出	片上外设	开漏	
推挽复用输出		推挽	

表 4.2 GPIO 输入模式

输入模式	输入信号去向	上拉或下拉	施密特触发器
模拟输入	片上模拟外设 ADC	无	关闭
浮空输入	输入数据寄存器或片上外设	无	激活
下拉输入	输入数据寄存器或片上外设	下拉	激活
上拉输入	输入数据寄存器或片上外设	上拉	激活

在复位期间和复位后，复用功能未开启，I/O 端口被配置成浮空输入模式。JTAG 调试口被置为输入上拉或下拉状态，即 PA15 脚(JTDI)置于上拉，PA14 脚(JTCK)置于下拉，PA13 脚(JTMS)置于上拉，PB4 脚(JNTRST)置于下拉。

当 I/O 引脚作为输出配置时，写到输出数据寄存器上的值(GPIOx_ODR)输出到相应的 I/O 引脚。可以以推挽模式或开漏模式(当输出 0 时，只有 NMOS 被打开)使用输出驱动器。输入数据寄存器(GPIOx_IDR)在每个 APB2 时钟周期捕捉 I/O 引脚上的数据。所有 GPIO 引脚都有一个内部弱上拉和弱下拉，当配置为输入时，它们可以被激活，也可以被断开。

4.1.1 GPIO 复用与输入功能

1. GPIO 复用功能

由于 STM32 的 GPIO 功能较多，因此设置非常复杂。作为片上外设的输入，应根据需要配置该引脚为浮空输入、上拉输入或下拉输入，同时使能该引脚对应的某个复用功能模块。作为片上外设的输出，应根据需要配置该引脚为复用推挽输出或复用开漏输出，同时使能该引脚对应的所有复用功能模块。注意，如果有多个复用功能模块对应同一个引脚，仅可使能其中之一，其他模块保持非使能状态。例如，要使用 STM32F103VBT6 的第 47 脚和第 48 脚的 USART3 功能，则需要配置第 47 脚为复用推挽输出或复用开漏输出，配置第 48 脚为某种输入模式，同时使能 USART3 并保持 I2C 的非使能状态。

2. GPIO 输入功能

STM32 处理器内部电路在读信号的控制下，可以实现表 4.2 中的功能。图 4.2 是简化的 GPIO 输入示意图。

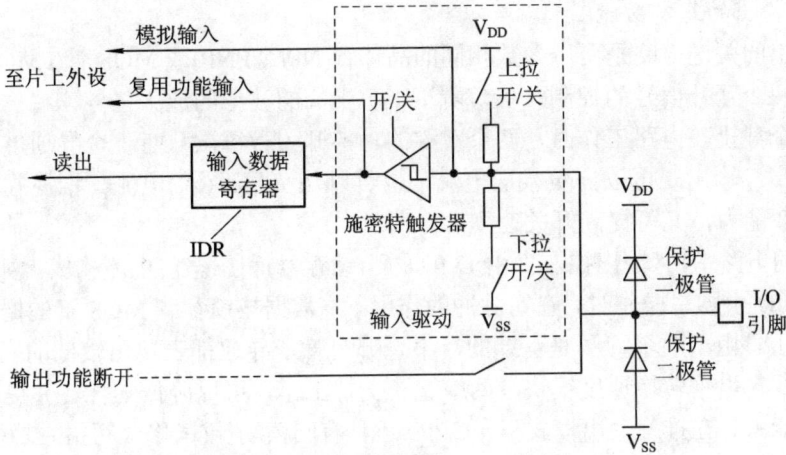

图 4.2　GPIO 输入电路示意图

　　GPIO 引脚模拟输入是在施密特触发器断开、上拉和下拉不接的情况下实现的。该方式可以在使用内部 ADC 功能时采用。高阻输入是在上拉、下拉不接和施密特触发器接通的情况下实现的。上拉、下拉则分别在接通各自的开关时实现。施密特触发输入的作用是将缓慢变化的或畸变的输入脉冲信号整形成比较理想的信号。执行 GPIO 引脚读操作时，在读脉冲(Read Pluse)的作用下，会把引脚的当前电平状态读到内部总线(Internal Bus)上。在不执行读操作时，外部引脚与内部总线之间是断开的。

4.1.2　GPIO 输出功能

　　STM32 处理器内部电路在写信号的控制下，可以实现表 4.1 中的功能。图 4.3 是简化的 GPIO 输出电路示意图。

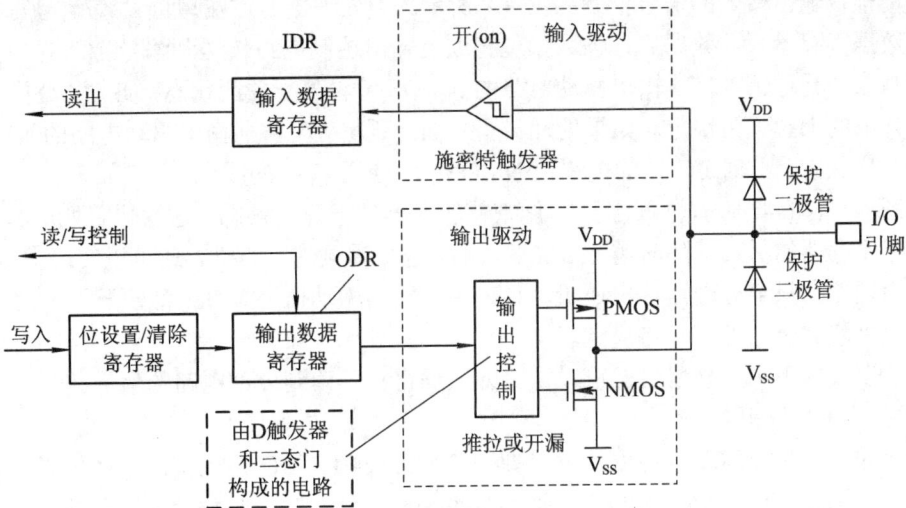

图 4.3　GPIO 输出电路示意图

1. 推挽输出

1) 推挽输出的基本功能

推挽输出的关键电路是两个参数相同的晶体管(NPN、PNP)或 MOS 管(PMOS、NMOS)，它们分别受两个互补信号的控制，各负责正、负半周的波形的放大任务，在一个晶体管导通时，另一个截止。电路工作时，两个对称的功率开关管每次只有一个导通，所以导通损耗小、效率高。输出既可以向负载送电流，也可以从负载吸(灌)电流。推挽式输出既能提高电路的负载能力，又可提高开关速度。

图 4.3 的电路中，"输出控制"由 D 触发器(锁存器)和三态门电路构成。如图 4.4(a)所示，执行 GPIO 引脚写操作时，在写脉冲的作用下，数据被锁存到 MOS 管的栅极，并控制其导通或截止。由于两个管子是互补的，不管哪个管子导通都表现出较低的阻抗，使 RC 常数很小，逻辑电平转换速度很快。两个管子交替工作，可以降低功耗，并提高每个管子的承受负载能力。在推挽输出模式下，GPIO 还具有回读功能(读修改写指令功能)。

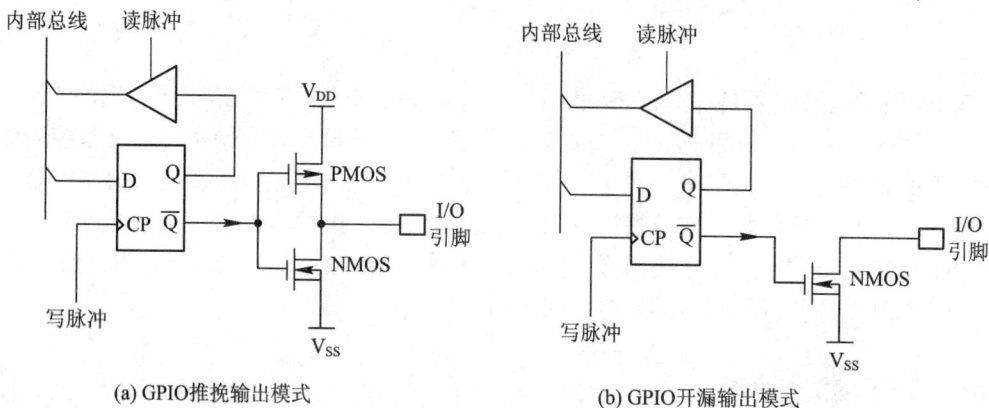

(a) GPIO推挽输出模式　　　　　　　　　(b) GPIO开漏输出模式

图 4.4　具有 D 触发器的驱动电路

2) 通用推挽输出

通用推挽输出模式的信号框图如图 4.1 所示。当处理器通过端口位设置/清除寄存器或者输出数据寄存器写入数据后，该数据位将通过输出控制电路传送到编号 I/O 端口，如果处理器写入的是逻辑"1"，输出驱动电路的 NMOS 管将处于关闭状态，此时 I/O 端口的电平将由外部的上拉电阻决定。如果处理器写入的是逻辑"0"，则输出驱动电路的 NMOS 管将处于开启状态，此时 I/O 端的电平被 NMOS 管拉到了 Vss 的零电位。

在图 4.1 的上半部分(输入部分)，施密特触发器处于开启状态，这意味着处理器可以在输入数据寄存器的另一端随时监测 I/O 端口的状态。通过这个特性，还可以实现虚拟的 I/O 端口双向通信，只要处理器输出逻辑"1"，由于输出驱动器 NMOS 管处于关闭状态，I/O 端口的电平将完全由外部电路决定。

在这个模式下，处理器仍然可以从输入数据寄存器读到外部电路的信号。

3) 复用推挽输出

该模式下，片内驱动电路供外设引脚(如 I2C 的 SCL、SDA 等)使用。此模式的输出信号见图 4.1 中的"复用功能输出"。与通用推挽输出类似，输出驱动控制电路的信号与复用功能的输出端相连，此时输出数据寄存器与输出通道断开了。

2. 开漏输出

开漏输出就是不输出电压，低电平时接地，高电平时不接地。如果外接上拉电阻，则在输出高电平时，电压会拉到上拉电阻的电源电压。这种方式适合连接的外设电压比单片机电压低或高的情况。

GPIO 引脚在开漏输出模式下的等效示意如图 4.4(b)所示。开漏输出和推挽输出的结构基本相同，但只有下拉 NMOS，而没有上拉 PMOS 管。开漏输出的实际作用就是一个开关，输出"1"时断开，输出"0"时连接到 GND(有一定等效内阻)。回读功能读到的仍是输出锁存器的状态，而不是外部引脚的状态，因此开漏输出模式是不能用于输入的。开漏输出结构没有内部上拉电阻，因此在实际应用时，通常都要外接合适的上拉电阻(通常为 4.7~10 kΩ)。开漏输出能够方便地实现"线与"逻辑功能，即多个开漏的引脚可以直接并在一起(不需要缓冲隔离)使用，并统一外接一个合适的上拉电阻，就自然形成"逻辑与"关系。开漏输出的另一种用途是能够方便地实现不同逻辑电平之间的转换(如 3.3~5 V)，只需外接一个上拉电阻，而不需要额外的转换电路。典型的应用例子就是基于开漏连接的 I2C 总线。

1) 通用开漏输出

通用开漏输出的信号流程与通用推挽输出类似，但 GPIO 输出"0"时引脚接 GND，GPIO 输出"1"时引脚悬空，即图 4.1 中的 PMOS 不起作用。该引脚需要外接上拉电阻，才能实现输出高电平。

2) 复用开漏输出

复用开漏输出模式下，片内驱动电路供外设引脚使用。它的信号流程与复用推挽输出的类似，只是图 4.1 中的 PMOS 不起作用。

4.1.3　GPIO 速度选择与输入保护功能

1. 速度选择

在 I/O 口的输出模式下，有 3 种输出频率可选，分别为 2 MHz、10 MHz 和 50 MHz。这里频率是指 I/O 口驱动电路的响应频率而不是输出信号的频率(输出信号的速度与程序有关)。芯片内部在 I/O 口的输出部分安排了多个响应频率不同的输出驱动电路，用户可以根据自己的需要选择合适的驱动电路。通过选取输出频率来选择不同的输出驱动模块，达到最佳的控制噪声和降低功耗的效果。高频驱动电路噪声也高，当不需要高的输出频率时，应选用低频驱动电路，这样有利于提高系统的 EMI 性能。当然，如果要输出较高频率的信号，却选用了较低频率的驱动模块，很可能会得到失真的输出信号，因为 GPIO 的引脚频率是与应用匹配的。例如，对于串口，假如最大波特率只需 115.2 kb/s，那么用 2 MHz 的 GPIO 的引脚频率就够了，既省电，噪声也小。对于 I2C 接口，假如使用 400 kb/s 波特率，又想把裕量留大些，那么用 2 MHz 的 GPIO 的引脚频率或许不够，这时可以选用 10 MHz 的引脚频率。对于 SPI 接口，假如使用 18 Mb/s 或 9 Mb/s 的波特率，用 10 MHz 的 GPIO 的引脚速度显然不够了，需要选用 50 MHz 的 GPIO 引脚频率。GPIO 口设为输入时，输出驱动电路与端口是断开的，所以输出速度配置就无意义了。

2. 输入保护功能

GPIO 的引脚口上具有保护二极管，如图 4.5(a)所示。其作用是防止从外部引脚输入的电压过高或过低。V_{DD} 正常供电是 3.3 V，如果从 Pin 引脚输入的信号(假设任何输入信号都有一定的内阻)电压超过 V_{DD} 加上二极管 V1 的导通压降(假定约为 0.6 V)，则二极管 V1 导通，会把多余的电流引到 V_{DD}，而真正输入到内部的信号电压不会超过 3.9 V。同理，如果从 Pin 输入的信号电压比 GND 还低，则由于二极管 V2 的作用，会把实际输入内部的信号电压钳制在 −0.7 V 左右。

假设 V_{DD} 是 3.3 V，GPIO 设置在开漏模式下，外接 10 kΩ上拉电阻并将其连接到 5 V 电源，当输出"1"时，通过测量可以发现，GPIO 引脚上的电压并不会达到 5 V，而是约为 4 V，这正是因为内部钳位二极管在起作用。虽然输出电压达不到满幅的 5 V，但对于实际的数字逻辑，通常 4 V 以上就算是高电平了。如果确实想进一步提高输出电压，一种简单的做法是先在 GPIO 引脚上串联一只二极管 V3(如 1N4148)，然后再接上拉电阻 Rx，如图 4.5(b)所示。向引脚写"1"时，NMOS 管关闭，在 Pinx 处得到的电压约为 4.5 V，电压提升效果明显。向引脚写"0"时，NMOS 管导通，在 Pinx 处得到的电压约为 0.7 V，仍属低电平。

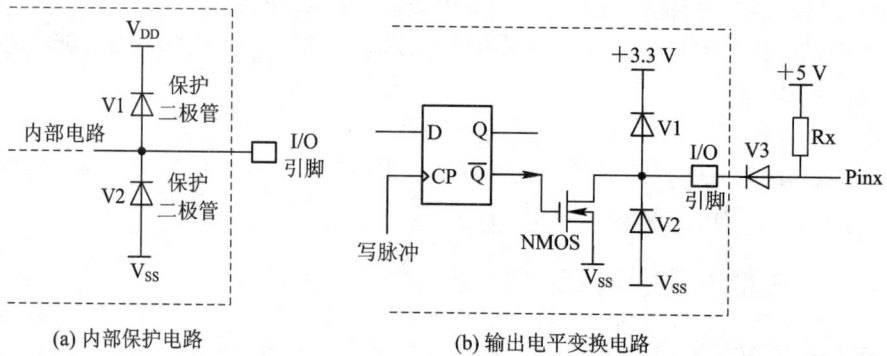

(a) 内部保护电路　　　　　　　(b) 输出电平变换电路

图 4.5　保护与电平变换电路

4.2　GPIO 锁定与配置机制

1. GPIO 锁定机制

STM32 的锁定机制允许冻结 I/O 配置。若在两个端口位上执行了锁定(LOCK)程序，在下一次复位之前，将不能再更改端口位的配置。这主要用在一些关键引脚的配置上，防止程序跑飞引起灾难性后果，如在驱动功率模块的配置上，应该使用锁定机制，以冻结 I/O 口配置，即使程序跑飞，也不会改变这些引脚的功能。

2. 输入配置

当 I/O 端口配置为输入时，图 4.1 所示的 I/O 端口位的基本结构图中会有如下变化：

(1) 输出缓冲器被禁止。

(2) 施密特触发输入被激活。

(3) 根据输入配置(上拉、下拉或浮动)的不同，弱上拉和下拉电阻被连接。

(4) 出现在 I/O 引脚上的数据在每个 APB2 时钟被采样到输入数据寄存器。

(5) 对输入数据寄存器的读访问可得到 I/O 状态。

3. 模拟输入配置

当 I/O 端口被配置为模拟输入配置时，图 4.1 所示的 I/O 端口位的基本结构图中会有如下变化：

(1) 输出缓冲器被禁止。

(2) 禁止施密特触发输入，实现了每个模拟 I/O 引脚上的零消耗。施密特触发输出值被强置为 0。

(3) 弱上拉和下拉电阻被禁止。

(4) 读取输入数据寄存器时数值为 0。

4. 输出配置

当 I/O 端口被配置为输出时，图 4.1 所示的 I/O 端口位的基本结构图中会有以下变化：

(1) 输出缓冲器被激活。在开漏模式时，输出寄存器上的"0"激活 NMOS，而输出寄存器上的"1"将端口置于高阻状态(PMOS 从不被激活)。在推挽模式时，输出寄存器上的"0"激活 NMOS，而输出寄存器上的"1"将激活 PMOS。

(2) 施密特触发输入被激活。

(3) 弱上拉和下拉电阻被禁止。

(4) 出现在 I/O 引脚上的数据在每个 APB2 时钟被采样到输入数据寄存器。

(5) 在开漏模式时，对输入数据寄存器的读访问可得到 I/O 状态。

(6) 在推挽模式时，对输出数据寄存器的读访问得到最后一次写的值。

5. 复用功能配置

当 I/O 端口被配置为复用功能时，图 4.1 所示的 I/O 端口位的基本结构图中会有如下变化，且一组复用功能 I/O 寄存器允许用户把一些复用功能重新映射到不同的引脚。

(1) 在开漏或推挽式配置中，输出缓冲器被打开。

(2) 内置外设的信号驱动输出缓冲器(复用功能输出)。

(3) 施密特触发输入被激活。

(4) 弱上拉和下拉电阻被禁止。

(5) 在每个 APB2 时钟周期，出现在 I/O 引脚上的数据被采样到输入数据寄存器。

(6) 在开漏模式时，读输入数据寄存器时可得到 I/O 口状态。

(7) 在推挽模式时，读输出数据寄存器时可得到最后一次写的值。

4.3 I/O 端口外设的映射

为了派生更多的引脚功能，STM32 处理器可把一些复用功能重新映射到其他引脚上，然后通过设置复用重映射和调试 I/O 配置寄存器(AFIO_MAPR)实现引脚的重新分配。这时，复用功能不再映射到它们的原始分配上。使用默认复用功能前必须对端口位配置寄存器进行设置编程。

对于复用输出功能，端口必须配置成"推挽"或"开漏"的复用功能输出模式。

对于复用输入功能，端口必须配置成"浮空"、"上拉"或"下拉"的输入模式。

对于双向复用功能，端口必须配置成复用功能的"推挽"或"开漏"输出模式。

1. 将高速晶振引脚 OSC_IN/OSC_OUT 变为 PD0/PD1 端口

通过设置复用重映射和调试 I/O 配置寄存器(AFIO_MAPR)，可实现将外部振荡器引脚 OSC_IN/OSC_OUT 作为 GPIO 的 PD0/PD1 引脚功能。这个重映射只适用于 36、48 和 64 引脚的器件封装，对于 100、144 引脚的器件封装，因有单独的 PD0 和 PD1 的引脚，不必重映射。

2. 低速晶振引脚 OSC32_IN/OSC32_OUT 变为 PC14/PC15 端口

当 LSE 振荡器关闭时，LSE 振荡器引脚 OSC32_IN/OSC32_OUT 可以分别用作 GPIO 的 PC14/PC15，但 LSE 功能始终优先于通用 I/O 口的功能。需要注意：当进入待机模式或后备区域使用 VBAT 供电时，不能使用 PC14/PC15 的 GPIO 端口功能。

3. JTAG/SWD 复用功能重映射

调试接口信号被映射到 GPIO 端口上，其对应的 GPIO 端口如表 4.3 所示。

表 4.3 调试接口所对应的 GPIO 端口

复用功能	GPIO 端口	复用功能	GPIO 端口
JTMS/SWDIO	PA13	JTCK/SWCLK	PA14
JTDI	PA15	JTDO/TRACESWO	PB3
JNTRST	PB4	TRACECK	PE2
TRACED0	PE3	TRACED1	PE4
TRACED2	PE5	TRACED3	PE6

为了在调试期间可以使用更多 GPIO 口，通过设置复用重映射和调试 I/O 配置寄存器 (AFIO_MAPR)的 SWJ_CFG[2:0]位，可以改变上述重映射配置。重映射调试配置后，相关 I/O 口(PA13、PA14、PA15、PB3 和 PB4)均不可用。

4. CAN 复用功能重映射

CAN 信号可以被映射到端口 A、B 或 D 上，如表 4.4 所示。对于端口 D，在 36、48 和 64 器件引脚的封装上没有重映射功能。但重映射 1，不适用于 36 引脚的器件封装。重映射 2，当 PD0 和 PD1 没有被重映射到 OSC_IN 和 OSC_OUT 时，重映射功能只适用于 100 引脚和 144 引脚的器件封装。

表 4.4 CAN 复用功能重映射

复用功能	没有重映射引脚	重映射 1 引脚	重映射 2 引脚
CAN_RX	PA11	PB8	PD0
CAN_TX	PA12	PB9	PD1

5. 定时器复用功能重映射

定时器 4 的通道 1 到通道 4 可以从端口 B 重映射到端口 D，如表 4.5 所示。

表 4.5　定时器 4 复用功能重映射

复用功能	TIM4_REMAP=0	TIM4_REMAP=1(只适用于 64 脚或 100 脚封装)
TIM4_CH1	PB6	PD12
TIM4_CH2	PB7	PD13
TIM4_CH3	PB8	PD14
TIM4_CH4	PB9	PD15

定时器 3 的通道 1 到通道 4 可以从端口 A/B 重映射到端口 B 或端口 C，但只适用于 64 脚和 100 脚的器件封装，如表 4.6 所示。

表 4.6　定时器 3 复用功能重映射

复用功能	没有映射	部分重映射	完全重映射
TIM3_CH1	PA6	PB4	PC6
TIM3_CH2	PA7	PB5	PC7
TIM3_CH3	PB0	PB0	PC8
TIM3_CH4	PB1	PB1	PC9

定时器 2 的通道 1 到通道 4 可以从端口 A 重映射到端口 B 或端口 A，但重映射不适用于 36 引脚的封装。TIM_CH1 和 TIM_ETR 共享一个引脚，但不能同时使用，如表 4.7 所示。

表 4.7　定时器 2 复用功能重映射

复用功能	没有映射	部分重映射 1	部分重映射 2	完全重映射
TIM2_CH1_ETR	PA0	PA15	PA0	PA15
TIM2_CH2	PA1	PB3	PA1	PB3
TIM2_CH3	PA2	PA2	PB10	PB10
TIM2_CH4	PA3	PB3	PB11	PB11

定时器 1 的 8 个通道可以从端口 A/B 重映射到端口 B/A 或端口 E，如表 4.8 所示。重映射只适用 100 引脚的封装而不适用于 36 引脚的封装。

表 4.8　定时器 1 复用功能重映射

复用功能	没有重映射	部分重映射	完全重映射
TIM1_ETR	PA12	PA12	PE7
TIM1_CH1	PA8	PA8	PE9
TIM1_CH2	PA9	PA9	PE11
TIM1_CH3	PA10	PA10	PE13
TIM1_CH4	PA11	PA11	PE14
TIM1_BKIN	PB12	PA6	PE15
TIM1_CH1N	PB13	PA7	PE8
TIM1_CH2N	PB14	PB0	PE10
TIM1_CH3N	PB15	PB1	PE12

6. I2C1 复用功能重映射

I2C1 复用功能重映射如表 4.9 所示。但其不适用于 STM32 处理器 36 引脚封装的器件。

表 4.9　I2C1 复用功能重映射

复用功能	没有重映射	重映射
I2C1_SCL	PB6	PB8
I2C1_SDA	PB7	PB9

7. SPI1 复用功能重映射

SPI1 复用功能重映射，见表 4.10 所示。

表 4.10　SPI1 复用功能重映射

复用功能	没有重映射	重映射
SPI1_NSS	PA4	PA15
SPI1_SCK	PA5	PB3
SPI1_MISO	PA6	PA6
SPI1_MOSI	PA7	PB5

8. USART 复用功能重映射

表 4.11～表 4.13 为 USART1～USART3 串口的复用功能重映射列表。

表 4.11　USART3 复用功能重映射

复用功能	没有重映射	部分重映射[①]	完全重映射[②]
USART3_TX	PB10	PC10	PC10
USART3_RX	PD11	PC11	PD9
USART3_CK	PB12	PC12	PD10
USART3_CTS	PB13	PB13	PD11
USART3_RTS	PB14	PB14	PB14

注：①部分重映射只适用于 64 引脚和 100 引脚的封装；②完全重映射只适用于 100 引脚的封装。

表 4.12　USART2 复用功能重映射

复用功能	没有重映射 USART2 REMAP = 0	重映射　USART2 REMAP =1[①]
USART2_CTS	PA0	PD3
USART2_RTS	PA1	PD4
USART2_TX	PA2	PD5
USART2_RX	PA3	PD6
USART2_CK	PA4	PD7

注：①重映射只适用于 100 引脚的封装。

表 4.13　USART1 复用功能重映射

复用功能	没有重映射	重映射
USART1_TX	PA9	PB6
USART1_RX	PA10	PB7

4.4　GPIO 寄存器

STM32 处理器的硬件驱动是经过一系列控制寄存器的写入操作实现的。这些控制寄存器就像一些精巧的控制装置，能够接收指令，并操纵相关设备完成指令规定的行为或动作。控制寄存器的作用与计算机的键盘、显示屏的作用完全相似，具有读取和写入这两种最基本的人机交互功能。

GPIO 相关寄存器功能见表 4.14。每个 GPIO 端口有两个 32 位配置寄存器(GPIOx_CRL 和 GPIOx_CRH)，两个 32 位数据寄存器(GPIOx_IDR 和 GPIOx_ODR)，一个 32 位置位/复位寄存器(GPIOx_BSRR)，一个 32 位复位寄存器(GPIOx_BRR)和一个 32 位锁定寄存器(GPIOx_LCKR)。I/O 寄存器必须以 32 位字的形式访问。

表 4.14　GPIO 相关寄存器功能

端口寄存器	寄存器组名	功能简要描述
配置高位寄存器	GPIOx_CRH	用于配置端口(8～15)的高 8 位工作模式
配置低位寄存器	GPIOx_CRL	用于配置端口(0～7)的低 8 位工作模式
输入数据寄存器	GPIOx_IDR	如果该端口被配置为输入，可从该寄存器中读取数据
输出数据寄存器	GPIOx_0DR	如果该端口被配置为输出，可从该寄存器中读或写数据
位设置/清除寄存器	GPIOx_BSRR	该寄存器可以对端口数据输出寄存器每一位置 "1" 和清零
位清除寄存器	GPIOx_BRR	通过该寄存器可以对端口数据输出寄存器的每一位进行复位
配置锁定寄存器	GPIOx_LCKR	当执行了正确的写序列后，就可锁定端口位的配置

表 4.14 中的寄存器可以分为以下 4 类。

(1) 配置寄存器：选定 GPIO 的特定功能，最基本的如选择作为输入还是输出端口。

(2) 数据寄存器：保存了 GPIO 的输入电平或将要输出的电平(信号 "1" 或 "0")。

(3) 位控制寄存器：设置某引脚的数据为 1 或 0，控制输出的电平(高或低)。

(4) 锁定寄存器：设置某锁定引脚后，就不能修改其配置。

关于寄存器名称上标号 x 的意义，如 GPIOx_CRL、GPIOx_CRH，这个 x 的取值可以是 A～F，表示这些寄存器跟 GPIO 一样，也是分组的。也就是说，对于端口 GPIOA 和 GPIOB，它们都有互不相干的一组寄存器，如控制 GPIOA 的寄存器名为 GPIOA_CRL、GPIOA_CRH 等，而控制 GPIOB 的则是不同的，被命名为 GPIOB_CRL、GPIOB_CRH 等。

每个 I/O 端口位均可设置，但 I/O 端口寄存器必须按 32 位字访问(不允许半字或字节访问)。GPIOx_BSRR 和 GPIOx_BRR 寄存器的读/写可独立操作(访问)，这样就可避免在读和写访问之间产生中断的危险，也避免了设置或清除 I/O 端口时的 "读修改写操作"，使得设置或清除 I/O 端口的操作不会被中断处理打断而造成误动作。

1. 端口配置高寄存器(GPIOx_CRH，x=A～F)

端口配置高寄存器各位(32 位)的定义信息见图 4.6 所示。该寄存器偏移地址为 0x004，复位后其初始值为 0x4444 4444。

31	30	29	28	27	26	25	24	23	22	21	20	19	18	17	16
CNF15[1:0]		MODE15[1:0]		CNF14[1:0]		MODE14[1:0]		CNF13[1:0]		MODE13[1:0]		CNF12[1:0]		MODE12[1:0]	
rw	rw	rw	rw	rw	rw	rw	rw	rw	rw	rw	rw	rw	rw	rw	rw

15	14	13	12	11	10	9	8	7	6	5	4	3	2	1	0
CNF11[1:0]		MODE11[1:0]		CNF10[1:0]		MODE10[1:0]		CNF9[1:0]		MODE9[1:0]		CNF8[1:0]		MODE8[1:0]	
rw	rw	rw	rw	rw	rw	rw	rw	rw	rw	rw	rw	rw	rw	rw	rw

图 4.6　GPIOx_CRH 各位信息

图 4.6 中各位信息的说明如下：

(1) 位 CNF15(31，30)、CNF14(27，26)、CNF13(23，22)、CNF12(19，18)、CNF11(15，14)、CNF10(11，10)、CNF9(7，6)和 CNF8(3，2)的 8 组中各位是设置端口的不同功能。

(2) 位 MODE15(29，28)、MODE14(25，24)、MODE13(21，20)、MODE12(17，16)、MODE11(13，12)、MODE10(9，8)、MODE9(5，4)和 MODE8(1，0)的 8 组中各位是设置端口频率等的不同功能。

(3) CNFx[1:0]和 MODEx[1:0]中的 x 取值为 8～15，表示端口(GPIO)的引脚号。如 x=9，表示是 Pin9(脚 9)。即每 4 位配置(表示)一个引脚的属性。

(4) CNFx[1:0]、MODEx[1:0](x=8～15)2 位是端口方式的控制位。见图 4.7 所示。

```
      MODEx[1:0]=          CNFx[1:0]=
                        ┌  0 0    模拟输入模式
                        │  0 1    浮空输入模式[复位状态]
   0 0 [复位状态]  ──→  ┤  1 0    上拉/下拉输入模式
                        └  1 1    保留


      MODEx[1:0]=          CNFx[1:0]=
   0 1 [频率为 10 MHz]  ┌  0 0    通用推挽输出模式
   0 1 [频率为 2 MHz]   │  0 1    通用开漏输出模式
                   ──→  ┤  1 0    复用功能推挽输出模式
   0 1 [频率为 50 MHz]─→└  1 1    复用功能开漏输出模式
```

图 4.7　CNFx[1:0]、MODEx[1:0]各位的配置功能

2．端口配置低寄存器(GPIOx_CRL，x=A～F)

端口配置低寄存器各位(32 位)的定义信息见图 4.8 所示。该寄存器偏移地址为 0x000，复位后其初始值为 0x4444 4444。

31	30	29	28	27	26	25	24	23	22	21	20	19	18	17	16
CNF7[1:0]		MODE7[1:0]		CNF6[1:0]		MODE6[1:0]		CNF5[1:0]		MODE5[1:0]		CNF4[1:0]		MODE4[1:0]	
rw	rw	rw	rw	rw	rw	rw	rw	rw	rw	rw	rw	rw	rw	rw	rw

15	14	13	12	11	10	9	8	7	6	5	4	3	2	1	0
CNF3[1:0]		MODE3[1:0]		CNF2[1:0]		MODE2[1:0]		CNF1[1:0]		MODE1[1:0]		CNF0[1:0]		MODE0[1:0]	
rw	rw	rw	rw	rw	rw	rw	rw	rw	rw	rw	rw	rw	rw	rw	rw

图 4.8　GPIOx_CRL 各位信息

图 4.8 中各位信息的说明同"端口配置高寄存器"的叙述。

3．端口输入数据寄存器(GPIOx_IDR，x=A～F)

端口输入数据寄存器各位(32 位)的定义信息中，高 16 位是保留位。只有低 16 位 IDR[15:0]才是 GPIO 端口的输入数据。该寄存器偏移地址为 0x008，复位后其初始值为 0x0000。

4．端口输出数据寄存器(GPIOx_ODR，x=A～F)

端口输出数据寄存器各位(32 位)的信息中，高 16 位是保留位。只有低 16 位 ODR[15:0]才是 GPIO 端口的输出数据。该寄存器偏移地址为 0x00C，复位后其初始值为 0x0000。

5．端口位设置/清除寄存器(GPIOx_BSRR)(x=A～F)

端口位设置/清除寄存器各位(16 位乘 2)的信息见图 4.9 所示，它是只写寄存器。端口位设置/清除寄存器的偏移地址为 0x010，复位后其初始值为 0x0000 0000。

31	30	29	28	27	26	25	24	23	22	21	20	19	18	17	16
BR15	BR14	BR13	BR12	BR11	BR10	BR9	BR8	BR7	BR6	BR5	BR4	BR3	BR2	BR1	BR0
w	w	w	w	w	w	w	w	w	w	w	w	w	w	w	w

15	14	13	12	11	10	9	8	7	6	5	4	3	2	1	0
BS15	BS14	BS13	BS12	BS11	BS10	BS9	BS8	BS7	BS6	BS5	BS4	BS3	BS2	BS1	BS0
w	w	w	w	w	w	w	w	w	w	w	w	w	w	w	w

图 4.9　设置/清除寄存器(GPIOx_BSRR)各位信息

图 4.9 中各位信息的说明如下：

(1) 位 31～16(BR15～BR0)，BR[15:0]对应各位中写"0"使输出数据寄存器 ODR[15:0]对应的位数值不变。BR[15:0]对应各位中写"1"使输出数据寄存器 ODR[15:0]对应的位数值清零。

(2) 位 15～0(BS15～BS0)，BS[15:0]对应各位中写"0"使输出数据寄存器 ODR[15:0]对应的位数值不变。BS[15:0]对应各位中写"1"使输出数据寄存器 ODR[15:0]对应的位数值置 1。

(3) 如果同时对 BR[15:0]和 BS[15:0]对应位中写了数据，则只有 BS[15:0]起作用。

6．端口位清除寄存器(GPIOx_BRR，x=A～F)

端口位清除寄存器各位(低 16 位)的信息中，只有 BR[15:0]有用。该清除寄存器的偏移地址为 0x014，复位后其初始值为 0x0000。

位 15～0(BR15～BR0)：BR[15:0]对应各位中写"0"使输出数据寄存器 ODR[15:0]对应的位数值不变。BR[15:0]对应各位中写"1"使输出数据寄存器 ODR[15:0]对应的位数值清零。可以看出，该寄存器的用法与(GPIOx_BSRR)的高 16 位用法相同。

7．端口配置锁定寄存器(GPIOx_LCKR)(x=A～F)

配置锁定寄存器各位(低 16 位)的信息中，只有 LCK[15:0]有用。该寄存器的偏移地址为 0x018，复位后其初始值为 0x0000。

对于锁定寄存器的操作，要对锁定的位写入一定的序列：写 1、写 0、写 1、读 0、读 1。最后一个读可省略，但可以用来确认锁定已被激活。

注：在操作锁定的写入序列时，不能改变 LCK[15:0]的值。 操作锁定写入序列中的任何错误将不能激活锁定。

4.5　GPIO 编程应用

在 STM32 处理器应用系统中,用户可以使用两种不同的方式来实现对 GPIO 端口引脚的操作。对于不同的引脚类型,特别是不同的 ARM 处理器类型,应当根据 GPIO 端口引脚的内部结构选择合适的硬件电路。

当硬件电路设计(或选择)好后,就需要进行软件的构思。所用到的 GPIO 库函数可参见第 3 章"通用输入/输出(GPIO)库函数"相关内容。

4.5.1　GPIO 驱动的普通应用

1. 无需上拉电阻的 GPIO 驱动

在 STM32F103xx 系列 ARM 处理器中,对绝大部分 GPIO 端口引脚的驱动都不需要上拉电阻,原因是在 STM32F103xx 系列器件中,工作在输出模式的 GPIO 端口引脚的内部已经集成了上拉电阻(见图 4.1)。因此,对于这一类型的 GPIO 端口引脚的应用,大部分可采用灌电流的方式来驱动外部设备。需要注意的是,在这种类型的 GPIO 引脚驱动过程中,需要外部串联一个合适的限流电阻(电流不超过 50 mA 为宜),以防止引脚上的电流过大损坏内部 NMOS 管。

同时,用户在使用 GPIO 驱动电路时,需要对相应的 GPIO 端口进行初始化操作,包括将对应的引脚设置为输出方式,以及设置端口的数据传输速度等。

在图 4.10(a)中,STM32F103xx 系列处理器使用灌电流的方式驱动 LED 发光二极管。从电路原理图中可以看出,GPIO 端口在驱动 LED 发光二极管时,可将 PA.2 引脚设置为开漏输出模式。当 GPIO 端口引脚为低电平时,LED 发光二极管点亮。当 GPIO 端口引脚为高电平时,LED 发光二极管熄灭。

一般而言,只要使 LED 发光二极管中流过的电流达到 5 mA 左右即可使 LED 发光二极管正常工作。从工程角度出发,为了保护器件的 GPIO 引脚,可以适当选取较大的限流电阻,不仅可以保护芯片内部电路,同时还能降低系统功耗。

除此之外,用户还可以使用输出电流的方式来驱动外部 LED 发光二极管,不过要将引脚 PA.2 配置成推拉输出模式,硬件电路如图 4.10(b)所示。

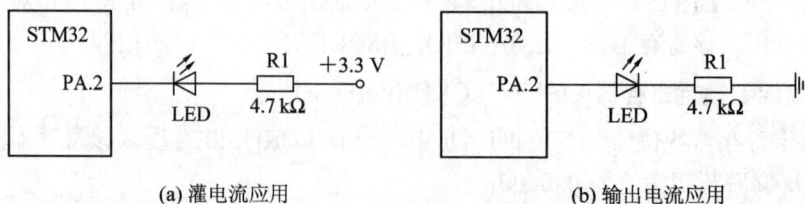

(a) 灌电流应用　　　　　　　　　　　(b) 输出电流应用

图 4.10　STM32 GPIO 的普通应用

2. 需要上拉电阻的 GPIO 驱动

当 GPIO 端口引脚作为数据输出端口时,由于端口结构内部已经集成了上拉电阻,所以绝大部分情况下都无须在外部硬件电路中附加上拉电阻。但是在 GPIO 端口引脚作为信号输入端口时，由于器件内部的上拉电阻为弱上拉，所以在外部硬件电路设计中，一般可加一个 10 kΩ 左右的上拉电阻。尤其是输入引线较长时，更要增加上拉电阻。如图 4.11 所示。

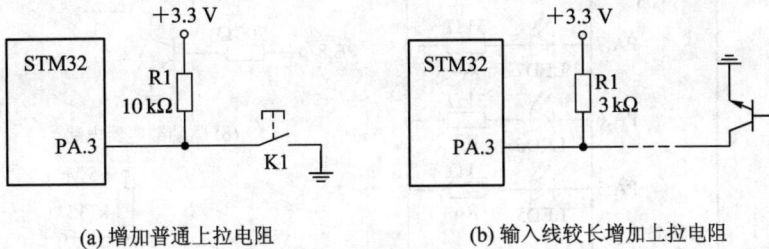

图 4.11　STM32 GPIO 输入应用

(a) 增加普通上拉电阻　　　　　　(b) 输入线较长增加上拉电阻

3. 外围电路不同电平的 GPIO 驱动

当外围电路的电平高于 STM32 处理器的供电电源(+3.3 V)时，GPIO 端口的输入或输出应增加电平转换电路。常见的电平转换电路如图 4.12 所示。对于图 4.12(a)主要是通过三极管($V1$)进行输出驱动，该电路适合三极管的集极串接继电器等供电电压高于+3.3 V 的许多负载情况。对于图 4.12(b)电路，由于采用了输入分压电路，可根据 VIx 输入电压的大小适当改变 Rx 的值实现输入电平的变换。当然将 R2 保护电阻换成缓冲器也是很好的做法。

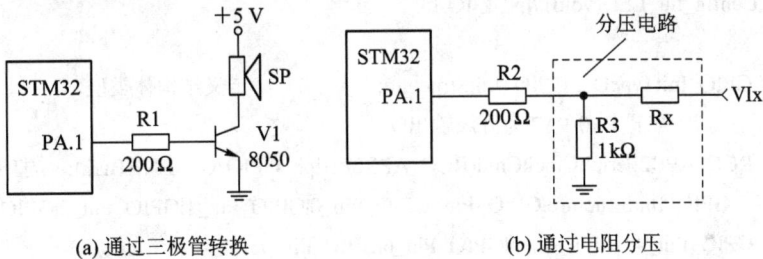

(a) 通过三极管转换　　　　　　(b) 通过电阻分压

图 4.12　GPIO 接口的电平转换电路

4.5.2　流水灯的控制与编程

1. 硬件电路的设计描述

流水灯，也叫跑马灯。通过这个例子使读者学习和体会 STM32 处理器 GPIO 口的最基本操作功能。将 8 个 LED 灯接到 PA0～PA7 上，从原理可知，当 PA 口用于 I/O 口时，原则上可接上拉电阻，但若将其接成灌电流方式就不需要上拉电阻，且由于灌电流较大，一般要接入限流电阻(如 R1～R8)，如果把相关器件换成三级管或 MOS 管，就可直接驱动需要电流较大的继电器等应用电路。

图 4.13(a)是基本的流水灯控制电路，发光二极管可采用 0.25 W 以下的器件。

图 4.13(b)是驱动电压大于+3.3 V 以上的继电器接法，图中的 V1 续流保护二极管，可采用 1N4148 或 1N4007 等器件。

图 4.13(c)是驱动光电耦合器的应用实例，该电路可实现驱动信号的隔离作用，是解决"弱电"控制"强电"的方法。

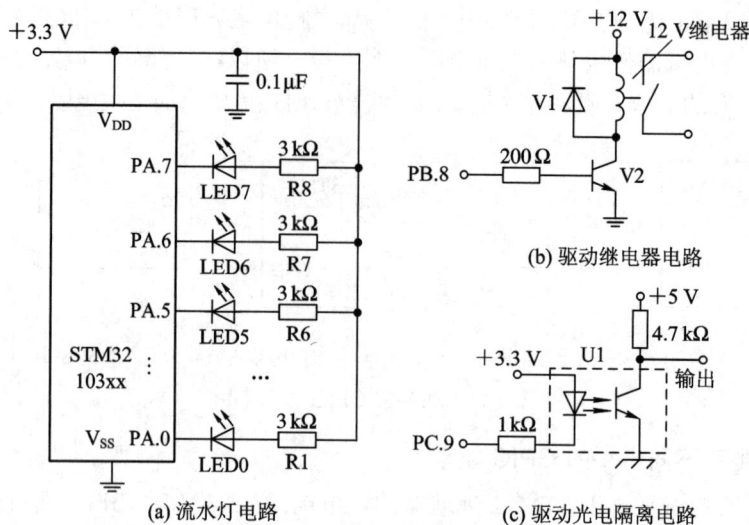

图 4.13　GPIO 基本应用电路

2. 软件设计

```
//------------流水灯配置程序-----------------------
void Config_liu_LED(void) //配置 IO 口
{
    GPIO_InitTypeDef GPIO_InitStructure;              //定义结构体类型
        /* 配置 PA0-PA7 为开漏输出*/
    RCC_APB2PeriphClockCmd(RCC_APB2Periph_GPIOA， ENABLE);  //打开 PA 口时钟
        GPIO_InitStructure.GPIO_Pin=GPIO_Pin_0|GPIO_Pin_1|GPIO_Pin_2|GPIO_Pin_3|
    GPIO_Pin_4|GPIO_Pin_5|GPIO_Pin_6|GPIO_Pin_7;
    GPIO_InitStructure.GPIO_Mode = GPIO_Mode_Out_OD;           //开漏输出
    GPIO_InitStructure.GPIO_Speed = GPIO_Speed_2 MHz;          //输出频率 2 MHz
    GPIO_Init(GPIOA， &GPIO_InitStructure);                    //A 口初始化
        /* 配置 PB8 为推拉输出*/
    RCC_APB2PeriphClockCmd(RCC_APB2Periph_GPIOB， ENABLE); //打开 PB 口时钟
    GPIO_InitStructure.GPIO_Pin = GPIO_Pin_8;//定义 PB8
    GPIO_InitStructure.GPIO_Mode = GPIO_Mode_Out_PP;           //推挽输出
    GPIO_InitStructure.GPIO_Speed = GPIO_Speed_10 MHz;         //输出频率 10 MHz
    GPIO_Init(GPIOB， &GPIO_InitStructure);                    //B 口初始化
        /* 配置 PC9 为开漏输出*/
    RCC_APB2PeriphClockCmd(RCC_APB2Periph_GPIOC， ENABLE); //打开 PC 口时钟
    GPIO_InitStructure.GPIO_Pin = GPIO_Pin_8;                 //定义 PC9
    GPIO_InitStructure.GPIO_Mode = GPIO_Mode_Out_OD;          //推挽输出
    GPIO_InitStructure.GPIO_Speed = GPIO_Speed_2MHz;          //输出频率 2 MHz
    GPIO_Init(GPIOC， &GPIO_InitStructure);                   //B 口初始化
}
```

```
void delay_x(unsigned int x)            //延时函数
  {
      unsigned int i;
      for(i=0;i<x;i++);
  }
      //---on_off=0，关继电器，on_off=1，开继电器
void Ctr_Jdq(unsigned char on_off)      //继电器控制
  {
      if(on_off==0)
        GPIO_WriteBit(GPIOB，GPIO_Pin_8，Bit_RESET);  //PB.8 输出零电平
      else
          GPIO_WriteBit(GPIOB，GPIO_Pin_8，Bit_SET);    //PB.8 输出高电平
  }
      //---ctr_d=0，输出低电平，ctr_d=1，输出高电平
void Sed_GD(unsigned char ctr_d)        //光电耦合器控制
  {
      if(ctr_d==0)
        GPIO_ResetBits(GPIOC，GPIO_Pin_9);           //PC.9 输出零电平
      else
        GPIO_SetBits(GPIOC，GPIO_Pin_9);             //PC.9 输出高电平
  }
int main(void) //主程序
  {
      unsigned int k，Adata，kA_data;    //定义变量
      SystemInit();                      //系统时钟配置为 72 MHz
      Config_liu_LED();                  //配置 A、B、C 的 I/O 口
      while (1)                          //循环体
        {
         kA_data=0x01;                   //第 1 个灯初值
         for(k=0;k<8;k++)                //LED 灯从 1 到 8 依次点亮
           {
              Adata=~kA_data;            //因 0 电平灯发光，所以要数据取反
              GPIO_Write(GPIOA，Adata);  //向 A 写数据
              delay_x(0x1FF00);          //延时
              kA_data=kA_data<<1;        //向高位移
           }
         delay_x(0x2FF00);               //延时
         kA_data=0x80;                   //第 1 个灯初值
         for(k=0;k<8;k++)                //LED 灯从 8 到 1 依次点亮
           {
```

Adata=~kA_data;	//因 0 电平灯发光，所以要数据取反
GPIO_Write(GPIOA，Adata);	//向 A 写数据
delay_x(0x1FF00);	//延时
kA_data=kA_data>>1;	//向低位移
}	
} //while_END	
} //main()_END	

上面的程序例子只是控制 8 个灯的流水显示，改变延时函数(delay_x)的数值可调节灯与灯之间的亮度间隔。如果要控制继电器或者控制光电耦合器，用户在主程序中调入函数(Ctr_Jdq、Sed_GD)即可实现。

4.5.3　通过 74HC595 实现的数码管显示器

1．硬件电路的设计描述

数码管显示电路一般有静态显示电路和动态显示电路。

静态显示电路的优点是字符清晰，这是因为驱动数码管的器件一般具有锁存功能。这种显示方式可以提高 CPU 的效率，不需要 CPU 动态刷新。但这种电路如果显示的位数过多，电路就变得比较复杂，成本也高。

采用动态显示电路的优点是电路简单，成本较低，但处理器(CPU)要不停地动态刷新，对于多任务来说 CPU 就难于协调，而且电路功耗也大，显示字符不大清晰。

本例采用的是一种静态显示模式(见图 4.14)。共阴数码管的驱动采用串行输入并行输出的 74HC595 电路。由于 74HC595 具有进位输出 CY 引脚，可实现多位数码管的驱动级联，在给 74HC595 送数期间，只要 ALE 信号不动作，输出就不会改变，进而数码管也不会闪烁。只有当数据全部送入 595 的内部后，通过 ALE 信号的变化就可刷新数码管的数据。

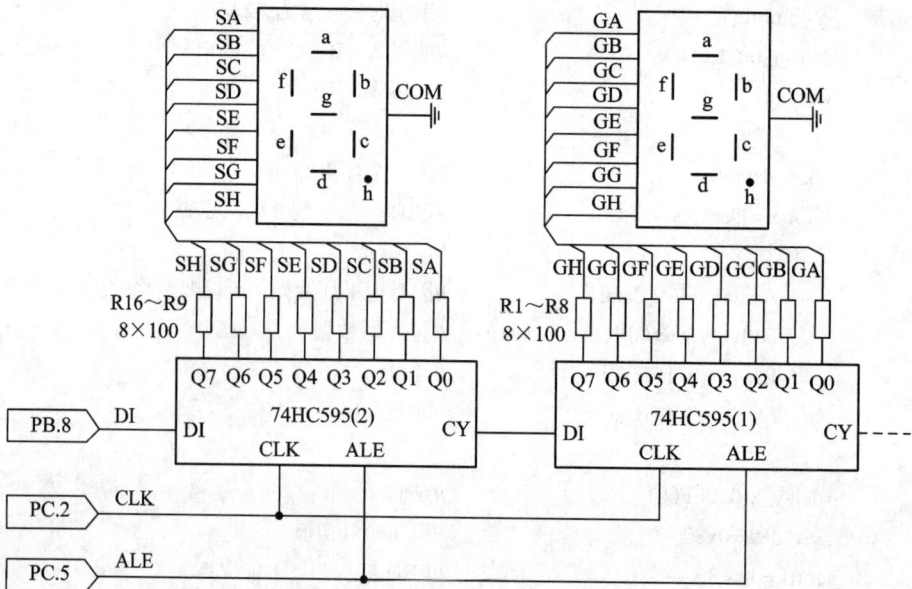

图 4.14　两位数码管显示电路

图 4.14 中 R1～R16 是限流电阻，一般取 100 Ω左右，如果数码管不清晰可适当减小其阻值。

2．软件编程

由于 74HC595 是一个串行器件，输入数据一定要严格按其时序进行，该时序如图 4.15所示。

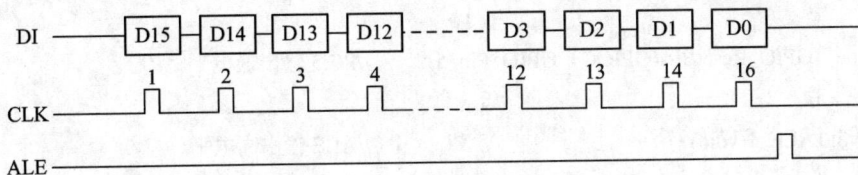

图 4.15　两个 74HC595 级联时序图

```
//------------两位数码管显示程序------------------------
void Config_SMG_XS(void)                        //引脚配置
  {
        GPIO_InitTypeDef GPIO_InitStructure;    //定义结构体类型
            /* 配置 PB8 为推拉输出*/
        RCC_APB2PeriphClockCmd(RCC_APB2Periph_GPIOB，  ENABLE); //打开 PB 口时钟
        GPIO_InitStructure.GPIO_Pin = GPIO_Pin_8;           //定义 PB8
        GPIO_InitStructure.GPIO_Mode = GPIO_Mode_Out_PP;    //推挽输出
        GPIO_InitStructure.GPIO_Speed = GPIO_Speed_10MHz;   //输出频率 10 MHz
        GPIO_Init(GPIOB，  &GPIO_InitStructure);             //B 口初始化
            /* 配置 PC2、PC5 为推拉输出*/
        RCC_APB2PeriphClockCmd(RCC_APB2Periph_GPIOC，  ENABLE); //打开 PC 口时钟
        GPIO_InitStructure.GPIO_Pin = GPIO_Pin_2|GPIO_Pin_5; //定义 PC2、PC5
        GPIO_InitStructure.GPIO_Mode = GPIO_Mode_Out_PP;    //推挽输出
        GPIO_InitStructure.GPIO_Speed = GPIO_Speed_10MHz;   //输出频率 10 MHz
        GPIO_Init(GPIOC，  &GPIO_InitStructure);             //C 口初始化
  }
void delay_x(unsigned int x)                    //延时函数
    {
        unsigned int i;
        for(i=0;i<x;i++);
    }
//-----定义 CLK 引脚电平-------
void Clock_1(void)                              //时钟输出高电平
    {
      GPIO_SetBits(GPIOC，GPIO_Pin_2); //PC.2 输出高电平
    }
void Clock_0(void)                              //时钟输出低电平
```

```
            {
              GPIO_ResetBits(GPIOC，GPIO_Pin_2);        //PC.2 输出低电平
            }
        //-----定义 ALE 引脚电平-------
        void ALE_0(void)                                //ALE 输出低电平
            {
              GPIO_ResetBits(GPIOC，GPIO_Pin_5);        //PC.5 输出低电平
            }
        void ALE_1(void)                                //ALE 输出高电平
            {
              GPIO_SetBits(GPIOC，GPIO_Pin_5);          //PC.5 输出高电平
            }
        //-----定义 DI 引脚电平-------
        void DI_0(void)                                 //数据输出低电平
            {
              GPIO_ResetBits(GPIOB，GPIO_Pin_8);        //PB.8 输出低电平
            }
        void DI_1(void)                                 //数据输出高电平
            {
              GPIO_SetBits(GPIOB，GPIO_Pin_8);          //PB.8 输出高电平
            }
        //---------74HC595 送数据函数-------------
        void SED_595_16bit(unsigned int x_data)
            {
              char i;
              unsigned int DATA;                        //定义数据变量
              ALE_0(); //ALE=0;
              DI_0();    //DI=0;
              Clock_0();//CLK=0;
              DATA=x_data;
              for(i=0;i<16;i++)
               {
                 if(DATA & 0x8000)
                    {DI_1();}  //DI=1
                 else
                    {DI_0();}  //DI=0
                 delay_x(20); //延时
                 Clock_0();   //CLK=0;
                 Clock_1();   //CLK=1;
```

```
        delay_x(10);              //延时
        Clock_0();                //CLK=0;
        DATA=DATA>>1;             //数据右移
      }
    ALE_1();                      //ALE=1
    delay_x(100);                 //延时
    ALE_0();                      //ALE=0
  }
//共阴极数码管代码查找 0，1，2，3，4，5，6，7，8，9
unsigned char Table[]={0x3f，0x06，0x5b，0x4f，0x66，0x6d，0x7d，0x07，0x7f，0x6f};
int    main(void)                 //主函数
{
    unsigned char k1，k2，kdata;
    SystemInit();                 //配置系统时钟
    Config_SMG_XS();              //配置 IO 端口
    kdata=1;                      //显示数据初值
    while(1)                      //循环体
      {
        k1=kdata/10;              //取十位数据
        k1=Table[k1];             //查表
        k2=kdata%10;              //取个位数据
        k2=Table[k2];             //查表
        kdata=(k2<<8)|k1;         //合成变成 16 位数据
        SED_595_16bit(kdata);     //显示十位，个位
        delay_x(0x1fff000);       //延时约 400 ms
        kdata++;                  //显示数据增 1
        if(kdata>99) kdata=0;
    }  //while_END
  }    //main()_END
```

在该程序中，如果把延时函数设置得恰当，就可在显示器上看到 0～99 的循环显示数值。

第5章　STM32 处理器的中断技术

　　STM32 处理器中断系统包括中断源、中断通道、中断屏蔽、中断优先级、嵌套向量中断控制器和中断服务程序等。其中，嵌套向量中断控制(Nested Vectored Interrupt Controller, NVIC)是 ARM 处理器中断技术不可分割的一部分，它与系统 ARM 内核的逻辑紧密联系在一起，共同完成对系统中断的响应，用户可以通过存储器映射的方式实现对 NVIC 寄存器的访问操作。在 ARM 系统中，NVIC 除了包含控制寄存器和中断处理的控制逻辑外，还包含 MPU、SysTick 定时器及与调试控制相关的寄存器。

5.1　STM32 中断通道的管理

　　中断通道是处理中断的通道，每个中断通道对应唯一的中断向量和唯一的中断服务程序，但一个中断通道可具有多个可以引起中断的中断源，这些中断源都能通过对应的"中断通道"向内核(CPU)申请中断。

　　STM32 系统的嵌套向量中断控制器和处理器，支持 15 个异常中断向量和 240 个外部中断通道，有 256 级中断优先级。而 STM32 的中断系统并没有使用内核(CM3)的 NVIC 全部功能，除 15 个 CM3 异常外，STM32F103 系列具有 60 个中断通道，而 STM32F107 系列具有 68 个中断通道，中断优先级有 16 级。在 STM32 系列控制器中，STM32F103xxx 处理器的 15 个异常中断向量见表 5.1，68 个中断通道向量见表 5.2 所示。

表 5.1　15 个异常中断向量表

位置	优先级	优先级类型	名　称	说　明	相对地址
—	—	—	—	保留	0x0000 0000
—	−3(最高)	固定	Reset	复位	0x0000 0004
—	−2	固定	NMI	不可屏蔽中断，RCC 时钟安全系统(CSS)连接到 NMI 向量	0x0000 0008
—	−1	固定	硬件失效	所有类型的失效	0x0000 000C
—	0	可设置	存储管理	存储器管理	0x0000 0010
—	1	可设置	总线错误	预取指令失败，存储器访问失败	0x0000 0014
—	2	可设置	错误应用	未定义的指令或非法状态	0x0000 0018
—	—	—	—	保留	0x0000 001C
—	—	—	—	保留	0x0000 0020

位置	优先级	优先级类型	名　称	说　明	相对地址
—	—	—	—	保留	0x0000 0024
—	—	—	—	保留	0x0000 0028
—	3	可设置	SVCall	通过 SWI 指令的系统服务调用	0x0000 002C
—	4	可设置	调试监控	调试监控器	0x0000 0030
—	—	—	—	保留	0x0000 0034
—	5	可设置	PendSV	可挂起的系统服务	0x0000 0038
—	6	可设置	SysTick	系统嘀嗒定时器	0x0000 003C

表 5.2　　68 个中断通道向量表

位置	优先级	优先类型	名　称	说　明	相对地址
0	7	可设置	WWDG	窗口看门狗定时器中断	0x0000 0040
1	8	可设置	PVD	连接到 EXTI 的电源电压检测 (PVD)中断	0x0000 0044
2	9	可设置	TAMPER	侵入检测中断	0x0000 0048
3	10	可设置	RTC	实时时钟全局中断	0x0000 004C
4	11	可设置	FLASH	闪存全局中断	0x0000 0050
5	12	可设置	RCC	复位和时钟控制中断	0x0000 0054
6	13	可设置	EXTI0	EXTI 线 0 中断	0x0000 0058
7	14	可设置	EXTI1	EXTI 线 1 中断	0x0000 005C
8	15	可设置	EXTI2	EXTI 线 2 中断	0x0000 0060
9	16	可设置	EXTI3	EXTI 线 3 中断	0x0000 0064
10	17	可设置	EXTI4	EXTI 线 4 中断	0x0000 0068
11	18	可设置	DMA 通道 1	DMA 通道 1 全局中断	0x0000 006C
12	19	可设置	DMA 通道 2	DMA 通道 2 全局中断	0x0000 0070
13	20	可设置	DMA 通道 3	DMA 通道 3 全局中断	0x0000 0074
14	21	可设置	DMA 通道 4	DMA 通道 4 全局中断	0x0000 0078
15	22	可设置	DMA 通道 5	DMA 通道 5 全局中断	0x0000 007C
16	23	可设置	DMA 通道 6	DMA 通道 6 全局中断	0x0000 0080
17	24	可设置	DMA 通道 7	DMA 通道 7 全局中断	0x0000 0084
18	25	可设置	ADC	ADC 全局中断	0x0000 0088
19	26	可设置	USB_HP_CAN_TX	USB 高优先级或 CAN 发送中断	0x0000 008C
20	27	可设置	USB_LP_CAN_RX0	USB 低优先级或 CAN 接收 0 中断	0x0000 0090
21	28	可设置	CAN_RX1	CAN 接收 1 中断	0x0000 0094

续表一

位置	优先级	优先类型	名　称	说　明	相对地址
22	29	可设置	CAN_SCE	CAN 的 SCE 中断	0x0000 0098
23	30	可设置	EXTI9_5	EXTI 线[9:5]中断	0x0000 009C
24	31	可设置	TIM1_BRK	TIM1 断开中断	0x0000 00A0
25	32	可设置	TIM1_UP	TIM1 更新中断	0x0000 00A4
26	33	可设置	TIM1_TRG_C0M	TIM1 触发和通信中断	0x0000 00A8
27	34	可设置	TIM1_CC	TIM1 捕获比较中断	0x0000 00AC
28	35	可设置	TIM2	TIM2 全局中断	0x0000 00B0
29	36	可设置	TIM3	TIM3 全局中断	0x0000 00B4
30	37	可设置	TIM4	TIM4 全局中断	0x0000 00B8
31	38	可设置	I2C1_EV	I2C1 事件中断	0x0000 00BC
32	39	可设置	I2C2_ER	I2C1 错误中断	0x0000 OOCO
33	40	可设置	I2C2_EV	I2C2 事件中断	0x0000 00C4
34	41	可设置	I2C2_ER	I2C2 错误中断	0x0000 00C8
35	42	可设置	SPI1	SPI1 全局中断	0x0000 00CC
36	43	可设置	SPI2	SPI2 全局中断	0x0000 00D0
37	44	可设置	USART1	USART1 全局中断	0x0000 00D4
38	45	可设置	USART2	USART2 全局中断	0x0000 00D8
39	46	可设置	USART3	USART3 全局中断	0x0000 00DC
40	47	可设置	EXTI15_10	EXTI 线[15:10]中断	0x0000 00E0
41	48	可设置	RTCAlarm	连接到 EXTI 的 RTC 闹钟中断	0x0000 00E4
42	49	可设置	USB 唤醒	连接到 EXTI 的从 USB 待机唤醒中断	0x0000 00E8
43	50	可设置	TIM8_BRK	TIM8 断开中断	0x0000 00EC
44	51	可设置	TIM8_UP	TIM8 更新中断	0x0000 00FO
45	52	可设置	TIM8_TRG_COM	TIM8 触发和通信中断	0x0000 00F4
46	53	可设置	TIM8_CC	TIM8 捕获比较中断	0x0000 00F8
47	54	可设置	ADC3	ADC3 全局中断	0x0000 00FC
48	55	可设置	FSMC	FSMC 全局中断	0x0000 0100
49	56	可设置	SDI0	SDI0 全局中断	0x0000 0104
50	57	可设置	TIM5	TIM5 全局中断	0x0000 0108
51	58	可设置	SPI3	SPI3 全局中断	0x0000 010C
52	59	可设置	UART4	UART4 全局中断	0x0000 0110
53	60	可设置	UART5	UART5 全局中断	0x0000 0114

续表二

位置	优先级	优先类型	名　称	说　明	相对地址
54	61	可设置	TIM6	TIM6 全局中断	0x0000 0118
55	62	可设置	TIM7	TIM7 全局中断	0x0000 011C
56	63	可设置	DMA2 通道 1	DMA2 通道 1 全局中断	0x0000 0120
57	64	可设置	DMA2 通道 2	DMA2 通道 2 全局中断	0x0000 0124
58	65	可设置	DMA2 通道 3	DMA2 通道 3 全局中断	0x0000 0128
59	66	可设置	DMA2 通道 4	DMA2 通道 4 全局中断	0x0000 012C
60	67	可设置	DMA2 通道 5	DMA2 通道 5 全局中断	0x0000 0130
61	68	可设置	ETH	以太网全局中断	0x0000 0134
62	69	可设置	ETH_WKUP	连接到 EXTI 的以太网唤醒中断	0x0000 0138
63	70	可设置	CAN2_TX	CAN2 发送中断	0x0000 013C
64	71	可设置	CAN2_RX0	CAN2 接收 0 中断	0x0000 0140
65	72	可设置	CAN2_RX1	CAN2 接收 1 中断	0x0000 0144
66	73	可设置	CAN2_SCE	CAN2 的 SCE 中断	0x0000 0148
67	74	可设置	OTG_FS	全速的 USB OTG 全局中断	0x0000 014C

在第 3 章固件库(stm32f10x.h)文件中，中断号宏定义已将中断号和宏名联系起来。如表 5.2 中，TIM6 的中断号是 54，即 TIM6_IRQn=54。

在中断处理中，可把整个中断简单地分为中断通道、中断处理和中断响应。通常片内外设或外部设备是中断通道对应的中断源，它是中断的发起者。CM3 内核属于中断响应部分，它首先判断中断是否触发，根据中断号到中断向量表(见表 5.2)中查找中断服务函数 xxx_IRQHandler(void)的入口地址，即函数指针，然后执行中断服务程序，中断结束后又返回主程序继续执行。

5.2　STM32 中断优先级的设置

1. 嵌套设定规则

STM32 中有两个优先级的概念，即占先优先级(Preemption Priority)和副优先级 (Subpriority)。STM32 规定的嵌套规则如下：

(1) 高占先优先级的中断可以打断低占先优先级的中断服务，从而构成中断嵌套。相同占先优先级的中断之间不能构成中断嵌套，即当一个中断到来时，如果 STM32 正在处理另一个同占先优先级的中断，这个后来的中断就要等到前一个中断处理完后才能被执行。

(2) 副优先级不可以中断嵌套，但占先优先级相同但副优先级不同的多个中断同时申请服务时，STM32 首先响应副优先级高的中断。

(3) 当相同占先优先级和相同副优先级的中断同时申请服务时，STM32 首先响应中断通道所对应的中断向量地址低(中断号小)的那个中断。

(4) 需要说明的是，中断优先级的概念是针对"中断通道"的。当中断通道的优先级确定后，该中断通道对应的所有中断源都享有相同的中断优先级。至于该中断通道对应的多个中断源的执行顺序，则取决于用户的中断服务程序。

(5) STM32 目前支持的中断共有 83 个，分别为 15 个内核异常和 68 个外部中断通道。CM3 为每个中断通道都配备了 8 位中断优先级控制字 IP_n，这 8 位可以有 8 种分配方式，即：

① 所有 8 位用于指定的副优先级。

② 最高 1 位用于指定的占先优先级，最低 7 位用于指定的副优先级。

③ 最高 2 位用于指定的占先优先级，最低 6 位用于指定的副优先级。

④ 最高 3 位用于指定的占先优先级，最低 5 位用于指定的副优先级。

⑤ 最高 4 位用于指定的占先优先级，最低 4 位用于指定的副优先级。

⑥ 最高 5 位用于指定的占先优先级，最低 3 位用于指定的副优先级。

⑦ 最高 6 位用于指定的占先优先级，最低 2 位用于指定的副优先级。

⑧ 最高 7 位用于指定的占先优先级，最低 1 位用于指定的副优先级。

(6) 为了简化中断优先级的设置，在 Cortex_M3 中只使用了 8 位中的高 4 位。这 4 位被分成 2 组(占先优先级和副优先级)，从高位开始，前面是定义占先优先级的位，后面是用于定义副优先级的位。4 位中断优先级控制位分组方式如表 5.3 所示。

表 5.3　中断优先级控制位分组方式

组号	优先级设置								说　明
0	B7	B6	B5	B4	B3	B2	B1	B0	无占先优先级，只有 16 个副优先级
	全部为副优先级				未使用				
1	B7	B6	B5	B4	B3	B2	B1	B0	有 2 个占先优先级，8 个副优先级
	先	副优先级			未使用				
2	B7	B6	B5	B4	B3	B2	B1	B0	有 4 个占先优先级，4 个副优先级
	先		副优先		未使用				
3	B7	B6	B5	B4	B3	B2	B1	B0	有 8 个占先优先级，2 个副优先级
	占先优先级			副	未使用				
4	B7	B6	B5	B4	B3	B2	B1	B0	只有 16 个占先优先级，无副优先级
	全部为占先优先级				未使用				

在程序设计中，通常只使用表 5.3 中 5 种分配情况中的一种。也就是说对于 0 组，所有的 4 位都用于副优先级(可以是 0～15)；对于 1 组，最高 1 位用于占先优先级(可以是 0～1)，最低 3 位用于副优先级(可以是 0～7)；对于 2 组，最高 2 位用于占先优先级(可以是 0～3)，最低 2 位用于副优先级(可以是 0～3)；对于 3 组，最高 3 位用于占先优先级(可以是 0～7)，最低 1 位用于副优先级(可以是 0～1)；对于 4 组，所有 4 位都用于占先优先级(可以是 0～15)。

上述分组在 STM32 固件库 misc. h 中，设置数据写入到 AIRCR 的[10:8]寄存器内，其宏定义如下：

#define NVIC_PriorityGroup_0	((u32) 0x700)	// 0 组定义
#define NVIC_PriorityGroup_1	((u32) 0x600)	// 1 组定义
#define NVIC_PriorityGroup_2	((u32) 0x500)	// 2 组定义
#define NVIC_PriorityGroup_3	((u32) 0x400)	// 3 组定义
#define NVIC_PriorityGroup_4	((u32) 0x300)	// 4 组定义

在编程时可以调用 3.18.1 中的 NVIC_PriorityGroupConfig() 优先级设置函数和 NVIC_Init (&NVIC_InitStructure) 初始化函数。函数中的分组选项为：

NVIC_PriorityGroup_0(选择为第 0 组)；

NVIC_PriorityGroup_1(选择为第 1 组)；

NVIC_PriorityGroup_2(选择为第 2 组)；

NVIC_PriorityGroup_3(选择为第 3 组)；

NVIC_PriorityGroup_4(选择为第 4 组)。

2．中断嵌套设定实例

如果设定外部中断 EXTI1、串口 USART2 的优先级为第 2 组，并初始化相关配置，则该例中 EXTI1 优先级最高，USART2 次高。

```
//选择使用优先级第 2 组
NVIC_PriorityGroupConfig(NVIC_PriorityGroup_2);
//使能 EXTI1
NVIC_InitStructure.NVIC_IRQChannel = EXTI1_IRQChannel;              //选择 EXTI1 中断源
NVIC_InitStructure.NVIC_IRQChannelPreemptionPriority = 0;           //指定占先优先级
NVIC_InitStructure.NVIC_IRQChannelSubPriority = 0;                  //指定副优先级
NVIC_InitStructure.NVIC_IRQChannelCmd = ENABLE;                     //使能 EXTI1 中断
NVIC_Init (&NVIC_InitStructure) ;                                   //配置(初始化)中断优先级
//使能 USART2
NVIC_InitStructure.NVIC_IRQChannel = USART2_IRQChannel;             //选择 USART2 中断源
NVIC_InitStructure.NVIC_IRQChannelPreemptionPriority = 0;           //指定占先优先级
NVIC_InitStructure.NVIC_IRQChannelSubPriority = 1;                  //指定副优先级
NVIC_InitStructure.NVIC_IRQChannelCmd = ENABLE;                     //使能 USART2 中断
NVIC_Init (&NVIC_InitStructure) ;                                   //配置(初始化)中断优先级
```

5.3　STM32 外部中断/事件控制器

外部中断/事件控制器(EXTI)由 19 个产生事件/中断要求的边沿检测器组成。每个输入线可以独立地配置输入类型(脉冲或挂起)和对应的触发事件(上升沿或下降沿或双边沿都触发)。每个输入线都可以被独立地屏蔽，挂起寄存器保持着状态线的中断要求。

5.3.1　EXTI 硬件结构

STM32 的外部中断/事件控制器对应 19 个中断通道，其中 16 个中断通道 EXTI0～

EXTI15 对应 GPIOx_Pin0～GPIOx_Pin15，另外 3 个是 EXTI16 连接 PVD 输出(表 5.2 中第 1 号中断)、EXTI17 连接到 RTC 闹钟事件(表 5.2 中第 41 号中断)和 EXTI18 连接到 USB 唤醒事件(表 5.2 中第 42 号中断)。EXTI 硬件结构如图 5.1 所示。

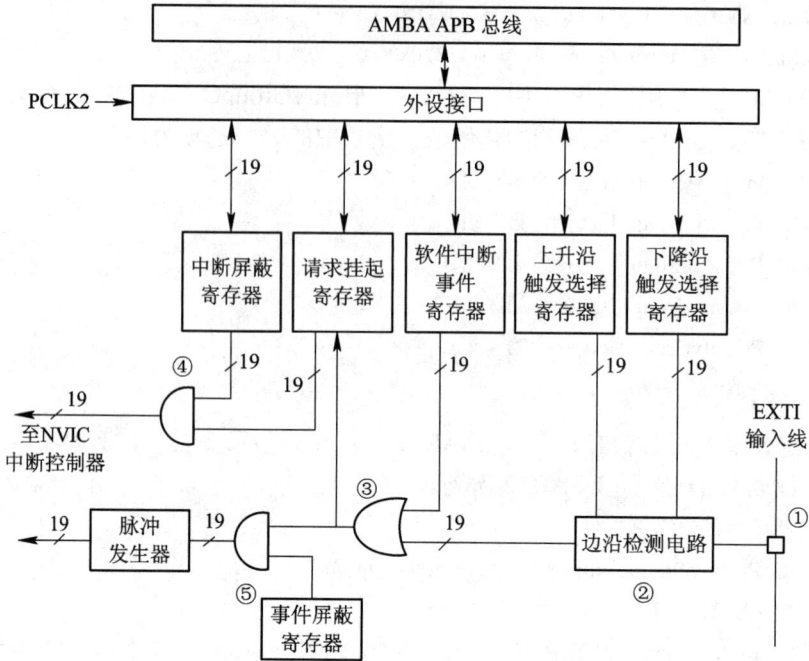

图 5.1 STM32 EXTI 硬件结构图

在图 5.1 中，外部信号从编号①的芯片引脚进入，经过编号②的边沿检测电路，通过编号③的或门进入中断(请求挂起寄存器)，最后经过编号④的与门输出到 NVIC 中断控制器。在这个通道上有 4 个控制部分。

(1) 图中②处，外部的信号首先经过边沿检测电路，这个边沿检测电路受上升沿或下降沿选择寄存器控制，用户可以使用这两个寄存器控制需要产生中断的边沿。因为选择上升沿或下降沿分别受 2 个寄存器控制，所以用户可以同时选择上升沿或下降沿。

(2) 编号③的或门一个输入是边沿检测电路处理的外部中断信号，另一个输入是"软件中断事件寄存器"，从这里可以看出，软件可以优先于外部信号请求一个中断或事件，即当"软件中断事件寄存器"的对应位为"1"时，不管外部信号如何，编号③的或门都会输出有效信号。

(3) 中断或事件请求信号经过编号③的或门后，进入请求挂起寄存器，请求挂起寄存器中记录了外部信号的电平变化。

(4) 外部请求信号最后经过编号④的与门，向 NVIC 中断控制器发出一个中断请求，如果中断屏蔽寄存器的对应位为"0"，则该请求信号不能传输到与门的另一端，实现了中断的屏蔽。

(5) 如果用户希望产生"事件"，则必须先配置并完成对事件线的使能操作。通过设置两个触发寄存器来完成对边沿检测的配置，同时在事件屏蔽寄存器的相应位写"1"以允许事件请求操作。当事件线上发生了对应的边沿信号时，系统将产生一个事件请求脉冲，对应的挂起位并不会被置"1"。

在图 5.1 上部的 APB 总线和外设模块接口是每一个功能模块都有的部分，CPU 通过这样的接口访问各个功能模块。

1. 硬件中断的配置

用户可以通过下面的步骤来配置多个线路作为中断源，具体操作如下：

(1) 在 EXTI_IMR 寄存器中配置多个线路中断的屏蔽位。

(2) 在 EXTI_RTSR 寄存器和 EXTI_FTSR 寄存器中配置所选择中断线的触发选择位。

(3) 配置对应到外部中断控制器 EXTI 的 NVIC 中断通道的使能和屏蔽位，使得多个中断线中的请求可以被及时响应。

2. 硬件事件的配置

对于系统中的事件处理，用户可以通过以下几个步骤来实现对硬件事件参数的配置：

(1) 通过 EXTI_EMR 寄存器配置多个事件线的屏蔽位。

(2) 通过 EXTI_RTSR 寄存器和 EXTI_FTSR 寄存器配置事件线的触发选择器。

3. 软件中断/事件的配置

对于系统中的软件中断/事件处理，用户可以通过以下几个步骤来实现对软件中断/事件的配置：

(1) 通过 EXTI_EMR 寄存器和 EXTI_IMR 寄存器配置多个中断/事件线的屏蔽位。

(2) 通过 EXTI_SWIER 寄存器配置软件中断寄存器的请求位。

4. 外部中断/事件线路映射

图 5.2 列出了外部中断与通用 I/O 口之间的硬件连接。用户可以通过 AFIO_EXTICRx 配置 GPIO 端口上的外部中断/事件。其中，16 个外部中断(引脚)连接对应 EXTI0～EXTI15，另外 3 个外部中断/事件控制器的连接如下：

(1) EXTI 线 16 连接到 PVD 输出。

(2) EXTI 线 17 连接到 RTC 闹钟事件。

(3) EXTI 线 18 连接到 USB 唤醒事件。

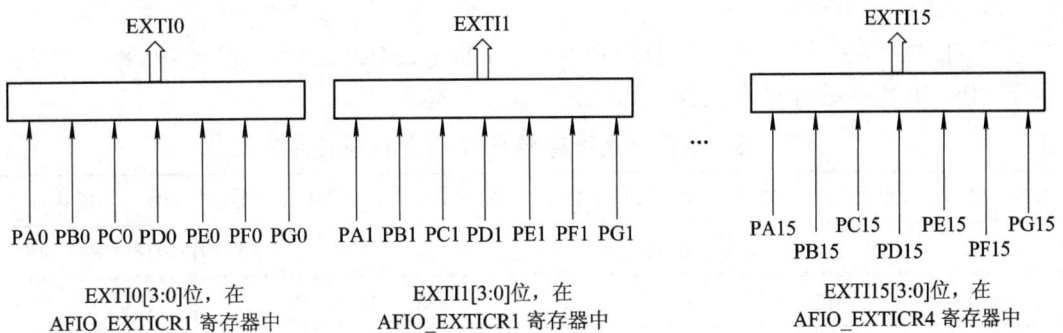

图 5.2　外部中断 I/O 映射

对于 STM32F103 来说，每个中断通道对应 5 个中断源，每个中断源的选择由 AFIO_EXTICRx(x:1～3)寄存器决定。AFIO_EXTICR1 中的 EXTI0[3:0]的含义为：0000——

PA[0]引脚；0001——PB[0]引脚；0010——PC[0]引脚；0011——PD[0]引脚；0100——PE[0]引脚。EXTI1[3:0]的含义为：0000——PA[1]引脚；0001——PB[1]引脚；0010——PC[1]引脚；0011——PD[1]引脚；0100——PE[1]引脚。以此类推。

对于某一中断线，如中断线 0，PA[0]、PB[0]、PC[0]、PD[0]和 PE[0]均可映射为中断线 0；当某一 GPIO 引脚(如 PB[0])映射为中断线 0 时，PA[0]、PC[0]、PD[0]和 PE[0]就不能再映射成中断引脚。

5.3.2 EXTI 的寄存器

EXTI 寄存器不可以位寻址，在使用 STM32 处理器的外部中断前，必须通过 EXTI 相应的寄存器对其各个参数进行配置。需要注意的是，使用者在设置寄存器的过程中，必须采用字(32 bit)的方式对其进行操作。

1. 中断屏蔽寄存器

在 STM32 系列处理器中，中断屏蔽寄存器 EXTI_IMR 主要用于设置中断线上的中断屏蔽操作。由于 STM32 系列处理器是 32 位的内核，因此中断屏蔽寄存器的宽度也为 32 位，其寄存器各位定义如表 5.4 所示。

表 5.4　中断寄存器 EXTI_IMR 各位定义

D31	D30	D29	D28	D27	D26	D25	D24	D23	D22	D21	D20	D19	D18	D17	D16
保留												MR19	MR18	MR17	MR16
D15	D14	D13	D12	D11	D10	D9	D8	D7	D6	D5	D4	D3	D2	D1	D0
MR15	MR14	MR13	MR12	MR11	MR10	MR9	MR8	MR7	MR6	MR5	MR4	MR3	MR2	MR1	MR0

从表 5.4 可以看出，中断屏蔽寄存器 EXTI_IMR 中，位[31:20]是系统保留位，且必须始终保持为复位状态；位[19:0]用于设置对应中断线上的中断屏蔽。MRx 表示中断线 x 上的中断屏蔽位。若 MRx=0，则表示屏蔽来自线 x 上的中断请求；若 MRx=1，则表示开放来自线 x 上的中断请求。

2. 事件屏蔽寄存器

在 STM32 系列处理器中，事件屏蔽寄存器 EXTI_EMR 主要用于设置中断线上的事件屏蔽操作。其寄存器的 32 位定义如表 5.5 所示。

表 5.5　事件屏蔽寄存器 EXTI_EMR 各位定义

D31	D30	D29	D28	D27	D26	D25	D24	D23	D22	D21	D20	D19	D18	D17	D16
保留												MR19	MR18	MR17	MR16
D15	D14	D13	D12	D11	D10	D9	D8	D7	D6	D5	D4	D3	D2	D1	D0
MR15	MR14	MR13	MR12	MR11	MR10	MR9	MR8	MR7	MR6	MR5	MR4	MR3	MR2	MR1	MR0

从表 5.5 可以看出，事件屏蔽寄存器 EXTI_EMR 中，位[31:20]是系统保留位，且必须始终保持为复位状态；位[19:0]用于设置对应中断线上的事件屏蔽。MRx 表示中断线 x 上的事件屏蔽位。若 MRx=0，则表示屏蔽来自线 x 上的事件请求；若 MRx=1，则表示开放来

自线 x 上的事件请求。

3．下降沿触发选择寄存器

在 STM32 系列处理器中，下降沿触发选择寄存器 EXTI_FTSR 主要用于设置中断线上触发脉冲类型为下降沿。其寄存器 32 位定义如表 5.6 所示。

表 5.6　下降沿触发选择寄存器 EXTI_FTSR 各位定义

D31	D30	D29	D28	D27	D26	D25	D24	D23	D22	D21	D20	D19	D18	D17	D16
保留												TR19	TR18	TR17	TR16
D15	D14	D13	D12	D11	D10	D9	D8	D7	D6	D5	D4	D3	D2	D1	D0
TR15	TR14	TR13	TR12	TR11	TR10	TR9	TR8	TR7	TR6	TR5	TR4	TR3	TR2	TR1	TR0

从表 5.6 可以看出，下降沿触发选择寄存器 EXTI_FTSR 中，位[31:20]是系统保留位，且必须始终保持为复位状态；位[19:0]用于设置对应中断线上的触发方式。TRx 表示中断线 x 上的下降沿触发事件配置。若 TRx=0，则表示禁止输入线 x 上的下降沿中断或事件的触发；若 TRx=1，则表示允许输入线 x 上的下降沿中断或事件的触发。

由于外部唤醒线同样也是边沿触发的，所以在这些信号线上也不能出现毛刺信号。另外，用户在对下降沿触发选择寄存器 EXTI_FTSR 进行写操作的时候，外部中断线上的下降沿触发信号不能被识别，挂起位也不会被置位。在同一个中断线上，用户也可以同时将其设置为上升沿触发和下降沿触发，即任何一个边沿都可以触发系统的外部中断。

4．上升沿触发选择寄存器

在 STM32 系列处理器中，上升沿触发选择寄存器 EXTI_RTSR 主要用于设置中断线上触发脉冲类型为上升沿。其寄存器 32 位定义如表 5.7 所示。

表 5.7　上升沿触发选择寄存器 EXTI_RTSR 各位定义

D31	D30	D29	D28	D27	D26	D25	D24	D23	D22	D21	D20	D19	D18	D17	D16
保留												TR19	TR18	TR17	TR16
D15	D14	D13	D12	D11	D10	D9	D8	D7	D6	D5	D4	D3	D2	D1	D0
TR15	TR14	TR13	TR12	TR11	TR10	TR9	TR8	TR7	TR6	TR5	TR4	TR3	TR2	TR1	TR0

从表 5.7 可以看出，上升沿触发选择寄存器 EXTI_RTSR 中，位[31:20]是系统保留位，且必须始终保持为复位状态；位[19:0]用于设置对应中断线上的触发方式。TRx 表示中断线 x 上的上升沿触发事件配置。若 TRx=0，则表示禁止输入线 x 上的上升沿中断或事件的触发；若 TRx=l，则表示允许输入线 x 上的上升沿中断或事件的触发。

同样，由于外部唤醒线都是边沿触发的，所以信号线上若出现毛刺信号，都可能触发系统的外部中断。

5．软件中断事件寄存器

在 STM32 系列处理器中，软件中断事件寄存器 EXTI_SWIER 主要用于设置中断线上的软件中断。其寄存器 32 位定义如表 5.8 所示。

表 5.8　软件中断事件寄存器 EXTI_SWIER 各位定义

D31	D30	D29	D28	D27	D26	D25	D24	D23	D22	D21	D20	D19	D18	D17	D16
保留												SW19	SW18	SW17	SW16
D15	D14	D13	D12	D11	D10	D9	D8	D7	D6	D5	D4	D3	D2	D1	D0
SW15	SW14	SW13	SW12	SW11	SW10	SW9	SW8	SW7	SW6	SW5	SW4	SW3	SW2	SW1	SW0

从表 5.8 可以看出，软件中断事件寄存器 EXTI_SWIER 中，位[31:20]是系统保留位，且必须始终保持为复位状态；位[19:0]用于设置对应中断线上的软件中断事件。SWx 表示中断线 x 上的软件中断事件配置。若 SWx=0，则用户可以通过对该位写"1"操作将 EXTI_PR 中相应的位挂起。此时，如果用户在中断屏蔽寄存器 EXTI_IMR 和事件中断寄存器 EXTI_EMR 中允许该位产生中断，则系统将产生一个中断。

6. 挂起寄存器

在 STM32 系列处理器中，挂起寄存器 EXTI_PR 主要用于识别中断线上的中断请求。由于 STM32 系列处理器是 32 位的处理器，因此挂起寄存器的宽度也为 32 位，各位定义如表 5.9 所示。

表 5.9　挂起寄存器 EXTI_PR 各位定义

D31	D30	D29	D28	D27	D26	D25	D24	D23	D22	D21	D20	D19	D18	D17	D16
保留												PR19	PR18	PR17	PR16
D15	D14	D13	D12	D11	D10	D9	D8	D7	D6	D5	D4	D3	D2	D1	D0
PR15	PR14	PR13	PR12	PR11	PR10	PR9	PR8	PR7	PR6	PR5	PR4	PR3	PR2	PR1	PR0

从表 5.9 可以看出，挂起寄存器 EXTI_PR 中，位[31:20]是系统保留位，且必须始终保持为复位状态；位[19:0]用于识别对应中断线上的中断事件。PRx 表示中断线 x 上的挂起标志位。若 PRx=0，则表示没有发生触发请求；若 PRx=l，则表示发生了触发请求。需要注意的是，当在外部中断线上发生了对应的边沿触发事件时，对应的 PRx 位将被设置为 1。用户可以通过在该位中再次写入"1"将其清除，也可以通过改变边沿检测的极性(上升沿触发或下降沿触发)对其进行清除。若写"0"，则对该位不会产生影响。

5.4　STM32 中断编程实例

1. 中断编程机制

中断服务程序全部保存在 stm32f10x_it.c 文件中。在该文件中，每个中断函数都是空的。如果要编写相关中断函数，只要找到相关部分填入相应代码即可。因为每个 xx_IRQHandler() 与 startup_stm32f10x_xx.s 中的中断向量表(见表 5.2)中名称一致，所以，只要是有中断源被触发而被响应，硬件就会自动跳到固定地址的硬件中断向量表中，无须人为操作(即编程)就能通过硬件自身的总线来读取向量，然后找到 xX_IRQHandler()程序入口地址，放到 PC 进行跳转，这是 STM32 的硬件机制。

表 5.2 中，中断向量表地址为相对地址，如果存放在 RAM 中，其起始地址为 0x2000 0000。如果存放在 Flash 中，其起始地址为 0x0800 0000。在 misc.h 文件中有如下说明：

```
#define   NVIC_VectTab_RAM      ((uint32_t) 0x20000000)

#define   NVIC_VectTab_FLASH    ((uint32_t) 0x08000000)
```

根据中断号到中断向量表中查找中断服务程序的函数为 misc.c 中的 NVIC_SetVectorTable (uint32_t NVIC_VectTab, uint32_t Offset)。

在 NVIC_PriorityGroupConfig()库函数中，引用 Nvic_SetVectorTable()设置中断向量表在存储器 SRAM 或 Flash 中。

2．EXIT 或其他中断程序编写步骤

中断程序编写的一般步骤为：

(1) 熟悉(或设计)相关硬件电路；

(2) 根据硬件电路配置 GPIO 端口工作方式；

(3) 配置 GPIO 端口时钟、GPIO 和 EXTI 映射关系；

(4) 配置 EXTI 触发条件；

(5) 配置相应中断优先级(NVIC)；

(6) 编写中断服务函数(相关库函数见第 3 章内容)。

3．编程实例

作为 EXTI 的中断例子，图 5.3 是 EXTI 中断模拟电路。要求：当 PA0 信号为下降沿时，L1 发光管点亮。在任意时刻，当 PB2 信号的上升沿到来时，L2 发光管点亮。

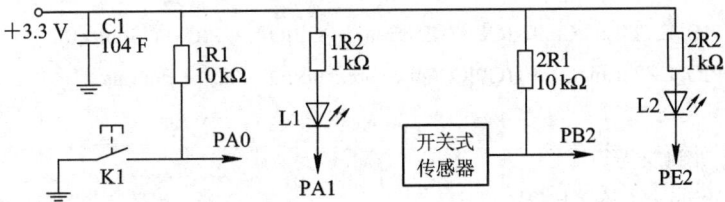

图 5.3　EXTI 中断模拟电路

(1) 题意分析

① PA0 与 PB2 为外部 EXTI 中断源；

② PB2 中断源的优先级高于 PA0 中断源。

(2) 相关程序片段

① 配置系统时钟。

```
SyStemlnit();                        //该函数配置系统时钟为 72 MHz
```

② GPIO 端口配置。

```
void   Practice_GPIO_ABE(void)      //定义电路图中 ABE 口
 {
  GPIO_InitTypeDef   GPIO_InitStructure;

  GPIO_InitStructure.GPIO_Pin = GPIO_Pin0;             //定义 PA0

  GPIOJnitStructure.GPIO_Mode = GPIO_Mode_IN_IPU;     //上拉输入

  GPIO_InitStructure.GPIO_Speed = GPIO_Speed_10MHz;    //输入频率
```

```
        GPIO_Init(GPIOA, &GPIO_InitStructure);                        //初始化 PA0 为输入

        GPIO_InitStructure.GPIO_Pin = GPIO_Pin1;                      //定义 PA1
        GPIOJnitStructure.GPIO_Mode = GPIO_Mode_OUT_PP ;              //推拉输出
        GPIO_InitStructure .GPIO_Speed = GPIO_Speed_10 MHz;          //输出频率
        GPIO_Init(GPIOA, &GPIO_InitStructure);                        //初始化 PA1 为输出

        GPIO_InitStructure.GPIO_Pin = GPIO_Pin2;                      //定义 PB2
        GPIOJnitStructure.GPIO_Mode = GPIO_Mode_IN_FLOATING ;        //悬浮输入
        GPIO_InitStructure.GPIO_Speed = GPIO_Speed_10 MHz;          //输入频率
        GPIO_Init(GPIOB, &GPIO_InitStructure);                        //初始化 PB2 为输入

        GPIO_InitStructure.GPIO_Pin = GPIO_Pin2;                      //定义 PE2
        GPIO_InitStructure.GPIO_Mode = GPIO_Mode_OUT_PP ;            //推拉输出
        GPIO_InitStructure.GPIO_Speed = GPIO_Speed_50 MHz;          //输出频率
        GPIO_Init(GPIOE, &GPIO_InitStructure);                        //初始化 PE2 为输出
    }
```

③ 配置 PA0、PB1 作外部中断。

```
    void GPIO_EXTI_source(void)
    {
        GPIO_EXTILineConfig(GPIO_PortSource_GPIOA, GPIO_PinSource0);
        GPIO_EXTILineConfig(GPIO_PortSource_GPIOB, GPIO_PinSourcel);
    }
```

④ 配置中断触发方式。

```
    void   Practice_GPIO_EXTI(void)                               //定义电路图中 AB 口为中断模式
    {
        EXTI_InitTypeDef EXTI_InitStructure;
        EXTI_InitStructure.EXTI_Line = EXTI_Line0;                //定义 PA0
        EXTI_InitStructure.EXTI_Mode = EXTI_Mode_Interrupt;       //中断方式
        EXTI_InitStructure.EXTI_Trigger = EXTI_Trigger_Falling;   //下降沿触发
        EXTI_InitStructure.EXTI_LineCmd = ENABLE;                 //允许中断
        EXTI_Init(&EXTI_InitStructure);                           //初始化

        EXTI_InitStructure.EXTI_Line = EXTI_Line1;                //定义 PB1
        EXTI_InitStructure.EXTI_Mode = EXTI_Mode_Interrupt;       //中断方式
        EXTI_InitStructure.EXTI_Trigger = EXTI_Trigger_Rising;    //上升沿触发
        EXTI_InitStructure.EXTI_LineCmd = ENABLE;                 //允许中断
        EXTI_Init(&EXTI_InitStructure);                           //初始化
    }
```

⑤ 配置中断的优先级。

```
void    Practice_GPIO_NVIC(void)                //定义电路图中 AB 口的中断优先级
  {
      NVIC_InitTypeDef    NVIC_InitStructure;
      NVIC_PriorityGroupConfig(NVIC_PriorityGroup_1);          //定义优先级为 1 组
      NVIC_InitStructure.NVIC_IRQChannel = EXTI0_IRQChannel;
      NVIC_InitStructure.NVIC_IRQChannelPreemptionPriority =0; //占先优先级为 0
      NVIC_InitStructure.NVIC_IRQChannelSubPriority = 1;       //副优先级为 1
      NVIC_InitStructure.NVIC_IRQChannelCmd = ENABLE;
      NVIC_InitStructure(&NVIC_InitStructure);                 //定义 PA0 优先级为次高

      NVIC_InitStructure.NVIC_IRQChannel = EXTI1_IRQChannel;
      NVIC_InitStructure.NVIC_IRQChannelPreemptionPriority =0; //占先优先级为 0
      NVIC_InitStructure.NVIC_IRQChannelSubPriority = 0;       //副优先级为 0
      NVIC_InitStructure.NVIC_IRQChannelCmd = ENABLE;
      NVIC_InitStructure(&NVIC_InitStructure);                 //定义 PB1 优先级为最高
  }
```

⑥ 其他相关函数。

```
void delay_l(unsigned int x)
  { while(x--);}
void    led_A_on_off(unsigned char y)
  {
    if (y!=0)
        GPIO_SetBits(GPIOA,GPIO_Pin_1);//LED 灯不亮
    else
        GPIO_ResetBits(GPIOA,GPIO_Pin_1);//灯亮
  }
void    led_E_on_off(unsigned char y)
  {
    if (y!=0)
        GPIO_SetBits(GPIOE,GPIO_Pin_1);//LED 灯不亮
    else
        GPIO_ResetBits(GPIOE,GPIO_Pin_1);//灯亮
  }
```

⑦ 相关中断函数。在 stm32f10x_it.c 文件中，填入相关函数体代码。

```
void EXTI0_IRQHandler(void)
  {
      if(EXTI_GetStatus(EXTI_Line0))!=RESET)       //判断是否有键按下
        {
```

```
                EXTI_ClearITPendingBit(EXTI_Line0);      //清除中断标志
                led_A_on_off(0);                         //L1 灯点亮
                delay_L(0x4000);
                led_A_on_off(1);                         //L1 灯熄灭
            }
    }
    void EXTI1_IRQHandler(void)
        {
            if(EXTI_GetStatus(EXTI_Line1))!=RESET)        //判断是否有键按下
              {
                EXTI_ClearITPendingBit(EXTI_Line1);      //清除中断标志
                led_E_on_off(0);                         //L2 灯点亮
                delay_L(0x4000);
                led_E_on_off(1);                         //L2 灯熄灭
              }
        }
```

⑧ 主函数体。

```
    void main(void)
    {
        SyStemInit();                  //该函数配置系统时钟为 72 MHz
        Practice_GPIO_ABE();           //配置 IO 口
        GPIO_EXTI_source();            //定义外部中断号
        Practice_GPIO_EXTI();          //配置中断触发方式
        Practice_GPIO_NVIC();          //定义中断优先级
        while(1);                      //等待 PA0 和 PB1 中断
    }
```

第 6 章　STM32 定时/计数器的编程应用

　　STM32 处理器系列芯片拥有最少 3 个、最多 8 个 16 位定时器，这些定时器由可编程预分频器驱动的 16 位自动装载计数器构成。该定时器是完全独立的，而且没有互相共享任何资源，它们可以一起同步操作。定时器的同步操作可以实现定时器级联和多个定时器并行触发，并可适用于多种场合。定时器的经典应用包括测量输入信号的脉冲长度(输入捕获)或者产生输出波形(输出比较和 PWM 信号)。使用定时器预分频器和 RCC 时钟控制器预分频器，脉冲宽度和波形周期可以在几个微秒到几个毫秒之间任意调整。

6.1　STM32 定时器概述

　　大容量的 STM32F103 系列产品包含 2 个高级控制定时器、4 个通用定时器、2 个基本定时器、1 个实时时钟、2 个看门狗定时器和 1 个系统滴答定时器(SysTick 时钟)。

1. 通用定时器

　　在 4 个可同步运行的通用定时器(TIM2、TIM3、TIM4 和 TIM5)中，每个定时器配备一个 16 位的自动加载递增/递减计数器、一个 16 位的预分频器和 4 个独立的通道。

　　2 个 16 位高级控制定时器(TIM1 和 TIM8)由一个可编程预分频器驱动的 16 位自动装载计数器组成，与通用定时器有许多共同之处，但其功能更强大，适合多种用途。

　　2 个基本定时器(TIM6 和 TIM7)主要用于产生 DAC 触发信号，也可当做通用的 16 位时基计数器。

　　定时器 TIM1～TIM8 属性比较见表 6.1 所示。

表 6.1　TIM1～TIM8 定时器的比较

定时器	计数器分辨率	计数器类型	预分频系数	产生 DMA 请求	捕获/比较通道	互补输出
TIM1/8	16	向上、向下、向上/向下	1～65 536	可以	4	有
TIM2/3/4/5	16	向上、向下、向上/向下	1～65 536	可以	4	有
TIM6/7	16	向上	1～65 536	可以	0	无

2. 看门狗定时器

　　看门狗(Watchdog)的作用是在微控制器受到干扰进入错误状态后，使系统在一定时间间隔内复位。因此看门狗是保证系统长期、可靠和稳定运行的有效措施。目前大部分的嵌入式芯片内部都集成了看门狗定时器来提高系统运行的可靠性。STM32 处理器内置了 2 个看门狗,即独立看门狗 IWDG 和窗口看门狗 WWDG,它们可用于检测和解决由软件错误引起的故障。独立看门狗基于一个 12 位的递减计数器和一个 8 位的预分频器,它采用内部独立的 32 kHz 的低速时钟,即使主时钟发生故障,它也仍然有效。它可以运行于停机模式或待机模式,也可以用于在发生问题时复位整个系统,或者作为一个自由定时器为应用程序提供超时管理。窗口看门狗内有一个 7 位的递减计数器,其时钟则从 APB1 时钟分频后获得,通过可配置的时间窗口来检测应用程序的非正常行为。因此,独立看门狗适合作为独立于整个应用程序的看门狗,能够完全独立工作,对时间精度要求较低;而窗口看门狗则适合要求在精确计时窗口起作用的应用程序。

3. 实时时钟

实时时钟(RTC)器件是一种能提供日历/时钟、数据存储等功能的专用内部电路,常做各种计算机系统的时钟信号源和参数设置存储电路。RTC 具有计时准确、耗电低和体积小等特点,特别适合在各种嵌入式系统中用于记录事件发生的时间和相关信息。

4. SysTick 时钟

SysTick 时钟位于 STM32 内核中,是一个 24 位递减计数器。将其设定初值并使能后,每经过 1 个系统时钟周期,计数值就减 1。计数到 0 时,SysTick 计数器自动重装初值并继续计数,同时内部的 COUNTFLAG 标志会置位,从而触发中断。在 STM32 的应用中,使用器件内核的 SysTick 作为定时时钟,主要用于精确延时。

6.2 通用定时器 TIMx 的结构

通用定时器 TIMx (TIM2~TIM5)的核心是可编程预分频器驱动的 16 位自动装载计数器。它主要由时钟源、时钟单元、捕获和比较通道等结构组成,如图 6.1~图 6.4 所示。

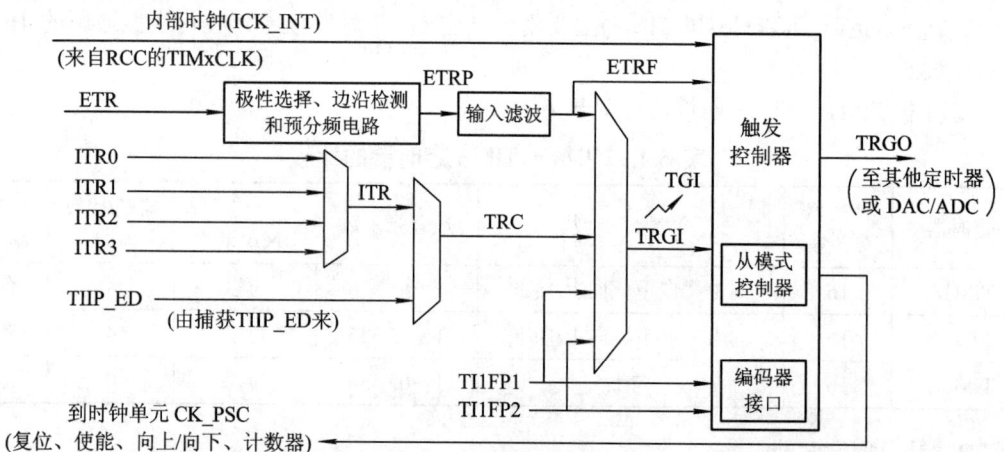

图 6.1 通用定时器时钟源结构

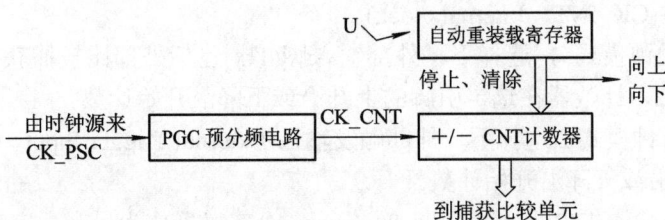

图 6.2　通用定时器时钟单元结构

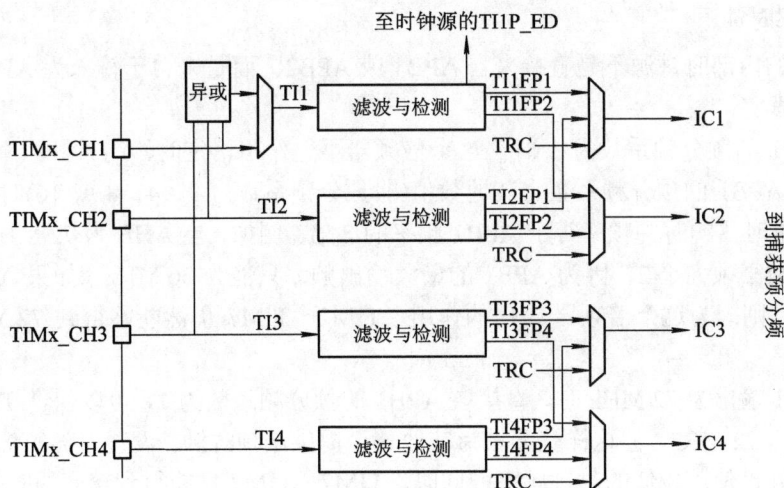

图 6.3　捕获输入检测结构

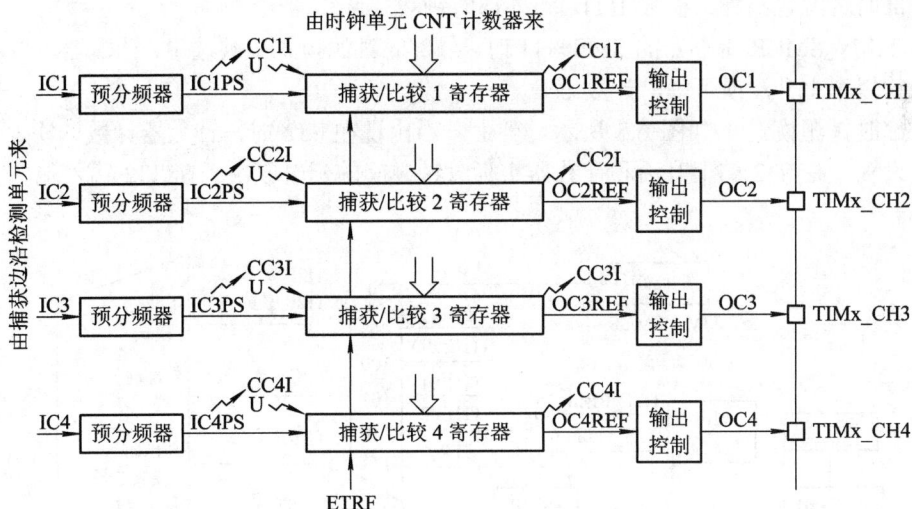

图 6.4　捕获比较输出控制结构

6.2.1　时钟源的选择

定时器时钟可由下述时钟源构成。除内部时钟外，其他 3 种时钟源通过 TRGI(触发)输入。

(1) 内部时钟(CK_INT，Internal clock)。

(2) 在外部时钟模式 1 选择下，外部输入脚(TIx)包括外部比较捕获引脚 TI1F_ED、TI1FP1 和 TI2FP2，计数器在选定引脚的上升沿或下降沿开始计数。

(3) 在外部时钟模式 2 选择下，外部触发输入(External Trigger Input，ETR)，计数器在 ETR 引脚的上升沿或下降沿开始计数。

(4) 内部触发输入(ITRx，x=0，1，2，3)。一个定时器作为另一个定时器的预分频器，如可以配置一个定时器 TIM1 作为另一个定时器 TIM2 的预分频器。

1. 内部时钟源

定时器的内部时钟源不是直接来自 APB1 或 APB2，而是来自于输入为 APB1 或 APB2 的一个倍频器。

当 APB1 的预分频系数为 1 时，这个倍频器不起作用，定时器的时钟频率等于 APB1 的频率。当 APB1 的预分频系数为其他数值(即预分频系数为 2、4、8 或 16)时，这个倍频器起作用，定时器的时钟频率等于 APB1 频率的 2 倍。例如，当 AHB 为 72 MHz 时，APB1 的预分频系数必须大于 2，因为 APB1 的最大输出频率只能为 36 MHz。如果 APB1 的预分频系数为 2，则因为这个倍频器 2 倍的作用，TIM2～TIM7 仍然能够得到 72 MHz 的时钟频率。

当 APB1 输出为 72 MHz 时，直接取 APB1 的预分频系数为 1，可以保证 TIM2～TIM7 的时钟频率为 72 MHz，但这样就无法为其他外设提供低频时钟。设置内部的倍频器，可以在保证其他外设使用较低的时钟频率的同时，TIM2～TIM7 仍能得到较高的时钟频率。

2. 外部时钟源

外部时钟源包括外部模式 1(TIx)和外部时钟模式 2。

当 TIMx_SMCR 寄存器的 SMS=111 时，外部时钟源模式 1 被选中，计数器可以在选定输入端的每个上升沿或下降沿计数。

外部时钟源模式 1 如图 6.5 所示。当上升沿出现在 TI2 时，计数器计数一次，且 TIF 标志被设置。在 TI2 的上升沿和计数器实际时钟之间的延时取决于在 TI2 输入端的重新同步电路。

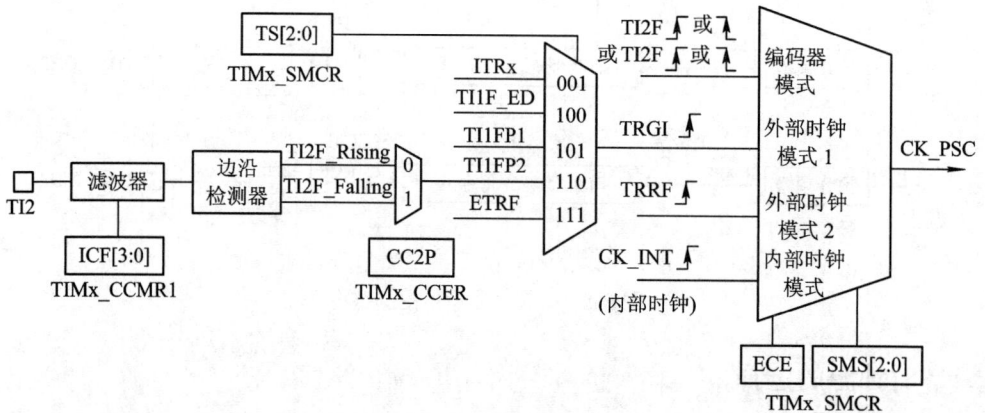

图 6.5　外部时钟源模式 1 示意图

外部时钟源模式 2 如图 6.6 所示。ETR 信号可以直接作为时钟输入，也可以通过触发输入(TRGI)作为时钟输入，即在 TOGI 中触发源选择为 ETO，二者效果是一样的。

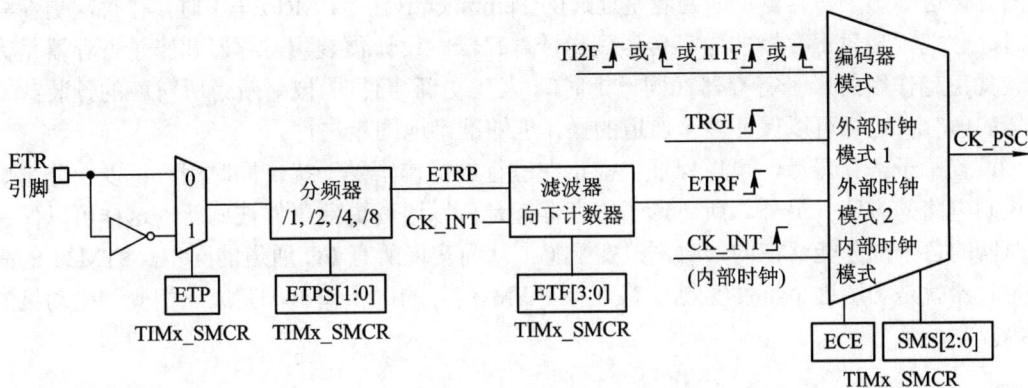

图 6.6　外部时钟模式 2 示意图

3．内部触发输入(ITRx)

该引脚可通过主(Master)和从(Slave)模式使定时器同步。如图 6.7 所示，TIM2 需设置成 TIM1 的从模式和 TIM3 的主模式。

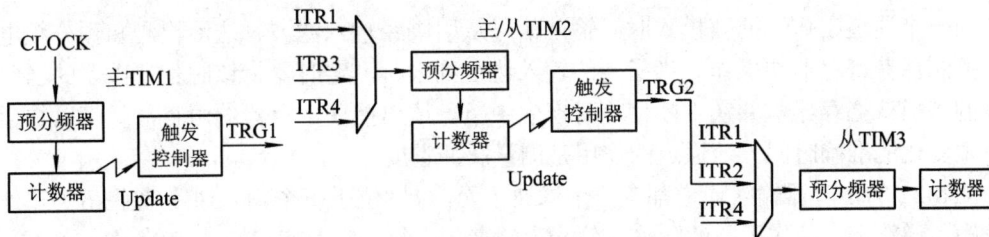

图 6.7　定时器的级联

6.2.2　定时器的时基单元

STM32 处理器定时器时基单元如图 6.2 所示。从时钟源送来的时钟信号，首先经过预分频器的分频，降低频率后输出信号 CK_CNT，送入计数器进行计数，预分频器的分频取值范围可以是 1～65 536 之间的任意数值。一个 72 MHz 的输入信号经过分频后，可以产生最小接近 1100 Hz 的信号。

计数器具有 16 位计数功能，它可以在时钟控制单元的控制下，进行递增计数、递减计数或中央对齐计数(即先递增计数，达到自动重装载寄存器的数值后再递减计数)。计数器还可以通过对时钟控制单元的控制，直接被清零，或者在计数值到达重装载寄存器的数值后被清零。计数器还可以直接被停止，或者在计数值到达重装载寄存器的数值后被停止。或者暂停一段时间计数，然后在控制单元的控制下再恢复计数。

当 CNT 计满溢出后，自动装载寄存器保存的初值赋给 CNT，继续计数。

在自动装载寄存器中，有两个寄存器，一个是程序员可以写入或读出的寄存器，称为预装载寄存器(Preload Register)，另一个是程序员看不见的，但在操作中真正起作用的寄存器，称为影子寄存器(Shadow Register)。

根据 TIMx_CK1 寄存器中 ARPE 位的设置，当 ARPE =0 时，预装载寄存器的内容可以随时传送到影子寄存器，即两者是连通的(Pemmnently)；当 ARPE = 1 时，在每次更新事件时，才把预装载寄存器的内容传送到影子寄存器。设计预装载寄存器和影子寄存器是为了让真正起作用的影子寄存器在同一个时间(发生更新事件时)被更新为所对应的预装载寄存器的内容，这样可以保证多个通道的操作能够准确地同步进行。

设置影子寄存器后，可以保证当前正在进行的操作不受干扰，同时用户可以十分精确地控制电路的时序；另外，所有影子寄存器都是可以通过更新事件被刷新，这样可以保证定时器的各个部分能够在同一时刻改变配置，从而实现所有 I/O 通道的同步。STM32 的高级定时器就是利用这个特性实现 3 路互补 PWM 信号的同步输出，完成三相变频电动机的精确控制。

6.2.3　捕获和比较通道

TIMx 的捕获和比较通道又可以分解为两部分，即输入通路和输出通路。当一个通道工作于捕获模式时，该通道的输出部分自动停止工作。同样，当一个通道工作于比较模式时，该通道的输入部分自动停止工作。

1．捕获通道

当一个通道工作于捕获模式时，输入信号从引脚经输入滤波、边沿检测和预分频电路后，控制捕获寄存器的操作。当指定的输入边沿到来时，定时器将该时刻计数器的当前数值复制到捕获寄存器，并在中断使能时产生中断。读出捕获寄存器的内容，就可以知道信号发生变化的准确时间。该通道的作用是测量脉冲宽度。

STM32 的定时器输入通道都有一个滤波单元，分别位于每个输入通路(见图 6.3)和外部触发输入通路上，其作用是滤除输入信号上的高频干扰。它对应 TIMx_CR1 中 bit8 和 bit9 的 CKD[1:0]。

2．比较通道

当一个通道工作于比较模式时，用户程序将比较数值写入比较寄存器，定时器会不停地将该寄存器的内容与计数器的内容进行比较，一旦比较条件成立，则产生相应的输出。如果使能了中断，则产生中断。如果使能了引脚输出，则按照控制电路的设置产生输出波形。这个通道最重要的应用就是输出 PWM (Pulse Width Modulation)波形，如图 6.8 所示。

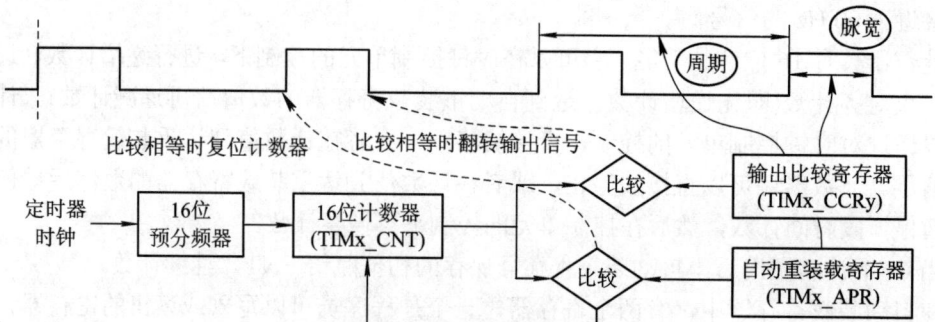

图 6.8　PWM 波示意图

PWM 控制即脉冲宽度调制技术，通过对一系列脉冲的宽度进行控制获得所需波形(含形状和幅值)。PWM 控制技术在逆变电路中应用最广，应用的逆变电路绝大部分是 PWM 型，PWM 控制技术正是由于在逆变电路中的应用，才确定了它在电力电子技术中的重要地位。

6.2.4　计数器与定时时间的计算

1. 计数器

1) 向上计数模式

在向上计数模式中，计数器从 0 计数到自动加载值(TIMx_ARR 计数器的内容)，然后重新从 0 开始计数，并且产生一个计数器溢出事件。当 TIMx_ARR=0x36 时，计数器向上计数模式如图 6.9 所示。

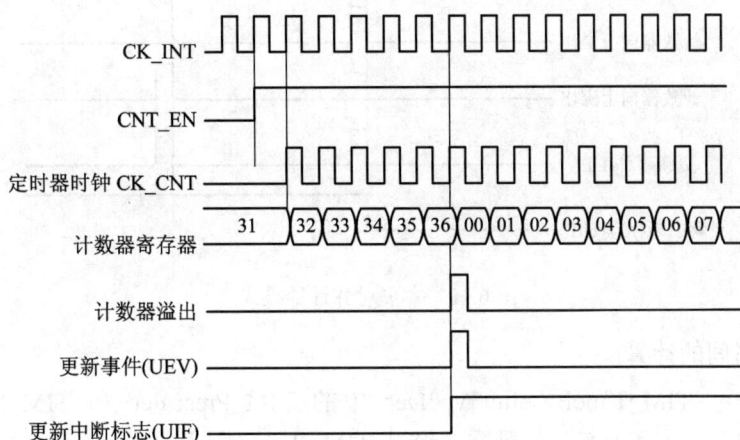

图 6.9　向上计数模式示例

2) 向下计数模式

在向下计数模式中，计数器从自动装入的值(TIMx_ARR 计数器的值)开始向下计数到 0，然后从自动装入的值重新开始计数，并且产生一个计数器向下溢出事件。当 TIMx_ARR=0x36 时，计数器向下计数模式如图 6.10 所示。

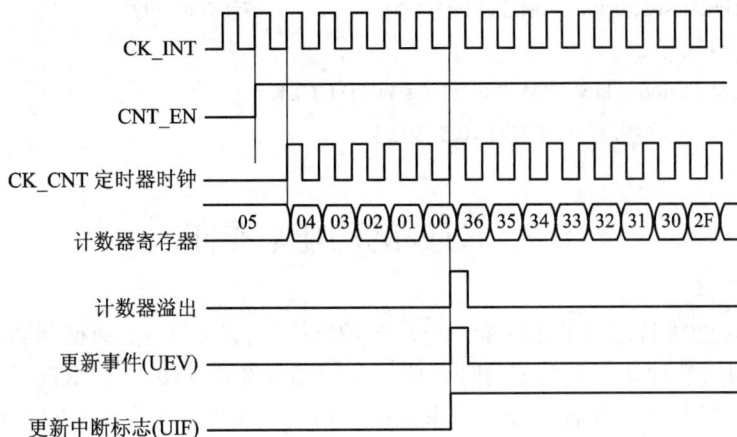

图 6.10　向下计数模式

3) 中央对齐计数模式

在中央对齐计数模式中，计数器从 0 开始计数到自动加载的值(TIMx_ARR 寄存器)，产生一个计数器溢出事件，然后向下计数到 0，并且产生一个计数器下溢事件。然后再从 0 开始重新计数。当 TIMx_ARR =0x06 时，计数器向下计数模式如图 6.11 所示。

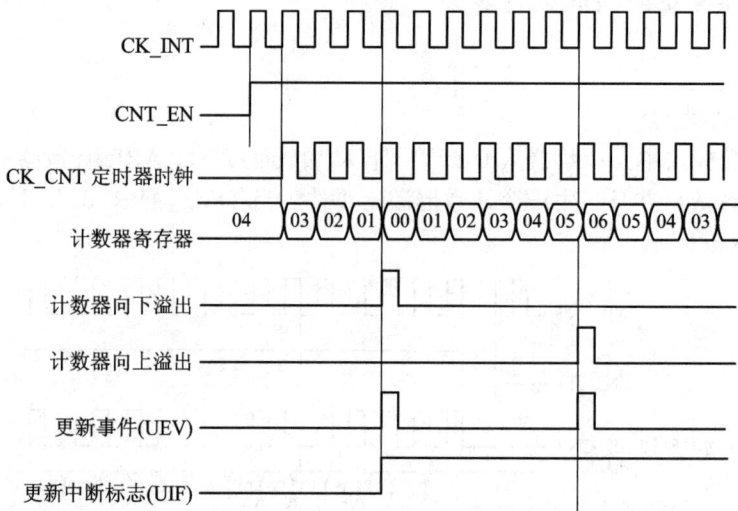

图 6.11　中央对齐计数模式

2．定时时间的计算

定时时间由 TIM_TimeBaseInitTypeDef 中的 TIM_Prescaler 和 TIM_Perio 设定。TIM_Period 的大小实际上表示的是需要经过 TIM_Period 次计数后才会发生一次更新或中断。TIM_Prescaler 是时钟预分频数。

设脉冲频率为 TIMxCLK，定时公式为：

T = (TIM_Period + 1) x (TIM_Prescaler + 1)/TIMxCLK

假设系统时钟是 72 MHz，系统时钟部分初始化程序为：

```
TIM_TimeBaseStructure.TIM_Prescaler=35999;        //分频 35 999
TIM_TimeBaseStructure.TIM_Period = 999;           //计数值 999
```

定时时间为：

T = (TIM_Period + 1) x (TIM_Prescaler + 1)/TIMxCLK
  = (999 + 1) x (35999 + 1)/72M =0.5 秒

6.3　RTC 的功能与操作

RTC 是靠电池维持运行的定时器，也是一种能提供日历/时钟、数据存储等功能的专用集成电路，常用做各种计算机系统的时钟信号源和参数设置存储电路。RTC 具有计时准确、耗电少和体积小等特点，在各种嵌入式系统中常用于记录事件发生的时间和相关信息。

需要 RTC 的系统一般不允许时钟停止，所以即使在单片机系统停电时，RTC 也必须能够正常工作，因此一般都需要电池供电，同时要考虑电池的使用寿命问题。

6.3.1　RTC 的基本功能

1. RTC 的工作特点

STM32 处理器中的 RTC 实际是一个独立的定时器，可使用的时钟源可以有：HSE(外置晶振)、HIS(内置 RC 振荡)和 LSE(外置 RTC 振荡器，32 768 Hz 居多)。

STM32 启动首先使用的是 HSI 振荡，在确认 HSE 振荡可用的情况下，才可以转而使用 HSE，当 HSE 出现问题，STM32 可自动切换回 HSI 振荡，维持工作。在一般 RTC 实时时钟的应用中，希望在系统主电源关闭后，能用最小的电流消耗来维持 RTC 时钟的运行，当使用内部 LSI 为 RTC 时钟源时，可以节省一个外部 LSE 振荡器，但付出的代价是，需要更大的电流消耗和计时的不精确。一般都选择使用外部 32.768 kHz 晶振作为 RTC 专供时钟，它可以为系统提供非常精确的时间计时和非常低的电流消耗。

市场上 32.768 kHz 晶振有两种，一种是 12 pF 负载电容的晶振，另一种是 6 pF 负载电容的晶振。在选用晶振时，要注意匹配电容的搭配。

RTC 实时时钟可以用来进行定时报警(闹钟)和时间的计时。通过必要的设置可以使用 RTC 闹钟事件将系统从停止模式下唤醒。这样，在停止模式下，系统 CPU 的所有时钟都处于停止状态，以达到最低的电流消耗。在没有 RTC 唤醒功能的系统中，如果系统要实现定期地唤醒监听，需要有一个定时器运行或外部给一个信号，这样不仅达不到低功耗的目的还会增加系统成本。

2. RTC 的结构

RTC 主要由两个部分组成，第一部分是 APB1 接口，用来和 APB1 总线相连，此部分还包含一组 16 位寄存器，可通过 APB1 总线对其进行读写操作。APB1 接口由 APB1 总线时钟驱动，用来与 APB1 总线接口。这部分主要用于 CPU 和 RTC 的通信，以设置 RTC 寄存器。第二部分是 RTC 的核心，由一组可编程计数器组成，分为两个主要模块。一个是 RTC 的预分频模块，它可编程产生最长为 1 s 的 RTC 时间基准 TR_CLK。RTC 的预分频模块包含了一个 20 位的可编程分频器(RTC 预分频器)。如果在 RTC_CR 寄存器中设置了相应的允许位，则在每个 TR_CLK 周期中 RTC 产生一个中断(秒中断)。另一个是一个 32 位的可编程计数器，可被初始化为当前的系统时间。系统时间按 TR_CLK 周期累加并与存储在 RTC_ALR 寄存器中的可编程时间进行比较，如果 RTC_CR 控制寄存器中设置了相应允许位，比较匹配时将产生一个闹钟中断。

6.3.2　RTC 的基本操作

1. 读 RTC 寄存器

RTC 完全独立于 RTC APB1 接口。软件可通过 APB1 接口访问 RTC 的预分频值、计数器值和闹钟值。但是，相关的可读寄存器只有在与 RTC APB1 时钟进行重新同步的 RTC 时钟的上升沿被更新，包括 RTC 标志也是如此。这意味着，如果 APB1 接口被开启(复位、无时钟或断电)之后，软件首先需等待 RTC_CRL 寄存器中的 RSF 位(寄存器同步标志)被硬件置"1"后，才能读取相关内容。RTC 相关寄存器见表 6.2 所示。

表 6.2　RTC 相关寄存器

RTC 寄存器	功　　能
RTC 控制寄存器高位 (RTC_CRH)	用于屏蔽相关中断请求。系统复位后，所有的中断都被屏蔽，因此可通过写 RTC 寄存器来确保在初始化后没有中断请求被挂起
RTC 控制寄存器低位 (RTC_CRL)	用于控制 RTC
RTC 预分频装载寄存器 (RTC_PRLH/RTC_PRLL)	用于保存 RTC 预分频器的周期计数值。它们受 RTCLCR 寄存器的 RTOFF 位保护，仅当 RTOFF 值为 1 时，允许进行写操作
RTC 预分频器余数寄存器 (RTC_I_VH/RTC_DIVL)	在 TR_CLK 的每个周期里，RTC 预分频器中计数器的值都会被重新设置为 KTC_PKL 寄存器的值。用户可通过读取 RTC_DIV 寄存器，以获得预分频计数器的当前值，而不停止分频计数器的工作，从而获得精确的时间测量。此寄存器是只读寄存器，其值在 RTC_PRL 或 RTC_CNT 寄存器中的值发生改变后，由硬件重新装载
RTC 计数器寄存器 (RTC_CNTH/RTC_CNTL)	RTC 核有一个 32 位可编程的计数器，可通过两个 16 位的寄存器访问。计数器以预分频器产生的 TK_CLK 时间基准为参考进行计数。RTC_CNT 寄存器用于存放计数器的计数值，它们受 RTC_CR 位 RTOFF 写保护，仅当 KTOFF 值为 1 时，允许写操作。在高或低寄存器(RTC_CNTH 或 RTC_CNTL)上的写操作，能够直接装载到相应的可编程计数器，并且重新装载 RTC 预分频器。当进行读操作时，直接返回计数器内的计数值(系统时间)
RTC 闹钟寄存器 (RTC_ALRH/KTC_ALRL)	当可编程计数器的值与 RTC_ALR 中的 32 位值相等时，即触发一个闹钟事件，并且产生 RTC 闹钟中断，此寄存器受 RTC_CR 寄存器里的 KTOFF 位写保护，仅当 RTOFF 值为 1 时，允许写操作

2. 配置 RTC 寄存器

对 RTC 任何寄存器的写操作，都必须在前一次写操作结束后进行。可以通过查询 RTC_CR 寄存器中的 RTOFF 状态位，判断 RTC 寄存器是否处于更新中。仅当 RTOFF 状态位是"1"时，才可以写入 RTC 寄存器。配置 RTC 寄存器的过程如下：

(1) 查询 RTOFF 位，直到 RTOFF 的值变为"1"。

(2) 置 CNF 值为 1，进入配置模式。

(3) 对一个或多个 RTC 寄存器进行写操作。

(4) 清除 CNF 标志位，退出配置模式。

(5) 查询 RTOFF，直至 RTOFF 位变为 1，以确认写操作已经完成。

仅当 CNF 标志位被清除时，写操作才能进行，这个过程至少需要 3 个 RTCCLK 周期。

6.3.3　RTC 的供电与唤醒

1. RTC 的供电电源

STM32 处理器的引脚上有一个 V_{BAT} 引脚，该引脚可外接 3 V 干电池(或连接到 V_{DD} 上)。当 V_{DD} 断电时，可以保存备份寄存器的内容并维持 RTC 的功能。V_{BAT} 引脚也为 RTC、LSE 振荡器和 PC13、PC14、PC15 供电(保证当主要电源被切断时 RTC 能继续工作)。切换到 V_{BAT} 供电由复位模块中的掉电复位功能控制。如果应用中没有使用外部电池，V_{BAT} 必须连接到 V_{DD} 引脚上。

如果使用 V_{DD} 供电，为了保护 V_{BAT} 引脚，建议在外部 V_{BAT} 引脚和电源之间连接一个低压降二极管。如果应用电路没有外接电池，建议在 V_{BAT} 引脚上，外接一个 100 nF 的陶瓷电容与 V_{DD} 相连。

一般在设计应用时，有很多 RTC 把主电源电路与后备电池电路设计成能够自动切换的形式，即系统上电时，由主电源供电，而在断电时，自动切换为后备电池给 RTC 供电。

当后备域由 V_{DD}(内部模拟开关连到 V_{DD})供电时，以下功能可用：

(1) PC14 和 PC15 可以用于 GPIO 或 LSE 引脚。

(2) PC13 可以作为通用 I/O 口、TAMPER 引脚、RTC 校准时钟、RTC 闹钟或秒输出。

注意：因为模拟开关只能通过少量的电流(3 mA)，使用 PC13～PC15 的 I/O 口功能是有限制的。因为同一时间内只有一个 I/O 口可以作为输出，速度必须限制在 2 MHz 以下，最大负载为 30 pF，而且这些 I/O 口绝不能当作电流源(如驱动 LED)。

当后备域由 V_{BAT} 供电时(V_{DD} 消失后模拟开关连到 V_{BAT})，可以使用以下功能：

(1) PC14 和 PC15 只能用于 LSE 引脚。

(2) PC13 可以作为 TAMPER 引脚、RTC 闹钟或秒输出。

2. 低功耗模式下的自动唤醒

RTC 可以在不需要依赖外部中断的情况下，唤醒低功耗模式下的控制器(自动唤醒模式，AWU)。RTC 提供了一个可编程的时间基数，用于周期性从停止或待机模式下唤醒。通过对备份域控制寄存器(RCC_BDCR)的 RTCSEL[1:0]位的编程，3 个 RTC 时钟源中的两个可以选择，以实现此功能。

(1) 低功耗 32.768 kHz 外部晶振(LSE)。该时钟源提供了一个低功耗且精确的时间基准(在典型情形下消耗小于 1 μA)。

(2) 低功耗内部 RC 振荡器(LSI RC)。使用该时钟源，可节省一个 32.768 kHz 晶振成本，但使用内部 RC 振荡器将增加少许电源消耗。

(3) 为了使用 RTC 闹钟事件将系统从停止模式下唤醒，必须进行如下操作：

① 配置外部中断线 17 为上升沿触发。

② 配置 RTC，使其可产生 RTC 闹钟事件。

如果要从待机模式中唤醒，不必配置外部中断线 17。

6.3.4　BKP 与侵入检测

1. BKP 功能

后备寄存器(BKP)是 42 个 16 位寄存器，可用来存储 84 字节的用户应用程序数据。它们处在后备域中，当 V_{DD} 电源被切断，它们仍然由 V_{BAT} 维持供电。当系统在待机模式下被唤醒、系统复位或电源复位时，它们也不会被复位。

此外，BKP 控制寄存器用来管理侵入检测和 RTC 校准功能(在 PC13 引脚上，可输出 RTC 校准时钟、RTC 闹钟脉冲或者秒脉冲信号)。

复位后，对备份寄存器和 RTC 的访问被禁止，并且后备域被保护，以防止可能存在的意外写操作。

2. 侵入检测

当 TAMPER 引脚上的信号从 0 变成 1 或者从 1 变成 0(取决于后备寄存器 BKP_CR 的 TPAL 位)时，会产生一个侵入检测事件。侵入检测事件将所有备份寄存器内容清除。然而为了避免丢失侵入事件，侵入检测信号是边沿检测的信号与侵入检测允许位的逻辑与关系，因此，在侵入检测引脚被允许前，发生的侵入事件也可以被检测到。

设置 BKP_CSR 寄存器的 TPIE 位为 1，当检测到侵入事件时就会产生一个中断。在一个侵入事件被检测到并被清除后，侵入检测引脚 TAMPER 应该被禁止。然后，在再次写入备份数据寄存器前，重新用 TPE 位启动侵入检测功能。这样，可以阻止软件在侵入检测引脚上仍然有侵入事件时，对备份数据寄存器进行写操作，这相当于对侵入引脚 TAMPER 进行电平检测。

注意：当 V_{DD} 电源断开时，侵入检测功能仍然有效。为了避免不必要的复位数据备份寄存器，TAMPER 引脚应该在片外连接到正确的电平。

6.4　系统时钟 SysTick 的功能与使用

STM32 处理器内核中有一个系统时基定时器(SysTick)，其为一个 24 位递减计数器。系统时基定时器设定初值并使能后，每经过 1 个系统时钟周期，计数值就减 1，当计数值递减到 0 时，系统时基定时器自动重装初值，并继续向下计数，同时内部的 COUNTFLAG 标志会置位，触发中断。中断响应属于 NVIC 异常，异常号为 15。

6.4.1　SysTick 内部结构

SysTick 时钟的主要优点在于精确定时。在外部晶振为 8 MHz、通过 PLL9 倍频，系统时钟为 72 MHz 时，系统时基定时器的递减频率可以设为 9 MHz(如 HCLK/8)。在这个条件下，如果把系统定时器的初始值设置成 90 000，就能够产生 10 ms 的时间基值，如果开启中断，则产生 10 ms 的中断。如果把系统定时器的初始值设置成 9000，就能够产生 1 ms 的时间基值，如果开启中断，则产生 1 ms 的中断。

大多数操作系统需要一个硬件定时器来产生周期性定时中断，以此作为整个系统的时基。例如，为多个任务分配时间段，确保没有一个任务能"霸占"系统。或者把每个定时器周期的某个时间范围赋予特定的任务等。此外，操作系统提供的各种定时功能都与这个 SysTick 定时器有关。因此，需要一个定时器来产生周期性的中断，而且最好不让用户程序随意访问它的寄存器，以维持操作系统"心跳"的节律。

SysTick 定时器的内部时钟源构成如图 6.12 所示。

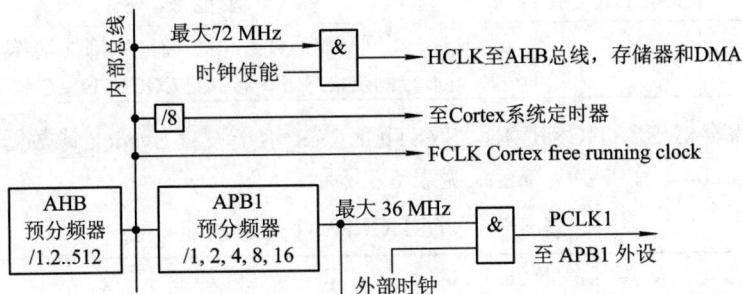

图 6.12 SysTick 的时钟源构成

6.4.2 SysTick 定时器的使用

1. SysTick 寄存器

SysTick 有 4 个控制寄存器,即 SYSTICKCSR、SYSTICKRVR、SYSTICKCVR 和 SYSTICKCALVR。

(1) 控制及状态寄存器(SYSTICKCSR)。SYSTICKCSR 偏移地址为 0x00。其各主要位域定义见表 6.3 所示。

表 6.3 SYSTICKCSR 位域功能

位	名 称	类型	复位值	功 能 描 述
0	ENABLE	R/W	0	Systick 使能位。0:关闭 Systick 功能;1:开启 Systick 功能
1	TICKINT	R/W	0	中断使能位。0:关闭 SysUck 中断;1:开启 Systick 中断
2	CLKSOURCE	R/W	0	时钟源选择。0:时钟源 HCLK/8;1:时钟源 HCLK
16	COUNTFLAG	R	0	计数比较标志。读取该位后,该位自动清零,SysTick 归零,该位为 1

(2) 校准值寄存器(SYSTICKCALVR)。SYSTICKCALVR 的偏移地址为 0x0C,其主要位域定义见表 6.4 所示。

表 6.4 SYSTICKCALVR 位域功能

位	名 称	类 型	复位值	功 能 描 述
31	NOREF	K	X	0:外部参考时钟可用;1:没有外部参考时钟(STCLK 不可用)
30	SKEW	R	X	0:校准值是准确的 10 ms;1:校准值不是准确的 10 ms
23:0	TENMS	R/W	0	10 ms 的时间内倒数计数的个数。芯片设计者应通过 CM3 的输入信号提供该数值。若该值读回 0,则表示无法使用校准功能

(3) 当前值寄存器(SYSTICKCVR)。SYSTICKCVR 用于存储 Systick 计数器的当前值。它的偏移地址为 0x08,其主要位域定义见表 6.5 所示。

表 6.5　SYSTICKCVR 位域功能

位	名　称	类型	复位值	功　能　描　述
23:0	CURRENT	R/W	0	读取时，返回当前计数值；写入时，则使之清零，同时还会清除在 Systick 控制及状态寄存器中的 COUNTFLAG 位

(4) 重载寄存器(SYSTICKRVR)。SYSTICKRVR 用于设置 Systick 计数器的比较值。它的地址偏移为 0x04，其主要位域定义见表 6.6 所示。

表 6.6　SYSTICKRVR 位域功能

位	名　称	类　型	复位值	功　能　描　述
23:0	RELOAD	R/W	0	当 Systick 归零后，该寄存器的自动重装入 Systick 计数器

2. SysTick 的使用

SysTick 定时器库函数的使用，参见第 3 章的第 3.7 节。

6.5　看门狗定时器的功能与操作

STM32 处理器内置独立看门狗和窗口看门狗定时器，这两个看门狗提供了更安全、时间更精确和使用更灵活的控制技术。该看门狗可用来检测和解决由软件错误引起的故障。当计数器达到给定的超时值时，会触发一个中断(仅适用于窗口型看门狗)或产生系统复位。

独立看门狗(IWDG)由专用的 40 kHz 的低速时钟驱动，即使主时钟发生故障它也仍然有效。窗口看门狗(WWDG)由从 APB1 时钟分频后得到的时钟驱动，通过可配置的时间窗口来检测应用程序非正常的操作。

IWDG 最适合应用于需要看门狗作为一个在主程序之外能够完全独立工作，并且对时间精度要求较低的场合。WWDG 最适合用于要求看门狗在精确计时窗口起作用的应用程序。

6.5.1　独立看门狗定时器的操作

独立看门狗(IWDG)定时器可根据程序的复杂程度配置监控时间。表 6.7 列出了不同配置情况的最长时间和最短时间。

表 6.7　IWDG 在 40Hz 输入时间下配置的时间

预分频系数	PR[2:0]位	最短时间/ms RU[11:0] = 0x000	最长时间/ms RL[11:0] = 0xFFF
/4	0	0.1	409.6
/8	1	0.2	819.2
/16	2	0.4	1638.4
/32	3	0.8	3276.8
/64	4	1.6	6553.6
/128	5	3.2	13107.2
/256	(6 或 7)	6.4	26214.4

1．IWDG 的主要组成

独立看门狗定时器的内部构成见图 6.13 所示。它主要由预分频寄存器(IWDG_PR)、状态寄存器(IWDG_SR)、重装寄存器(IWDG_RLR)、钥匙寄存器(IWDG_KR)和递减寄存器等部分组成。

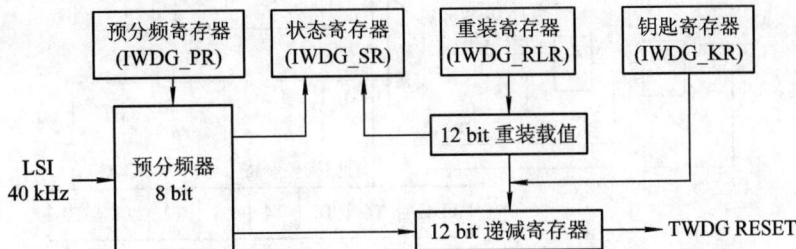

图 6.13　独立看门狗组成框图

当钥匙寄存器(IWDG_KR)中写入 0xcccc 时，独立看门狗定时器马上开启。此时计数器开始从其复位值 0xFFF 递减计数，当计数到末尾 0x000 时，会产生一个复位信号(IWDG_RESET)。

无论何时，只要钥匙寄存器 IWDG_KR 中被写入 0xAAAA，IWDG_RLR 中的值就会被重新加载到计数器中，从而避免产生看门狗复位。

2．IWDG 的工作特性

如果用户在程序中启用了"硬件看门狗"功能，在系统上电复位后，看门狗会自动开始运行。如果在计数器计数结束前，软件还没有向钥匙寄存器写入相应的值(0xAAAA)，则系统会产生复位。

IWDG_PR 和 IWDG_RLR 寄存器具有写保护功能。如果要修改这两个寄存器，必须先向 IWDG_KR 寄存器中写入 0x5555，寄存器将重新被保护。重装载操作(即写入 0xAAAA)也会启动写保护功能。状态寄存器(IWDG_SR)指示预分频值和递减计数器是否正在被更新。

注意：看门狗功能处于 V_{DD} 供电区，即在停机和待机模式时仍能正常工作。

6.5.2　窗口看门狗定时器的操作

窗口看门狗通常被用来监测由外部干扰或不可预见的逻辑条件造成的应用程序背离正常的运行轨迹而产生的软件故障。如果启用了看门狗功能，看门狗电路在达到预置的时间周期时，会产生一个 MCU 复位。在递减计数器达到窗口寄存器数值之前，如果 7 位的递减计数器数值(在控制寄存器中)被刷新，那么也将产生一个 MCU 复位。这表明递减计数器需要在一个有限的时间窗口被刷新。

1．WWDG 的主要组成

窗口看门狗(WWDG)定时器主要由看门狗控制寄存器(WWDG_CR)、看门狗配置寄存器(WWDG_CFR)、看门狗预分频器(WDGTB)和比较器等组成。其组成框图见图 6.14 所示。

图 6.14 中，如果看门狗控制寄存器(WWDG_CR)中的 WDGA 位被置 1，并且当 7 位(T[6:0])递减计数器从 0x40 翻转到 0x3F(T6 位清 0)时，将产生一个复位。如果软件在计数

器值大于窗口寄存器中数值时重新装载计数器，将产生一个复位。

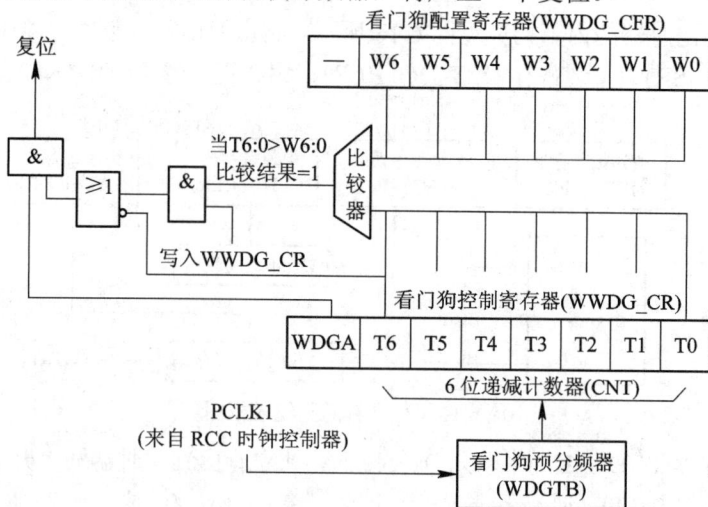

图 6.14　窗口看门狗组成框图

2. WWDG 的工作特性

应用程序在正常运行过程中必须定期地写入特定数据到 WWDG_CR 寄存器中，以防止 MCU 发生复位。只有当计数器值小于窗口寄存器的值时，才能进行写操作。储存在 WWDG_CR 寄存器中的数值必须在 0xFF 和 0xC0 之间。

(1) 启动看门狗。在系统复位后，看门狗总是处于关闭状态，设置 WWDG_CR 寄存器的 WDGA 位能够开启看门狗，随后它不能再被关闭，除非发生复位。

(2) 控制递减计数器。递减计数器处于自由运行状态，即使看门狗被禁止，递减计数器仍继续递减计数。当看门狗被启用时，T6 位必须被设置，以防止立即产生一个复位。T[5:0] 位包含了看门狗产生复位之前的计时数值。配置寄存器(WWDG_CFR)中包含窗口的上限值，要避免产生复位，递减计数器必须在其值小于窗口寄存器的数值并且大于 0x3F 时被重新装载。设置 WWDG_CFR 寄存器中的 WEI 位开启中断，当递减计数器到达 0x40 时，则产生此中断，相应的中断服务程序(ISR)可以用来加载计数器以防止 WWDG 复位，在 WWDG_CR 寄存器中写 0 可以清除该中断。

计算超时的公式如下：

$$T_{WWDG} = T_{PCLK1} \times 4096 \times 2^{WDGTB} \times (T[5:0] + 1)$$

式中，T_{WWDG} 为 WWDG 超时时间，T_{PCLK1} 为 APB1 以 ms 为单位的时钟间隔。PCLK1=36 MHz 时的最小/最大超时值如表 6.8 所示。

表 6.8　PCLK1=36 MHz 时的最小/最大超时值

WDGTB	最小超时值/μs	最大超时值/ms
0	113	7.28
1	227	14.56
2	455	29.12
3	910	58.25

6.6　定时器的编程应用实例

对于定时器的编程应用，首先要了解相关硬件电路，其次要根据"相关需求"进行软件编程的规划。然后通过第 3 章介绍的相关库函数进行部分函数的编写。

6.6.1　定时器的基本应用

1．定时器 6(TIM6)产生秒信号的一般应用

由 TIM6 定时器产生秒信号。当秒信号完成后，重新装载又开始新的 1 秒。通过 TIM6 的中断程序使 LED 灯点亮，并使 SP 蜂鸣器发声，基本电路如图 6.15(a)所示。

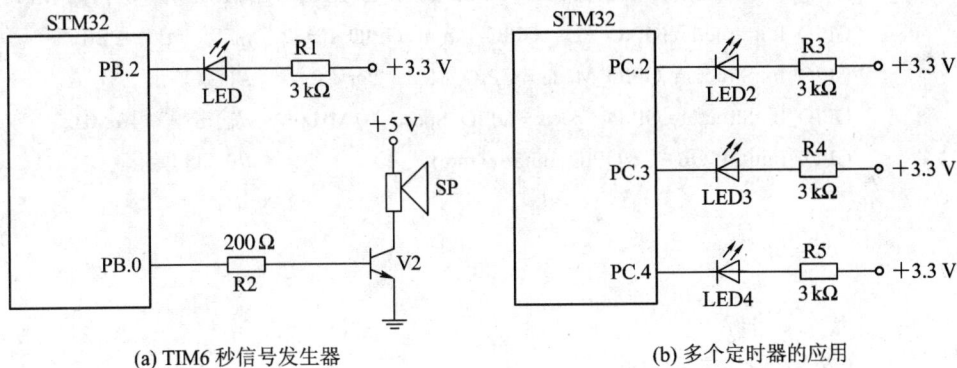

图 6.15　定时器的基本应用

1)　初始化函数

```
//----TIM6 初始函数，1 秒信号--- TIM6 优先级 2，1 ----------
void Times_Init_TIM6(void) //定时器 TIM6 初始函数
    {
    TIM_TimeBaseInitTypeDef    TIM_TimeBaseStructure；
    NVIC_InitTypeDef    NVIC_InitStructure；
    //打开 TIM6 外设时钟
    RCC_APB1PeriphClockCmd(RCC_APB1Periph_TIM6，ENABLE);
    // 定时器 6 设置：  1440 分频，1000 ms 中断一次，向上计数
    TIM_TimeBaseStructure.TIM_Period = 50000；              //周期数
    TIM_TimeBaseStructure.TIM_Prescaler = 1439；            //1440 分频
    TIM_TimeBaseStructure.TIM_ClockDivision = 0；
    TIM_TimeBaseStructure.TIM_CounterMode = TIM_CounterMode_Up//向上计数
    TIM_TimeBaseInit(TIM6，&TIM_TimeBaseStructure)；         //初始化定时器
    TIM_ITConfig(TIM6，TIM_IT_Update，  ENABLE)；            //开定时器 6 中断
    TIM_Cmd(TIM6，  ENABLE)；                                //使能定时器 6
    // 使能 TIM6 中断优先级
```

```
                NVIC_InitStructure.NVIC_IRQChannel = TIM6_IRQChannel;
                NVIC_InitStructure.NVIC_IRQChannelPreemptionPriority = 2;      //定义占先优先级为 2
                NVIC_InitStructure.NVIC_IRQChannelSubPriority = 1;            //定义副优先级为 1
                NVIC_InitStructure.NVIC_IRQChannelCmd = ENABLE;
                NVIC_Init(&NVIC_InitStructure);
        }
    //配置 IO 口：定义 PB0、PB2 为输出口
        void LED_SP_SCH(void)                      //PB2，PB0 I/O 初始化
          {
            GPIO_InitTypeDef GPIO_InitStructure;
            // 配置 PB0、PB2 为推拉输出*/
            RCC_APB2PeriphClockCmd(RCC_APB2Periph_GPIOB,  ENABLE);   //打开 PB 口时钟
            GPIO_InitStructure.GPIO_Pin = GPIO_Pin_0 | GPIO_Pin_2;   //定义 PB2、PB0
            GPIO_InitStructure.GPIO_Mode = GPIO_Mode_Out_PP;         //推挽输出
            GPIO_InitStructure.GPIO_Speed = GPIO_Speed_10 MHz;       //输出频率 10 MHz
            GPIO_Init(GPIOB,   &GPIO_InitStructure);                 //B 口初始化
          }
        void delay_x(unsigned int x)               //延时函数
          {
            unsigned int i;
            for(i=0;  i<x;  i++);
          }
```

2) 中断函数

```
        void TIM6_IRQHandler(void)                //秒信号中断函数
          {
            if (TIM_GetITStatus(TIM6,   TIM_IT_Update) != RESET)
             {
                TIM_ClearITPendingBit(TIM6,   TIM_IT_Update);   //清除 TIM6 的中断标志
                GPIO_ResetBits(GPIOB,   GPIO_Pin_2);            //PB.2 输出 0，点亮灯
                GPIO_SetBits(GPIOB,   GPIO_Pin_0);              //PB.0 输出 1，蜂鸣器发声
                delay_x(0x5000);  //延时
                GPIO_SetBits(GPIOB,   GPIO_Pin_2);              //PB.2 输出 1，灯熄灭
                GPIO_ResetBits(GPIOB,   GPIO_Pin_0);            //PB.0 输出 0，蜂鸣器不发声
             }
          }
```

3) 主函数

```
        int main(void) //主函数
          {
            SystemInit();  //配置时钟
```

```
        LED_SP_SCH();            // I/O 初始化(PB2，PB0)
        NVIC_PriorityGroupConfig(NVIC_PriorityGroiip_1);      //定义优先级为 1 组
        Times_Init_TIM6 ();       //初始化 TIM6，并中断使能
        while(1)
        {
            //用户可根据自己的需求加入相关程序
        }
    }//main()_END
```

2. 定时器 2、定时器 3 和定时器 4 的综合应用

为了掌握中断优先级的内容，在图 6.15(b)中有三个 LED 灯。要求：定时器 2 产生 1000 ms、定时器 3 产生 500 ms 和定时器 4 产生 250 ms 秒定时中断，三个定时器中断后，自动重载。当 TIM2 中断溢出时，LED2 灯点亮；当 TIM3 中断溢出时，LED3 灯点亮；当 TIM4 中断溢出时，LED4 灯点亮。

1) 初始化函数

```
    void Timex_Init (void)//定时器初始化
    {
        TIM_TimeBaseInitTypeDef    TIM_TimeBaseStructure；
        NVIC_InitTypeDef    NVIC_InitStructure；
        RCC_APBlPeriphClockCmd (RCC_APB1Periph_TIM2，ENABLE)    //打开 TIM2 外设时钟
        RCC_APBlPeriphClockCmd (RCC_APBlPeriph_TIM3，ENABLE);   //打开 TIM3 外设时钟
        RCC_APBlPeriphClockCmd (RCC_APBlPeriph_TIM4，ENABLE);   //打开 TIM4 外设时钟

        //定时器 2 设置：1440 分频，1 s(1000 ms)中断一次，向上计数
        TIM_TimeBaseStructure.TIM_Period = 50000；
        TIM_TimeBaseStructure.TIM_Prescaler = 1439；
        TIM_TimeBaseStructure.TIM_ClockDivision = 0；
        TIM_TimeBaseStructure.TIM_CounterMode = TIM_CounterMode_Up；
        TIM TimeBaseInit (TIM2,    &TIM TimeBaseStructure)；       //初始化定时器
        TIM_ITConfig (TIM2,    TIM_IT_Update，ENABLE)；
        TIM_Crnd (TIM2,    ENABLE)；                               //使能 TIM2

        //定时器 3 设置：1440 分频，0.5 s(500 ms)中断一次，向上计数
        TIM_TimeBaseStructure.TIM_Period = 25000；                //初始化定时器
        TIM_TimeBaseStructure.TIM_Prescaler = 1439；
        TIM_TimeBaseStructure.TIM_ClockDivision = 0；
        TIM_TimeBaseStructure.TIM_CounterMode = TIM_CounterMode_Up；
        TIM_TimeBaseInit (TIM3，&TIM_TimeBaseStructure)；         //初始化定时器
        TIM_ITConfig (TIM3，TIM_IT_Update，ENABLE)；             //开定时器中断
        TIM_Cmd (TIM3,    ENABLE)；                               //使能 TIM3
```

```
//定时器 4 设置：1440 分频，0.25 s(250 ms)中断一次，向上计数
TIM_TimeBaseStructure.TIM_Period = 12500;
TIM_TimeBaseStructure .TIM_Prescaler = 1439;
TIM_TimeBaseStructure.TIM_ClockDivision=0;
TIM_TimeBaseStructure.TIM_CounterMode = TIM_CounterMode_Up;
TIM_TimeBaseInit(TIM4，&TIM_TimeBaseStructure);        //初始化定时器
TIM_ITConfig(TIM4，TIM_IT_Update，ENABLE) ;        //开定时器中断
TIM_Cmd(TIM4，ENABLE);        //使能 TIM4
}
//TIM2 中断优先级最高、TIM3 中断次高、TIM4 中断优先级最低
void Timex_Init_NVIC (void)//定时器优先级设置
{
NVIC_InitTypeDef    NVIC_InitStructure;
NVIC_PriorityGroupConfig(NVIC_PriorityGroup_1);        //定义优先级为 1 组

//使能 TIM2 中断优先级
NVIC_InitStructure.NVIC_IRQChannel = TIM2_IRQChannel;
NVIC_InitStructure.NVIC_IRQChannelPreemptionPriority = 1;    //占先优先级为 1
NVIC_InitStructure.NVIC_IRQChannelSubPriority = 0;        //副优先级为 0
NVIC_InitStructure.NVIC_IRQChannelCmd = ENABLE;        //使能
NVIC_Init(&NVIC_InitStructure);        //设置 TIM2
//使能 TIM3 中断优先级
NVIC_InitStructure.NVIC_IRQChannel = TIM3_IRQChannel;
NVIC_InitStructure.NVIC_IRQChannelPreemptionPriority=1;    //占先优先级为 1
NVIC_InitStructure.NVIC_IRQChannelSubPriority = 1;        //副优先级为 1
NVIC_InitStructure.NVIC_IRQChannelCmd = ENABLE;
NVIC_Init(&NVIC_InitStructure);        //设置 TIM3
//使能 TIM4 中断优先级
NVIC_InitStructure.NVIC_IRQChannel = TIM4_IRQChannel;
NVIC_InitStructure.NVIC_IRQChannelPreemptionPriority=1;    //占先优先级为 1
NVIC_InitStructure.NVIC_IRQChannelSubPriority = 2;        //副优先级为 2
NVIC_InitStructure.NVIC_IRQChannelCmd = ENABLE;
NVIC_Init(&NVIC_InitStructure);        //设置 TIM4
}
    //配置 IO 口
void LED_SCH(void)   //定义 PC2、PC3、PC4 为输出
  {
    GPIO_InitTypeDef   GPIO_InitStructure;
      // 配置 PC2、PC3、PC4 为开漏输出*/
```

```
            RCC_APB2PeriphClockCmd(RCC_APB2Periph_GPIOC，ENABLE)； //打开 PC 口时钟
            GPIO_InitStructure.GPIO_Pin = GPIO_Pin_2 | GPIO_Pin_3 | GPIO_Pin_4；
            GPIO_InitStructure.GPIO_Mode = GPIO_Mode_Out_OD；        //开漏输出
            GPIO_InitStructure.GPIO_Speed = GPIO_Speed_10MHz；       //输出频率 10 MHz
            GPIO_Init(GPIOC，&GPIO_InitStructure)；                   //C 口初始化
        }
    void Delay_x(unsigned int x)                                    //延时函数
        {
            unsigned int i；
            for(i=0；i<x；i++)；
        }
```

2) 中断函数

```
    void TIM2_IRQHandler(void)                                      //1000 ms 信号中断函数
        {
            if (TIM_GetITStatus(TIM2，TIM_IT_Update) != RESET)
            {
                TIM_ClearITPendingBit(TIM2，TIM_IT_Update)；          //清除 TIM2 的中断标志
                GPIO_ResetBits(GPIOC，GPIO_Pin_2)；                   //PC.2 输出 0，点亮灯
                Delay_x(0x5000)；                                    //延时
                GPIO_SetBits(GPIOC，GPIO_Pin_2)；                     //PC.2 输出 1，灯熄灭
            }
        }
    void TIM3_IRQHandler(void)                                      //500 ms 信号中断函数
        {
            if (TIM_GetITStatus(TIM3，TIM_IT_Update) != RESET)
            {
                TIM_ClearITPendingBit(TIM3，TIM_IT_Update)；          //清除 TIM3 的中断标志
                GPIO_ResetBits(GPIOC，GPIO_Pin_3)；                   //PC.3 输出 0，点亮灯
                Delay_x(0x5000)；                                    //延时
                GPIO_SetBits(GPIOC，GPIO_Pin_3)；                     //PC.3 输出 1，灯熄灭
            }
        }
    void TIM4_IRQHandler(void)                                      //250 ms 信号中断函数
        {
            if (TIM_GetITStatus(TIM4，TIM_IT_Update) != RESET)

            {
                TIM_ClearITPendingBit(TIM4，TIM_IT_Update)； //清除 TIM4 的中断标志
                GPIO_ResetBits(GPIOC，GPIO_Pin_4)；                   //PC.4 输出 0，点亮灯
```

```
        Delay_x(0x5000);                      //延时
        GPIO_SetBits(GPIOC,  GPIO_Pin_4);     //PC.4 输出 1，灯熄灭
    }
  }
```

3) 主函数

```
  int main(void)                //主函数
  {
      SystemInit();             //配置时钟
      LED_SCH();                //I/O 初始化(PC2、PC3、PC4)
      Timex_Init ();            //定时器 2、3、4 初始化
      Timex_Init_NVIC ();       //定时器优先级设置
      while(1)
      {
          //用户可根据自己的需求加入相关程序
      }
  }//main()_END
```

6.6.2 频率信号测量的应用

为了学习计数器的使用，在图 6.16 中通过 PA 口的 12 引脚(TIM1_ETR)测量频率的输入。所谓频率的测量，就是在 1 秒的定时内，所测量的输入脉冲的个数。

要求：定时器 7 产生 1 秒信号定时，定时器 1 为计数输入。把测量的数据(频率)送显示器显示。

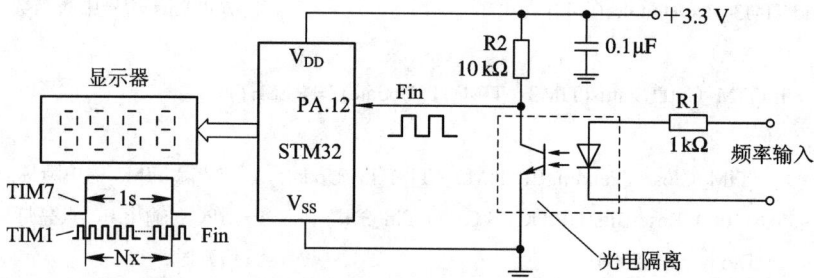

图 6.16　频率信号测量电路

1. 初始函数

```
    //--------定时器 TIM7 初始函数---1 秒信号-----------
    void Times_init_TIM7(void) //TIM7 定时器初始
    {
        TIM_TimeBaseInitTypeDef   TIM_TimeBaseStructure；
        NVIC_InitTypeDef    NVIC_InitStructure；
        //打开 TIM7 外设时钟
        RCC_APB1PeriphClockCmd(RCC_APB1Periph_TIM7，ENABLE);
```

```
    //定时器7设置：1440分频，1000 ms中断一次，向上计数
    TIM_TimeBaseStructure.TIM_Period = 50000;
    TIM_TimeBaseStructure.TIM_Prescaler = 1439;
    TIM_TimeBaseStructure.TIM_ClockDivision = 0;
    TIM_TimeBaseStructure.TIM_CounterMode = TIM_CounterMode_Up;
    TIM_TimeBaseInit(TIM7，&TIM_TimeBaseStructure);           //初始化定时器
    TIM_ITConfig(TIM7，TIM_IT_Update，ENABLE);               //开定时器中断
    TIM_Cmd(TIM7，ENABLE);                                    //使能定时器
    //使能 TIM7 中断优先级
    NVIC_InitStructure.NVIC_IRQChannel = TIM7_IRQChannel;
    NVIC_InitStructure.NVIC_IRQChannelPreemptionPriority = 1;    //占先优先级
    NVIC_InitStructure.NVIC_IRQChannelSubPriority = 2;           //副优先级
    NVIC_InitStructure.NVIC_IRQChannelCmd = ENABLE;
    NVIC_Init(&NVIC_InitStructure);
}
    //--------TIM1_ETR(PA.12)计数输入--------
void TIM1_External_Clock_CountingMode_PA12(void)//TIM1 初始化
    {
    GPIO_InitTypeDef    GPIO_InitStructure;
    TIM_TimeBaseInitTypeDef    TIM_TimeBaseStructure;
    RCC_APB2PeriphClockCmd(RCC_APB2Periph_GPIOA，ENABLE);    //打开 PA12 的时钟
    GPIO_InitStructure.GPIO_Pin = GPIO_Pin_12;                   //PA12 为输入
    GPIO_InitStructure.GPIO_Mode = GPIO_Mode_IN_FLOATING;       //浮点输入
    GPIO_InitStructure.GPIO_Speed = GPIO_Speed_50MHz;
    GPIO_Init(GPIOA，&GPIO_InitStructure);
    RCC_APB1PeriphClockCmd(RCC_APB2Periph_TIM1，ENABLE);      //打开 TIM1 的时钟

    TIM_DeInit(TIM1);                                        //重设 TIM1
    TIM_TimeBaseStructure.TIM_Period = 0xFFFF;              //重设周期
    TIM_TimeBaseStructure.TIM_Prescaler = 0x00;            //预分频值
    //定时器时钟(CK_INT)频率与数字滤波器(ETR，TIx)使用的采样频率之间的分频比为1
    TIM_TimeBaseStructure.TIM_ClockDivision = 0x0;
    TIM_TimeBaseStructure.TIM_CounterMode = TIM_CounterMode_Up;  //向上计数模式
    TIM_TimeBaseInit( TIM1，&TIM_TimeBaseStructure);          //计数配置
    TIM_TIxExternalClockConfig(TIM1，TIM_TIxExternalCLK1Source_TI2,
    TIM_ICPolarity_Rising，0);
    //输入引脚为 ETR 引脚-PA.12
    TIM_SetCounter(TIM1，0);                                 //清零计数器 CNT
    TIM_Cmd(TIM1，ENABLE);
    }
```

2．中断函数

```
extern unsigned int count_numb；                //定义变量
void TIM7_IRQHandler(void)
  {
    if (TIM_GetITStatus(TIM7，   TIM_IT_Update) != RESET)
     {
        TIM_ClearITPendingBit(TIM7，   TIM_IT_Update)；//清除中断标志
        count_numb = TIM_GetCounter(TIM1)；             //读频率信号
        TIM_SetCounter(TIM1，0)；                        //计数器清零
     }
  }
```

3．主函数

```
unsigned int count_numb=0；                      //频率输入变量
int main(void)                                   //主函数
  {
    SystemInit()；                               //配置时钟
    NVIC_PriorityGroupConfig(NVIC_PriorityGroiip_2)； //定义优先级为 2 组
    Times_init_TIM7()；                          //定时器 7 初始化
    TIM1_External_Clock_CountingMode_PA12()；    //TIM1 初始化
    while(1)
    {
        //把 count_numb 数值送显示器
    }
  }//main()_END
```

6.6.3　通过 RTC 实现日历程序的应用

实时时钟(RTC)是一个独立的定时器。通过选用 LSE 外部晶振 32 768 Hz(见图 6.17

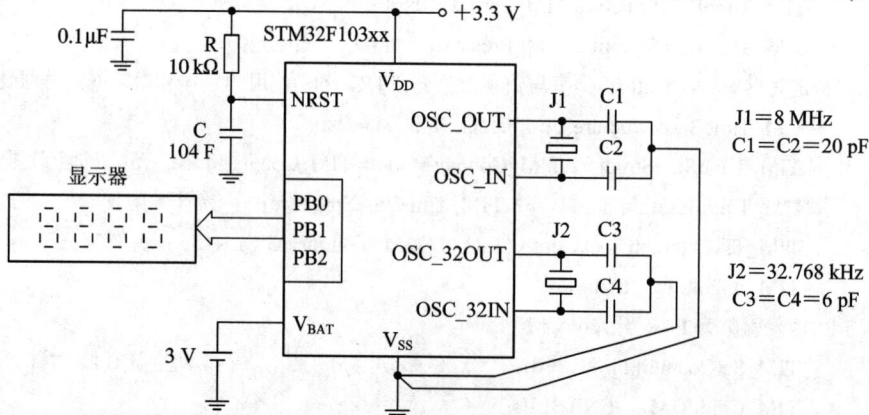

图 6.17　RTC 日历电路

所示),可使 RTC 模块拥有一组精确的秒信号计数功能,在相应软件配置下,可提供日历功能。如果把"年、月、日、时、分、秒"字符串转换成数字,通过 RTC_SetCounter()函数就可修改(或设置)计数器的值。再通过 RTC_GetCounter()函数就可获取新的精确日历数据。

1. 定义全局变量

unsigned char Year_V, Month_V, Day_V, Month_V, Hour_V, Min_V, Sec_V;

2. 初始化日历函数

void RTC_configuration()//RTC 初始化

{

　RCC_APB|PeriphClockCmd(RCC_APB|Periph_BKP|RCC_APB|Periph_PWR, ENABLE);
　//打开时钟

　PWR_BackupAccessCmd (ENABLE);　　　　　　　//使能 BKP

　BKP_DeInit ();

　RCC_LSEConfig (RCC_LSE_ON) ;　　　　　　　//RTC 使用 LSE Clock

　while (RCC_GetFlagStatus (RCC_FLAG_LSERDY) ==RESET);　　//等待 LSE 稳定

　RCC_RTCCLKConfig(RCC_RTCCLKSource_LSE);

　RCC_RTCCLKCmd(ENABLE);

　RTC_WaitForSynchro();

　RTC_WaitForLastTask();

　RTC_ITConfig (RTC_IT_SEC, 　ENABLE);　　　　　　　　//设定秒中断

　RTC_WaitForLastTask();

　RTC_SetPrescaler(32767);　　　//(32.768 kHz)/(32767+1)

　RTC_WaitForLastTask();

}

3. 转化函数

//将"年、月、日、时、分、秒"字符串变成时间变量 Times

void Conversion_RtcTime (unsigned char year, unsigned char month, unsigned charday,

unsigned char hour, unsigned char min, unsigned char sec)

{

　unsigned long Times;　　　　//时间变量

　Times =year*360*24*3600+(month-1)*30*24*3600+(day-1)*24*3600

　+hour*3600+min*60+sec;

　RTC_WaitForLastTask();　　　//等待完成最近一次对 RTC 寄存器的写操作

　RTC_SetCounter (Times);　　　//设置 RTC 计数器的值

　RTC_WaitForLastTask () ;　　　//等待完成最近一次对 RTC 寄存器的写操作

}

//读取日历值到 T_Value 中,并计算出新的"年、月、日、时、分、秒"

void Read_RTC_Times(void)

{

```
        unsigned long     T_Value；
        unsigned short    D_Value；
        T_Value = RTC_GetCounter();                    //读取日历值到 T_Value 中

        D_Value = T_Value / (24*3600)  ；              //计算天数
        Year_V = D_Value/360；                         //计算年
        Month_V = (D_Value - TimeStructl. Year*360)/30；  //计算月
        Day_V = (Day_Value - TimeStructl. Year*360)/30；  //计算天
        Month_V += 1；
        Day_V += 1；
        Hour_V = (T_Value - D_Value *24*3600)/3600；   //计算时
        Min_V = (T_Value - D_Value *24*3600-TimeStructl. Hour* 3600)/60；  //计算分
        Sec_V =T_Value - D_Value *24*3600 - TimeStructl.Hour*3600
                 - TimeStructl.Min*60；                 //计算秒
        }
```

4. 主函数

```
    int    main(void)
    {
        SystemInit();                    //配置时钟
        RTC_configuration();             //RTC 初始化
        Conversion_RtcTime(15，02，17，23，59，59); //设为 2015/2/17，23: 59: 59
        while(1)
         {
           Read_RTC_Times();             //读取日历值
           //把 Year_V，Month_V，Day_V，Month_V，Hour_V，Min_V，Sec_V 值送显示器显示
           //或将"年、月、日、时、分、秒"送串口打印
           }
    } //while()_END
```

6.6.4   通过 SysTick 实现精确延时

实现精确延时，在程序设计中应用很广(如产生秒信号等)。系统时基定时器(SysTick)在外部 8 MHz 时,通过系统 9 倍频，即 72 MHz。再把 SysTick 的计数频率设为系统 72 MHz 的 8 分频，即 SysTick 的计数频率变为 9 MHz。开启中断模式下，利用 SysTick_SetReload(x) 函数，改变重装载值 x(1～0xffffff)就可完成(0.1111 μs～1864.135 ms)的延时(定时)。

1. 实现秒、分、时信号

作为一个应用实例，通过下面的 SysTick_ Initialization (y)初始函数和 SysTickHandler() 中断函数就能实现精确定时(延时)。

1) 初始化函数

```
//MS 是毫秒数(MS=1～1864 ms)
void SysTick_ Initialization(unsigned int MS) //初始函数
{
    SysTick_CounterCmd (SysTick_Counter_Disable);        //关 SysTick 定时器
    SysTick_ITConfig(DISABLE);                           //关 SysTick 中断(失能中断)
    //设置 SysTick 时钟源
    SysTick_CLKSourceConfig(SysTick_CLKSource_HCLK_Div8); //设为 9 MHz
    //设置 SysTick 重载值，MS*1 ms 重载一次
    //在 72 MHz 系统时钟下 MS 毫秒的重载值是 MS*9000
    SysTick_SetReload (MS*9000);                         //MS(ms)
    SysTick_ITConfig(ENABLE);                            //开 SysTick 中断
    SysTick_CounterCmd(SysTick_Counter_Enable);         //开 SysTick 定时器
}
```

2) SysTick 中断函数

```
extern unsigned char ss，mm，hh;    //定义秒、分、时变量(全局变量)
void SysTickHandler(void)            //SysTick 中断函数
{
    ss++;                            //秒加 1
     if(ss>59)                       //判断是否到分钟
      {
        ss=0；mm++;
        if(mm>59)
          {
            mm=0；hh++;
            if(hh>23) hh=0;
          }
      }
}// SysTickHandler(void)_END 中断函数结束
```

3) 主函数

```
#include  "stm32f10x_lib.h"
#include  "systic.h"
unsigned char ss=0，mm=0，hh=0;    //定义秒、分、时变量(全局变量)
int main(void)                      //主函数
{
    SystemInit();                   //配置时钟(系统时钟为 72 MHz)
    SysTick_ Initialization(1000);  //初始为 1 秒(1000 ms)中断
    while(1)
```

```
    {
        //可将 ss、mm 和 hh 送显示器
    }
}//main()_END
```

2．实现精确延时

上面的例子是通过 SysTick 中断定时(延时)。下面的例子是通过 SysTick_GetCounter() 函数，检查 SysTick 计数是否结束，而不需要中断完成延时。

1) 初始化函数

```
//MS 是毫秒数(MS=1~1864ms)
void SysTick_Delay_ms(unsigned int MS)      //初始函数
{
    int  SysTickCounterValue;                  //定义读出计数变量
    //设置 SysTick 时钟源
    SysTick_CLKSourceConfig(SysTick_CLKSource_HCLK_Div8); //设为 9MHz
    //设置 SysTick 重载值，MS*1 ms 重载一次
    //在 72MHz 系统时钟下 MS 毫秒的重载值是 MS*9000
    SysTick_SetReload (MS*9000)；//MS(ms)
    SysTick_CounterCmd(SysTick_Counter_Enable)；   //开 SysTick 定时器
    while (1)
     {
        SysTickCounterValue= SysTick_GetCounter()；//读当前计数值(延时)
        if(SysTickCounterValue <=0) break；
     }
    SysTick_CounterCmd (SysTick_Counter_Disable)；  //关 SysTick 定时器
  }
```

2) 主函数

```
#include "stm32f10x_lib.h"
#include "systic.h"
int main(void)          //主函数
 {
    SystemInit()；      //配置时钟(系统时钟为 72MHz)
    SysTick_CounterCmd (SysTick_Counter_Disable)；//关 SysTick 定时器
    SysTick_ITConfig(DISABLE)；     //关 SysTick 中断(失能中断)

    SysTick_Delay_ms(100)；            //延时 100 ms

    …… //其他程序省略
}//main()_END
```

6.6.5　看门狗定时器的应用

在复杂测控程序设计中，为了增加系统的可靠性，往往在整个程序调试完成后，可加入"看门狗"程序。一旦启动了看门狗函数，就不能关闭了，需要在合适的控制程序处加入"喂狗"语句。下面例子中使用独立看门狗定时器实现程序的监控。

1．初始化函数

```
void IWDG_Configuration(void)        //独立看门狗初始化
{
    /*使能对寄存器 IWDG_PR 和 IWDG_RLR 的写操作*/
    IWDG_WriteAccessCmd(IWDG_WriteAccess_Enable);
    /*设置 IWDG 时钟为 LSI 经 256 分频，则 IWDG 计数器时钟=40kHZ(LSI)/256=156.25Hz */
    IWDG_SetPrescaler(IWDG_Prescaler_256);  //设置 IWDG 的计数时钟为 156.25 Hz
    //改变重装参数可设定监视看时间
    IWDG_SetReload(781);       //在 156.25 Hz 下，设置计数值为 781，即 5 s
    IWDG_ReloadCounter();      //重载 IWDG 计数值
    IWDG_Enable();             //启动看门狗
}
void WDT_clear(void)           //喂狗函数
{
    IWDG_ReloadCounter();      //重载 IWDG 计数值
}
```

2．主函数

```
#include "stm32f10x_lib.h"
int main(void)                 //主函数
{
    SystemInit();              //配置时钟(系统时钟为 72 MHz)
    IWDG_Configuration();      //启动看门狗定时器
    ......                     //其他程序省略
    while(1)
    {
    ......                     //其他程序省略
    WDT_clear();               //在合适的程序处加入喂狗函数
    ......                     //其他程序省略
    }
}//main()_END
```

第 7 章　串口通信技术与编程应用

　　STM32 处理器集成了 3 个 USART(USART1、USART2 和 USART3)和 2 个 UART(UART4 和 UART5)串口通信模块。USART 是一个通用的全双工同步/异步串行收发模块，其通信接口是一个高度灵活的串行通信设备。UART 则是一个标准的异步串行收发模块。

　　以"异步通信"方式发送字符时，所发送的字符之间的时间间隔可以是任意的，因此接收端必须时刻做好接收的准备。发送端可以在任意时刻开始发送字符，因此必须在每个字符的开始和结束的地方加上标志，即加上起始位和停止位，以便接收端能够正确地将每个字符接收下来。而以"同步通信"方式发送字符时，双方必须先建立同步，即双方的时钟要调整到同一个频率，收、发双方不停地发送和接收连续的同步比特流。

　　通用同步或异步串行收发器是一种能够把二进制数据按位传送的通信装置，其主要功能是在输出数据时，把数据进行并/串转换，即将 8 位并行数据送到串口输出；在输入数据时，把数据进行串/并转换，即从串口读入外部串行位数据，并将其转换为 8 位并行数据。

7.1　USART 的功能和内部结构

　　STM32F10x 处理器的通用同步/异步收发器(USART)单元提供 2～5 个独立的异步串行通信接口，皆可工作于中断和 DMA 模式。而 STM32F103 内置 3 个通用同步/异步收发器(USART1、USART2 和 USART3)和 2 个通用异步收发器(UART4 和 UART5)。

7.1.1　USART 的主要功能

　　USART 提供了一种灵活的方法与工业标准的异步串行数据格式以外的外部设备进行全双工数据交换。USART 利用分数波特率发生器提供较宽范围的波特率参数选择。同时它也支持同步单向通信和单线半双工通信，支持 LIN (局域互联网)、智能卡协议和 IrDA(红外数据组织)SIRENDEC 规范，以及调制解调器 CTS/RTS 操作。它还允许多个处理器之间进行数据通信，通过使用多缓存配置的 DMA 方式，实现高速数据通信。

　　USART1 接口通信速率可达 4.5 Mb/s，其他接口的通信速率可达 2.25 Mb/s。USART1、USART2 和 USART3 接口具有硬件的 CTS 和 RTS 信号管理，兼容 ISO7816 的智能卡模式和 SPI 通信模式。除 UART5 外，所有其他接口都可以使用 DMA 操作。

1. 异步模式

(1) 总线在发送或接收前应处于空闲状态。

(2) 一个起始位。

(3) 一个数据字(8 位或 9 位)，最低有效位在前。

(4) 0.5、1.5、2 个停止位，由此表明数据帧的结束。

(5) 使用分数比特率发生器(12 位整数和 4 位小数的表示方法)。

(6) 独立的发送器和接收器使能位。

(7) 接收缓冲器满、发送缓冲器空和传输结束标志。

(8) 溢出错误、噪声错误、帧错误和校验错误标志。

(9) 硬件数据流控制。

(10) 一个状态寄存器(USART_SR)。

(11) 数据寄存器(USART_DR)。

(12) 一个比特率寄存器(USART_BRR)，12 位的整数和 4 位小数。

(13) 一个智能卡模式下的保护时间寄存器(USART_GTPR)。

2. 同步模式

同步模式需要用到 SCLK 信号，作为发送器同步传输的时钟输出引脚。数据可在 Rx 引脚上利用 SCLK 信号同步接收。SCLK 时钟相位和极性都可用软件编程。在智能卡通信模式中，SCLK 为智能卡提供同步时钟。

3. IrDA 传输模式需要的引脚

(1) IrDA_RDI 为 IrDA 模式下的数据输入。

(2) IrDA_TDO 为 IrDA 模式下的数据输出。

4. 硬件流控制模式中需要的引脚

(1) nCTS 引脚为清除发送信号。若 nCTS 是高电平，在当前数据传输结束时，可阻断下一次的数据发送。

(2) nRTS 引脚为发送请求信号。若 nRTS 是低电平，表明 USART 已准备好接收数据。

图 7.1 是几种典型的串口通信功能示意图。

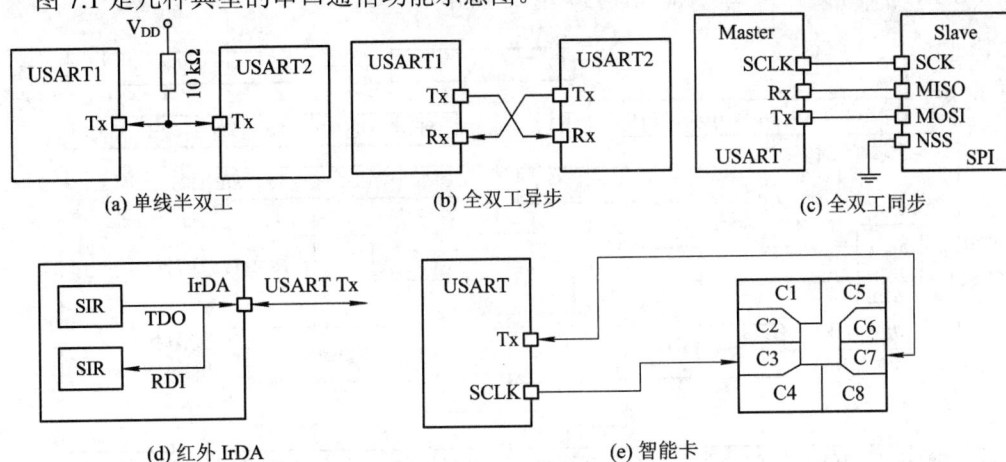

图 7.1　几种典型的串口通信方式示意图

7.1.2　USART 的内部结构

接口通常通过 3 个引脚(Rx、Tx 和 GND)与其他设备连接在一起。任何 USART 双向通信至少需要两个引脚：接收数据输入(Rx)和发送数据输出(Tx)。

Rx 通过采样技术区别数据和噪声，从而恢复数据。当发送器被禁止时，输出引脚恢复到它的 I/O 端口配置。当发送器被激活，并且不发送数据时，Tx 引脚处于高电平。USART 硬件结构可分为发送与接收、控制、中断和波特率发生器 4 个部分。

1. 发送与接收部分

USART 发送与接收部分电路结构如图 7.2 所示。

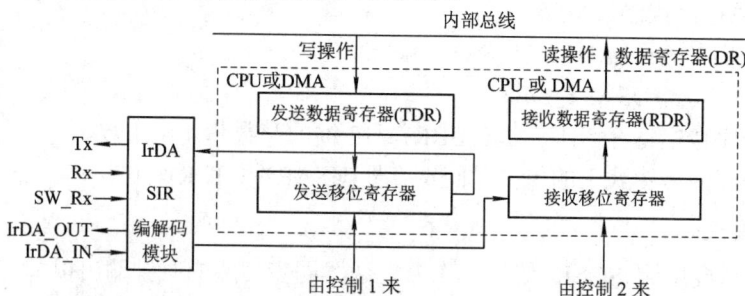

图 7.2　USART 发送与接收部分电路结构图

当需要发送数据时，内核(或 DMA 外设)把数据从内存(变量)写入发送数据寄存器 TDR，之后发送控制器自动把数据从 TDR 加载到发送移位寄存器中，然后通过串口线 Tx，把数据逐位地从 Tx 引脚发送出去。在数据从 TDR 转移到移位寄存器时，会产生发送寄存器 TDR 已空事件 TXE。当数据从移位寄存器全部发送出去时，会产生数据发送完成事件 TC。这些事件可以在状态寄存器中查询到。

而接收数据则是一个逆过程，数据从串口线 Rx 引脚逐位地输入接收移位寄存器中，然后自动地把数据转移到接收数据寄存器 RDR，最后用软件(或 DMA)读取到内存(变量)中。

2. 控制及中断部分

USART 控制及中断部分电路结构如图 7.3 所示。

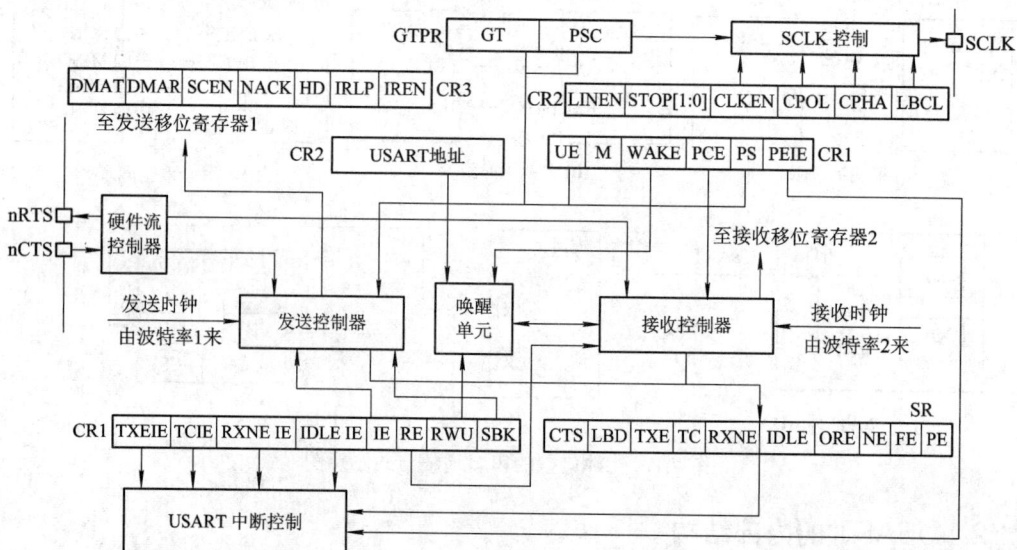

图 7.3　USART 控制及中断部分电路结构图

　　发送器与接收器控制部分，包括 USART 三个控制寄存器(CR1、CR2 和 CR3)及一个状态寄存器(SR)。该部分通过向寄存器写入各种控制参数来控制发送和接收状态(如奇偶校验位、停止位等)，还包括对 USART 中断的控制。串口的状态在任何时候都可以从状态寄存器中查询到。

3. 波特率发生器

　　USART 波特率发生器包括发送器波特率控制、接收器波特率控制和波特率时钟分频器等部分，其结构如图 7.4 所示。

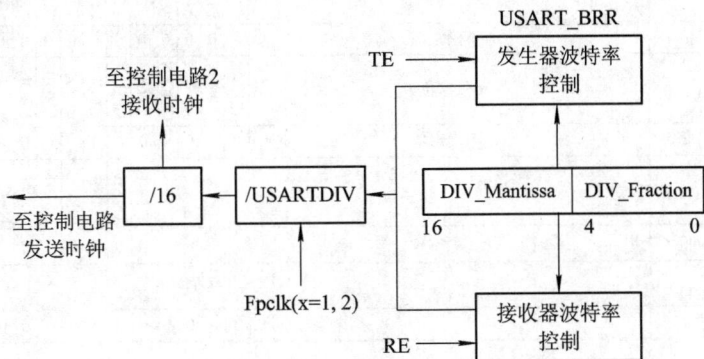

图 7.4　USART 波特率发生器结构图

7.2　USART 的寄存器

　　STM32 处理器最多可提供 5 路串口。USART 相关寄存器功能如表 7.1 所示。

表 7.1　USART 相关寄存器的功能

名　称	寄存器	功能描述
状态寄存器	USART_SR	反映 USART 单元的状态(有用位：位 0～位 9)
数据寄存器	USART_DR	用于保存接收或发送的数据(有用位：位 0～位 8)
波特率寄存器	USART_BRR	用于设置 USART 的波特率(有用位：位 0～位 15)
控制寄存器 1	USART_CR1	用于控制 USART(有用位：位 0～位 13)
控制寄存器 2	USART_CR2	用于控制 USART(有用位：位 0～位 14)
控制寄存器 3	USART_CR3	用于控制 USART(有用位：位 0～位 10)
保护时间和预分频寄存器	USART_GTPR	保护时间和预分频(有用位：位 0～位 15)

　　USART 寄存器地址映像及其复位值如图 7.5 所示。这些寄存器可用半字(16 位)或字(32 位)的方式进行操作。

偏移	寄存器	31	30	29	28	27	26	25	24	23	22	21	20	19	18	17	16	15	14	13	12	11	10	9	8	7	6	5	4	3	2	1	0
000H	USART_SR	保留位[31:10]																						CTS	LBD	TXEIE	TC	RXNE	IDLE	ORE	NE	PE	PE
	复位值	不确定值																						0	0	1	1	0	0	0	0	0	0
004H	USART_DR	保留位[31:9]																							DR[8:0]								
	复位值	不确定值																							0	0	0	0	0	0	0	0	0
008H	USART_BRR	保留位[31:16]																DIV_Mantissa[15:4]												DIV_Fraction[3:0]			
	复位值	不确定值																0	0	0	0	0	0	0	0	0	0	0	0	0	0	0	0
00CH	USART_CR1	保留位[31:16]																		UE	M	WAKE	PCE	PS	PEIE	TXEIE	TCIE	RXNEIE	IDLEIE	TE	RE	PWU	SBK
	复位值	不确定值																		0	0	0	0	0	0	0	0	0	0	0	0	0	0
010H	USART_CR2	保留位																	LIEN	STOP[1:0]		CLKEN	CPOL	CPHA	LBCL	保留	LBDIE	LBDL	保留	ADD[3:0]			
	复位值	不确定值																	0	0	0	0	0	0	0		0	0		0	0	0	0
014H	USART_CR3	保留位																					CTSIE	CTSE	RTSE	DMAT	DMAR	SCEN	NACK	HDSEL	IRLP	IREN	EIE
	复位值	不确定值																					0	0	0	0	0	0	0	0	0	0	0
018H	USART_CTPR																	GT[7:0]								PSC[7:0]							
	复位值																	0	0	0	0	0	0	0	0	0	0	0	0	0	0	0	0

图 7.5　USART 寄存器地址映像及复位值

7.3　USART 的收发格式

在 STM32xx 系列 ARM 处理器中，用户可以通过设置 USART_CR1 寄存器中的 M 标志位来选择是 8 bit 字长还是 9 bit 字长。USART 串口通信中字符长度的设置如图 7.6 所示。

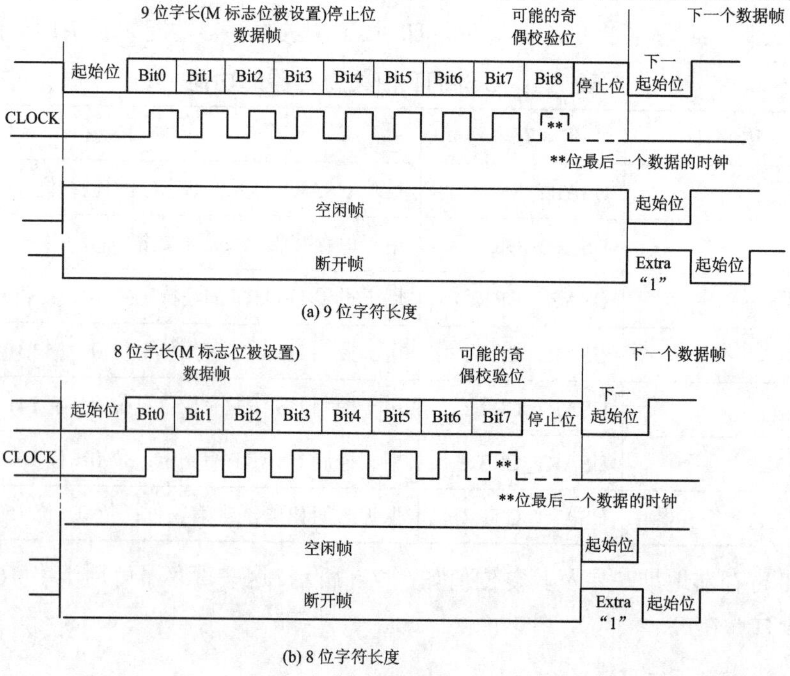

(a) 9 位字符长度

(b) 8 位字符长度

图 7.6　USART 字符长度的设置

在 USART 串口数据通信过程中，Tx 引脚在起始位期间一直保持低电平，而在停止位期间则保持高电平。

在数据帧中，空闲符被认为是一个全"1"的帧，其后紧跟着包含数据的下一个帧的起始位。而间隙符是一个帧周期全接收到"0"的数。在间隙帧之后，发送器会自动插入一个或者两个停止位，即逻辑"1"，用于应答起始位。

需要指出的是，发送和接收数据都是通过波特率产生器驱动的。当发送者和接收者的使能位均被设置为"1"时，则会为彼此分别产生驱动时钟。

7.3.1　USART 的发送器

USART 发送器可以发送 8 位或者 9 位的数据字符，这主要取决于 M 标志位的状态。当发送使能位 TE 被设置为"1"时，发送移位寄存器中的数据在 Tx 引脚输出，相关的时钟脉冲在 SCLK 引脚输出。

1．字符发送

在 USART 发送数据的过程中，Tx 引脚先出现最低有效位。在这种模式下，USART_DR 寄存器包含了一个与内部总线和发送移位寄存器之间的缓冲寄存器，即 TDR。在字符发送过程中，每个字符之前都有一个逻辑低电平的起始位，用来分隔发送的字符数目。

在 USART 串口发送字符的过程中，TE 标志位在数据发送期间不能复位(如果数据发送期间复位标志 TE，将会破坏 Tx 发送引脚上的数据信息，因为此时波特率计数器将被冻结，当前发送的数据将丢失)。在 TE 标志位使能之后，USART 串口将发送一个空闲帧。

2．可配置的停止位

在 USART 串口通信的过程中，每个字符所带的停止位的个数可以通过控制寄存器 2 中的第 12 位和第 13 位进行配置，如图 7.7 所示。具体配置的内容如下：

(1) 1 个停止位。系统默认停止位数目为 1 个停止位。

(2) 2 个停止位。通常情况下，USART 在单线和调制解调器模式下支持 2 个停止位。

(3) 0.5 个停止位。当 USART 处于智能卡模式下接收数据的时候支持 0.5 个停止位。

(4) 1.5 个停止位。当 USART 处于智能卡模式下发送数据的时候支持 1.5 个停止位。

USART 通信过程中空闲帧的发送已经包含了停止位。间隙帧可以是 10 个低位(标志位 M=0)之后加上 1 个对应配置的停止位，也可以是 11 个低位(标志位 M=l) 之后加上 1 个配置的停止位。但是，不能发送长度大于 10 或 11 个低位的长间隙。

用户可以通过以下步骤实现对 USART 通信停止位的设置：

(1) 通过将 USART_CR1 寄存器中的 UE 标志位设置为 1 来使能 USART 串口通信功能。

(2) 通过配置 USART_CR1 寄存器中的 M 标志位来定义字长(当标志位 M=0 时，字长为 10；当标志位 M=1 时，字长为 11)。

(3) 停止位的个数可通过 USART_CR2 寄存器配置。

(4) 如果用户采用多缓冲通信，则需要选择 USART_CR3 寄存器中的 DMA 使能位，即 DMAT 标志位。用户可以按照多缓冲通信的方式配置 DMA 寄存器。

(5) 通过设置 USART_CR1 寄存器中的 TE 标志位发送一个空闲帧作为第一次数据发送。

(6) 通过 USART_BRR 寄存器选择数据通信的波特率。

(7) 向 USART_DR 寄存器中写入需要发送的字符(这个操作会清除 TXE 标志位)，停止位就会自动加在字符的末端。

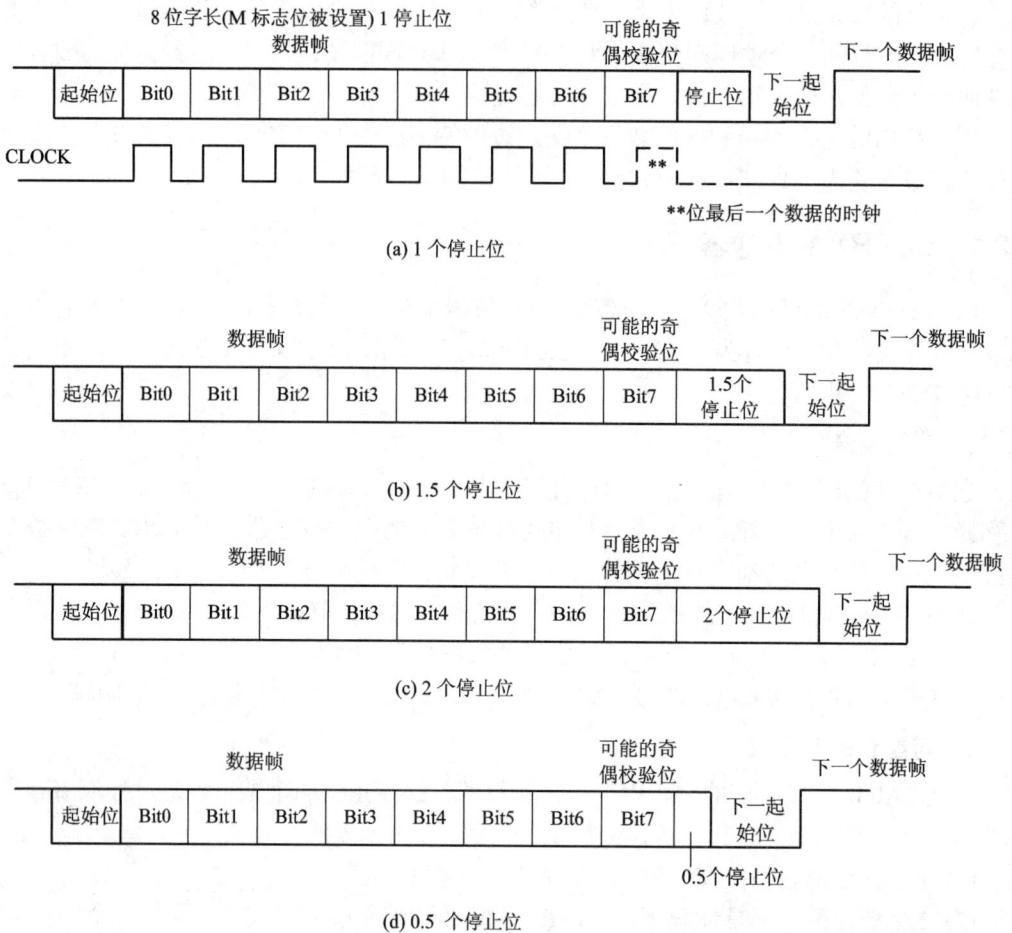

(a) 1 个停止位

(b) 1.5 个停止位

(c) 2 个停止位

(d) 0.5 个停止位

图 7.7　USART 通信中的停止位

3. 单字节通信

在 USART 单字节通信过程中，清除 TXE 标志位一般都是通过向数据寄存器中写入数据来完成的。但 TXE 标志位是由系统硬件所设置的，且该标志位用来表明以下内容：

(1) 数据已经从 TDR 中转移到移位寄存器，数据发送已经开始。

(2) TDR 寄存器是空的。

(3) 数据已写入 USART_DR 寄存器，而且不会覆盖前面的数据内容。

如果 TXEIE 标志位为 1，则表明将产生一个中断。

如果 USART 接口没有进行数据发送，用户向 USART_DR 寄存器中写入一个数据，该数据将直接被放入移位寄存器中。在发送开始的时候，TXE 标志位也将被设置为 1。当一个数据帧发送完成，即在结束位之后，TC 标志位将被设置为 1。如果 USART_CR1 寄存器中的 TCIE 标志位被设置为 1，将产生一个中断。

用户可以通过软件的方式来清除 TC 标志位，具体操作步骤如下：

(1) 读一次 USART_SR 寄存器。

(2) 写一次 USART_DR 寄存器。

4．间隙字符

在 USART 通信过程中，用户可以通过设置 SBK 标志位来发送一个间隙字符。间隙帧的长度与标志位 M 有关。

如果 SBK 标志位被设置为 1，在完成当前的数据发送之后将在 Tx 线路上发送一个间隙字符。间隙字符发送完成后，由硬件对 SBK 标志位进行复位。USART 在最后一个间隙帧的末端插入一个逻辑 1，从而保证下一个帧的起始位能够被识别。

7.3.2　USART 的接收器

USART 通信接口中的接收器可以接收 8 位或 9 位的数据。同样，数据字的长度取决于 USART_CR1 寄存器中的 M 标志位。

1．字符接收

在 USART 数据通信接收期间，Rx 引脚最先接收到最低有效位。在这种模式下，USART_DR 寄存器由一个内部总线和接收位移寄存器之间的缓冲区 RDR 构成。

有关 USART 字符接收的具体流程如下。

(1) 通过将 USART_CR1 寄存器中的 UE 标志位设置为 1 来使能 USART。

(2) 通过配置 USART_CR1 寄存器中的 M 标志位来定义字长。

(3) 通过 USART_CR2 寄存器配置停止位的个数。

(4) 如果发生多缓冲通信，则选择 USART_CR3 寄存器中的 DMA 使能位，即 DMAT 标志位，按照多缓冲通信中的配置方法来设置 DMA 寄存器。

(5) 通过波特率寄存器 USART_BRR 来选择合适的波特率。

(6) 将 USART_CR1 寄存器中的 RE 标志位设置为 1，即能使接收器开始寻找起始位。

在 USART 通信接口中接收到一个字符的时候，系统将执行如下操作：

(1) RXNE 标志位被设置为 1，表明移位寄存器中的内容被转移到 RDR，即数据已经接收到并且可供读取。

(2) 如果 RXNEIE 标志位被设置为 1，系统将产生一个中断。

(3) 在数据接收期间如果发现帧错误、噪声或溢出错误，则错误标志将会被设置为 1。

(4) 在多缓冲接收过程中，RXNE 在每接收到一个字节之后都会被设置为 1，并通过 DMA 读取数据寄存器来消除该标志位。

(5) 在单缓冲模式下，对 RXNE 标志位的清除是由软件读取 USART_DR 寄存器来完成的。RXNE 标志位也可通过直接对其写 0 进行清除。但需要注意的是，RXNE 标志位必须在下一个字符接收完成前被清除，否则将产生溢出错误。

2．溢出错误

当 USART 通信接口接收到一个字符，而 RXNE 标志位还没有被复位时，系统将出现溢出错误。换而言之，在 RXNE 标志位被清除之前数据不能从移位寄存器转移到 RDR 寄存器。

在每次收到一个字节的数据后，RXNE 标志位都会被设置为 1。如果在下一个字节已经被接收或者前一次 DMA 请求尚未得到服务响应的时候，RXNE 置位同样会产生一个溢出错误。在发生溢出时会发生以下情况：

(1) ORE 标志位被设置为 1。

(2) RDR 中的内容不会丢失，用户在读取 USART_DR 寄存器的时候，前一个数据仍然保持有效。

(3) 移位寄存器将被覆盖，在此之后所有溢出期间接收到的数据都将丢失。

(4) 如果 RXNEIE 标志位被设置为 1 或 EIE 的 DMAR 标志位被设置为 1，系统将产生一个中断。

(5) 用户可以通过对 USART_SR 寄存器进行读数据操作后再继续读 USART_DR 寄存器来实现对 ORE 标志位的复位操作。

3．噪声错误

在 ARM 处理器中，可以通过"过采样"技术有效输入数据和噪声，从而实现数据恢复(不可以在同步模式下使用)。

当在 USART 数据帧中检测到噪声时，将产生以下动作状态：

(1) NE 标志位在 RXNE 位的上升沿被设置为 1。

(2) 无效的数据从移位寄存器转移到 USART_DR 寄存器。

(3) 如果是单字节通信，将不会产生中断，但 NE 标志位将和自身产生中断的 RXNE 标志位一起作用。

(4) 在多缓冲通信中，如果 USART_CR3 寄存器中的 EIE 标志位被设置为 1，将导致一个系统中断。

(5) 用户可以通过依次读取 USART_SR 寄存器和 USART_DR 寄存器的方式对 NE 标志位进行复位。

7.4　USART 波特率的设置

波特率是每秒钟传送二进制数的位数，单位为位/秒(bit per second，bps)。波特率是串行通信的重要指标，用于表征数据传输的速度，但与字符的实际传输速度不同。字符的实际传输速度是指每秒钟内所传字符帧的帧数，与字符帧格式有关。例如，波特率为 1200 b/s 的通信系统，若采用 11 数据位字符帧，则字符的实际传输速度为 1200/11 =109.09 帧/秒，每位的传输时间为 1/1200 秒。

接收器和发送器的波特率在 USARTDIV 中的整数和小数位中的值应设置成相同的。波特率通过 USART_BRR 寄存器来设置，包括 12 位整数部分和 4 位小数部分。USART_BRR 寄存器格式如图 7.8 所示。

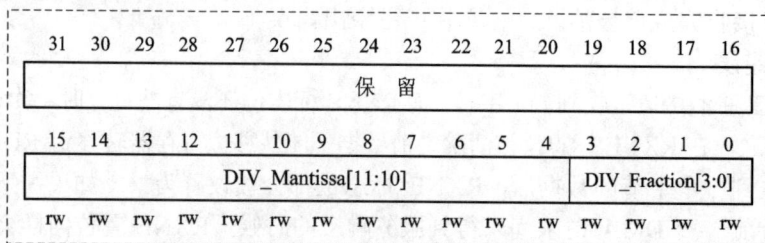

31	30	29	28	27	26	25	24	23	22	21	20	19	18	17	16
						保　留									

15	14	13	12	11	10	9	8	7	6	5	4	3	2	1	0
DIV_Mantissa[11:10]												DIV_Fraction[3:0]			
rw	rw	rw	rw	rw	rw	rw	rw	rw	rw	rw	rw	rw	rw	rw	rw

图 7.8　USART_BRR 寄存器格式

图 7.8 中，位 0～位 3 定义了 USART 波特率分频器除法因子(USARTDIV)的小数部分。位 4～位 15 定义了 USAKT 波特率分频器除法因子(USARTDIV)的整数部分。

发送和接收的波特率计算公式如下：

$$波特率 = f_{PCLKx}/(16 \times USARTDIV)$$

式中，$f_{PCLKx}(x=1, 2)$ 是外设的时钟，PCLK1 用于 USART2、USART3、USART4 和 USART5，PCLK2 用于 USART1。USARTDIV 是一个无符号的定点数。

下面举例说明如何从 USART_BRR 寄存器中得到 USARTDIV 的值。

例 7.1　要求 USARTDIV = 25.62d，就有

DIV_Fraction = $16 \times 0.62d = 9.92d$，近似等于 10d = 0x0A

DIV_Mantissa = mantissa (25.620d) = 25d = 0x19

所以，USART_BRR = 0x19A。

例 7.2　要求 USARTDIV = 50.99d，就有

DIV_Fraction = $16 \times 0.99d = 15.84d \approx 16d = 0x0$

DIV Mantissa = mantissa (50.990d) = 50d = 0x32

所以，USART_BRR = 0x330。

表 7.2 列举了常用的波特率及误差。

表 7.2　常用的波特率及误差

波特率期望值 /(kb/s)	$f_{PCLK} = 36$ MHz			$f_{PCLK} = 72$ MHz		
	实际值	误差	USART_BRR 中的值	实际值	误差	USART_BRR 中的值
2.4	2.400	0	937.5	2.400	0	1875
9.6	9.600	0	234.375	9.600	0	468.75
19.2	19.200	0	117.1875	19.200	0	234.375
57.6	57.600	0	39.0625	57.600	0	78.125
115.2	115.384	0.15	19.5	115.200	0	39.625
230.4	230.769	0.16	9.75	230.769	0.16	19.5
460	461.538	0.16	4.875	461.538	0.16	9.75
921.6	923.076	0.16	2.4375	923.076	0.16	4.875
2250	2250	0	1	2250	0	2
4500	不可能	不可能	不可能	4500	0	1

7.5　USART 硬件流控制

串口之间在传输数据时，经常会出现数据丢失的现象，或者两台计算机的处理速度不同，如台式机与单片机之间的通信，若接收端数据缓冲区已满，则此时继续发送来的数据就会丢失。为了解决数据丢失现象，USART 中设计了硬件流控制。当接收端数据处理能力

不足时，就发出"不再接收"的信号，发送端即停止发送，直至收到"可继续发送"的信号后再发送数据。因此，硬件流控制可以控制数据传输的进程，防止数据的丢失。硬件流控制常用的有 RTS/CTS(请求发送/清除发送)流控制和 DTR/DSR(数据终端就绪/数据设置就绪)流控制。用 RTS/CTS 流控制时，应将通信两端的 RTS、CTS 线对应相连，数据终端设备(如计算机)使用 RTS 来协调数据的发送，而数据通信设备(如调制解调器)则用 CTS 来启动和暂停来自计算机的数据流。

利用 nCTS 输入和 nRTS 输出可以控制两个设备之间的串行数据流。两个串口之间的硬件流控制连线如图 7.9 所示。

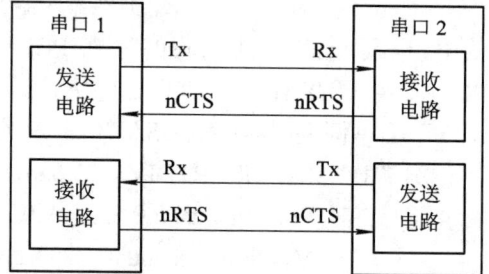

图 7.9　两个串口之间的硬件流控制

1. RTS 流控制

如果 RTS 流控制被使能(RTSE =1)，只要 USART 接收器准备好接收新的数据，nRTS 就变成有效(低电平)。当接收寄存器内有数据到达时，nRTS 被释放，由此表明希望在当前帧结束时停止数据传输。

2. CTS 流控制

如果 CTS 流控制被使能(CTSE=1)，发送器在发送下一帧前检查 nCTS 输入。如果 nCTS 有效(低电平)，则下一个数据被发送(假设那个数据是准备发送的，即 TXE=0)，否则下一帧数据不被发送出去。若 nCTS 在传输期间变成无效，当前的传输完成后即停止发送。当 CTSE=1 时，只要 nCTS 输入变换状态，硬件就自动设置 CTSIE 状态位，它表明接收器是否已准备好进行通信。如果设置了 USART_CR3 寄存器的 CTSIE 位，则产生中断。

7.6　USART 中断请求与模式配置

1. 中断请求

USART 中断请求如表 7.3 所示。

表 7.3　USART 中断请求

中　断	中断标志	使能位
发送数据寄存器空	TXE	TXEIE
CTS 标志	CTS	CTSIE
发送完成	TC	TCIE
接收数据就绪(可读)	RTXNE	RTXNEIE
检测到数据溢出	ORE	
检测到空闲线路	IDLE	IDLEIE
奇偶检验错误	PE	PEIE
断开标志	LBD	LBDIE
噪声标志(多缓冲通信中的溢出错误和帧错误)	NE 或 ORT 或 FE	EIE

USART 的各种中断事件被连接到同一个中断向量。有以下几种中断事件：

(1) 发送期间的中断事件包括发送完成、清除发送和发送数据寄存器空。

(2) 接收期间的中断事件包括闲总线检测、溢出错误、接收数据寄存器非空中断、检验错误、LIN 断开符号检测、噪声标志(仅在多缓冲器通信)和帧错误(仅在多缓冲器通信)。

(3) 如果设置了对应的使能控制位，这些事件就会产生各自的中断。

USART 各种中断事件逻辑如图 7.10 所示。

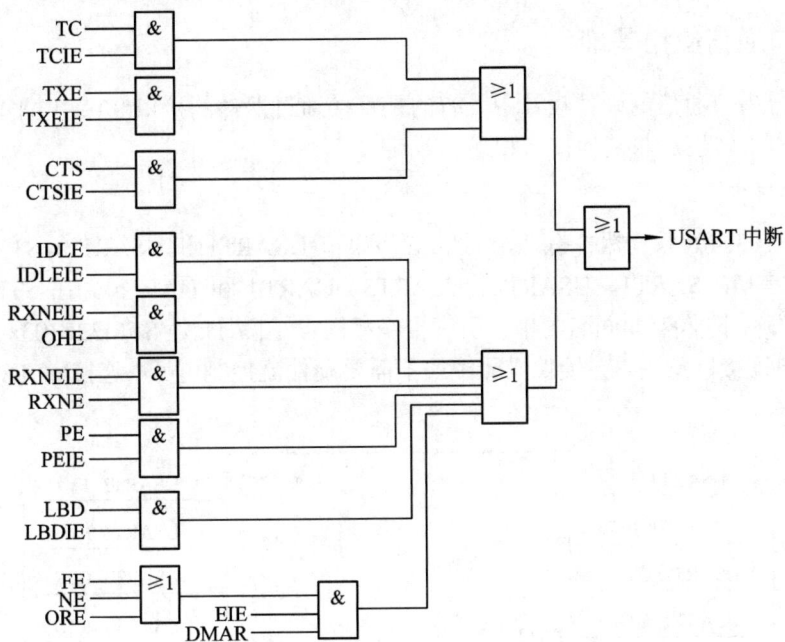

图 7.10　USART 中断逻辑图

2．模式配置

USART 模式配置如表 7.4 所示。

表 7.4　USART 模式配置

USART 模式	USART1	USART2	USART3	UART4	UART5
异步模式	支持	支持	支持	支持	支持
硬件流控制	支持	支持	支持	不支持	不支持
多缓存通信(DMA)	支持	支持	支持	支持	支持
多处理器通信	支持	支持	支持	支持	支持
同步	支持	支持	支持	不支持	不支持
智能卡	支持	支持	支持	不支持	不支持
半双工(单线模式)	支持	支持	支持	支持	支持
IrDA	支持	支持	支持	支持	支持
LIN	支持	支持	支持	支持	支持

7.7　USART 编程应用实例

STM32 处理器的串口非常强大，它不仅支持最基本的通用串口同步、异步通信，还具有 LIN 总线功能(局域互联网)、IrDA 功能(红外通讯)和 SmartCard 等功能。

7.7.1　串口通信应用基础

在大部分串口通信的硬件设计中，有的是直接通过器件的接口(TTL 电平)相连接的，有的要通过电平转换后与其他接口相连。

1. 串口连接

STM32F103x4/6 系列器件有两个同步/异步串口(USART1 和 USART2)，STM32F103xC/D/E 有 5 个串口(USART1、USART2、USART3、UART4 和 UART5)。在 STM32 处理器中，串口引脚往下兼容(即同名的串口引脚接线相同)。图 7.11 是 STM32F103x 系列器件的 5 个默认串口连接示意图。在硬件设计中如不需要硬件流控制，可不连接 nCTS 和 nRTS 信号线。

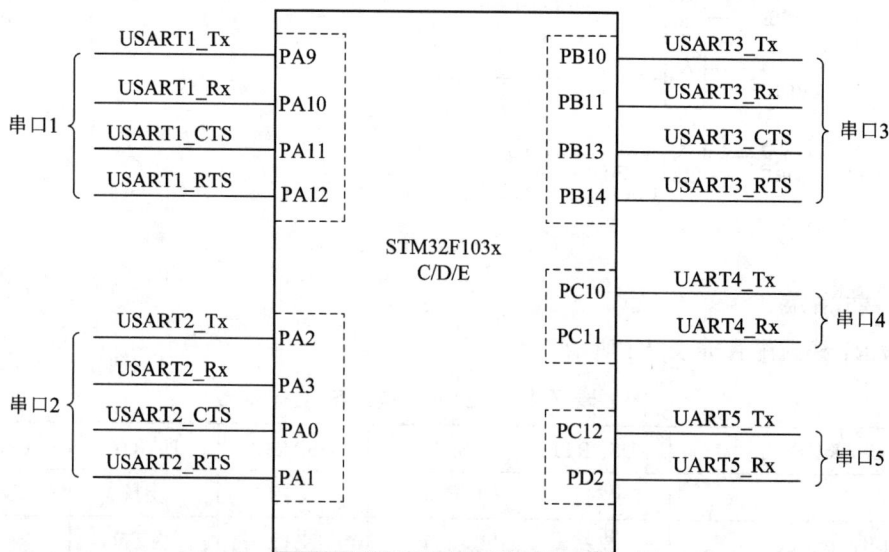

图 7.11　STM32F103xC/D/E 处理器串口连接示意图

2. 串口电平转换

常用的串口电平转换器件是 RS-232。虽然大部分 RS-232 系统采用+5 V 单电源供电，但越来越多的应用要求器件工作在+3.3 V 电源系统中。在 3.3 V 单电源供电系统中，对于+5 V 的器件，同时也要求能够兼容 3 V 供电逻辑接口。为了电平逻辑匹配，好选用各自供电的 232 器件。

图 7.12(a)是+5 V 供电的器件连接图，图 7.12(b)是+3.3 V 供电的器件连接图。

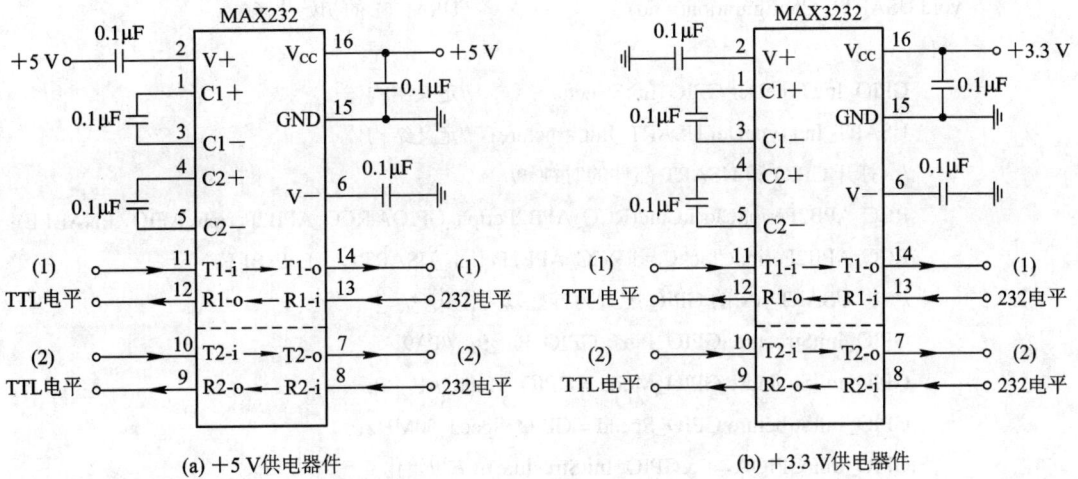

图 7.12　RS-232 电平转换器件连接图

3．串口连线

串口线主要分两种：直通线(平行线)和交叉线。它们的区别如图 7.13 所示。如 PC 的 COM 口与处理器(单片机)的串口要实现全双工串口通信，必然是 PC 的 Tx 针(脚)要连接处理器板的 Rx 针(脚)，而 PC 的 Rx 针则要连接至处理器的 Tx 针(脚)。如果要使用交叉线连接，处理器板串口或 PC 串口内部需要收发线平行。如果要使用平行线连接，则处理器板串口或 PC 串口内部需要将收发线交叉。

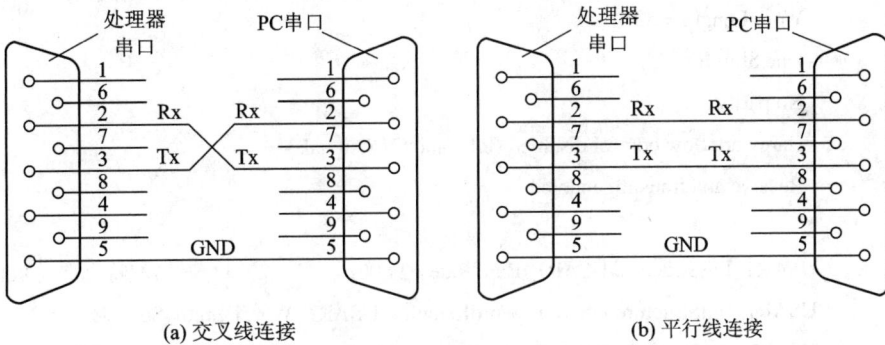

图 7.13　串口线连接图

7.7.2　串口通信编程指导

在进行串口的编程时，首先要了解相关硬件电路，其次要结合第 3 章第 3.5 节介绍的串口函数才能实现。

作为一个例子，对于图 7.11 连接的 5 个串口，编程应用主要是编写配置和相关读写函数，并在相关"串口.C"中加入"初始化函数、读写函数"。

1．Rx/Tx 引脚初始化函数

(1) USART1 初始化函数。

```
void USART1_Configuration(void)                    //USART1 的初始化函数
  {
      GPIO_InitTypeDef GPIO_InitStructure;         //定义结构体
      USART_InitTypeDef USART_InitStructure；      //定义结构体
      /* 打开 GPIO 和 USART 部件的时钟  */
      RCC_APB2PeriphClockCmd(RCC_APB2Periph_GPIOA|RCC_APB2Periph_AFIO，ENABLE);
      RCC_APB2PeriphClockCmd(RCC_APB2Periph_USART1，  ENABLE);
      /* 将 USART_Tx 的 GPIO 配置为推挽复用模式 */
      GPIO_InitStructure.GPIO_Pin = GPIO_Pin_9；//PA9
      GPIO_InitStructure.GPIO_Mode = GPIO_Mode_AF_PP；
      GPIO_InitStructure.GPIO_Speed = GPIO_Speed_50MHz；
      GPIO_Init(GPIOA，   &GPIO_InitStructure)；//初始化
      /* 将 USART_Rx 的 GPIO 配置为浮空输入模式*/
      GPIO_InitStructure.GPIO_Pin = GPIO_Pin_10；
      GPIO_InitStructure.GPIO_Mode = GPIO_Mode_IN_FLOATING；
      GPIO_InitStructure.GPIO_Speed = GPIO_Speed_50MHz；
      GPIO_Init(GPIOA，   &GPIO_InitStructure)；//初始化


      /*配置 USART 参数
      - BaudRate = 115200 baud；//可以是 4800、9600、19200、38400、115200 等
      - Word Length = 8 Bits
      - One Stop Bit
      - No parity
      - Hardware flow control disabled (RTS and CTS signals)
      - Receive and transmit enabled
      */
      USART_InitStructure.USART_BaudRate = 9600；                     //波特率选为 9600
      USART_InitStructure.USART_WordLength = USART_WordLength_8b；//8 位
      USART_InitStructure.USART_StopBits = USART_StopBits_1；        //停止位
      USART_InitStructure.USART_Parity = USART_Parity_No；            //无校验位
      USART_InitStructure.USART_HardwareFlowControl=
      USART_HardwareFlowControl_None；                               //无硬件流控制
      USART_InitStructure.USART_Mode = USART_Mode_Rx | USART_Mode_Tx；
      USART_Init(USART1，   &USART_InitStructure)；                  //串口 1 初始化
      USART_Cmd(USART1，   ENABLE)；//使能  USART1
      USART_ClearFlag(USART1，   USART_FLAG_TC)；                    /*清除串口标志*/
  }
```

(2) USART2 初始化函数。

```
void USART2_Configuration(void)                    //USART2 的初始化函数
{
    GPIO_InitTypeDef GPIO_InitStructure;           //定义结构体
    USART_InitTypeDef USART_InitStructure;         //定义结构体
    /* 打开 GPIO 和 USART 部件的时钟 */
    RCC_APB2PeriphClockCmd(RCC_APB2Periph_GPIOA|RCC_APB2Periph_AFIO，ENABLE);
    RCC_APB1PeriphClockCmd(RCC_APB1Periph_USART2，ENABLE); //打开 USART_2 的时钟
    /* 将 USART_Tx 的 GPIO(PA2)配置为推挽复用模式*/
    GPIO_InitStructure.GPIO_Pin = GPIO_Pin_2;              //PA2
    GPIO_InitStructure.GPIO_Mode = GPIO_Mode_AF_PP;
    GPIO_InitStructure.GPIO_Speed = GPIO_Speed_50 MHz;     //配置 PA 口时钟
    GPIO_Init(GPIOA，  &GPIO_InitStructure);
    /* 将 USART_Rx 的 GPIO 配置为浮空输入模式*/
    GPIO_InitStructure.GPIO_Pin = GPIO_Pin_3;              //PA3
    GPIO_InitStructure.GPIO_Mode = GPIO_Mode_IN_FLOATING;
    GPIO_InitStructure.GPIO_Speed = GPIO_Speed_50 MHz;     //配置 PA 口时钟
    GPIO_Init(GPIOA，  &GPIO_InitStructure);
    USART_InitStructure.USART_BaudRate = 9600;             //设置波特率为 9600
    USART_InitStructure.USART_WordLength = USART_WordLength_8b; //8 位数据
    USART_InitStructure.USART_StopBits = USART_StopBits_1;  //1 个停止位
    USART_InitStructure.USART_Parity = USART_Parity_No;     //无校验
    USART_InitStructure.USART_HardwareFlowControl=
    USART_HardwareFlowControl_None;                        //无流量控制
    //接收和发送使能
    USART_InitStructure.USART_Mode = USART_Mode_Rx | USART_Mode_Tx;
    USART_Init(USART2，&USART_InitStructure);              //串口 2 初始化
    USART_Cmd(USART2，ENABLE);                             //使能 USART2
    USART_ClearFlag(USART2，  USART_FLAG_TC);   /*清除发送完成标志*/
}
```

(3) USART3 初始化函数。

```
void USART3_Configuration(void)                    //USART3 的初始化函数
{
    GPIO_InitTypeDef GPIO_InitStructure;           //定义结构体
    USART_InitTypeDef USART_InitStructure;         //定义结构体
    // 打开 GPIO 和 USART3 部件的时钟
    RCC_APB2PeriphClockCmd(RCC_APB2Periph_GPIOB|RCC_APB2Periph_AFIO，ENABLE);
    RCC_APB1PeriphClockCmd(RCC_APB1Periph_USART3，ENABLE); //打开 USART3 的时钟
    //将 USART_Tx 的 GPIO(PB10)配置为推挽复用模式
```

```
        GPIO_InitStructure.GPIO_Pin = GPIO_Pin_10；//PB10
        GPIO_InitStructure.GPIO_Mode = GPIO_Mode_AF_PP；
        GPIO_InitStructure.GPIO_Speed = GPIO_Speed_50 MHz；
        GPIO_Init(GPIOB，&GPIO_InitStructure)；
        //将 USART Rx 的 GPIO(PB11)配置为浮空输入模式
        GPIO_InitStructure.GPIO_Pin = GPIO_Pin_11；
        GPIO_InitStructure.GPIO_Mode = GPIO_Mode_IN_FLOATING；
        GPIO_InitStructure.GPIO_Speed = GPIO_Speed_50 MHz；    //配置 PB 口时钟
        GPIO_Init(GPIOB，&GPIO_InitStructure)；
        //配置 USART 参数
        USART_InitStructure.USART_BaudRate = 4800；            //设置波特率 4800
        USART_InitStructure.USART_WordLength = USART_WordLength_8b；//8 位数据
        USART_InitStructure.USART_StopBits = USART_StopBits_1；    //1 个停止位
        USART_InitStructure.USART_Parity = USART_Parity_No；       //无校验
        //无硬件流控制
        USART_InitStructure.USART_HardwareFlowControl=USART_HardwareFlowControl_None；
        //接收和发送使能
        USART_InitStructure.USART_Mode = USART_Mode_Rx | USART_Mode_Tx；
        USART_Init(USART3，&USART_InitStructure)；       //串口 3 初始化
        USART_Cmd(USART3，ENABLE)；                     //使能 USART3
        USART_ClearFlag(USART3，USART_FLAG_ORE)；       /*清除发送溢出标志*/
        USART_ClearFlag(USART3，USART_FLAG_TC)；        /*清除发送完成标志*/
    }
```

(4) UART4 初始化函数。

```
    void UART4_Configuration(void)                    //UART4 的初始化函数
    {
        GPIO_InitTypeDef GPIO_InitStructure；            //定义结构体
        USART_InitTypeDef USART_InitStructure；          //定义结构体
        // 打开 GPIO 和 UART4 部件的时钟
        RCC_APB2PeriphClockCmd(RCC_APB2Periph_GPIOC | RCC_APB2Periph_AFIO，ENABLE)；
        RCC_APB1PeriphClockCmd(RCC_APB1Periph_UART4，ENABLE)；//打开 UART4 的时钟
        //将 USART Tx 的 GPIO(PC10)配置为推挽复用模式
        GPIO_InitStructure.GPIO_Pin = GPIO_Pin_10；    //PC10
        GPIO_InitStructure.GPIO_Mode = GPIO_Mode_AF_PP；
        GPIO_InitStructure.GPIO_Speed = GPIO_Speed_50 MHz；
        GPIO_Init(GPIOC，&GPIO_InitStructure)；         //初始化
        //将 UART_Rx 的 GPIO(PC11)配置为浮空输入模式
        GPIO_InitStructure.GPIO_Pin = GPIO_Pin_11；    //PC11
        GPIO_InitStructure.GPIO_Mode = GPIO_Mode_IN_FLOATING；
```

```
        GPIO_InitStructure.GPIO_Speed = GPIO_Speed_50 MHz；
        GPIO_Init(GPIOC， &GPIO_InitStructure)；
        //配置 USART 参数
        USART_InitStructure.USART_BaudRate = 19200；                  //设置波特率 19 200
        USART_InitStructure.USART_WordLength = USART_WordLength_8b；//8 位数据
        USART_InitStructure.USART_StopBits = USART_StopBits_1；      //1 个停止位
        USART_InitStructure.USART_Parity = USART_Parity_No；         //无校验
        USART_InitStructure.USART_HardwareFlowControl = USART_HardwareFlowControl_None；
        USART_InitStructure.USART_Mode = USART_Mode_Rx | USART_Mode_Tx；
        USART_Init(UART4， &USART_InitStructure)；  // 串口 4 初始化
        USART_Cmd(UART4， ENABLE)；   //使能 UART4
        USART_ClearFlag(UART4， USART_FLAG_ORE)；   /* 清除发送溢出标志*/
        USART_ClearFlag(UART4， USART_FLAG_TC)；    /* 清除发送完成标志*/
    }
```

(5) UART5 初始化函数。

```
    void UART5_Configuration(void)                          //UART5 的初始化函数
    {
        GPIO_InitTypeDef GPIO_InitStructure；                 //定义结构体
        USART_InitTypeDef USART_InitStructure；               //定义结构体
        // 打开 GPIO 和 USART 部件的时钟
        RCC_APB2PeriphClockCmd(RCC_APB2Periph_GPIOD | RCC_APB2Periph_GPIOC |
        RCC_APB2Periph_AFIO， ENABLE)；                       //打开 PIOD 的时钟
        RCC_APB1PeriphClockCmd(RCC_APB1Periph_UART5，ENABLE)； //打开 UART5 的时钟
        // 将 USART_Tx 的 GPIO(PC12)配置为推挽复用模式
        GPIO_InitStructure.GPIO_Pin = GPIO_Pin_12；          //PC12
        GPIO_InitStructure.GPIO_Mode = GPIO_Mode_AF_PP；
        GPIO_InitStructure.GPIO_Speed = GPIO_Speed_50 MHz；
        GPIO_Init(GPIOC， &GPIO_InitStructure)；
        //将 USART_Rx 的 GPIO(PD2)配置为浮空输入模式
        GPIO_InitStructure.GPIO_Pin = GPIO_Pin_2；           //PD2
        GPIO_InitStructure.GPIO_Mode = GPIO_Mode_IN_FLOATING；
        GPIO_InitStructure.GPIO_Speed = GPIO_Speed_50 MHz；//配置 PA 口时钟
        GPIO_Init(GPIOD， &GPIO_InitStructure)；
        USART_InitStructure.USART_BaudRate = 38400；//设置波特率 38 400
        USART_InitStructure.USART_WordLength = USART_WordLength_8b；//8 位数据
        USART_InitStructure.USART_StopBits = USART_StopBits_1；      //1 个停止位
        USART_InitStructure.USART_Parity = USART_Parity_No；         //无校验
        USART_InitStructure.USART_HardwareFlowControl = USART_HardwareFlowControl_None；
        USART_InitStructure.USART_Mode = USART_Mode_Rx | USART_Mode_Tx；
```

```
        USART_Init(UART5，&USART_InitStructure)；        //串口 5 初始化
        USART_Cmd(UART5，ENABLE)；//使能 UART5
        USART_ClearFlag(UART5，USART_FLAG_ORE)；  /* 清除发送溢出标志*/
        USART_ClearFlag(UART5，USART_FLAG_TC)；  /* 清除发送完成标志*/
    }
```

2. 串口中断初始化函数

(1) USART1 中断初始化函数。

```
    void USART1_Interrupt(void)        //USART1 的中断初始化函数
      {
        NVIC_InitTypeDef   NVIC_InitStructure；              //定义结构体
        NVIC_PriorityGroupConfig(NVIC_PriorityGroup_1)；     //占先优先级 1 位，副优先级 3 位
        NVIC_InitStructure.NVIC_IRQChannel = USART1_IRQn；
        NVIC_InitStructure.NVIC_IRQChannelPreemptionPriority =0；//占先优先级是 0
        NVIC_InitStructure.NVIC_IRQChannelSubPriority = 0；      //副优先级是 0
        NVIC_InitStructure.NVIC_IRQChannelCmd = ENABLE；        //中断使能
        NVIC_Init(&NVIC_InitStructure)；
        USART_ITConfig(USART1，USART_IT_RXNE，ENABLE)；//开启 USART1 接收中断
      }
```

(2) USART2 中断初始化函数。

```
    void USART2_Interrupt(void)        //USART2 的中断初始化函数
      {
        NVIC_InitTypeDef   NVIC_InitStructure；              //定义结构体
        //NVIC_PriorityGroupConfig(NVIC_PriorityGroup_1)；     //占先优先级 1 位，副优先级 3 位
        NVIC_InitStructure.NVIC_IRQChannel = USART2_IRQn；
        NVIC_InitStructure.NVIC_IRQChannelPreemptionPriority =0；//占先优先级是 0
        NVIC_InitStructure.NVIC_IRQChannelSubPriority = 1；      //副优先级是 1
        NVIC_InitStructure.NVIC_IRQChannelCmd = ENABLE；        //中断使能
        NVIC_Init(&NVIC_InitStructure)；
        USART_ITConfig(USART2，USART_IT_RXNE，ENABLE)；//开启 USART2 接收中断
      }
```

(3) USART3 中断初始化函数。

```
    void USART3_Interrupt(void)        //USART3 的中断初始化函数
      {
        NVIC_InitTypeDef   NVIC_InitStructure；              //定义结构体
        //NVIC_PriorityGroupConfig(NVIC_PriorityGroup_1)；     //占先优先级 1 位，副优先级 3 位
        NVIC_InitStructure.NVIC_IRQChannel = USART3_IRQn；
        NVIC_InitStructure.NVIC_IRQChannelPreemptionPriority =0；//占先优先级是 0
        NVIC_InitStructure.NVIC_IRQChannelSubPriority = 2；  //副优先级是 2
```

```
        NVIC_InitStructure.NVIC_IRQChannelCmd = ENABLE；    //中断使能
        NVIC_Init(&NVIC_InitStructure);
        USART_ITConfig(USART3，USART_IT_RXNE，ENABLE);  //开启 USART3 接收中断
    }
```

(4) UART4 中断初始化函数。

```
    void UART4_Interrupt(void)//UART4 的中断初始化函数
    {
        NVIC_InitTypeDef    NVIC_InitStructure；              //定义结构体
        //NVIC_PriorityGroupConfig(NVIC_PriorityGroup_1);    //占先优先级 1 位，副优先级 3 位
        NVIC_InitStructure.NVIC_IRQChannel = UART4_IRQn；
        NVIC_InitStructure.NVIC_IRQChannelPreemptionPriority =0; //占先优先级是 0
        NVIC_InitStructure.NVIC_IRQChannelSubPriority = 3；        //副优先级是 3
        NVIC_InitStructure.NVIC_IRQChannelCmd = ENABLE；         //中断使能
        NVIC_Init(&NVIC_InitStructure);
        USART_ITConfig(UART4，USART_IT_RXNE，ENABLE);  //开启 UART4 接收中断
    }
```

(5) UART5 中断初始化函数。

```
    void UART5_Interrupt(void)//UART5 的中断初始化函数
    {
        NVIC_InitTypeDef    NVIC_InitStructure；       //定义结构体
        //NVIC_PriorityGroupConfig(NVIC_PriorityGroup_1);  //占先优先级 1 位，副优先级 3 位
        NVIC_InitStructure.NVIC_IRQChannel = UART5_IRQn；
        NVIC_InitStructure.NVIC_IRQChannelPreemptionPriority =0; //占先优先级是 0
        NVIC_InitStructure.NVIC_IRQChannelSubPriority = 4；        //副优先级是 4
        NVIC_InitStructure.NVIC_IRQChannelCmd = ENABLE；         //中断使能
        NVIC_Init(&NVIC_InitStructure);
        USART_ITConfig(UART5，USART_IT_RXNE，ENABLE);  //开启 UART5 接收中断
    }
```

3. 串口读写函数

(1) USART1 读写函数。

```
    void Wire_USART1_byte(unsigned char ch)  //从 USART1 发送一个字符
    {
        USART_SendData(USART1，  ch);
        while (USART_GetFlagStatus(USART1，USART_FLAG_TC)==RESET); //发送完成检测
    }
    unsigned char Read_USART1(void)//从串口 1 等待获取一个字符
    {
        unsigned char R_data；
```

```
        while (USART_GetFlagStatus(USART1，USART_FLAG_RXNE) == RESET);
        R_data=USART_ReceiveData(USART1);        //从 USART1 读一个字符
        return R_data;
    }
    void USART1_nbyte(u8 *ch, u32 num)           //发送多个字节
    {
        u32 i;
        for (i=0; i<num; i++)
        {
            USART_SendData(USART1，ch[i]);
            while (USART_GetFlagStatus(USART1，USART_FLAG_TC)==RESET); //发送完成检测
        }
    }
```

(2) USART2 读写函数。

```
    void Wire_USART2_byte(unsigned char ch)   //从 USART2 发送一个字符
    {
        USART_SendData(USART2，ch);
        while (USART_GetFlagStatus(USART2，USART_FLAG_TC)==RESET);  //发送完成检测
    }
    unsigned char Read_USART2(void)//从串口 2 等待获取一个字符
    {
        unsigned char R_data;
        while (USART_GetFlagStatus(USART2，USART_FLAG_RXNE) == RESET);
        R_data=USART_ReceiveData(USART2);   //从 USART2 读一个字符
        return R_data;
    }
    void USART2_nbyte(u8 *ch, u32 num) //发送多个字节
    {
        u32 i;
        for (i=0; i<num; i++)
        {
            USART_SendData(USART2，ch[i]);
            while (USART_GetFlagStatus(USART2，USART_FLAG_TC)==RESET); //发送完成检测
        }
    }
```

(3) USART3 读写函数。

```
    void Wire_USART3_byte(unsigned char ch)   //从 USART3 发送一个字符
    {
        USART_SendData(USART3，ch);
```

```
        while (USART_GetFlagStatus(USART3，USART_FLAG_TC)==RESET)；  //发送完成检测
    }
unsigned char Read_USART3(void)//从串口 3 等待获取一个字符
    {
        unsigned char R_data；
        while (USART_GetFlagStatus(USART3，  USART_FLAG_RXNE) == RESET)；
        R_data=USART_ReceiveData(USART3)；  //从 USART3 读一个字符
        return R_data；
    }
void USART3_nbyte(u8 *ch，u32 num) //发送多个字节
    {
        u32 i；
        for (i=0；i<num；i++)
         {
           USART_SendData(USART3，ch[i])；
           while (USART_GetFlagStatus(USART3，USART_FLAG_TC)==RESET)；//发送完成检测
         }
    }
```

(4) UART4 读写函数。

```
void Wire_UART4_byte(unsigned char ch) //从 UART4 发送一个字符
    {
        USART_SendData(UART4，  ch)；
        while (USART_GetFlagStatus(UART4，USART_FLAG_TC)==RESET)；  //发送完成检测
    }
unsigned char Read_UART4(void)//从串口 4 等待获取一个字符
    {
        unsigned char R_data；
        while (USART_GetFlagStatus(UART4，  USART_FLAG_RXNE) == RESET)；
        R_data=USART_ReceiveData(UART4)；  //从 UART4 读一个字符
        return R_data；
    }
void UART4_nbyte(u8 *ch，u32 num) //发送多个字节
    {
        u32 i；
        for (i=0；i<num；i++)
         {
           USART_SendData(UART4，  ch[i])；
           while (USART_GetFlagStatus(UART4，USART_FLAG_TC)==RESET)；//发送完成检测
         }
    }
```

(5) UART5 读写函数。

```
void Wire_UART5_byte(unsigned char ch) //从 UART5 发送一个字符
  {
      USART_SendData(UART5, ch);
      while (USART_GetFlagStatus(UART5, USART_FLAG_TC)==RESET); //发送完成检测
  }
unsigned char Read_UART5(void)//从串口 5 等待获取一个字符
  {
      unsigned char R_data;
      while (USART_GetFlagStatus(UART5, USART_FLAG_RXNE) == RESET);
      R_data=USART_ReceiveData(UART5); //从 UART5 读一个字符
      return R_data;
  }
void UART5_nbyte(u8 *ch, u32 num) //发送多个字节
  {
      u32 i;
      for (i=0; i<num; i++)
        {
          USART_SendData(UART5, ch[i]);
          while (USART_GetFlagStatus(UART5, USART_FLAG_TC)==RESET); //发送完成检测
        }
  }
```

4．串口接收中断函数

在"stm32f10x_it.c"文件的相关处加入串口中断函数即可实现串口接收中断函数。

(1) USART1 中断函数。

```
void USART1_IRQHandler(void)
  {
      if(USART_GetITStatus(USART1, USART_IT_RXNE) != RESET)   //检查接收中断
        {
          //增加相关内容
        }
  }
```

(2) USART2 中断函数。

```
void USART2_IRQHandler(void)
  {
      if(USART_GetITStatus(USART2, USART_IT_RXNE) != RESET)   //检查接收中断
        {
          //增加相关内容
```

```
        }
    }
```
(3) USART3 中断函数。
```
    void USART3_IRQHandler(void)
    {
        if(USART_GetITStatus(USART3， USART_IT_RXNE) != RESET)    //检查接收中断
        {
            //增加相关内容
        }
    }
```
(4) UART4 中断函数。
```
    void UART4_IRQHandler(void)
    {
        if(USART_GetITStatus(UART4， USART_IT_RXNE) != RESET)    //检查接收中断
        {
            //增加相关内容
        }
    }
```
(5) UART5 中断函数。
```
    void UART5_IRQHandler(void)
    {
        if(USART_GetITStatus(UART5， USART_IT_RXNE) != RESET)    //检查接收中断
        {
            //增加相关内容
        }
    }
```

5. 主函数

```
    #include "stm32f10x.h"
    #include "串口.h"     //串口相关头文件
    int main(void)
    {
        SystemInit();      //配置时钟(系统时钟为 72 MHz)
            …              //其他初始函数省略
        while(1)
        {
            …              //其他程序省略
        }
    }//main()_END
```

7.7.3　串口 1 与 PC 的通信应用

串口与 PC 的通信在智能仪器设计中经常遇到，其连接电路如图 7.14 所示。作为一个例子，要求在任何时刻处理器收到命令串"0xaa、0x55(命令)"和校验码"(0xaa+命令)"时，LED1 灯发光，且处理器回送命令串"0xbb、0x55(命令)"和校验码"(0xbb+命令)"。在未收到 PC 的任何数据时，LED2 灯闪烁。

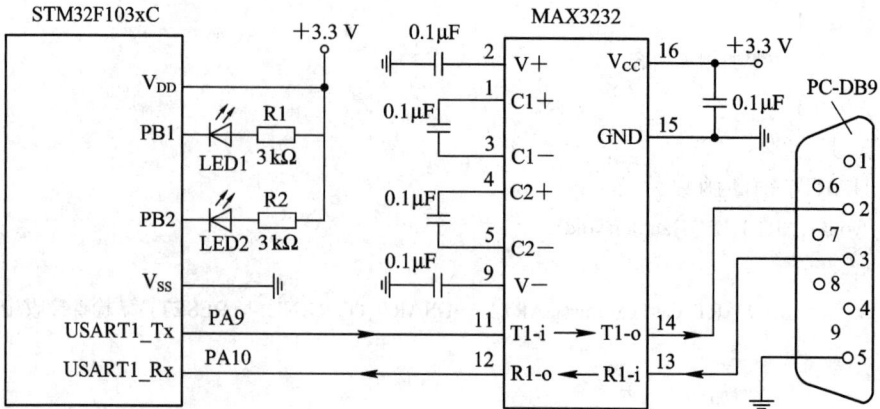

图 7.14　处理器与 PC 机的通信应用

分析：这种应用要用到 USART1 的读中断，并在中断程序中回送相关数据。主程序控制 LED2 灯的闪烁。

1．初始化函数

① 串口初始化。

调用上例 USART1 的函数：

```
USART1_Configuration()        //串口引脚初始化函数
USART1_Interrupt()            //中断初始化函数
```

② I/O 口初始化。

```
void LED_SCH(void)   //PB1，PB2 I/O 初始化
  {
     GPIO_InitTypeDef GPIO_InitStructure；
     // 配置 PB1、PB2 为推挽输出*/
     RCC_APB2PeriphClockCmd(RCC_APB2Periph_GPIOB，ENABLE)；//打开 PB 口时钟
     GPIO_InitStructure.GPIO_Pin = GPIO_Pin_1 | GPIO_Pin_2；//定义 PB1、PB2
     GPIO_InitStructure.GPIO_Mode = GPIO_Mode_Out_PP；        //推挽输出
     GPIO_InitStructure.GPIO_Speed = GPIO_Speed_10 MHz；     //输出频率为 10 MHz
     GPIO_Init(GPIOB，&GPIO_InitStructure)；                 //B 口初始化
  }
```

2．USART1 中断函数

在"stm32f10x_it.c"文件的 USART1 串口中断处加入系列函数。

```
#define R_numb 3                      //本例只有 3 个数据(可根据需要改变此值)
extern unsigned char R_data[];        //接收数据区(全局变量)
extern unsigned char R_point;         //读数据指针(全局变量)
void USART1_IRQHandler(void) //串口 1 读中断程序
{
    unsigned char j;
    unsigned char usart_data，jy_data；
    if(USART_GetITStatus(USART1，USART_IT_RXNE) != RESET)    //检查接收中断
    {
      usart_data=USART_ReceiveData(USART1);      //从 USART1 读一个字节数据
      if(usart_data ==0xaa)
       {
         R_point=0；//接收数据指针清零
         R_data[0]=0xaa;
         R_point++;
       }
       else if ((R_data[0]==0xaa) && (R_point<= R_numb)) // 判断 0xAA 及接收长度
       {
         R_data[R_point]=usart_data；
         R_point++；
         if(R_point == R_numb)
         {
             R_point=0;
             jy_data=0; //校验和清零
             for(j=0；j< R_numb-1；j++)
             {
               jy_data=jy_data+R_data[j]；   //计算校验和(通过累加和校验)
              }
             W_data[0]=0xbb；W_data[1]=R_data[1];
             if(R_data[R_numb-1]==jy_data)//比较 jy_data 与接收到的校验码是否相等
             {
               GPIO_ResetBits(GPIOB，GPIO_Pin_1)；//PB.1 输出 0，点亮 LED1 灯
               //UART_fxi_shju_func(R_data[1])；//根据命令(0x55)分析数据并处理
               jy_data= W_data[0]+ W_data[1]；//计算发送校验值
               W_data[R_numb-1]= jy_data；//校验值
               for(j=0；j< R_numb；j++)
               {
                   Wire_USART1_byte(W_data[j])；//回送数据
               }
```

```
                        GPIO_SetBits(GPIOB,  GPIO_Pin_1);  //PB.1 输出 1，LED1 灯熄灭
                    } //校验相等_END
                } // R_point=R_numb_END
            }// else if_END
        }//if_END
    }// IRQHandler_END
```

3. 其他函数

调用上例的"USART1 读写"函数。

```
void delay_x(unsigned int x)        //延时函数
    {
        unsigned int i;
        for(i=0；i<x；i++);
    }
```

4. 主函数

```
#include "stm32f10x.h"
#include "usart1.h"
unsigned char R_data[10];          //接收数据区(全局变量)
unsigned char R_point=0;           //读数据指针(全局变量)
int main(void)
    {
        SystemInit();              //配置时钟
        USART1_Configuration();    //串口引脚初始化函数
        USART1_Interrupt();        //中断初始化函数
        LED_SCH();                 //PB1，PB2 I/O 初始化
        while(1)
        {
            //UART_fxi_shju_func(R_data[1]);        //根据命令(0x55)分析数据并处理
            GPIO_ResetBits(GPIOB，GPIO_Pin_2);    //PB.2 输出 0，点亮 LED1 灯
            delay_x(0x1ffff);         //延时
            GPIO_SetBits(GPIOB，GPIO_Pin_2);      //PB.2 输出 1，LED1 灯熄灭
            delay_x(0x1ffff);         //延时
        }
    }//main()_END
```

第 8 章 A/D 转换器的接口与编程应用

ADC(Analog to Digital Converter)即模拟/数字(A/D)转换器，其主要功能是将连续变量的模拟信号转换为离散的数字信号。由于 CPU 只能处理数字信号，因此在对外部的模拟信号进行分析、处理的过程中，必须使用 ADC 模块将外部的模拟信号转换成 CPU 所能处理的数字信号。

STM32F10x 系列处理器芯片上集成有 12 位的 A/D 转换器，该 A/D 是一种逐次逼近型模拟数字转换器，有 18 个通道，可测量 16 个外部和 2 个内部信号源。各通道的 A/D 转换可以单次、连续扫描或间断模式运行。ADC 的结果可以左对齐或右对齐的方式存储在 16 位数据寄存器中。

8.1 ADC 的主要特征与架构

1. ADC 的主要特征

STM32F10x 处理器 ADC 的主要特征如下：

(1) ADC 供电电源为 2.4～3.6 V；

(2) ADC 模拟输入范围为 0～3.6 V；

(3) 转换分辨率为 12 位；

(4) 内嵌数据对齐方式；

(5) 通道采样间隔时间可编程；

(6) 每次 ADC 开始转换前进行一次自校准；

(7) 可设置为单次、连续、扫描和间断模式；

(8) 带 ADC1 和 ADC2 两个 ADC 转换器，有 8 种转换方式；

(9) 转换结束发生模拟看门狗事件时产生中断；

(10) 规则通道转换期间有 DMA 请求产生；

(11) ADC 转换时间。对于不同的 STM32 处理器，ADC 转换时间为 1 µs 左右。

2. ADC 的架构

STM32 处理器的 ADC 内部结构主要由模拟输入通道、A/D 转换器、模拟看门狗、ADC 时钟、通道采样时间编程、外部触发转换、DMA 请求、温度传感器、ADC 的上电控制和中断等电路组成。电路结构如图 8.1 所示。

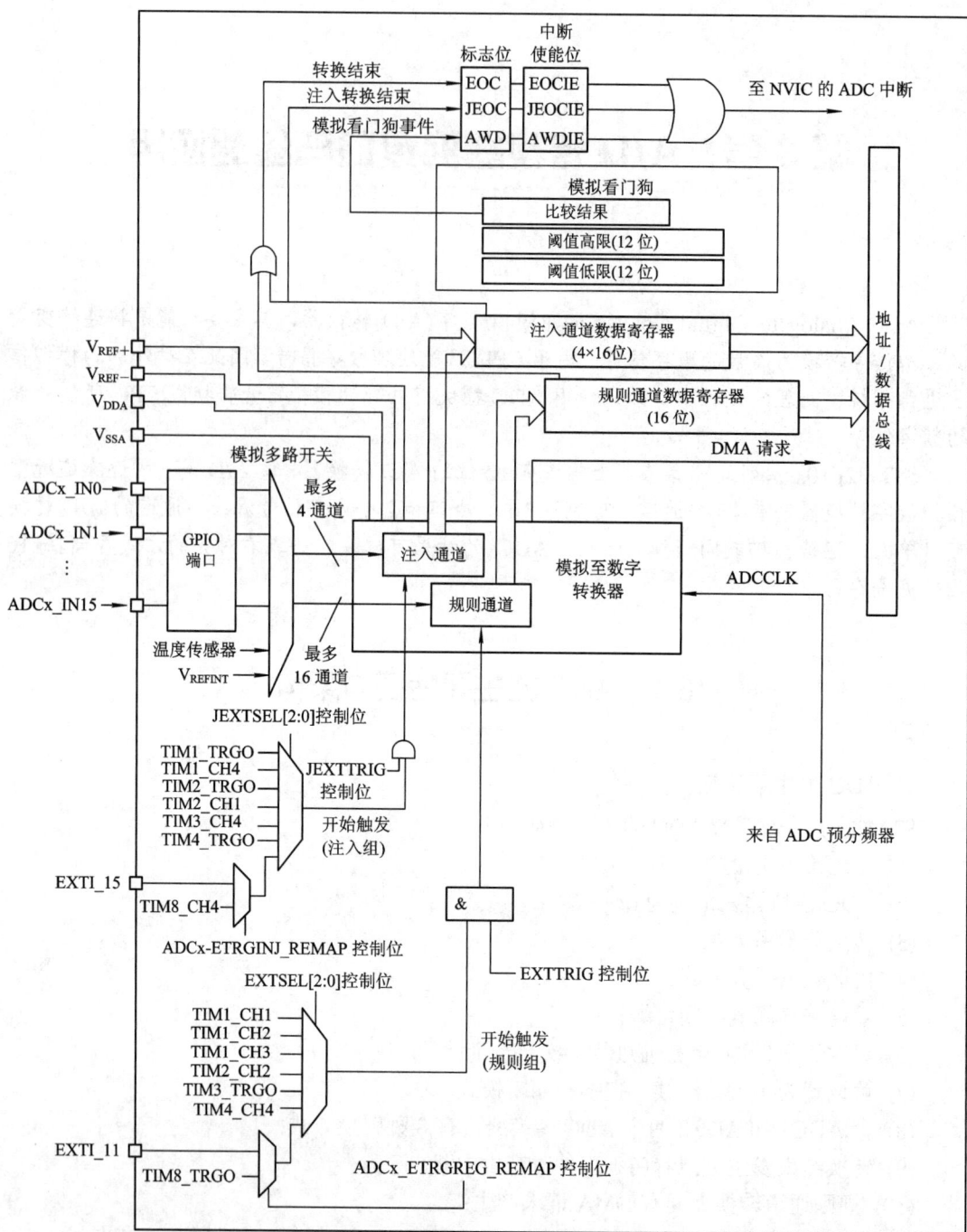

图 8.1　STM32 处理器 ADC 结构

需要说明的是，在外部电路连接中，V_{DDA} 和 V_{SSA} 应该分别连接到 V_{DD} 和 V_{SS}。

1) 模拟输入通道

模拟信号通道共有 18 个，可测 16 个外部信号源和 2 个内部信号源。其中，16 个外部通道对应 ADC_IN0 到 ADC_IN15，2 个内部通道为温度传感器和内部参考电压。

ADC 的相关引脚见表 8.1 所示。

表 8.1　ADC 的引脚

名　称	信号类型	备　注
V_{REF+}	模拟参考输入电压正极	ADC 使用的正极参考电压。$2.4\ V \leqslant V_{REF+} \leqslant V_{DDA}$
V_{REF-}	模拟参考输入电压负极	ADC 使用的负极参考电压。$V_{REF-} = V_{SSA}$
V_{DDA}	模拟输入电源	等效于 V_{DD} 的模拟电源，且 $2.4\ V \leqslant V_{DDA} \leqslant 3.6\ V$
V_{SSA}	模拟输入电源地	等效于 V_{SS} 的模拟电源地
ADC_IN[15: 0]	模拟输入信号	16 个模拟输入通道(ADC_IN0～ADC_IN15)

2) A/D 转换器

ADC 为逐次逼近式 A/D 转换器，分为注入通道和规则通道。每个通道都有相应的触发电路，注入通道的触发电路为注入组，规则通道的触发电路为规则组；每个通道也有相应的转换结果寄存器，分别称为规则通道数据寄存器和注入通道数据寄存器。由时钟控制器提供的 ADCCLK 时钟和 PCLK2 (APB2 时钟)同步。

3) 模拟看门狗部分

模拟看门狗部分用于监控高低电压阈值，可作用于一个、多个或全部转换通道，当检测到的电压低于或高于设定电压阈值时，可以产生中断。

4) ADC 时钟

A/D 转换器的时钟(ADCCLK)由系统时钟控制器控制，与高级外设总线 APB2 同步。时钟控制器为 ADC 时钟提供了一个专用的可编程预分频器，默认的分频值为 2。

5) 通道采样时间编程

ADC 使用若干个 ADC_CLK 周期对输入电压采样，采样周期数目可以通过 ADC_SMPR1 和 ADC_SMPR2 寄存器中的 SMP[2: 0]位更改。每个通道可以以不同的时间采样。

总转换时间可按如下公式计算：

$$TCONV = 采样时间 + 12.5\ 个周期$$

例如，ADCCLK=14 MHz，采样时间为 1.5 个周期，则

$$TCONV = 1.5 + 12.5 = 14\ 个周期 = 1\ \mu s$$

6) 外部触发转换

转换可以由外部事件触发(如定时器捕获、EXTI 线)。表 8.2、表 8.3 描述了不同通道外部触发的 EXTSEL 位设定值。如果设置了 EXTTRIG 控制位，则外部事件就能够触发转换。EXTSEL[2:0]控制位允许应用程序选择 8 个可能的事件中的某一个可以触发规则和注入组的采样。

表 8.2　ADC1 与 ADC2 用于规则通道的外部触发

触　发　源	类　型	EXTSEL[2: 0]
定时器 1 的 CC1 输出		000
定时器 1 的 CC2 输出		001
定时器 1 的 CC3 输出		010
定时器 2 的 CC2 输出	片上定时器的内部信号	011
定时器 3 的 TRGO 输出		100
定时器 4 的 CC4 输出		101
EXTI 线 11	外部引脚	110
SWSTART	软件控制位	111

表 8.3　ADC1 与 ADC2 用于注入通道的外部触发

触　发　源	类　型	EXTSEL[2：0]
定时器 1 的 TRGO 输出	片上定时器的内部信号	000
定时器 1 的 CC4 输出		001
定时器 2 的 TRGO 输出		010
定时器 2 的 CC1 输出		011
定时器 3 的 CC1 输出		100
定时器 4 的 TRGO 输出		101
EXTI 线 15	外部引脚	110
SWSTART	软件控制位	111

7) DMA 请求

因为规则通道转换的值储存在一个唯一的数据寄存器中,所以当转换多个规则通道时,需要使用 DMA,这样可以避免丢失已经存储在 ADC_DR 寄存器中的数据。

只有在规则通道转换结束时,才产生 DMA 请求,并将转换的数据从 ADC_DR 寄存器传输到用户指定的目的地址。

8) 温度传感器

温度传感器可以用来测量器件内部的温度。温度传感器在内部和 ADCx_IN16 输入通道相连接,此通道将传感器输出的电压转换成数字值。温度传感器模拟输入采样时间是 17.1 μs。

温度传感器的测量范围是 –40～125℃,测量精度为 ±1.5℃。

读取温度的步骤是:选择 ADCx_IN16 输入通道,选择采样时间大于 2.2 μs,设置 ADC 控制寄存器 2(ADC_CR2)的 TSVREFE 位,以唤醒关电模式下的温度传感器。

9) ADC 的上电控制

通过设置 ADC_CR1 寄存器的 ADON 位可使 ADC 上电。当第一次设置 ADON 位时,它将 ADC 从断电状态下唤醒。通过调用库函数 ADC_Cmd(ADCl,ENABLE)可以实现将 ADON 位置位。ADC 上电延迟一段时间后,再次设置 ADON 位时开始进行转换。

通过清除 ADON 位可以停止转换,并将 ADC 置于断电模式。在这个模式中,ADC 几乎不耗电(仅几个 μA)。

10) 中断电路

ADC 的中断电路有 3 种情况可以产生中断,即转换结束、注入转换结束和模拟看门狗事件。

8.2　ADC 的通道选择与工作模式

1. ADC 的通道选择

STM32 处理器的每个 ADC 模块有 16 个模拟通道,可分成两组转换,即规则通道和注入通道。在任意多个通道上以任意顺序进行的一系列转换构成成组转换。例如，可以顺序完成通道 3、通道 8、通道 2、通道 2、通道 0、通道 2、通道 2、通道 15 的顺序转换。

规则组由多达 16 个转换组成。规则通道和它们的转换顺序在 ADC_SQRx 寄存器中选择。规则组中转换的总数应写入 ADC_SQR1 寄存器的 L[3：0]位中。

注入组由多达 4 个转换组成。注入通道和它们的转换顺序在 ADC_JSQR 寄存器中选择。注入组中的转换总数目必须写入 ADC_JSQR 寄存器的 L[1：0]位中。

如果 ADC_SQRx 或 ADC_JSQR 寄存器在转换期间被更改，当前的转换被清除，一个新的转换将会启动。

温度传感器和 ADCx_IN16 通道相连接，内部参照电压 VREFINT 和 ADCx_IN17 通道相连接。ADC 可以按注入或规则通道对这两个内部通道进行转换。

2. ADC 工作模式

STM32 的每个 ADC 模块可以通过内部的模拟多路开关切换到不同的输入通道并进行转换。

按照工作模式划分，ADC 主要有 4 种转换模式，即单次转换模式、连续转换模式、扫描模式和间断模式。

1) 单次转换

单次转换模式下，ADC 只执行一次转换。该模式既可通过设置 ADC_CR2 寄存器的 ADON 位(只适用于规则通道)启动，也可通过外部触发启动(适用于规则通道或注入通道)，这时 CONT 位为 0。

2) 连续转换

在连续转换模式中，前面 ADC 转换一结束马上就启动另一次转换。此模式可通过外部触发启动或通过设置 ADC_CR2 寄存器上的 ADON 位启动。

对于以上两种转换方式，一旦被选通道转换完成，转换结果就被储存在 16 位的 ADC_DR 寄存器中，EOC(转换结束)标志被设置，如果设置了 EOCIE 位，则产生中断。

ADC 转换时序如图 8.2 所示。ADC 在开始精确转换前需要一个稳定时间 t_{STAB}。在开始 ADC 转换和 14 个时钟周期后，EOC 标志被设置，A/D 结果存于 16 位 ADC 数据寄存器。

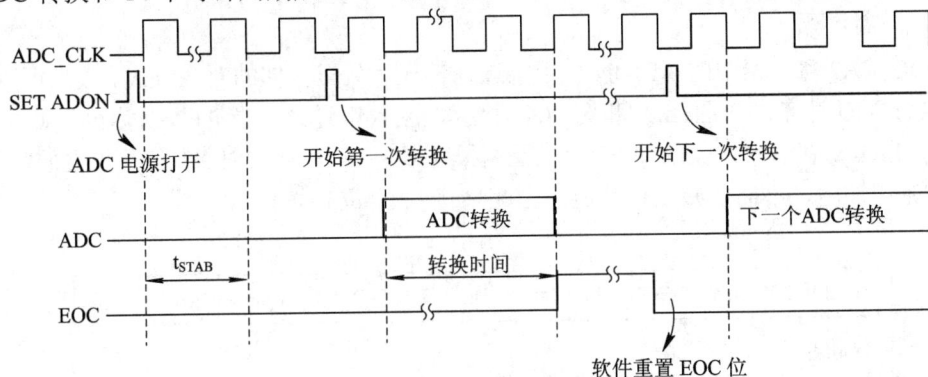

图 8.2　ADC 转换时序

3) 扫描模式

扫描模式用来扫描一组模拟通道，可通过设置 ADC_CR1 寄存器的 SCAN 位来选择。

一旦这个位被设置，ADC 扫描就可启动。在每个组的每个通道上执行单次转换。在每个转换结束时，同一组的下一个通道被自动转换。如果设置了 CONT 位，转换不会在选择组的最后一个通道上停止，而是再次从选择组的第一个通道继续转换。如果设置了 DMA 位，在每次 EOC 后，DMA 控制器会将规则组通道的转换数据传输到 SRAM 中，而注入通道转换的数据总是存储在 ADC_JDRx 寄存器中。

4) 间断模式管理

(1) 触发注入。清除 ADC_CR1 寄存器的 JAUTO 位，并且设置 SCAN 位，即可使用触发注入功能。利用外部触发或通过设置 ADC_CR2 寄存器的 ADON 位，启动一组规则通道的转换。如果在规则通道转换期间产生一外部注入触发，当前转换被复位，则注入通道序列以单次扫描方式被转换。

(2) 自动注入。如果设置了 JAUTO 位，在规则组通道之后，注入组通道被自动转换。这可以用来转换在 ADC_SQRx 和 ADC_JSQR 寄存器中设置的多至 20 个转换序列。在此模式下，必须禁止注入通道的外部触发。

8.3　ADC 的校准与数据对齐

1. 校准

ADC 有一个内置自校准模式。校准可大幅减小因内部电容器的变化而造成的准精度误差。在校准期间，每个电容器上都会计算出一个误差修正码(数字值)，该码用于消除在随后的转换中每个电容器上产生的误差。

通过设置 ADC_CR2 寄存器的 CAL 位可启动校准。一旦校准结束，CAL 位被硬件复位，即可开始正常转换。建议在上电时执行一次 ADC 校准。校准阶段结束后，校准码储存在 ADC_DR 中。

注意：建议在每次上电后执行校准。启动校准前，ADC 必须处于关电状态(ADCON=0)超过至少两个 ADC 时钟周期。

2. 数据对齐

ADC_CR2 寄存器中的 ALIGN 位用于选择转换后数据存储的对齐方式。数据可以左对齐，也可以右对齐，如图 8.3 和图 8.4 所示。注入组通道转换的数据值已经减去了在 ADC_JOFRx 寄存器中定义的偏移量，因此结果可以是一个负值。SEXT 位是扩展的符号值。对于规则组通道，不需要减去偏移值，因此只有 12 个位有效。

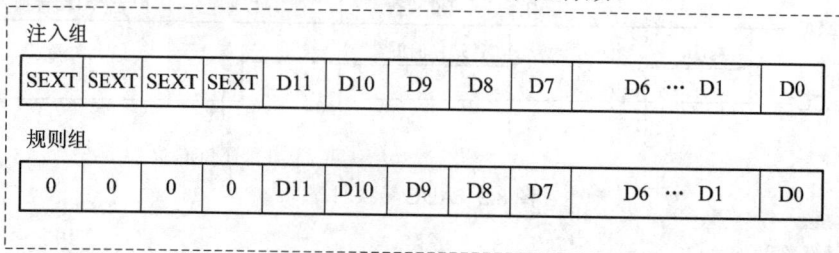

注入组										
SEXT	SEXT	SEXT	SEXT	D11	D10	D9	D8	D7	D6 … D1	D0

规则组										
0	0	0	0	D11	D10	D9	D8	D7	D6 … D1	D0

图 8.3　数据右对齐

注入组

SEXT	D11	D12	D9	D8	D7	D6 … D1	D0	0	0	0

规则组

D11	D10	D9	D8	D7	D6 … D1	D0	0	0	0	0

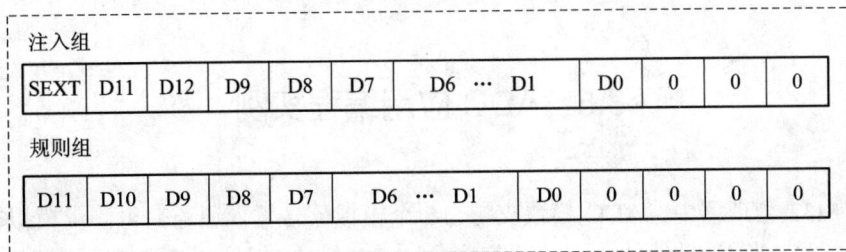

图 8.4　数据左对齐

8.4　ADC 的寄存器与中断

1. ADC 寄存器

ADC 控制寄存器的功能如表 8.4 所示。

表 8.4　ADC 相关寄存器功能

ADC 寄存器	功 能 描 述
状态寄存器(ADC_SR)	用于反映 ADC 的状态
控制寄存器 1 (ADC_CR1)	用于控制 ADC
控制寄存器 2 (ADC_CR2)	用于控制 ADC
采样时间寄存器 1 (ADC_SMPR1)	用于独立地选择每个通道(通道 10~18)的采样时间
注入通道数据偏移寄存器 x,(ADC_JOFRx), (x=1, …, 4)	用于定义注入通道的数据偏移量,转换所得的原始数据会减去相应偏移量
规则序列寄存器 1 (ADC_SQR1)	用于定义规则转换的序列,包括长度及次序(第 13~16 个转换)
注入序列寄存器(ADC_JSQR)	用于定义注入转换的序列,包括长度及次序
注入数据寄存器 x, (ADC_JDRx),(x = 1, …, 4)	用于保存注入转换所得到的结果
规则数据寄存器(ADC_DR)	用于保存规则转换所得到的结果

2. ADC 中断

ADC 的中断见表 8.5。规则组和注入组转换结束时能产生中断,当模拟看门狗状态位被设置时也能产生中断。它们都有独立的中断使能位。

表 8.5　ADC 中断

中 断 事 件	事件标志	使能控制位
设置模拟看门狗状态位	AWD	AWDIE
规则组转换结束	EOC	EOCIE
注入组转换结束	JEOC	JEOCIE

8.5　ADC 应用编程实例

在 STM32 处理器中，ADC 模块支持 16 个模拟信号输入通道，可测量模拟输入电压 (0～3.3 V)信号。当用户将模拟输入信号连接到 ADC 模块的引脚上时，需要将 ADC 模块所对应的引脚设置为"模拟信号输入模式"，即芯片引脚要工作在 GPIO_Mode_AIN 模式下。软件的设计要参考 3.12 节 ADC 的相关库函数组合编写。

8.5.1　ADC 的应用基础

在 ADC 硬件电路设计过程中，输入电压原则上不可超过 ARM 芯片的供电电压。如果输入电压过大，则要减小比例，如果过小，还需放大。另外模拟电路的噪声滤除、电源隔离也很重要。

1. 模拟电源的隔离

在使用 ADC 进行外部模拟信号检测时，模拟输入引脚的信号电平在任何时候都不能大于 V_{REF+}，否则 ADC 输出的结果无效。对于 V_{REF+} 和 V_{REF-} 两个电压基准信号，在部分电路设计中，用户会将电源电压和地信号分别与这两个引脚连接在一起。这种方法虽然可满足一般测量要求，但引脚连接的外部阻抗会通过寄生电容将更多的数字干扰(噪声)通过数字电源(V3.3、GND)耦合到 ADC 内部的模拟电路上，从而产生测量误差。为了降低噪声和提高转换精度，在条件允许的情况下应将数字电源与模拟电源进行隔离，如图 8.5 所示。

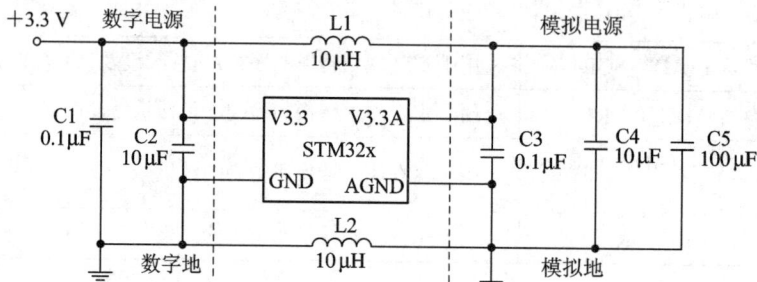

图 8.5　模拟电源信号与数字电源信号的隔离

电源隔离的目的在于从电路上把数字信号的干扰源和易受干扰的部分隔离开来，使测量系统保持"干净"的信号联系。此时，将 V_{REF+} 与 V3.3A，V_{REF-} 与 AGND 连接即可。

2. 模拟输入增加缓冲器

对于不同类型的 ADC 而言，其内部结构性能参数有较大的差别，尤其是内部的模拟开关、输入保护电路、寄生电容等都会影响 ADC 的转换精度。STM32 处理器内部 ADC 的结构见图 8.6(a)。为了减小模拟通道之间的影响，可增加缓冲器电路，见图 8.6(b)。

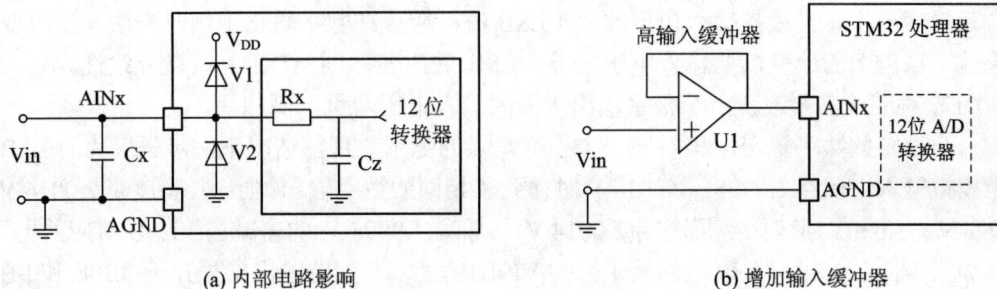

(a) 内部电路影响　　　　　　　　　　　(b) 增加输入缓冲器

图 8.6　ADC 输入电路

3. 与 ADC 模块自身相关的误差

通常情况下，精度误差以 LSB 为单位。电压的分辨率与参考电压有关。电压误差是按照 LSB 的倍数计算的。了解 ADC 模块自身带来的误差，对分析测量结果和数据处理很有帮助。

1) 偏移误差

偏移误差的定义为从第一次实际的转换至第一次理想的转换之间的偏差。当 ADC 模块的数字输出从 0 变为 1 时，发生了第一次转换。理想情况下，当模拟输入信号介于 0.5 LSB 至 1.5 LSB 范围时，数字输出应该为 1。即理想情况下，第一次转换应该发生在输入信号为 0.5 LSB 时，此时的误差以偏移误差 E_0 标注。例如：

对于 12 位的 A/D 器件，如果 V_{REF+} = 3.3 V，理想情况下(1 LSB = 3300/4096 = 805.6 μV)输入 402.8 μV(0.5 LSB = 0.5 × 805.6 μV)时，数字输出为 1。然而实际上，这时 ADC 模块的读数可能仍然为 0。如果在输入电压达到 560 μV 时，数字输出才能为 1，则偏移误差为：实际的转换 − 理想的转换 = 550 μV − 402.8 μV = 147.2 μV，即 E_0 = (147.2 μV/805.6 μV)LSB= 0.18 LSB。当输入的模拟电压大于 0.5 LSB 时，产生第一次的转换，则偏移误差是正值 0.18 LSB。

2) 增益误差

增益误差的定义为最后一次实际转换与最后一次理想转换之间的偏差，以 E_G 标注。最后一次实际转换是从 FFEh 至 FFFh 的变换。理想情况下，当模拟输入电压等于 V_{REF+} − 0.5 LSB 时产生从 FFEh 至 FFFh 的变换，因此对于 V_{REF+} = 3.3 V 的情况，最后一次理想转换应该在 3.299 597 V。当 ADC 数字输出为 FFFh 时，VAIN < V_{REF+} − 0.5 LSB，则增益误差为负值。

如果 V_{REF+} = 3.3 V 并且 VAIN = 3.298 435 V 时产生了从 FFEh 至 FFFh 的变换，则

$$E_G = \frac{3.298435 \text{ V} - 3.299597 \text{ V}}{805.6 \text{ μV}} LSB = -1.44 \text{ LSB}$$

如果在 V_{AIN} 等于 V_{REF+} 时不能得到满量程的读数(FFFh)，则增益误差是正值，即需要一个大于 V_{REF+} 的电压才能产生最后一次变换。

3) 微分线性误差

微分线性误差的定义为实际步长与理想步长之间的最大差别，以 E_D 表示这里的"理想"不是表示理想的转换曲线，而是表示 ADC 的分辨率。

$$E_D = 实际转换步长 - 1 \text{ LSB}$$

理想情况下，当模拟输入电压改变 1 LSB 时，应该在数字输出上同时产生一次改变。如果数字输出上的改变需要输入电压大于 1 LSB 的改变，则 ADC 具有微分线性误差。因此，DLE 对应于需要改变一个数字输出所需的最大电压增量。例如：

一个给定的数字输出应该对应一个模拟输入的范围。理想情况下，步长应为 1 LSB。假定模拟输入电压在 1.9998～2.0014 V 时得到了相同的数字输出，则步长宽度是 2.0014 V − 1.9998 V = 1.6 mV，此时 E_D 是高端(2.0014 V)与低端(1.9998 V)的差减去 1 LSB 对应的电压。

如果 V_{REF+} = 3.3 V，模拟输入 1.9998 V(9B1h)可以产生的输出结果介于 9B0h 和 9B2h 之间；同样，模拟输入 2.0014 V(9B3h)可以产生的输出结果介于 9B2h 和 9B4h 之间。

这样对应 9B2h 的综合电压变化范围是 9B3h − 9B1h，即对应电压变化范围是 2.0014 V − 1.9998 V = 1.6 mV(1660 μV)。

$$E_D = 1660 \ \mu V - 805.6 \ \mu V = 854.4 \ \mu V = \frac{854.4 \ \mu V}{805.6 \ \mu V} LSB = 1.06 \ LSB$$

这里假定高于 2.0014 V 的电压都不能得到 9B2h 的数字输出结果。当步长宽度小于 1 LSB 时，误差 ED 是负值。

4) 积分线性误差

积分线性误差是所有实际转换点与终点连线之间的最大差别，以 E_L 标注。终点连线可以理解为在 A/D 转换曲线上，第一个实际转换与最后一个实际转换之间的连线，是每一个转换与这条线之间的偏差。因此，终点连线对应于实际转换曲线，而与理想转换曲线无关。例如：

如果第一次转换(从 0 至 1)发生在 550 μV，而最后一次转换(从 FFEh 至 FFFh)发生在 3.298 435 V(增益误差)，则在转换曲线上，实际数字输出 1h～FFFh 的连线就是终点连线。

5) 总未调整误差

总未调整误差(TUE)的定义为实际转换曲线和理想转换曲线之间的最大偏差。这个参数表示所有可能发生的误差，导致理想数字输出与实际数字输出之间的最大偏差。这是在对 ADC 的任何输入电压在理想数值与实际数值之间所记录到的最大偏差。

TUE 不是 E_0、E_G、E_D、E_L 之和，偏移误差反映了数字结果在低电压端的误差，而增益误差反映了数字结果在高电压端的误差。

8.5.2 热电阻温度的测量应用

在目前的工程应用中，温度的测量已经是非常成熟的技术。其硬件设计不仅要考虑智能器件(处理器)的选择，更要考虑温度传感器的选择。

1. 温度传感器

温度传感器，按其测量方式的不同可分为接触式和非接触式两种。

通常，接触式温度的测量相对比较简单可靠，具有较高的测量精度，但接触式测量需要与被测介质进行充分的热交换，两者之间需要一定的时间才能达到热平衡，所以会存在温度反应延迟现象。同时，受到耐高温材料的限制，接触式温度的测量不能应用于温度特别高的场合。同时，接触式的测量方式还会破坏原有的温度场，在一定程度上降低温度测量的精度。

非接触式仪表测量是通过热辐射原理来测量温度的，测温元件不需与被测介质接触，测温范围广，不受测量范围上限的限制，也不会破坏被测物体的温度场，反应速度一般也比较快；但非接触式测量方式容易受到物体的发射率、测量距离、烟尘和水汽等外界因素的影响，其测量误差较大。

1) 热电偶测温

热电偶是工业上最常用的温度检测元件之一，具有以下优点。

(1) 测量精度高。因热电偶直接与被测对象接触，不受中间介质的影响。

(2) 测量范围广。常用的热电偶从 −50～+3000℃均可连续测量，某些特殊热电偶最低可测到 −300℃ (如金铁镍铬)，最高可达+2800℃(如钨-铼)。

(3) 构造简单，使用方便。热电偶通常是由两种不同的金属丝组成的，而且不受大小和长度的限制，外有保护套管，使用起来很方便。

热电偶是将两种不同材料的导体 A 和 B 连接在一起构成的。但构造分"测量端"和"参考端"。精确的测量不仅要测试"测量端"，还要考虑"参考端"的影响。

2) 热电阻测温

热电阻是中低温区最常用的一种测温传感器，它的主要特点是测量精度高，性能稳定。其中铂材料的热电阻是测量精确度中最高的，它不仅广泛应用于工业测温，而且被制成标准的基准仪器使用。

热电阻测温是基于金属导体的电阻值随温度的增加而增加这一特性来进行温度测量的。热电阻大都由纯金属材料制成，目前应用最多的是铂和铜材料等。

由于被测温度的变化是直接通过热电阻阻值的变化来测量的，因此，热电阻体的引出线等各种导线电阻的变化会给温度测量带来影响。为消除引线电阻的影响，一般可采用三线制或四线制平衡的方法解决。

3) 半导体测温

半导体测温的原理是利用"二极管 PN 结"的反偏电阻随周围温度的变化而变化的原理制作(实现)的。常见的半导体温度传感器有恒流式、恒压式和数字式等多种。

这类传感器测量精度较高，容易实现接口和处理。但半导体温度传感器测温范围较窄，一般为−40～+85℃，适合常温测量。如 DS18B20、SHT10 等数字温度传感器在智能测温仪表中很常见。

2．测温系统的构建

根据不同的要求，可供选择的温度传感器的种类很多。本例通过选用铂电阻 PT100 搭建测温系统。

热电阻(PT100)具有良好的线性，它的阻值在 0℃时为 100 Ω，热响应时间小于 30 s，允许通过的电流小于 5 mA。在利用 PT100 测量温度时，为了确保测量温度的准确性和精度，供电电压应稳定在 1 mV 级。

虽然 PT100 的线性较好，其阻值随温度的上升而近似匀速地增长。但从严格意义上来说，PT100 铂电阻的阻值与测量温度之间的关系并不是简单的正比关系，而更趋近于一条抛物线。铂电阻(R_t)的阻值随温度(t)变化而变化的计算公式为

$$-200℃ < t < 0, \quad R_t = R_0[1 + At + Bt^2 + C(t - 100)t]$$

$$0℃ < t < 850℃，R_t = R_0[1 + At + Bt^2]$$

式中，R_t 为 t℃时的电阻值；R_0 为 0℃时的阻值；$A = 3.90\ 802 \times 10^{-3}$；$B = -5.802 \times 10^{-7}$；$C = -4.2735 \times 10^{-12}$。

为了准确测量铂电阻(PT100)随外界温度的变化情况，可以采用图 8.7(a)所示的平衡电桥结构。图中 R_t 是 PT100，R1、R2、R3 是平衡电阻(取值 100 Ω)。在使用时，如果 R_t 要引出一定距离，为了避免引线过长影响测量精度，也可将 R1 引出与 R_t 同样的长度进行补偿处理。

由于 PT100 平衡电桥输出的信号是一个毫伏级的微弱信号，要进行 A/D 转换，还必需进行放大处理。图 8.7(b)是采用差分放大的应用电路。为了降低由于运放芯片造成的信号干扰或误差，尽量选用对称型的运算放大器，在同等条件下，优先选择集成运放数量较少的芯片，以保证较好的放大性能。

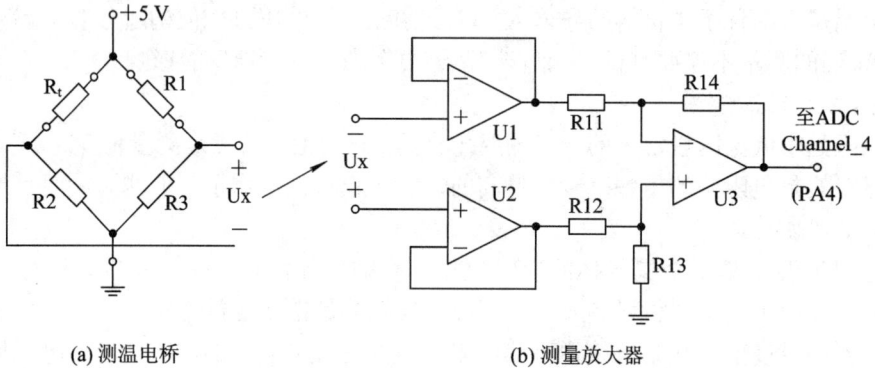

(a) 测温电桥　　　　　　　　　(b) 测量放大器

图 8.7　热电阻测温放大电路

图 8.7 中，U1、U2、U3 可选低票漂移运放(如 OP27 等)，R11、R12 可取 510 Ω，R14、R13 可取 15 kΩ金属膜电阻。整个放大倍数约 30 倍。

3. 软件设计

1) 初始化函数

```
//ADC_Channel_4 初始
void ADCx_Init(void) //PA4 为 A/D 输入接口
    {
        ADC_InitTypeDef    ADC_InitStruct；
        GPIO_InitTypeDef GPIO_InitStruct；
        RCC_APB2PeriphClockCmd(RCC_APB2Periph_ADC1，ENABLE)；//打开 ADC1 的时钟
        GPIO_InitStruct.GPIO_Mode = GPIO_Mode_AIN；        //配置为模拟输入
        GPIO_InitStruct.GPIO_Speed = GPIO_Speed_50 MHz；
        GPIO_InitStruct.GPIO_Pin = GPIO_Pin_4 ；           //ADC_4 为输入状态
        GPIO_Init(GPIOA，&GPIO_InitStruct)；               //初始化
        ADC_DeInit(ADC1)；                                 //恢复默认值
        //设置 ADC 的工作模式，此处设置为独立工作模式
        ADC_InitStruct.ADC_Mode = ADC_Mode_Independent；
```

```
        ADC_InitStruct.ADC_DataAlign = ADC_DataAlign_Right；//ADC 数据右对齐
        ADC_InitStruct.ADC_ContinuousConvMode = DISABLE；//设置为 DISABLE
        //定义触发方式，此处为软件触发
        ADC_InitStruct.ADC_ExternalTrigConv = ADC_ExternalTrigConv_None；//定义触发方式
        //设置进行规则转换的 ADC 通道数目，此处为 1 个通道
        ADC_InitStruct.ADC_NbrOfChannel = 1；//设置进行规则转换的 ADC 通道数目
        //DISABLE 是单通道模式，ENABLE 是多通道模式
        ADC_InitStruct.ADC_ScanConvMode = DISABLE；
        ADC_Init(ADC1， &ADC_InitStruct)；//初始 ADC1
        // 设置指定 ADC 的规则组通道，设置它们的转化顺序和采样时间
        // 使用 ADC1，模拟通道 14，采样序列号为 1，采样时间为 71.5 个周期
        ADC_RegularChannelConfig(ADC1，ADC_Channel_4，1，ADC_SampleTime_71Cycles5)；
        ADC_Cmd(ADC1， ENABLE)；//ADC1 使能
        ADC_ResetCalibration(ADC1)； //重置指定的 ADC1 的校准寄存器
        //获取 ADC1 重置校准寄存器的状态，直到校准寄存器重设完成
        while(ADC_GetResetCalibrationStatus(ADC1))；//获取 ADC1 校准寄存器的状态
        ADC_StartCalibration(ADC1)； //开始指定 ADC 的校准状态
        //获取指定 ADC 的校准程序，直到校准完成
        while(ADC_GetCalibrationStatus(ADC1))； //获取指定 ADC 的校准程序
        ADC_SoftwareStartConvCmd(ADC1，ENABLE)； //使能 ADC1 的软件转换启动功能
    }
//串口 1 初始化，输出 A/D 结果
void USART1_Configuration(void)     //USART1 的初始化函数
    {
        GPIO_InitTypeDef   GPIO_InitStructure；          //定义结构体
        USART_InitTypeDef   USART_InitStructure；        //定义结构体
        /* 打开 GPIO 和 USART 部件的时钟 */
        RCC_APB2PeriphClockCmd(RCC_APB2Periph_GPIOA|RCC_APB2Periph_AFIO， ENABLE)；
        RCC_APB2PeriphClockCmd(RCC_APB2Periph_USART1， ENABLE)；
        /* 将 USART_Tx 的 GPIO 配置为推挽复用模式 */
        GPIO_InitStructure.GPIO_Pin = GPIO_Pin_9；      //PA9
        GPIO_InitStructure.GPIO_Mode = GPIO_Mode_AF_PP；
        GPIO_InitStructure.GPIO_Speed = GPIO_Speed_50 MHz；
        GPIO_Init(GPIOA， &GPIO_InitStructure)；        //初始化
        /* 将 USART_Rx 的 GPIO 配置为浮空输入模式*/
        GPIO_InitStructure.GPIO_Pin = GPIO_Pin_10；
        GPIO_InitStructure.GPIO_Mode = GPIO_Mode_IN_FLOATING；
        GPIO_InitStructure.GPIO_Speed = GPIO_Speed_50 MHz；
        GPIO_Init(GPIOA， &GPIO_InitStructure)；         //初始化
```

```
        USART_InitStructure.USART_BaudRate = 9600；  //波特率选为 9600
        USART_InitStructure.USART_WordLength = USART_WordLength_8b；//8 位
        USART_InitStructure.USART_StopBits = USART_StopBits_1；//停止位
        USART_InitStructure.USART_Parity = USART_Parity_No；
        USART_InitStructure.USART_HardwareFlowControl=USART_HardwareFlowControl_None；
        USART_InitStructure.USART_Mode = USART_Mode_Rx | USART_Mode_Tx；
        USART_Init(USART1， &USART_InitStructure)；  // 串口 1 初始化
        /* 使能 USART1，配置完毕 */
        USART_Cmd(USART1， ENABLE)；//使能 USART1
        /* 清除串口标志*/
        USART_ClearFlag(USART1， USART_FLAG_TC)；
    }
```

2) 其他函数

```
        //启动(使能)ADC_4 通道
    void start_AD4(void)//通道 ADC4
        {
        ADC_RegularChannelConfig(ADC1，ADC_Channel_4， 1， ADC_SampleTime_71Cycles5)；
        ADC_Cmd(ADC1，ENABLE)；//ADC1 使能
        }
        //读 ADC_4 的结果
    unsigned int   Read_ADC_4(void)
    {
        unsigned int result=0；
        unsigned short xd；
        unsigned char i；
        start_AD4()；            //启动 ADC 通道 4
        for(i=0； i<15； i++)    //采样了 15 次，平均
          {
          ADC_SoftwareStartConvCmd(ADC1， ENABLE)；    //启动 ADC1 转换
          do
            {
              xd =  ADC_GetFlagStatus(ADC1， ADC_FLAG_EOC)；//读取转换标志
            }while(!xd)；        //等待，等到转换完成
          result += ADC_GetConversionValue(ADC1)；
          }
        result = result/15；  //求平均值
        return   result；
    }
        //进行 times 次的 15 次 A/D 平均(times*15)
```

```
unsigned int Read_Hvot_measure(unsigned char times)
  {
      unsigned char i;
      unsigned int resu=0;
      unsigned int mresult=0;
      for(i=0; i<times; i++)
      {
          mresult=Read_ADC_4(); //测量 ADC4
          resu=resu + mresult;
      }
      resu=resu/times;
      return   resu;
  }
  void Wire_USART1_byte(unsigned char ch) //从 USART1 发送一个字符
  {
      USART_SendData(USART1,   ch);
      while (USART_GetFlagStatus(USART1, USART_FLAG_TC)==RESET);   //发送完成检测
  }
```

3) 主函数

```
#include "stm32f10x.h"
#include "usart1.h"
int main(void)
  {
      unsigned int Result;                    //AD 的结果
      SystemInit();                           //配置时钟
      ADCx_Init();                            //PA4 为 A/D 输入口，初始化
  USART1_Configuration();                     //串口引脚初始函数
      while(1)
      {
          Result=Read_Hvot_measure(10);       //平均测量 ADC_4 的值
          //标定温度程序省略
          Wire_USART1_byte(Result/256);       //串口 1 输出高 8 位数据
          Wire_USART1_byte(Result%256);       //串口 1 输出低 8 位数据
          //其他程序省略
      }
  }//main()_END
```

8.5.3　芯片内部温度的采集

在 STM32F103 系列芯片中集成了一个温度传感器，能测量芯片周围的实际温度。本例

使用该温度传感器，每采集芯片内部温度数据一次就通过串口发送到 PC 机，并通过 PC 上的串口调试工具软件，显示所采测量到的温度值。

1. 初始化函数

```
void ADCx_Init(void)
{
    ADC_InitTypeDef    ADC InitStruct；
    GPIO_InitTypeDef    GPIO_InitStruct；
    RCC_APB2PeriphClockCmd(RCC_APB2Periph_ADC1，  ENABLE)；
    ADC_DeInit(ADC1)；
    ADC_InitStruct.ADC_Mode = ADC_Mode_Independent；
    //设置 ADC 的工作模式，此处设置为独立工作模式
    ADC_InitStruct.ADC_DataAlign=ADC_DataAlign_Right；//ADC 数据右对齐
    //设置为 DISABLE，则 ADC 工作在单次模式
    //设置为 ENABLE，则 ADC 工作在连续模式
    ADC_InitStruct.ADC_ContinuousConvMode = DISABLE；
    //定义触发方式，此处为软件触发
    ADC_InitStruct.ADC_ExternalTrigConv = ADC_ExternalTrigConv_None；  //定义触发方式
    //设置进行规则转换的 ADC 通道数目，此处为 1 个通道
    ADC_InitStruct.ADC_NbrOfChannel = 1；
    ADC_InitStruct.ADC_ScanConvMode = DISABLE；//ENABLE；
    //ADC 工作在多通道模，还是单通道模式
    ADC_Init(ADC1，  &ADC_InitStruct)；//初始化
    ADC_ResetCalibration(ADC1)；    //重置指定的 ADC1 的校准寄存器
    //获取 ADC1 重置校准寄存器的状态，直到校准寄存器重设完成
    while(ADC_GetResetCalibrationStatus(ADC1))；//获取 ADC1 校准寄存器的状态
    ADC_StartCalibration(ADC1)；    //开始指定 ADC 的校准状态
    //获取指定 ADC 的校准程序，直到校准完成
    while(ADC_GetCalibrationStatus(ADC1))；        //获取指定 ADC 的校准程序
    ADC_SoftwareStartConvCmd(ADC1，  ENABLE)；//使能 ADC1 的软件转换启动功能
}
//USART2 初始化函数
void USART2_Configuration(void)              //USART2 的初始化
{
    GPIO_InitTypeDef GPIO_InitStructure；      //定义结构体
    USART_InitTypeDef USART_InitStructure；   //定义结构体
    /* 打开 GPIO 和 USART 部件的时钟 */
    RCC_APB2PeriphClockCmd(RCC_APB2Periph_GPIOA | RCC_APB2Periph_AFIO，ENABLE)；
    RCC_APB1PeriphClockCmd(RCC_APB1Periph_USART2，ENABLE)；//打开 UART_2 的时钟
```

```
        /* 将 USART_Tx 的 GPIO(PA2)配置为推挽复用模式*/
        GPIO_InitStructure.GPIO_Pin = GPIO_Pin_2;              //PA2
        GPIO_InitStructure.GPIO_Mode = GPIO_Mode_AF_PP;
        GPIO_InitStructure.GPIO_Speed = GPIO_Speed_50 MHz;    //配置 PA 口时钟
        GPIO_Init(GPIOA,  &GPIO_InitStructure);
        /* 将 USART_Rx 的 GPIO 配置为浮空输入模式*/
        GPIO_InitStructure.GPIO_Pin = GPIO_Pin_3;              //PA3
        GPIO_InitStructure.GPIO_Mode = GPIO_Mode_IN_FLOATING;
        GPIO_InitStructure.GPIO_Speed = GPIO_Speed_50 MHz;    //配置 PA 口时钟
        GPIO_Init(GPIOA,  &GPIO_InitStructure);
        USART_InitStructure.USART_BaudRate = 9600;            //设置波特率为 9600
        USART_InitStructure.USART_WordLength = USART_WordLength_8b;  //8 位数据
        USART_InitStructure.USART_StopBits = USART_StopBits_1;     //1 个停止位
        USART_InitStructure.USART_Parity = USART_Parity_No;        //无校验
        USART_InitStructure.USART_HardwareFlowControl=
            USART_HardwareFlowControl_None;                       //无流量控制
        //接收和发送使能
        USART_InitStructure.USART_Mode = USART_Mode_Rx | USART_Mode_Tx;
        USART_Init(USART2,  &USART_InitStructure);              //串口 2 初始化
        USART_Cmd(USART2,  ENABLE);                           //使能 USART2
        USART_ClearFlag(USART2,  USART_FLAG_TC); /*清除发送完成标志*/
    }
```

2．其他函数

```
    //启动(使能)ADC_16 通道
    void start_AD16(void)//通道 ADC16
        {
        //设置指定 ADC 的规则组通道，设置它们的转化顺序和采样时间
        //使用 ADC1：模拟通道 16，采样序列号为 1，采样时间为 239.5 个周期
        ADC_RegularChannelConfig(ADC1，ADC_Channel_16，1，ADC_SampleTime_239Cycles5);
        ADC_TempsensorVrefintCmd(ENABLE);        //使能温度传感器
        ADC_Cmd(ADC1，ENABLE);                  //ADC1 使能
        }
    //读 ADC_16 的结果
    unsigned int Read_ADC_16(void)
        {
        unsigned int result=0,  resul1=0;
        unsigned short xd;
        unsigned char i;
```

```
        start_AD16(); //启动 ADC 通道 16
        for(i=0; i<15; i++)//采样了 15 次，平均
         {
          ADC_SoftwareStartConvCmd(ADC1，ENABLE);              //启动 ADC1 转换
          do
           {
             xd = ADC_GetFlagStatus(ADC1，  ADC_FLAG_EOC); //读取转换标志
            }while(!xd);              //等待，直到转换完成
             result += ADC_GetConversionValue(ADC1);
           }
        result = result/15;   //求平均值
        //把采集的数值转化为温度数值
        resul1=(unsigned short)((17750-result*10)/5.337 +250);
        return   result1;
      }
    //从 USART2 发送一个字节
    void Wire_USART2_byte(unsigned char ch)   //从 USART2 发送数据
     {
        USART_SendData(USART2，ch);
        while (USART_GetFlagStatus(USART2，USART_FLAG_TC)==RESET); //发送完成检测
     }
```

3. 主函数

```
    #include "stm32f10x.h"
    #include "usart2.h"
    int main(void)
     {
        unsigned int Result;           //AD 的结果
        SystemInit();                  //配置时钟
        ADCx_Init();                   //通道 16 为 A/D 输入，初始化
        USART2_Configuration();        //串口引脚初始化函数
        while(1)
         {
            Result= Read_ADC_16();                 //平均测量内部温度值
            Wire_USART2_byte(Result/256);          //串口 2 输出高 8 位数据
            Wire_USART1_byte(Result%256);          //串口 2 输出低 8 位数据
            //其他程序省略
         }
    }//main()_END
```

第 9 章 STM32 处理器综合应用实例

通过对前 8 章的学习读者已经对 STM32 处理器的结构、原理、功能、编程和用途有了较深刻的了解和认识。那么，怎样能够按照自己的思路设计一个"个性化"的应用系统呢？如何有一个新的提高呢？这就需要进一步加强动手实践能力。

本章以设计实践为主，通过典型例子加深读者对 STM32 处理器知识点的进一步理解和运用。所选例子都包含了基本的逻辑电路和相关的程序源代码。读者稍加修改就可以应用到产品开发中去。在内容安排上遵循由浅入深、由易到难的原则，从最简单的 LED 点阵显示、按键操作到较为复杂的综合电路设计，均体现了从了解处理器基本原理到能够根据需要设计出实用系统的不同阶段的训练内容。当然，不同层次的读者可以根据自己的情况选择相关内容练习和实践。

9.1 LED 点阵显示器的设计与编程

1. 应用电路描述

市场上已有很多有关点阵显示器的产品，如广告活动字幕机、股票显示板、活动广告等。它的优点是可按需要的大小、形状，以单色或彩色来显示，可与计算机或单片机系统连接，做各种广告性文字或图形显示。

点阵式 LED 显示器的种类可分为 5×7、5×8、6×8、8×8 等 4 种；而按 LED 发光的颜色来分，可分为单色、双色、三色；按 LED 的极性排列方式又可分为共阳极与共阴极。

本例作为一种原理性的学习，采用 4 块 8×8 的共阳极单色点阵式 LED 组成 16×16 的点阵来显示汉字或图形。16×16 的点阵电路如图 9.1 所示。图 9.1 中，行驱动 1L～16L、列驱动 1P～16P 信号由图 9.2 电路处理完成。图 9.2 中的 2 片 74HC138 译码输出控制 1P～16P 的列电路。当译码器输出的"0"电平使 PNP 型三极管接通时，对应 LED 列的正极"得电"。1L～16L 行信号由图 9.2 中的 2 片 74HC595 的输出获得。对应 74HC595 的输出为"0"电平时，可使列驱动有效的"点阵"点亮。采用 74HC595 级联的方式和译码方式不仅可大大减少处理器的 I/O 管脚的使用，而且可扩展更多的点阵驱动。

读者通过基本 LED 点阵屏的编程练习，可以实现"静态"、"动态"和"滚屏"显示汉字或图形，从中可以获得学习处理器(单片机)原理的乐趣。

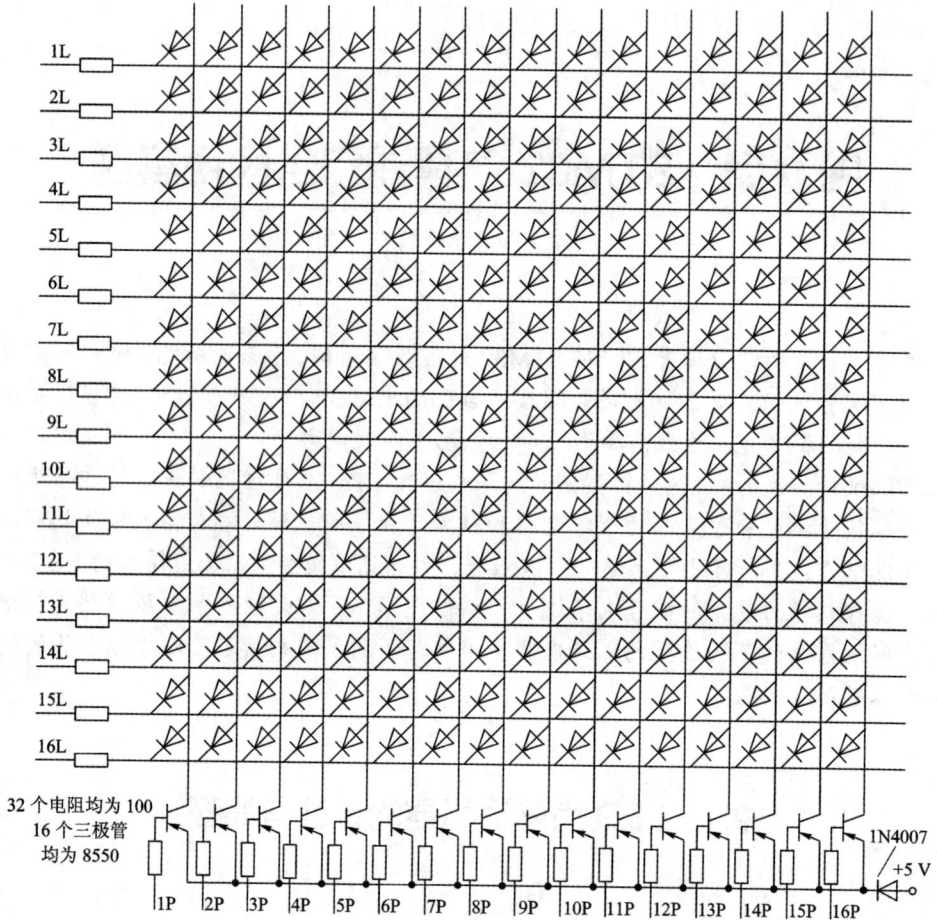

1L
2L
3L
4L
5L
6L
7L
8L
9L
10L
11L
12L
13L
14L
15L
16L

32 个电阻均为 100
16 个三极管
均为 8550

1N4007
+5 V

1P 2P 3P 4P 5P 6P 7P 8P 9P 10P 11P 12P 13P 14P 15P 16P

图 9.1　16×16 LED 点阵屏

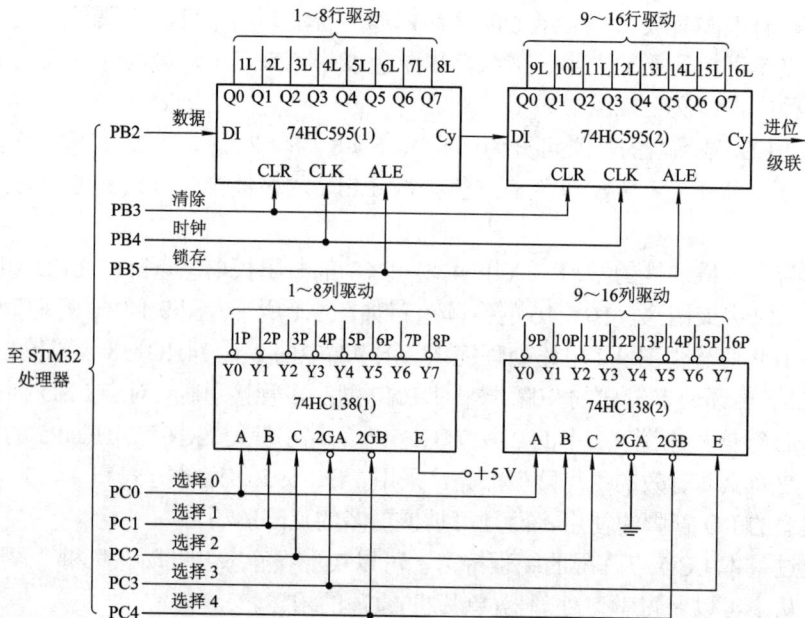

1～8行驱动　　　　　9～16行驱动

1L 2L 3L 4L 5L 6L 7L 8L　　9L 10L 11L 12L 13L 14L 15L 16L

Q0 Q1 Q2 Q3 Q4 Q5 Q6 Q7　Q0 Q1 Q2 Q3 Q4 Q5 Q6 Q7

数据

PB2 DI　74HC595(1)　Cy　DI　74HC595(2)　Cy　进位
级联

CLR CLK ALE　　　CLR CLK ALE

PB3 清除
PB4 时钟
PB5 锁存

1～8列驱动　　　　9～16列驱动

1P 2P 3P 4P 5P 6P 7P 8P　9P 10P 11P 12P 13P 14P 15P 16P

Y0 Y1 Y2 Y3 Y4 Y5 Y6 Y7　Y0 Y1 Y2 Y3 Y4 Y5 Y6 Y7

74HC138(1)　　　　74HC138(2)

A B C 2GA 2GB E　　A B C 2GA 2GB E

至 STM32
处理器

+5 V

PC0 选择 0
PC1 选择 1
PC2 选择 2
PC3 选择 3
PC4 选择 4

图 9.2　16×16 LED 点阵屏驱动电路

2.软件设计

1) 初始化函数

```
//处理器 IO 口初始化
void Config_LED_DZ(void)                               //引脚配置
    {
        GPIO_InitTypeDef GPIO_InitStructure;           //定义结构体类型
            /* 配置 PB2～PB5 为推挽输出*/
        RCC_APB2PeriphClockCmd(RCC_APB2Periph_GPIOB，ENABLE); //打开 PB 口时钟
        GPIO_InitStructure.GPIO_Pin = GPIO_Pin_2 | GPIO_Pin_3 | GPIO_Pin_4 | GPIO_Pin_5;
        GPIO_InitStructure.GPIO_Mode = GPIO_Mode_Out_PP;        //推挽输出
        GPIO_InitStructure.GPIO_Speed = GPIO_Speed_50 MHz;      //输出频率为 50 MHz
        GPIO_Init(GPIOB，  &GPIO_InitStructure);                 //B 口初始化
            /* 配置 PC0～PC4 为推挽输出*/
        RCC_APB2PeriphClockCmd(RCC_APB2Periph_GPIOC，ENABLE);   //打开 PC 口时钟
        GPIO_InitStructure.GPIO_Pin =
        GPIO_Pin_0 | GPIO_Pin_1 | GPIO_Pin_2 | GPIO_Pin_3 | GPIO_Pin_4;  //定义 PC0～PC4
        GPIO_InitStructure.GPIO_Mode = GPIO_Mode_Out_PP;        //推挽输出
        GPIO_InitStructure.GPIO_Speed = GPIO_Speed_50MHz;       //输出频率为 50 MHz
        GPIO_Init(GPIOC，  &GPIO_InitStructure);                 //C 口初始化
    }
```

2) 其他相关函数

```
void delay_x(unsigned int x) //延时函数
    {
        unsigned int i;
        for(i=0;i<x;i++);
    }
//-----定义 CLK 引脚电平-------
void Clock_1(void) //时钟输出高电平
    {  GPIO_SetBits(GPIOB，GPIO_Pin_4); }           //PB.4 输出高电平
void Clock_0(void) //时钟输出低电平
    { GPIO_ResetBits(GPIOB，GPIO_Pin_4);}           //PB.4 输出低电平
    //-----定义 ALE 引脚电平-------
void ALE_0(void) //ALE 输出低电平
    { GPIO_ResetBits(GPIOB，GPIO_Pin_5);}           //PB.5 输出低电平
void ALE_1(void) //ALE 输出高电平
    { GPIO_SetBits(GPIOB，GPIO_Pin_5);}             //PB.5 输出高电平
    //-----定义 CLR 引脚电平-------
```

```
void CLR_0(void) //CLR 输出低电平
    { GPIO_ResetBits(GPIOB，GPIO_Pin_3);}            //PB.3 输出低电平
void CLR_1(void) //CLR 输出高电平
    { GPIO_SetBits(GPIOB，GPIO_Pin_3);}             //PB.3 输出高电平
    //-----定义 DI 引脚电平-------
void DI_0(void) //数据输出低电平
    { GPIO_ResetBits(GPIOB，GPIO_Pin_2);}            //PB.2 输出低电平
void DI_1(void) //数据输出高电平
    { GPIO_SetBits(GPIOB，GPIO_Pin_2);}             //PB.2 输出高电平
    //-----A、B、C、D、E  74HC138 的 IO 口引脚电平-----
void Px_A_0(void) //A=0
    { GPIO_ResetBits(GPIOC，GPIO_Pin_0);}            //PC.0 输出低电平
void Px_A_1(void) // A=1
    { GPIO_SetBits(GPIOC，GPIO_Pin_0);}             //PC.0 输出高电平
void Px_B_0(void) //B=0
    { GPIO_ResetBits(GPIOC，GPIO_Pin_1);}            //PC.1 输出低电平
void Px_B_1(void) // B=1
    { GPIO_SetBits(GPIOC，GPIO_Pin_1);}             //PC.1 输出高电平
void Px_C_0(void) //C=0
    { GPIO_ResetBits(GPIOC，GPIO_Pin_2);}            //PC.2 输出低电平
void Px_C_1(void) // C=1
    { GPIO_SetBits(GPIOC，GPIO_Pin_2);}             //PC.2 输出高电平
void Px_D_0(void) //D=0
    { GPIO_ResetBits(GPIOC，GPIO_Pin_3);}            //PC.3 输出低电平
void Px_D_1(void) // D=1
    { GPIO_SetBits(GPIOC，GPIO_Pin_3);}             //PC.3 输出高电平
void Px_E_0(void) //E=0
    { GPIO_ResetBits(GPIOC，GPIO_Pin_4);}            //PC.4 输出低电平
void Px_E_1(void) // E=1
    { GPIO_SetBits(GPIOC，GPIO_Pin_4);}             //PC.4 输出高电平
    //--------   numb=0~15 ---------
void Row_data(unsigned char numb)                    //16 列数据(74HC138)
    {
        switch(numb)
         {
         case 0: //第 0 列
             Px_E_0();Px_D_0();Px_C_0();Px_B_0();Px_A_0();//out:00000
         break ;
```

```
case 1: //第 1 列
    Px_E_0();Px_D_0();Px_C_0();Px_B_0();Px_A_1();//out:00001
break ;
case 2: //第 2 列
    Px_E_0();Px_D_0();Px_C_0();Px_B_1();Px_A_0();//out:00010
break ;
case 3: //第 3 列
    Px_E_0();Px_D_0();Px_C_0();Px_B_1();Px_A_1();//out:00011
break ;
case 4: //第 4 列
    Px_E_0();Px_D_0();Px_C_1();Px_B_0();Px_A_0();//out:00100
break ;
case 5: //第 5 列
    Px_E_0();Px_D_0();Px_C_1();Px_B_0();Px_A_1();//out:00101
break ;
case 6: //第 6 列
    Px_E_0();Px_D_0();Px_C_1();Px_B_1();Px_A_0();//out:00110
break ;
case 7: //第 7 列
    Px_E_0();Px_D_0();Px_C_1();Px_B_1();Px_A_1();//out:00111
break ;
case 8: //第 8 列
    Px_E_0();Px_D_1();Px_C_0();Px_B_0();Px_A_0();//out:01000
break ;
case 9: //第 9 列
    Px_E_0();Px_D_1();Px_C_0();Px_B_0();Px_A_1();//out:01001
break ;
case A: //第 10 列
    Px_E_0();Px_D_1();Px_C_0();Px_B_1();Px_A_0();//out:01010
break ;
case B: //第 11 列
    Px_E_0();Px_D_1();Px_C_0();Px_B_1();Px_A_1();//out:01011
break ;
case C: //第 12 列
    Px_E_0();Px_D_1();Px_C_1();Px_B_0();Px_A_0();//out:01100
break ;
case D: //第 13 列
    Px_E_0();Px_D_1();Px_C_1();Px_B_0();Px_A_1();//out:01101
```

```
                break ;
            case E: //第 14 列
                Px_E_0();Px_D_1();Px_C_1();Px_B_1();Px_A_0();//out:01110
            break ;
            case F: //第 15 列
                Px_E_0();Px_D_1();Px_C_1();Px_B_1();Px_A_1();//out:01111
            break ;
            delault: // E=1，关显示器
                Px_E_1();Px_D_0();Px_C_0();Px_B_0();Px_A_0();//out:10000
            break ;
        }// switch()_END
    }//16 列数据_END
    //-------74HC595 送数据函数-----------
void display_16r(unsigned int x_data) //一列 16 位数据
    { char i;
        unsigned int DATA;//定义数据变量
        ALE_0();//ALE=0;
        DI_0(); //DI=0;
        Clock_0();//CLK=0;
        DATA=~x_data;//数据取反
        for(i=0;i<16;i++)
        {
            if(DATA & 0x8000) {DI_1();}//DI=1
            else   {DI_0();}//DI=0
                //送时钟
            delay_x(20); Clock_0();//CLK=0;
            delay_x(10);Clock_1();//CLK=1;
            delay_x(10);Clock_0();//CLK=0;
            DATA=DATA>>1; //数据右移
        }
        ALE_1();//ALE=1，送 ALE 时钟
        delay_x(100);//延时
        ALE_0();//ALE=0
    }
    //-------写一个 16*16 的点阵汉字----------
void disp_16rz(unsigned int numb[])//正字显示
    { unsigned char y0data=0，abcd=0，i，j;
        for(i=0;i<16;i++)   //控制(0～15)16 列
```

```
            { Row_data(0x10); //关显示器(E=1，使 74HC138 失能)
            display_16r(numb[i]); //送行数据 16 位
            Row_data(i); //开显示器(74HC138 按 i 译码)
            delay_x(0x40); //延时，控制点亮时间
        }
    }//disp_16rz()_END
```

3) 汉字字模(显示数据)

汉字字模由"汉字字模软件"产生。在产生字模时，要选择按列刷新，高位数据在先，用 C 格式将产生的字模数据按顺序改造成 INT(整型)数据。

```
/*-----------有关显示字模------------------*/
unsigned int dis_numb1[16]={0x4000, 0x4FFE, 0x4814, 0x4824, 0x4844, 0x7F84, 0x4804,
0x4804, 0x4804, 0x7F84, 0x4844, 0x4844, 0x4844, 0x4FFE, 0x4000, 0x0000};//西
unsigned int  dis_numb2[16]={0x0101, 0x0901, 0x3101, 0x2102, 0x21E2, 0x2F14, 0xA514,
0x6108, 0x2114, 0x2124, 0x21C2, 0x2103, 0x2902, 0x3100, 0x2100, 0x0000};//安
unsigned int  dis_numb3[16]={0x0000, 0x0000, 0x1FF0, 0x1220, 0x1220, 0x1220, 0x1220,
0xFFFC, 0x1222, 0x1222, 0x1222, 0x1222, 0x1FF2, 0x0002, 0x000E, 0x0000};//电
unsigned int  dis_numb4[16]={0x0080, 0x0080, 0x4080, 0x4080, 0x4080, 0x4082, 0x4081,
0x47FE, 0x4880, 0x5080, 0x6080, 0x4080, 0x0080, 0x0180, 0x0080, 0x0000};//子
unsigned int  dis_numb5[16]={0x0820, 0x4840, 0x4980, 0x4E00, 0x7FFF, 0x8A00, 0x8920,
0x0020, 0x4420, 0x3340, 0x0040, 0x0040, 0xFFFF, 0x0080, 0x0080, 0x0000};//科
unsigned int  dis_numb6[16]={0x1080, 0x1082, 0x1101, 0xFFFE, 0x1200, 0x1402, 0x0002,
0x1304, 0x12C8, 0x1230, 0xFE30, 0x1248, 0x1384, 0x1206, 0x1004, 0x0000};//技
unsigned int  dis_numb7[16]={0x0400, 0x0401, 0x0402, 0x0404, 0x0408, 0x0430, 0x05C0,
0xFE00, 0x0580, 0x0460, 0x0410, 0x040C, 0x0406, 0x0403, 0x0402, 0x0000};//大
unsigned int  dis_numb8[16]={0x0200, 0x0C40, 0x0840, 0x4840, 0x3A40, 0x2A40, 0x0A42,
0x8A41, 0x7AFE, 0x2B40, 0x0A40, 0x1840, 0xEA40, 0x4C40, 0x0840, 0x0000};//学
```

4) 主函数

```
#include "stm32f10x.h"
int main(void)
  { unsigned char i ;
    SystemInit();//配置时钟
    Config_LED_DZ(); //引脚配置
    while(1)
    {
      for(i=0;i<100;i++)
      {disp_16rz(dis_numb1[]);}//显示"西"
        delay_x(0x1000); //字间隔延时
        for(i=0;i<100;i++)
```

```
                {disp_16rz(dis_numb2[]);}//显示"安"
                        delay_x(0x1000); //字间隔延时
        for(i=0;i<100;i++)
                {disp_16rz(dis_numb3[]);}//显示"电"
                        delay_x(0x1000); //字间隔延时
        for(i=0;i<100;i++)
                {disp_16rz(dis_numb4[]);}//显示"子"
                        delay_x(0x1000); //字间隔延时
        for(i=0;i<100;i++)
                {disp_16rz(dis_numb5[]);}//显示"科"
                        delay_x(0x1000); //字间隔延时
        for(i=0;i<100;i++)
                {disp_16rz(dis_numb6[]);}//显示"技"
                        delay_x(0x1000); //字间隔延时
        for(i=0;i<100;i++)
                {disp_16rz(dis_numb7[]);}//显示"大"
                        delay_x(0x1000); //字间隔延时
        for(i=0;i<100;i++)
                {disp_16rz(dis_numb8[]);}//显示"学"
                delay_x(0x1000); //字间隔延时
                //其他程序省略
        }
    }//main()_END
```

9.2　SHT1x 温湿度传感器的接口与应用

1. 硬件电路描述

SHT1x(包括 SHT10、SHT11 和 SHT15)属于 Sensirion 温湿度传感器系列中的贴片封装系列。器件内部的专利技术，确保测量具有极高的可靠性与卓越的长期稳定性。其结构包括一个电容性聚合体测湿敏感元件、一个用能隙材料制成的测温元件，这两个元件集成在一块微型电路板上，与 14 位的 A/D 转换器以及串行接口电路无缝连接，完全标定为数字信号输出，具有响应迅速、抗干扰能力强，低功耗等特点。

SHT1x 系列传感器采用三线(ADA、SCL、GND)总线接口。温度测量范围：$-40\sim+85℃$；湿度测量范围：$20\%\sim99\%$。温度测量精度：SHT10 为 $\pm0.5℃$，SHT11 为 $\pm0.4℃$，SHT15 为 $\pm0.3℃$；湿度测量精度：SHT10 为 $\pm4.5\%$，SHT11 为 $\pm3.0\%$，SHT15 为 $\pm2.0\%$。

SHT1x 温湿度传感器与 STM32 处理器的硬件接口如图 9.3(a)所示。图 9.3(b)是 SHT1x 的外形封装。

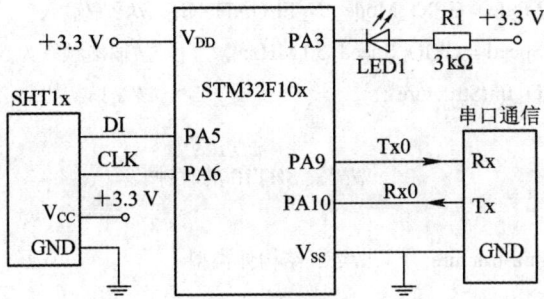

(a) 与STM32处理器的接口图　　　　(b) SHT1x封装图

图 9.3　SHT1x 接口与封装

2. 软件部分描述

1) 初始化函数

```
void Config_LED1_out(void)                          //配置 LED1 接口
{
    GPIO_InitTypeDef GPIO_InitStructure;            //定义结构体类型
        /* 配置 PA3 为推挽输出*/
    RCC_APB2PeriphClockCmd(RCC_APB2Periph_GPIOA，ENABLE); //打开 PA 口时钟
    GPIO_InitStructure.GPIO_Pin=GPIO_Pin_3;
    GPIO_InitStructure.GPIO_Mode = GPIO_Mode_Out_PP;       //推挽输出
    GPIO_InitStructure.GPIO_Speed = GPIO_Speed_2 MHz;      //输出频率为 2 MHz
    GPIO_Init(GPIOA，  &GPIO_InitStructure);               //A 口初始化
}
void Config_SH10_DI_x_Out (void) //配置 SHT10 为输出
{
    GPIO_InitTypeDef GPIO_InitStructure;                    //定义结构体类型
    /* 配置 PA5 为推挽输出*/
    RCC_APB2PeriphClockCmd(RCC_APB2Periph_GPIOA，ENABLE); //打开 PA 口时钟
    GPIO_InitStructure.GPIO_Pin = GPIO_Pin_5;//定义 PA5
    GPIO_InitStructure.GPIO_Mode = GPIO_Mode_Out_PP;       //推挽输出
    GPIO_InitStructure.GPIO_Speed = GPIO_Speed_50 MHz;     //输出频率为 50 MHz
    GPIO_Init(GPIOA，  &GPIO_InitStructure);               //A 口初始化
}
void Config_SH10_DI_x_In (void)                            //配置 SHT10 为输入
{
    GPIO_InitTypeDef GPIO_InitStructure;                    //定义结构体类型
        /* 配置 PA5 为浮空输入*/
    RCC_APB2PeriphClockCmd(RCC_APB2Periph_GPIOA，ENABLE); //打开 PA 口时钟
    GPIO_InitStructure.GPIO_Pin = GPIO_Pin_5;             //定义 PA5
```

```
        GPIO_InitStructure.GPIO_Mode = GPIO_Mode_IN_FLOATING;    //浮空输入
        GPIO_InitStructure.GPIO_Speed = GPIO_Speed_50 MHz;        //输出频率为 50 MHz
        GPIO_Init(GPIOA，&GPIO_InitStructure);                     //A 口初始化
    }
void Config_SH10_Clock(void)                    //配置 SHT10 的时钟
    {
        GPIO_InitTypeDef GPIO_InitStructure;    //定义结构体类型
            /* 配置 PA6 为推挽输出*/
        RCC_APB2PeriphClockCmd(RCC_APB2Periph_GPIOA，ENABLE); //打开 PA 口时钟
        GPIO_InitStructure.GPIO_Pin = GPIO_Pin_6;            //定义 PA6
        GPIO_InitStructure.GPIO_Mode = GPIO_Mode_Out_PP;     //推挽输出
        GPIO_InitStructure.GPIO_Speed = GPIO_Speed_50 MHz;   //输出频率为 50 MHz
        GPIO_Init(GPIOA，  &GPIO_InitStructure);             //A 口初始化
    }
```

2) 函数定义部分

```
        /-------------温度测量 SHT10 部分-----------
    #define   SCL_H     GPIO_SetBits(GPIOA，GPIO_Pin_6)
    #define   SCL_L     GPIO_ResetBits(GPIOA，GPIO_Pin_6)
    #define   SDA_H    GPIO_SetBits(GPIOA，GPIO_Pin_5)
    #define   SDA_L     GPIO_ResetBits(GPIOA，GPIO_Pin_5)
    #define   SDA_I()   GPIO_ReadInputDataBit(GPIOA，GPIO_Pin_5)
    #define readstate()   Config_SH10_DI_x_In()
    #define writestate()   Config_SH10_DI_x_Out()
```

3) SHT10 部分函数

```
    void delay_s(unsigned char x)
      { while(x--);}
        typedef union
      {   u16 i;
          float f;
      }value;
    enum {TEMP，HUMI};
    #define noACK 0
    #define ACK     1
    #define STATUS_REG_W 0x06    //000    0011    0
    #define STATUS_REG_R 0x07    //000    0011    1
    #define MEASURE_TEMP 0x03    //000    0001    1
    #define MEASURE_HUMI 0x05    //000    0010    1
    #define RESET         0x1e    //000    1111    0
    void SHT10_init(void)    //器件初始化
```

```c
{
    Config_SH10_Clock();           //时钟为输出
    writestate();                  //数据线为输出
    SDA_H ;
}
char s_write_byte(unsigned char value) //写一个字节
{
    unsigned char i，erro=0;
    writestate();//置数据线为输出
    for (i=0x80;i>0;i/=2)          //shift bit for masking
    {
        if (i & value) SDA_H;      //masking value with i
        else SDA_L;
        SCL_H;                     //SCL=1，clk for SENSI-BUS
        delay_s(0x18);             //pulswith approx. 5 us
        SCL_L; //SCL=0，
        delay_s(0x18);
    }
    SDA_H;                         //DI=1，release DATA-line
    SCL_H;                         //clk #9 for ack
    readstate();                   //将数据线置为输入
    delay_s(0x14);
    erro=SDA_I();     //check ack (DATA will be pulled down by SHT11)
    SCL_L;
    return erro;      //error=1 in case of no acknowledge
}
char s_read_byte(unsigned char ack)    //读一个字节
{
    unsigned char i，val=0;
    writestate();                  //将数据线置为输出
    SDA_H;//DI=1
    readstate();                   //将数据线置为输入
    delay_s(0xc);                  //release DATA-line
    for (i=0x80;i>0;i/=2)          //shift bit for masking
    { SCL_H;                       //SCL=1
        delay_s(0x1c);             //clk for SENSI-BUS
        if (SDA_I()) val=(val | i); //read bit
        SCL_L;                     //SCL=0
        delay_s(0x1c);
```

```
        }
    writestate();                    //将数据线置为输出
      if (ack) SDA_L;                //DI=0;
      else SDA_H;
      delay_s(0x14);
      SCL_H;                         //clk #9 for ack
      delay_s(0x1c);                 //pulswith approx. 5 us
      SCL_L;
      delay_s(0x1c);
      SDA_H;                         //release DATA-line
      return val;
}
void s_transstart(void)
  {
      writestate();
      SDA_H; SCL_L;                  //Initial state
      delay_s(0x14);
      SCL_H; delay_s(0x14);
      SDA_L; delay_s(0x14);
      SCL_L; delay_s(0x14);
      SCL_H; delay_s(0x14);
      SDA_H; delay_s(0x14);
      SCL_L;
  }
void s_connectionreset(void)
  { unsigned char i;
      writestate();
      SDA_H;
      SCL_L;                         //Initial state
      delay_s(0x14);
      for(i=0;i<9;i++)               //9 SCK cycles
        {  SCL_H;
           delay_s(0x14);
            SCL_L;
           delay_s(0x14);
        }
      s_transstart();                //transmission start
  }
char s_measure_1(unsigned char *p_value，unsigned char *p_checksum，unsigned char mode)
```

```c
    { u8 erro=0;
       u32 i;
       s_transstart();              //transmission start
  switch(mode)
     {                              //send command to sensor
       case TEMP：erro+=s_write_byte_1(MEASURE_TEMP);break;
       case HUMI：erro+=s_write_byte_1(MEASURE_HUMI);break;
       default：  break;
     }
     readstate();
     for (i=0;i<65535;i++)
       if(SDA_I()==0) break; //wait until sensor has finished the measurement
       else delay_s(0xff);
     if(SDA_I())
       erro+=1;                     // or timeout (~2 sec.) is reached
     *(p_value+1) =s_read_byte_1(ACK);      //read the first byte (MSB)
     *(p_value)=s_read_byte_1(ACK);         //read the second byte (LSB)
     *p_checksum =s_read_byte_1(noACK);     //read checksum
     return erro;
  }
  void calc_sth11(float *p_humidity ， float *p_temperature)
  {
       const float C1=-2.0468;            // for 12 Bit
       const float C2=+0.0367;            // for 12 Bit
       const float C3=-0.0000015955;      // for 12 Bit
       const float T1=+0.01;              // for 14 Bit @ 5 V
       const float T2=+0.00008;           // for 14 Bit @ 5 V
       float rh=*p_humidity;              // rh:Humidity [Ticks] 12 Bit
       float t=*p_temperature;            // t:Temperature [Ticks] 14 Bit
       float rh_lin;                      // rh_lin:Humidity linear
       float rh_true;                     // rh_true： Temperature compensated humidity
       float t_C;                         // t_C
       t_C=t*0.01 - 39.7;                 //calc. temperature from ticks to []
       rh_lin=C3*rh*rh + C2*rh + C1;      //calc. humidity from ticks to [%RH]
       rh_true=(t_C-25)*(T1+T2*rh)+rh_lin;     //calc. temperature compensated humidity [%RH]
       if(rh_true>100)rh_true=100;        //cut if the value is outside of
       if(rh_true<0.1)rh_true=0.1;        //the physical possible range
       *p_temperature=t_C;                //return temperature []
       *p_humidity=rh_true;               //return humidity[%RH]
```

```
    }
void measure(unsigned int   *wd，unsigned int *sd) //温度湿度测量
 {
    value humi_val，temp_val;
    unsigned char erro，checksum;
    unsigned int   wd_vole，sd_vole;
    SHT10_init();//初始化
    s_connectionreset();
    erro=0;
    erro+=s_measure_1((unsigned char*) &humi_val.i，&checksum，HUMI); //measure humidity
    erro+=s_measure_1((unsigned char*) &temp_val.i，&checksum，TEMP);   //measure temperature
    if(erro!=0)
      { s_connectionreset();     //in case of an error：connection reset
        *wd=0;   //返回错误
        *sd=0;   //返回错误
      }
    else
      { humi_val.f=(float)humi_val.i;                //converts integer to float
        temp_val.f=(float)temp_val.i;               //converts integer to float
        calc_sth11(&humi_val.f，&temp_val.f);   //calculate humidity，temperature
        wd_vole=temp_val.f*10;
        sd_vole=humi_val.f*10;
        *wd=wd_vole;
        *sd=sd_vole;
        //printf("wd_vole:%dC sd_vole:%d% \n"，wd_vole，sd_vole);
      }
    }// measure()_END
```

4) 主函数

```
    #include  "stm32f10x.h"
    #include  "usart1.h"
    int main(void)
      { unsigned int wd，sd;
        bit led=0;
        SystemInit();                     //配置时钟
        Config_LED1_out();                //配置 LED1 接口
        Config_SH10_Clock();              //配置 SHT10 的时钟
        while(1)
          {
              measure(&wd，&sd);          //温度湿度测量
```

```
Wire_USART1_byte(wd/256);         //输出温度的高字节
Wire_USART1_byte(wd%256);         //输出温度的低字节
delay_x(0x1000);                  //延时
led=～led;                        //LED1 灯闪烁
if(led==0) GPIO_WriteBit(GPIOA，GPIO_Pin_3，Bit_SET);
else GPIO_WriteBit(GPIOA，GPIO_Pin_3，Bit_RESET);
    //其他程序省略
  }
}//main()_END
```

9.3　直流电机的调速与编程应用

1. 硬件电路描述

直流电机调速是机电控制电路中经常要设计的电路。目前调速有两种方法：一种是改变直流电机两端的电压，另一种是通过脉冲宽度(PWM)控制。本例采用后一种方法，即 PWM 法。PWM 法是指通过改变电机电枢电压的接通与断开的时间比来控制电机转速的方法。

PWM 调速原理如图 9.4(a)所示。在脉冲作用下，当电机通电时(t1 时刻)，速度增加。电机断电时(t2 时刻)，速度逐渐减小。只要按一定规律改变通、断电时间，即可让电机转速得到控制。设电机长时间接通电源时，其转速最大值为 V_{max}，设占空比 $D = t1/T$，则电机的平均速度 $V_d = V_{max} \times D$。

平均速度 V_d 与占空比 D 的函数曲线如图 9.4(b)所示。从图中可以看出，V_d 与占空比 D 并不是完全线性关系(图中实线)，当系统允许时，可以将其近似地看成线性关系(图中虚线)。因此，我们可以说电机电枢电压 U_a 与占空比 D 成正比，改变占空比的大小即可控制电机的速度。

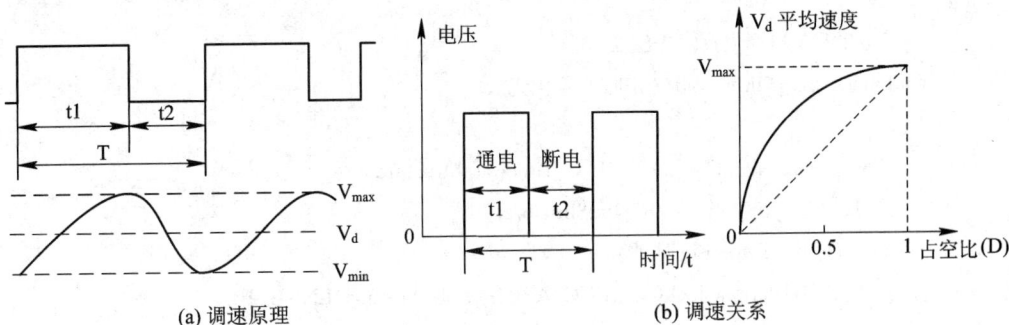

图 9.4　PWM 工作原理

STM32 处理器具有 PWM 控制模式，通过相关的驱动电路与直流电机接口就能自如地控制电机转速。其连接电路如图 9.5(a)所示。图中 V1 为 NPN 型 8050 三极管、V2 为 NPN 型 2N6107 三极管。V1 与 V2 组成复合电路，输出功率可达 40 W。直流电机 M 串接在三极管的集电极，并加有续流二极管 V3 保护。直流电机(见图 9.5(b))上装有测量转速的码盘

(MP)，码盘可选用每圈 30～100 个脉冲的器件。如果引线过长，还可增加缓冲电路。

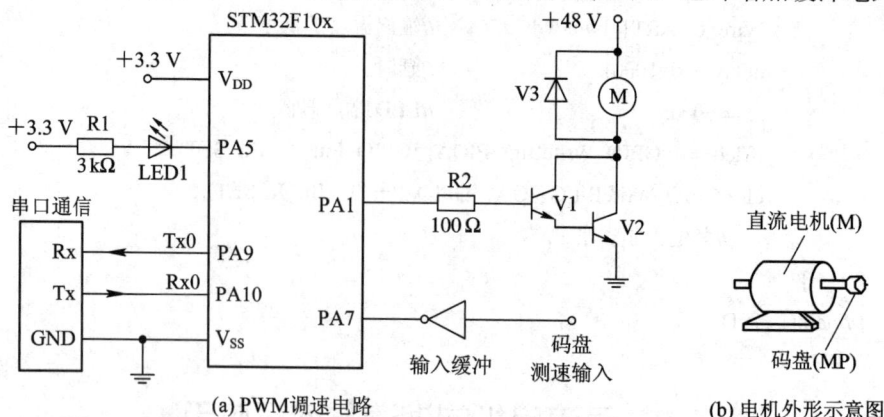

(a) PWM调速电路   (b) 电机外形示意图

图 9.5   直流电机控制电路

2．软件设计

1) 初始化函数

```
           //----------PWM_IO 口 PA1 初始化-----------
      void time_PWM_gpio(void) //PWM 引脚初始化 PA1
       {
          GPIO_InitTypeDef GPIO_InitStructure;
          RCC_APB2PeriphClockCmd(RCC_APB2Periph_GPIOA，ENABLE); //打开 PA 口时钟
             //----PA1(T2_CH2)-------
          GPIO_InitStructure.GPIO_Pin = GPIO_Pin_1;//PA1(T2_CH2)
          GPIO_InitStructure.GPIO_Mode = GPIO_Mode_AF_PP;
          GPIO_InitStructure.GPIO_Speed = GPIO_Speed_50 MHz;
          GPIO_Init(GPIOA，  &GPIO_InitStructure);
       }
             // TIM6 初始化及优先级 2，1
      void times_init_TIM6(void) //定时器 6 优先级
       {
          TIM_TimeBaseInitTypeDef    TIM_TimeBaseStructure ;
          NVIC_InitTypeDef    NVIC_InitStructure;
             //打开 TIM6 外设时钟
          RCC_APB1PeriphClockCmd(RCC_APB1Periph_TIM6，  ENABLE);
          TIM_TimeBaseStructure.TIM_Period = 50000;
          TIM_TimeBaseStructure.TIM_Prescaler = 1439;//1440 分频
          TIM_TimeBaseStructure.TIM_ClockDivision = 0;
          TIM_TimeBaseStructure.TIM_CounterMode = TIM_CounterMode_Up;
          TIM_TimeBaseInit(TIM6，  &TIM_TimeBaseStructure); //初始化定时器
          TIM_ITConfig(TIM6，  TIM_IT_Update，  ENABLE); //开定时器中断
```

```
    TIM_Cmd(TIM6，ENABLE);      //使能定时器
        // 使能 TIM6 中断
    NVIC_InitStructure.NVIC_IRQChannel = TIM6_IRQChannel;
    NVIC_InitStructure.NVIC_IRQChannelPreemptionPriority = 2;
    NVIC_InitStructure.NVIC_IRQChannelSubPriority = 1;
    NVIC_InitStructure.NVIC_IRQChannelCmd = ENABLE;
    NVIC_Init(&NVIC_InitStructure);
}
//-----TIM3_CH2(PA7)计数输入，初始化---------
void TIM3_External_Clock_CountingMode_PA7(void)
{
    GPIO_InitTypeDef   GPIO_InitStructure;
    TIM_TimeBaseInitTypeDef TIM_TimeBaseStructure;
    RCC_APB2PeriphClockCmd(RCC_APB2Periph_GPIOA，ENABLE); //打开 PA7 的时钟
    GPIO_InitStructure.GPIO_Pin = GPIO_Pin_7; //PA7 为输入
    GPIO_InitStructure.GPIO_Mode = GPIO_Mode_IPU;
    GPIO_InitStructure.GPIO_Speed = GPIO_Speed_50 MHz;
    GPIO_Init(GPIOA，&GPIO_InitStructure);
    RCC_APB1PeriphClockCmd(RCC_APB1Periph_TIM3，ENABLE);      //打开 TIM3 的时钟
    TIM_DeInit(TIM3);            //重设 TIM3
    TIM_TimeBaseStructure.TIM_Period = 0xFFFF;     //重设周期
    TIM_TimeBaseStructure.TIM_Prescaler = 0x00;      //预分频值
    TIM_TimeBaseStructure.TIM_ClockDivision = 0x0;
    TIM_TimeBaseStructure.TIM_CounterMode = TIM_CounterMode_Up;     //向上计数模式
    TIM_TimeBaseInit( TIM3，&TIM_TimeBaseStructure); // Time base configuration
        //PA7 为输入
    TIM_TIxExternalClockConfig(TIM3，TIM_TIxExternalCLK1Source_TI2，
    TIM_ICPolarity_Rising，0);
    TIM_SetCounter(TIM3，0);            //清零计数器 CNT
    TIM_Cmd(TIM3，ENABLE);
}
void Config_LED1_out(void) //配置 LED1 接口(PA5)
{
    GPIO_InitTypeDef GPIO_InitStructure;   //定义结构体类型
        /* 配置 PA5 为推挽输出*/
    RCC_APB2PeriphClockCmd(RCC_APB2Periph_GPIOA，ENABLE); //打开 PA 口时钟
    GPIO_InitStructure.GPIO_Pin=GPIO_Pin_5;
    GPIO_InitStructure.GPIO_Mode = GPIO_Mode_Out_PP;  //推挽输出
    GPIO_InitStructure.GPIO_Speed = GPIO_Speed_2 MHz;  //输出频率为 2 MHz
```

```
        GPIO_Init(GPIOA， &GPIO_InitStructure); //A 口初始化
    }
```

2) PWM 控制函数

```
    //------PWM---控制信号------
    //void PWM_x(unsigned char numb_A，unsigned char numb_B) //PWM_A，PWM_B 输出
     void PWM_x(unsigned char numb_B) /PWM_B 输出
      {
         TIM_OCInitTypeDef  TIM_OCInitStructure;
          //if(numb_A>100) numb_A=99;
         if(numb_B>100) numb_B=99;
           //打开 TIM2 外设时钟
         RCC_APB1PeriphClockCmd(RCC_APB1Periph_TIM2， ENABLE); //TIM2 外设时钟
         // 主定时器 T2 为 PWM1 模式
         //TIM_OCInitStructure.TIM_OCMode = TIM_OCMode_PWM1;
         TIM_OCInitStructure.TIM_OutputState = TIM_OutputState_Enable;
         TIM_OCInitStructure.TIM_OCPolarity = TIM_OCPolarity_High;//输出极性
         //TIM_OCInitStructure.TIM_Pulse = 20*numb_A;      //占空比(高电平宽度)
         //TIM_OC1Init(TIM2， &TIM_OCInitStructure);       //CH1-PA0 占空比为 75%
         //TIM_OC1PreloadConfig(TIM2，TIM_OCPreload_Enable);//使能的预装载寄存器
         TIM_OCInitStructure.TIM_OCMode = TIM_OCMode_PWM1;
         TIM_OCInitStructure.TIM_Pulse = 20*numb_B;
         TIM_OC2Init(TIM2， &TIM_OCInitStructure);             //CH2-PA1 占空比为 50%
         TIM_OC2PreloadConfig(TIM2，TIM_OCPreload_Enable);     //使能的预装载寄存器
         TIM_ARRPreloadConfig(TIM2，ENABLE);
         TIM_Cmd(TIM2， ENABLE);     //使能定时器
      }
```

3) 中断函数

```
    #define  ZHM  32  //定义码盘一圈脉冲数(根据实际可修改)
    extern unsigned int count_numb;//定义变量
    void TIM6_IRQHandler(void)
      { unsigned int count;
        if (TIM_GetITStatus(TIM6， TIM_IT_Update) != RESET)
       {
           TIM_ClearITPendingBit(TIM6，TIM_IT_Update); //清除中断标志
           count = TIM_GetCounter(TIM3);        //读转数(频率信号)
           TIM_SetCounter(TIM3， 0);             //计数器清零
           count_numb= count/ZHM;               //计算出频率
        }
    }
```

4) 主函数

```
#include "stm32f10x.h"
#include "usart1.h"
unsigned int count_numb=0; //频率输入变量
delay_l(unsigned int y)        //延时函数
  { while(y--);}
int main(void)                 //主函数
  {
    unsigned char PWM_B=0;
    bit   led=0;
    SystemInit();              //配置时钟
        //定义优先级为组 2
    NVIC_PriorityGroupConfig(NVIC_PriorityGroiip_2);
    time_PWM_gpio();           //PWM 引脚初始化 PA1
    times_init_TIM6();         //秒中断初始化、使能等
//-----TIM3_CH2(PA7)计数输入 --------
    TIM3_External_Clock_CountingMode_PA7();
    Config_LED1_out();    //配置 LED1 接口(PA5)
      while(1)
      {
          PWM_B=50;    //本例设为 50%的占空比
          PWM_x(PWM_B); /PWM_B 输出
          //可把 count_numb 数值与 PWM_B 通过算法闭环，控制电机速度
          Wire_USART1_byte(count_numb/256);       //输出电机转数高字节
          Wire_USART1_byte(count_numb%256);       //输出电机转数低字节
          delay_l(0x1000); //延时
          led=~led;//LED1 灯闪烁
          if(led==0) GPIO_WriteBit(GPIOA，GPIO_Pin_5，Bit_SET);
          else   GPIO_WriteBit(GPIOA，GPIO_Pin_5，Bit_RESET);
              //其他程序省略
      }//while(1)_END
  }//main()_END
```

9.4　RS485 通信的硬件设计与编程应用

1．硬件电路描述

　　RS485 是工业现场设备通信标准接口。485 通信线由两根双绞线组成,通过差分电压(通过两根通信线之间的电压差)传输信号。为了提高通信质量，一般要求，每芯线由多股(如

16 股 0.2 mm 的导线)组成。采用屏蔽双绞线有助于减少和消除两根 485 通信线之间产生的分布电容以及通信线周围产生的共模干扰。

485 通信信号可来自处理器(单片机)的 UART 串行接口,只是 UART 串口通信是全双工的模式(同时可读可写),而 485 通信大都采用半双工模式(读或写),在操作时需要专用引脚读写控制。目前,485 接口芯片较多。如果接口芯片选择不好,会直接影响通信质量。

ADM2483 是一个性能完善的 485 通信器件,其内部结构和引脚排列如图 9.6 所示。

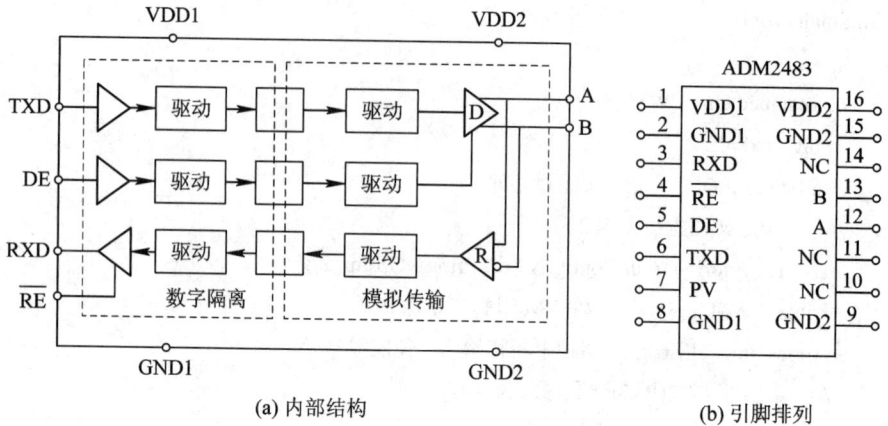

(a) 内部结构 (b) 引脚排列

图 9.6 ADM2483 通信器件

由图 9.6 可知,ADM2483 是一款隔离(隔离电阻大于 10^9 Ω)型单工通信器件,适用于多点总线传输线路的双向数据通信。它针对平衡传输线路而设计,符合国际 485 通信标准,采用 ADI 公司的 iCoupler 技术,将 3 通道隔离器、三态差分线路驱动器和差分输入接收器集成于单封装核内。该器件 I/O 口可匹配 5 V 或 3 V 电平,供电电源为 3～5 V,最大传输速率为 500 kb/s,工作温度为 –40～+85℃,共模瞬变抗扰大于 25 kV/μs。表 9.1 是 ADM2483 引脚定义。

表 9.1 ADM2483 引脚信息

引脚	脚名(信号)	信号方向	功 能 描 述
1	VDD1	输入	输入端电源(+3～+5 V)
2、8	GND1	输入	输入端地线(0 V)
3	RXD	输出	数据输出,当 A–B>200 mV 时为高,当 A–B<–200 mV 时为低
4	/RE	输入	接收使能,"0" 电平有效
5	DE	输入	发送使能,"1" 电平有效
6	TXD	输入	数据输入
7	PV	输入	电源有效控制(可通过 1 kΩ 电阻接 VDD1)
9、15	GND2	输入	输出端地线(0 V)
10、14	NC	空	空
12	A	输入/出	485 信号端 A
13	B	输入/出	485 信号端 B
16	VDD2	输入	输出端电源(+3～+5 V)

STM32 处理器与 ADM2483 通信接口如图 9.7 所示。

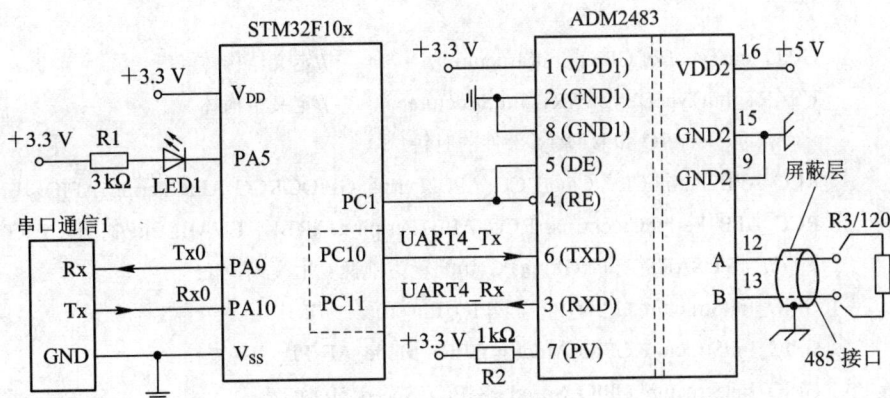

图 9.7　STM32 处理器与 ADM2483 通信接口

为了发挥 ADM2483 的优越性能,485 的接口最好采用不共地的两组电源(输入端+3.3 V 与处理器共地,输出端+5 V 与 485 接口线屏蔽层共地)。如果对接口要求不高,当然也可共用+3.3 V 一个电源。

485 接口虽然接线较为简单,但在应用时,需要采取下列措施:

(1) 要正确接地。485 收发器在规定的共模电压(−12∼+12 V)下才能正常工作。如果超出此范围会影响通讯,严重时会损坏通讯接口。共模干扰会增大共模电压。消除共模干扰的有效手段之一是将 485 通讯线的屏蔽层用作地线,将设备之间的地连接在一起,并由一点可靠地接入大地。

(2) 要正确走线。通信线尽量远离高压电线,不要与电源线并行,更不能捆扎在一起。在同一个网络系统中,要使用同一种电缆,应尽量减少线路中的接点。如果有接点,必须确保节点可靠连接。

(3) 差模干扰和共模干扰的消除。485 通信线由两根(A、B)双绞的线组成。差模干扰在两根信号线之间传输,属于对称性干扰。消除差模干扰的方法是在电路中增加一个偏置电阻(电路),并采用双绞线加屏蔽。

共模干扰在信号线与地之间传输,属于非对称性干扰。消除共模干扰的方法包括:

① 采用屏蔽双绞线并有效接地;

② 强电场的地方还要考虑采用镀锌管屏蔽;

③ 布线时远离高压线。

(4) 485 通信距离的延长。485 网络的规范之一是 1.2 km 长度,32 个节点数。如果超出了这个限制,就必须采用 485 中继器(TD-109)或 485 集线器(TD-1204)来拓展网络距离或节点数。利用 485 中继器或 485 集线器,可以将一个大型 485 网络分隔成若干个网段。485 中继器或 485 集线器就如同 485 网段之间连接的"桥梁"。当然每个网段还是遵循上面的 485 规范,即 1.2 km 长度,32 个节点数。

2. 软件设计

1) 初始化函数

　　　　//串口 4 初始化函数

```
void UART4_Configuration(void) //UART4 的初始化
 {
        GPIO_InitTypeDef GPIO_InitStructure;              //定义结构体
        USART_InitTypeDef USART_InitStructure;            //定义结构体
            // 打开 GPIO 和 UART4 部件的时钟
        RCC_APB2PeriphClockCmd(RCC_APB2Periph_GPIOC|RCC_APB2Periph_AFIO，ENABLE);
        RCC_APB1PeriphClockCmd(RCC_APB1Periph_UART4， ENABLE); //打开 UART4 的时钟
            // 将 USART Tx 的 GPIO(PC10)配置为推挽复用模式
        GPIO_InitStructure.GPIO_Pin = GPIO_Pin_10;       //PC10
        GPIO_InitStructure.GPIO_Mode = GPIO_Mode_AF_PP;
        GPIO_InitStructure.GPIO_Speed = GPIO_Speed_50 MHz;
        GPIO_Init(GPIOC，&GPIO_InitStructure);            //初始化
            // 将 UART_Rx 的 GPIO(PC11)配置为浮空输入模式
        GPIO_InitStructure.GPIO_Pin = GPIO_Pin_11;       //PC11
        GPIO_InitStructure.GPIO_Mode = GPIO_Mode_IN_FLOATING;
        GPIO_InitStructure.GPIO_Speed = GPIO_Speed_50 MHz;
        GPIO_Init(GPIOC，&GPIO_InitStructure);
           //配置 USART 参数
        USART_InitStructure.USART_BaudRate = 9600;   //设置波特率为 9600 b/s
        USART_InitStructure.USART_WordLength = USART_WordLength_8b;  //8 位数据
        USART_InitStructure.USART_StopBits = USART_StopBits_1;     //1 个停止位
        USART_InitStructure.USART_Parity = USART_Parity_No;        //无校验
        USART_InitStructure.USART_HardwareFlowControl = USART_HardwareFlowControl_None;
        USART_InitStructure.USART_Mode = USART_Mode_Rx | USART_Mode_Tx;
        USART_Init(UART4，&USART_InitStructure);        //串口 4 初始化
        USART_Cmd(UART4，ENABLE); //使能 UART4
        USART_ClearFlag(UART4，USART_FLAG_ORE);    /*清除发送溢出标志*/
        USART_ClearFlag(UART4，USART_FLAG_TC);     /*清除发送完成标志*/
 }
        //IO 口初始化函数
void Config_IO_485(void) //配置 I/O 接口
 {
        GPIO_InitTypeDef GPIO_InitStructure;              //定义结构体类型
          /* 配置 PA5 为推挽输出*/
        RCC_APB2PeriphClockCmd(RCC_APB2Periph_GPIOA，ENABLE); //打开 PA 口时钟
        GPIO_InitStructure.GPIO_Pin=GPIO_Pin_5;//LED1 口
        GPIO_InitStructure.GPIO_Mode = GPIO_Mode_Out_PP;      //推挽输出
        GPIO_InitStructure.GPIO_Speed = GPIO_Speed_2 MHz;     //输出频率为 2 MHz
        GPIO_Init(GPIOA，&GPIO_InitStructure);                //A 口初始化
```

```
            /* 配置 PC1 为推挽输出*/
        RCC_APB2PeriphClockCmd(RCC_APB2Periph_GPIOC,    ENABLE); //打开 PC 口时钟
        GPIO_InitStructure.GPIO_Pin=GPIO_Pin_1;                //485 通信方向控制口
        GPIO_InitStructure.GPIO_Mode = GPIO_Mode_Out_PP;       //推挽输出
        GPIO_InitStructure.GPIO_Speed = GPIO_Speed_2 MHz;      //输出频率为 2 MHz
        GPIO_Init(GPIOC,    &GPIO_InitStructure);              //C 口初始化
    }
```

2) UART4 中断初始化函数

```
    void UART4_Interrupt(void)//UART4 的中断初始化函数
    {
        NVIC_InitTypeDef    NVIC_InitStructure;    //定义结构体
        //NVIC_PriorityGroupConfig(NVIC_PriorityGroup_1);//占先优先级 1 位，副优先级 3 位
        NVIC_InitStructure.NVIC_IRQChannel = UART4_IRQn;
        NVIC_InitStructure.NVIC_IRQChannelPreemptionPriority =0;//占先优先级是 0
        NVIC_InitStructure.NVIC_IRQChannelSubPriority = 3; //副优先级是 3
        NVIC_InitStructure.NVIC_IRQChannelCmd = ENABLE; //中断使能
        NVIC_Init(&NVIC_InitStructure);
        USART_ITConfig(UART4，USART_IT_RXNE, ENABLE);//开启 UART4 接收中断
    }
```

3) 其他相关函数

```
        //UART4 读写函数
    void Wire_UART4_byte(unsigned char ch) //从 UART4 发送一个字符
    {
        USART_SendData(UART4，  ch);
        while (USART_GetFlagStatus(UART4，USART_FLAG_TC)==RESET); //发送完成检测
    }
    unsigned char Read_UART4(void)//从串口 4 等待获取一个字符
    {
        unsigned char R_data;
        while (USART_GetFlagStatus(UART4，  USART_FLAG_RXNE) == RESET);
        R_data=USART_ReceiveData(UART4); //从 UART4 读一个字符
        return R_data;
    }
    void UART4_nbyte(u8 *ch，u32 num) //发送多个字节
    {
        u32 i;
        for (i=0;i<num;i++)
        {
            USART_SendData(UART4，ch[i]);
```

```
        while (USART_GetFlagStatus(UART4，USART_FLAG_TC)==RESET); //发送完成检测
      }
    }
    void delay_z(unsigned int z)//延时函数
      { while(z--);}
```

4) 函数定义部分

```
              /-------------I/O 函数定义部分----------
  #define   RS_485_Wire()      GPIO_SetBits(GPIOC，GPIO_Pin_1)        //向 485 写数据
  #define   RS_485_Read()      GPIO_ResetBits(GPIOC，GPIO_Pin_1)      //读 485 数据
  #define   LED1_off           GPIO_SetBits(GPIOA，GPIO_Pin_5)
  #define   LED1_on            GPIO_ResetBits(GPIOA，GPIO_Pin_5)
```

5) UART4 读中断函数

在"stm32f10x_it.c"文件的相关处加入串口中断函数即可。举例：规定串口收到字符串"0xaa，ID(设备号)，CD(命令)，0x00，jy(jy=0xaa+ID+cd+0)"后，根据 CD 命令要求去处理数据，并回送字符串"0xbb，ID，CD，0x00，jy(jy=0xbb+ID+cd+0)"。

```
    extern unsigned char R_data[]，  W_data[]，R_point;
    void UART4_IRQHandler(void)
      { char R_data，jy;
        if(USART_GetITStatus(UART4，  USART_IT_RXNE) != RESET)    //检查接收中断
        {
            R_data =USART_ReceiveData(UART4);   //从 UART4 读一个字节数据
            if( R_data ==0xaa)
            { R_point=0;
              R_data[R_point]= R_data;
              R_point++;//读指针增 1
            }//if( R_data ==0xaa)_END
            else if((R_data[0]== 0xaa)&&(R_point < 5 ))
            { R_data[R_point]= R_data;//存数据
              R_point++;//读指针增 1
              if(R_point==5)
            { jy= R_data[0]+ R_data[1]+ R_data[2]+ R_data[3];//计算校验
            if(ID ! = R_data[1]) goto quit_read4;//判断是否与 ID 相同
            if(jy== R_data[4])
              { //chli_data(R_data[2]);//根据命令处理数据
                //(程序略，用户根据需要增加)
                RS_485_Wire();//置 485 为输出
                delay_z(0x100);//延时
                Wire_UART4_byte(0xbb);//回送命令串 0xbb
                Wire_UART4_byte(ID);//回送命令串 ID
```

```
                Wire_UART4_byte(R_data[2]);//回送命令串 CD
                Wire_UART4_byte(R_data[3]);//回送命令串 00
                jy=0xbb+ID+ R_data[2]+ R_data[3];//计算回送校验值
                Wire_UART4_byte(jy);
                RS_485_Read();//置 485 为输入
            } //if(jy== R_data[4])_END
        } //else if()_END
    quit_read4:
        ;
    }// if(USART_GetITStatus()_END
}
```

6) 主函数

```
unsigned char R_data[20]={0}，  W_data[20]={0};
unsigned char R_point=0;    //接收指针
#define   ID   0x01          //设备号
#include  "stm32f10x.h"
#include  "usart4.h"
int main(void) //主函数
    {   bit   led=0;
        SystemInit();//配置时钟
            //定义优先级为组 2
        NVIC_PriorityGroupConfig(NVIC_PriorityGroiip_2);
        UART4_Configuration(); //UART4 引脚初始化
        UART4_Interrupt();      //UART4 的中断初始化函数
        Config_IO_485(); //配置 I/O 接口
        RS_485_Read();//置 485 为输入接口
        R_point=0;   //串口读指针清零
        while(1)
        {
            //用户根据需要增加程序
            delay_l(0x1000); //延时
            led=~led;//LED1 灯闪烁
            if(led==0) LED1_off;
            else   LED1_on;
                //其他程序省略
        }//while(1)_END
}//main()_END
```

9.5　中断优先级与看门狗定时器的测试应用

1. 硬件电路描述

　　STM32 处理器系列产品有多达 60 个中断源，优先级的设置可有 256 种。其内部既有独立看门狗定时器，也有窗口看门狗定时器。系统复位后判断是上电复位还是看门狗复位，对软件系统的设计或看门狗定时器应用的学习都很重要。作为一个实例，图 9.8 是优先级和复位测试电路。规定优先级次序：USART1(最高)、外部中断 0(次高)、定时器 6、定时器 7(最低)。进 USART1 中断 LED1 灯点亮，串口 1 发送 0x01；进外部中断 0 中断 LED2 点亮，串口 1 发送 0x02；进定时器 6 中断 LED3 灯点亮，串口 1 发送 0x03；进定时器 7 中断，串口 1 输出 0x04。如果是上电或看门狗复位，则 LED1、LED2、LED3 灯熄灭，串口 1 发送 0x55。图 9.8 中设计有 k1、k2 两个按键。k1 接引脚 PB0，k2 接引脚 PB1，目的是配置外部中断 0 和按键输入。当按键 k2 有效时(延时更长时间)，看门狗复位。用户还可设置不同的中断优先级来体会中断过程。

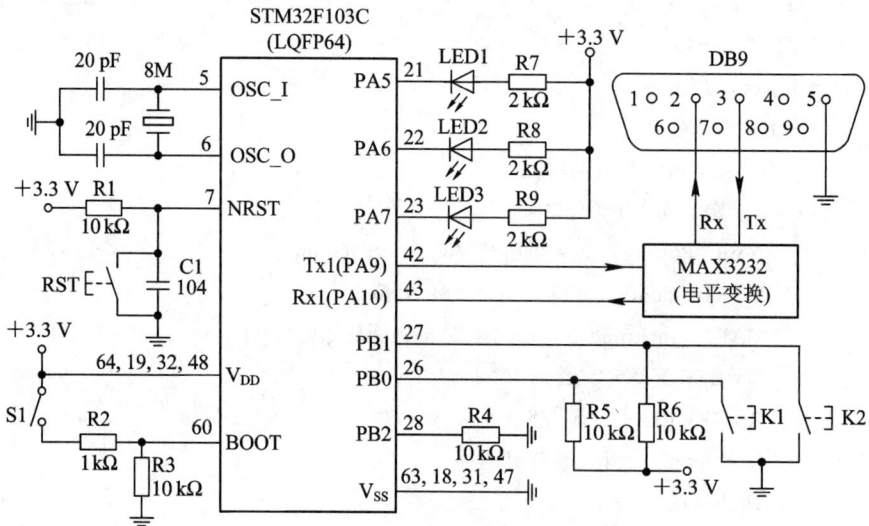

图 9.8　看门狗定时器优先级和复位测试电路

2. 软件设计

1) 初始化函数

```
    void USART1_Configuration(void)              //USART1 的初始化函数
    {
        GPIO_InitTypeDef GPIO_InitStructure;      //定义结构体
        USART_InitTypeDef USART_InitStructure;    //定义结构体
        /* 打开 GPIO 和 USART 部件的时钟 */
        RCC_APB2PeriphClockCmd(RCC_APB2Periph_GPIOA I RCC_APB2Periph_AFIO，ENABLE);
        RCC_APB2PeriphClockCmd(RCC_APB2Periph_USART1，ENABLE);
```

/* 将 USART_Tx 的 GPIO 配置为推挽复用模式 */

GPIO_InitStructure.GPIO_Pin = GPIO_Pin_9;//PA9

GPIO_InitStructure.GPIO_Mode = GPIO_Mode_AF_PP;

GPIO_InitStructure.GPIO_Speed = GPIO_Speed_50 MHz;

GPIO_Init(GPIOA,　&GPIO_InitStructure);//初始化

/* 将 USART_Rx 的 GPIO 配置为浮空输入模式*/

GPIO_InitStructure.GPIO_Pin = GPIO_Pin_10;

GPIO_InitStructure.GPIO_Mode = GPIO_Mode_IN_FLOATING;

GPIO_InitStructure.GPIO_Speed = GPIO_Speed_50 MHz;

GPIO_Init(GPIOA，&GPIO_InitStructure);//初始化

USART_InitStructure.USART_BaudRate = 9600; //波特率选为 9600 b/s

USART_InitStructure.USART_WordLength = USART_WordLength_8b;//8 位

USART_InitStructure.USART_StopBits = USART_StopBits_1;//1 个停止位

USART_InitStructure.USART_Parity = USART_Parity_No;//无校验位

USART_InitStructure.USART_HardwareFlowControl=

USART_HardwareFlowControl_None;//无硬件流控制

USART_InitStructure.USART_Mode = USART_Mode_Rx | USART_Mode_Tx;

USART_Init(USART1，&USART_InitStructure); // 串口 1 初始化

USART_Cmd(USART1，ENABLE);//使能 USART1

USART_ClearFlag(USART1，　USART_FLAG_TC); /* 清除串口标志*/

}

//--------定时器 TIM6 初始化函数---0.25 秒信号-----------

void Times_init_TIM6(void) //TIM6 定时器初始

{

　TIM_TimeBaseInitTypeDef　TIM_TimeBaseStructure ;

　NVIC_InitTypeDef　NVIC_InitStructure;

　　　//打开 TIM6 外设时钟

　RCC_APB1PeriphClockCmd(RCC_APB1Periph_TIM6，ENABLE);

　//定时器 7 设置：1440 分频，250 ms 中断一次，向上计数

　TIM_TimeBaseStructure.TIM_Period = 12500;

　TIM_TimeBaseStructure.TIM_Prescaler = 1439;

　TIM_TimeBaseStructure.TIM_ClockDivision = 0;

　TIM_TimeBaseStructure.TIM_CounterMode = TIM_CounterMode_Up;

　TIM_TimeBaseInit(TIM6，　&TIM_TimeBaseStructure); //初始化定时器

　TIM_ITConfig(TIM6，　TIM_IT_Update，　ENABLE); //开定时器中断

　TIM_Cmd(TIM6，　ENABLE);　　//使能定时器

}

//--------定时器 TIM7 初始化函数---0.100 秒信号-----------

void Times_init_TIM7(void) //TIM7 定时器初始

```
    {
        TIM_TimeBaseInitTypeDef    TIM_TimeBaseStructure ;
        NVIC_InitTypeDef    NVIC_InitStructure;
        //打开 TIM7 外设时钟
        RCC_APB1PeriphClockCmd(RCC_APB1Periph_TIM7,   ENABLE);
        //定时器 7 设置：  1440 分频，100 ms 中断一次，向上计数
        TIM_TimeBaseStructure.TIM_Period = 5000;
        TIM_TimeBaseStructure.TIM_Prescaler = 1439;
        TIM_TimeBaseStructure.TIM_ClockDivision = 0;
        TIM_TimeBaseStructure.TIM_CounterMode = TIM_CounterMode_Up;
        TIM_TimeBaseInit(TIM7,  &TIM_TimeBaseStructure);        //初始化定时器
        TIM_ITConfig(TIM7，TIM_IT_Update，ENABLE);        //开定时器中断
        TIM_Cmd(TIM7，ENABLE);                          //使能定时器
    }
    //IO 口初始化函数
void Config_IO_kx(void) //配置 k1、k2 I/O 口配置
    {
        GPIO_InitTypeDef    GPIO_InitStructure;   //定义结构体类型
          /* 配置 PB0、PB1 为空浮输入*/
        RCC_APB2PeriphClockCmd(RCC_APB2Periph_GPIOB,   ENABLE); //打开 PB 口时钟
        GPIO_InitStructure.GPIO_Pin=GPIO_Pin_0 | GPIO_Pin_1;
        GPIO_InitStructure.GPIO_Mode = GPIO_Mode_IN_FLOATING;   //浮空输入
        GPIO_InitStructure.GPIO_Speed = GPIO_Speed_50 MHz;       //输出频率为 50 MHz
        GPIO_Init(GPIOB,   &GPIO_InitStructure);               //B 口初始化
    }
void Config_IO_LED(void) //配置 LED I/O 口配置
    {
        GPIO_InitTypeDef GPIO_InitStructure;                       //定义结构体类型
          /* 配置 PA5、PA6、PA7 为推挽输出*/
        RCC_APB2PeriphClockCmd(RCC_APB2Periph_GPIOA，ENABLE); //打开 PA 口时钟
        GPIO_InitStructure.GPIO_Pin=GPIO_Pin_5 | GPIO_Pin_6 | GPIO_Pin_7;
        GPIO_InitStructure.GPIO_Mode = GPIO_Mode_Out_PP;        //推挽输出
        GPIO_InitStructure.GPIO_Speed = GPIO_Speed_50 MHz;       //输出频率为 50 MHz
        GPIO_Init(GPIOA，&GPIO_InitStructure);                  //A 口初始化
    }
void IWDG_Configuration(void) //独立看门狗初始化
    {
        /*使能对寄存器 IWDG_PR 和 IWDG_RLR 的写操作*/
        IWDG_WriteAccessCmd(IWDG_WriteAccess_Enable);
```

/*设置 IWDG 时钟为 LSI 经 256 分频,则 IWDG 计数器时钟=40kHz(LSI)/256=156.25 Hz */

　　　　IWDG_SetPrescaler(IWDG_Prescaler_256); //设置 IWDG 的计数时钟为 156.25 Hz

　　　　//改变重装参数可设定监视时间

　　　　IWDG_SetReload(781);　　　　　　//在 156.25 Hz 下，设置计数值为 781，计时为 5 s

　　　　IWDG_ReloadCounter();　　　　　　//重载 IWDG 计数值

　　　　IWDG_Enable();　　　　　　　　　//启动看门狗

　　}

　void WWDG_Configuration(void)　　　　//窗口看门狗初始化(262 ms)

　　{

　　　　RCC_APBlPeriphClockCmd(RCC_APBlPeriph_WWDG,　ENABLE); //使能 WWDG 时钟

　　　　WWDG_SetPrescaler (WWDG_Prescaler_8); //WWDG=(PCLK1/4096)/8 = 244 Hz

　　　　WWDG_SetWindowValue(65);　　//设定窗口值为 65

　　　　WWDG_Enable(127);　　　　　　//WWDG 溢出时间：(1/244)*64=262 ms

　　　　WWDG_SetCounter (0x70);　　　//更新 WWDG

　　　　WWDG_ClearFlag();　　　　　　//清 EWI 中断标志

　　}

2) 中断优先级函数

　void NVIC_Interrupt(void)　// 中断优先级设置

　　{

　　　　NVIC_InitTypeDef NVIC_InitStructure;　//定义结构体

　　　　//USART1 的中断优先级设置

　　　　//NVIC_PriorityGroupConfig(NVIC_PriorityGroup_1);//占先优先级 1 位，副优先级 3 位

　　　　NVIC_InitStructure.NVIC_IRQChannel = USART1_IRQn;

　　　　NVIC_InitStructure.NVIC_IRQChannelPreemptionPriority =0;//占先优先级是 0

　　　　NVIC_InitStructure.NVIC_IRQChannelSubPriority = 0;　　　//副优先级是 0

　　　　NVIC_InitStructure.NVIC_IRQChannelCmd = ENABLE;　　　//中断使能

　　　　NVIC_Init(&NVIC_InitStructure);

　　　　USART_ITConfig(USART1,　USART_IT_RXNE,　ENABLE);//开启 USART1 接收中断

　　　　　　//外部中断 0

　　　　NVIC_InitStructure.NVIC_IRQChannel = EXTI1_IRQChanne0; //选择 EXTI0 中断源

　　　　NVIC_InitStructure.NVIC_IRQChannelPreemptionPriority = 0;//指定占先优先级别

　　　　NVIC_InitStructure.NVIC_IRQChannelSubPriority = 1;　　　//指定副优先级

　　　　NVIC_InitStructure.NVIC_IRQChannelCmd = ENABLE;　　　//使能 EXTI0 中断

　　　　NVIC_Init (&NVIC_InitStructure) ;　　//配置(初始化)中断优先级

　　　　　　// 使能 TIM6 中断优先级

　　　　NVIC_InitStructure.NVIC_IRQChannel = TIM6_IRQChannel;

　　　　NVIC_InitStructure.NVIC_IRQChannelPreemptionPriority = 0;//占先优先级

　　　　NVIC_InitStructure.NVIC_IRQChannelSubPriority = 2;　　　//副优先级

　　　　NVIC_InitStructure.NVIC_IRQChannelCmd = ENABLE;

```
            NVIC_Init(&NVIC_InitStructure);
              // 使能 TIM7 中断优先级
            NVIC_InitStructure.NVIC_IRQChannel = TIM7_IRQChannel;
            NVIC_InitStructure.NVIC_IRQChannelPreemptionPriority = 0;//占先优先级
            NVIC_InitStructure.NVIC_IRQChannelSubPriority = 3;        //副优先级
            NVIC_InitStructure.NVIC_IRQChannelCmd = ENABLE;
            NVIC_Init(&NVIC_InitStructure);
        }
```

3) 配置 PB0 作外部中断与触发方式

```
    void GPIO_EXTI_source(void)                              //PB0 作外部中断
     {
        GPIO_EXTILineConfig(GPIO_PortSource_GPIOB，GPIO_PinSourceO);
        EXTI_InitTypeDef EXTI_InitStructure;
        EXTI_InitStructure.EXTI_Line = EXTI_LineO;           //定义 PB0
        EXTI_InitStructure.EXTI_Mode = EXTI_Mode_Interrupt;   //中断方式
        EXTI_InitStructure.EXTI_Trigger = EXTI_Trigger_Falling;  //下降沿触发
        EXTI_InitStructure.EXTI_LineCmd = ENABLE;            //允许中断
        EXTI_Init(&EXTI_InitStructure);                      //初始化
     }
```

4) 中断函数

在 "stm32f10x_it.c" 文件的相关处加入下列中断函数即可。

```
    void USART1_IRQHandler(void)//USART1 中断函数
     {
        if(USART_GetITStatus(USART1，USART_IT_RXNE) != RESET)   //检查接收中断
         {
            LED1_on(); //LED1 灯亮
            Wire_USART1_byte(0x01);//送数据 0x01
         }
     }
    void EXTI0_IRQHandler(void)//外部 0 中断函数
     {
        if(EXTI0_GetITStatus(EXTI_Line0) != RESET) //检查 EXTI0 中断
         {
         EXTI_ClearITPendingBit(EXTI_Line0);//清除外部中断 0
         LED2_on(); //LED1 灯亮
         Wire_USART1_byte(0x02);//送数据 0x01
         }
     }
    void TIM6_IRQHandler(void) //定时器 6，250 ms 中断函数
```

```
        {
            if (TIM_GetITStatus(TIM6，TIM_IT_Update) != RESET)
            {
                TIM_ClearITPendingBit(TIM6，TIM_IT_Update);    //清除 TIM4 的中断标志
                LED3_on(); //LED3 灯亮
                Wire_USART1_byte(0x03);            //送数据 0x03
            }
        }
        void TIM7_IRQHandler(void)                //定时器 7，100 ms 中断函数
        {
            if (TIM_GetITStatus(TIM7，  TIM_IT_Update) != RESET)
            {
                TIM_ClearITPendingBit(TIM7，  TIM_IT_Update); //清除 TIM4 的中断标志
                Wire_USART1_byte(0x04);            //送数据 0x04
            }
        }
```

5) 其他函数

```
    void WWDT_clear(void) //喂狗函数
    { WWDG_SetCounter (0x70);} //更新  WWDG
      void IWDT_clear(void) //喂狗函数
      {IWDG_ReloadCounter();} //重载 IWDG 计数值
        void delay_k(unsigned int k) //延时函数
      {while(k--)；  }
      unsigned char read_k2(void) //读键值
      { unsigned char kz；
        kz=GPIO_ReadOutputDataBit(GPIOB，GPIO_pin_1);//PB1
        return kz;
      }
      void LED1_on(void) //LED1 灯亮
      {GPIO_ResetBits(GPIOA，GPIO_pin_5);}
      void LED2_on(void) //LED2 灯亮
      {GPIO_ResetBits(GPIOA，GPIO_pin_6);}
      void LED3_on(void) //LED3 灯亮
      {GPIO_ResetBits(GPIOA，GPIO_pin_7);}
      void LED1_off(void) //LED1 灯熄灭
      {GPIO_SetBits(GPIOA，GPIO_pin_5);}
      void LED2_off(void) //LED2 灯熄灭
      {GPIO_SetBits(GPIOA，GPIO_pin_6);}
      void LED3_off(void) //LED3 灯熄灭
      {GPIO_SetBits(GPIOA，GPIO_pin_7);}
```

6) 主函数

```
#include "stm32f10x.h"
#include "usart1.h"
int main(void) //主函数
 {
     SystemInit();//配置时钟
     Config_IO_kx();  //配置 k1、k2 I/O 口配置
     Config_IO_LED();  //配置 LED I/O 口配置
      //定义优先级为组 2
     NVIC_PriorityGroupConfig(NVIC_PriorityGroiip_1);
     USART1_Configuration();   //USART1 的初始化函数
     GPIO_EXTI_source();       //PB0 作外部中断
     Times_init_TIM6();        //TIM6 定时器初始化
     Times_init_TIM7();        //TIM7 定时器初始化
     NVIC_Interrupt();         //中断优先级设置
     IWDG_Configuration();     //独立看门狗初始化
     //WWDG_Configuration();   //窗口看门狗初始化(262 ms)
     LED1_off(); //LED1 灯熄灭
     LED2_off(); //LED2 灯熄灭
     LED3_off(); //LED3 灯熄灭
     Wire_USART1_byte(0x55); //送数据 0x55
     while(1)
      {
          //用户根据需要增加相关程序
          delay_k(0x1000);      //延时
          IWDT_clear();         //喂狗函数
          //WWDT_clear();       //喂狗函数
          //如果 k2 有效等待，看门狗会复位
          while(read_k2()==0)   //k2=0，等待
          { delay_k(1000);}     //无喂狗，看门狗到时会复位
             //其他程序省略
      }//while(1)_END
 }//main()_END
```

9.6　处理器 Flash 与串行 Flash 的编程应用

Flash(闪存)存储器是一种新型的半导体存储器，它同时兼具 RAM 和 ROM 的优点，既可以在线写入、擦除数据，又具有掉电保存(保持)数据的能力。与其他种类的 Flash 存储器

相比，STM32 处理器的 Flash 和串型 NOR Flash 器件有很多优势，即随机读取速度快，可单字节或单字编程，允许 CPU 直接从芯片中读取数据，可靠性较高。因此，Flash 存储器的使用在嵌入式系统应用开发中占有非常重要的地位。掌握 STM32 处理器中的 Flash 存储器或常用的串行 Flash 器件的编程，对开发智能设备(产品)很有意义。

9.6.1　STM32 处理器 Flash 编程应用

1. 处理器 Flash 概况

STM32 处理器(以 128KB 器件为例)的 Flash 存储器分主存储器和信息存储器。主存储器块包含 128 页，每页 1KB；信息存储器包括 2 KB 和 0.5 KB 两页，如表 9.2 所示。

表 9.2　STM32 处理器(128KB)闪存块组织

闪存块	名　称	地　址　范　围	长度
主存储器		页 0：0x0800 0000～0x0800 03FF	4×1 KB
		页 1：0x0800 0400～0x0800 07FF	
		页 2：0x0800 0800～0x0800 0BFF	
		页 3：0x0800 OCCd～0x0800 0FFF	
		页 4～7：0x0800 1000～0x0800 1FFF	
		页 8～11：0x0800 2000～0x0800 2FFF	
		…	
		页 124～127：0x0801 F000～0x0801 FFFF	
信息存储器	启动程序代码	OxlFFF F000～OxlFFF F7FF	2 KB
	用户选择字节	OxlFFF F800～OxlFFF F9FF	512 B
闪存寄存器	Flash ACR	0x4002 2000～0x4002 2003	4 B
	Flash KEYR	0x4002 2004～0x4002 2007	4 B
	Flash OPTKEYR	0x4002 2008～0x4002 200B	4 B
	Flash SR	0x4002 200C～0x4002 200F	4 B
	保留	0x4002 2018～0x4002 201B	4 B
	Flash OBR	0x4002 201C～0x4002 201F	4 B
	Flash WRPR	0x4002 2020～0x4002 2023	4 B
	保留	0x4002 2024～0x4002 2087	100 B

Flash(闪存)被组织成 32 位宽的存储器单元，可以存放代码和数据常数。系统存储器用于存放在系统存储器自举模式下的启动程序，这个区域只保留给公司专用。ST 在生产线上对这个区域编程并锁定，以防止用户擦写。主存储器和信息块由内嵌的闪存编程/擦除控制器(FPEC)管理；编程与擦除由高电压完成。存储器有两种保护方式防止非法的访问(读、写、擦除)，分别为页写入保护和读出保护。

在执行闪存写操作时，任何对闪存的读操作都会锁住总线，在写操作完成后读操作才能正确地进行，即在进行写或擦除操作时，不能进行代码或数据的读取操作。进行闪存编程操作(写或擦除)时，必须打开内部的 RC 荡器(HIS)。闪存存储器可以用 ICP 或 IAP 方式编程。

2. 处理器 Flash 编程应用

STM32 处理器 Flash 的编程操作，可参考第 3 章第 19 节(3.19)的库函数。对于 Flash 应用，用户大都作为数据存储器使用。首先估算用户程序的大小，然后确定写入数据的起始地址(页地址)，一般放在主存储器的后面。下面是实用的读写函数。

1) 页擦除函数

```
//EraseAddr 为 Flash 存储页地址
void CPUflashErasePage(unsigned int EraseAddr)
  {
    FLASH_Unlock();
    FLASH_ErasePage(EraseAddr);   //擦除页
    FLASH_Lock();
  }
```

2) 写数据到 Flash

```
// pBuffer 为第 1 个数据的地址
//WriteAddr 为 Flash 起始地址
//NumByteToWrite 为数据个数
void   CPUflashWriteBuffer(unsigned char * pBuffer,   unsigned int WriteAddr,
    unsigned int NumByteToWrite)
  {
    FLASH_Unlock();
    // while there is data to be written on the FLASH
    while (NumByteToWrite--)
     {
        __NOP();__NOP();__NOP();__NOP();
        FLASH_ProgramHalfWord(WriteAddr，*pBuffer);
        pBuffer++;
        WriteAddr +=2;
     }
    FLASH_Lock();
  }
```

3) 从 Flash 读数据

```
// pBuffer 为目的地址的缓冲区
//ReadAddr 为 Flash 起始地址
//NumByteToRead 为数据个数
void   CPUflashReadBuffer(unsigned char * pBuffer，unsigned int ReadAddr，
```

```
    unsigned int NumByteToRead)
    {
        while (NumByteToRead--)
        {
          *pBuffer = *(vu32*)(ReadAddr);
           pBuffer++;
          ReadAddr +=2;
        }
    }
```

4) 举例

```
    //0x08070000-0x08070fff 4k
    #define   FLASH_ADR 0x08070000          //定义 Flash 起始地址
    unsigned char R_data[10]={0};
    unsigned char W_data[50]={0，1，2，3，4，5，6，7，8，9};
     //把 W_data[numb]中的数据写入以 Flash_AB 为地址的 Flash 中
    void Wire_data(unsigned Flash_AB，W_data[]，numb)//写入数据
      {
          CPUflashErasePage(Flash_AB);          //擦除 Flash_AB 扇区
          CPUflashWriteBuffer(&W_data[0]，Flash_AB，numb); //连续写入 numb 个数据
      }
     //把以 Flash_AB 为地址的数据读入 R_data[numb]中
    void   Read_data(unsigned Flash_AB，R_data[]，numb)      //读出数据
      {
          CPUflashReadBuffer(&R_data[0]，Flash_AB，numb); //读取 Flash
      }
```

例如，调用 Wire_data(FLASH_ADR，W_data[]，10)，可写入 10 个数据；调用 Read_data(FLASH_ADR，R_data[]，10)，可读出 10 个数据。

9.6.2　串行 Flash 的编程应用

串行 Flash 器件大都采用 NOR Flash 结构。其总线一般为 I^{2}C、SPI 和 UART 接口。这类器件相对于并行 Flash 用更少的引脚传送数据，降低了系统空间、功耗、成本。尤其是 SPI 总线的 Flash 产品，随机访问速度快、传输效率高，在 1～32 Mb 的小容量时具有很高的性价比。更重要的是，串行 NOR Flash 的读写操作十分简单。这些优势使得串行 NOR Flash 被广泛地用于微型、低功耗的数据存储系统。

下面以 SST 公司的 NOR Flash 芯片 SST25VF010 为例，介绍其硬件接口和软件的设计方法。

SST25VF010 是一款 8 位 SP1 接口的 Flash 存储芯片，容量为 1 Mb(128 KB 字节)，分为 32 个扇区，每个扇区大小为 4 KB。它能在 2.7～3.6 V 电源电压下以字节为单位完成读/写操作，典型的读写时钟为 20 MHz，最高可达到 80 MHz，在最高时钟读写时，消耗电

流只有 12 mA, 空闲时只消耗 8 μA 电流。

1. 引脚排列及接口

SST25VF010 引脚排列见图 9.9(a)。芯片接口包括电源引脚、SPI 接口引脚和控制引脚。芯片通过 SPI 接口与 STM32 处理器的 SPI 接口连接。接口电路中的 WP#、HOLD#引脚可根据实际情况决定是否与控制器引脚相连。常用电路是在 WP#、HOLD#引脚外加上拉电阻,如图 9.9(b)所示。引脚定义如表 9.3 所示。

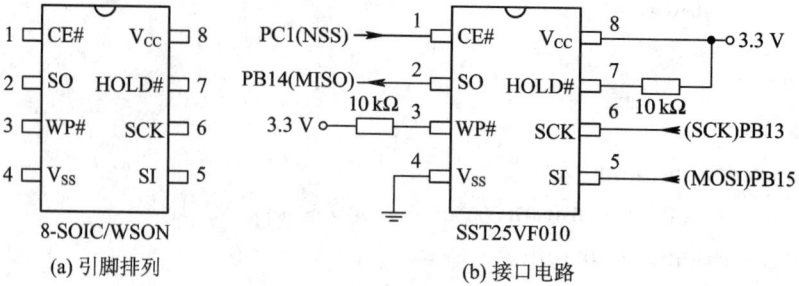

(a) 引脚排列　　　　　　　　(b) 接口电路

图 9.9　SST25VF010 存储器引脚与接口

表 9.3　SST25VF010 引脚功能

引脚号	引脚名称	功　能　描　述
1	CE#	SST25VF010 片选线,该引脚电平为低时,芯片被选中(使能)
2	SO	SST25VF010 串行数据输出引脚
3	WP#	写保护引脚。该引脚为高时,用户可进行编程或擦除;为低时,禁止写入
4	Vss	电源地
5	SI	SST25VF010 串行数据输入引脚
6	SCK	SST25VF010 串行时钟线
7	HOLD#	暂停控制引脚,低电平时有效
8	Vcc	3.3 V 电源引脚

2. 器件操作时序

串行 NOR Flash 通过 STM32 处理器的 SPI 接口发送命令到 SST25VF010 器件,并接收 NOR Flash 芯片返回的状态信息和数据信息。SST25VF010 接口时序图见图 9.10,读、写数据时序图分别如图 9.11、图 9.12 所示。

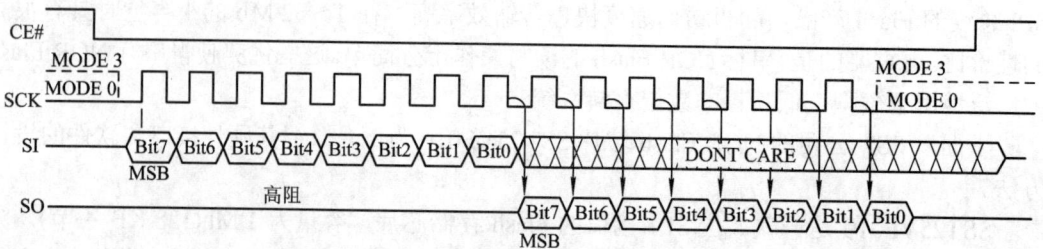

图 9.10　SST25VF010 时序图

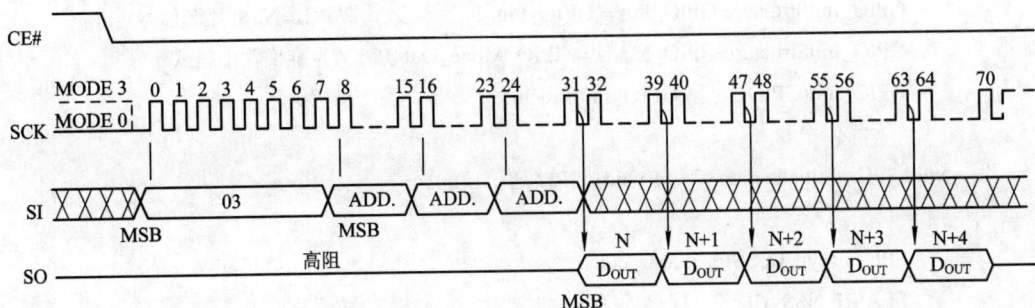

图 9.11　SST25VF010 读数据时序图

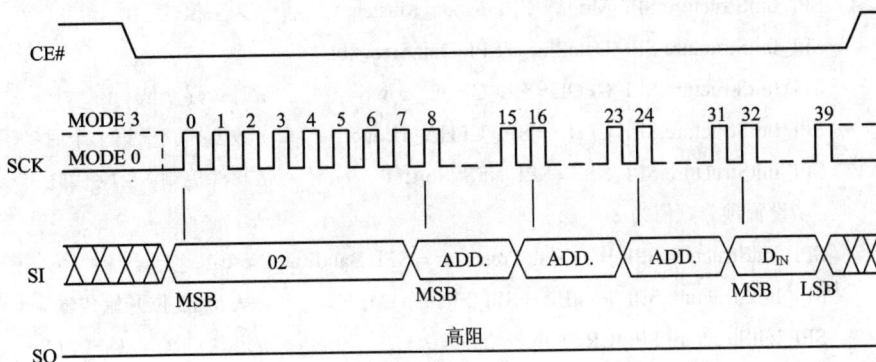

图 9.12　SST25VF010 写数据时序图

3. 软件编写

1) 初始化函数

//初始化函数：SPI 为主模式，时钟线平时为低，上升沿有效，8 位数据格式

//数据高位在前，软件控制片选

void SPI2_ Initialization_PIN(void)　　　　　　　　　　　　//SPI2 引脚配置

{

　　GPIO_InitTypeDef GPIO_InitStructure;

　　RCC_APBlPeriphClockCmd(RCC_APBlPeriph_SPI2，ENABLE);//使能 SPI2 时钟

　　//定义 SPI2：MISO 口线为浮空输入

　　GPIO_InitStructure.GPIO_Pin = GPIO_Pin_14 ;　　　　//PB14

　　GPIO_InitStructure.GPIO_Mode = GPIO_Mode_IN_FLOATING;//为浮空输入

　　GPIO_InitStructure.GPIO_Speed = GPIO_Speed_50 MHz;//输出时钟为 50 MHz

　　GPIO_Init(GPIOB，&GPIO_InitStructure);　　　　　　//初始化

　　//定义 SPI2：SCK、MOSI 口线输出模式

　　GPIO_InitStructure.GPIO_Pin = GPIO_Pin_13 | GPIO_Pin_15；

　　GPIO_InitStructure.GPIO_Mode = GPIO_Mode_AF_PP;　　//为复用推挽输出

　　GPIO_InitStructure.GPIO_Speed = GPIO_Speed_50 MHz;//输出时钟为 50 kHz

　　GPIO_Init(GPIOB，&GPIO_InitStructure);　　　　　　　//初始化

　　//定义片选线 I/O 口 PC1 为输出

```
            GPIO_InitStructure.GPIO_Pin = GPIO_Pin_1;              //PC1=NSS(片选信号)
            GPIO_InitStructure.GPIO_Mode = GPIO_Mode_Out_PP;      //为推挽输出模式
            GPIO_Init(GPIOC,   &GPIO_InitStructure);              //初始化
        }
        void SPI2_ Initialization_COM(void)//SPI2 通信口配置
        {
            SPI_InitTypeDef SPI_InitStructure;
            FLASH_NSS_H();                                        //置片选为高
            SPI_InitStructure.SPI_Direction = SPI_Direction_2Lines_FullDuplex; //全双工
            SPI_InitStructure.SPI_Mode = SPI_Mode_Master;        //为主模式
            SPI_InitStructure.SPI_DataSize = SPI_DataSize_8b;
            SPI_InitStructure.SPI_CPOL= SPI_CPOL_Low;            //时钟浮空低
            SPI_InitStructure.SPI_CPHA= SPI_CPHA_1Edge;         //数据捕获于第 1 个时钟沿
            SPI_InitStructure.SPI_NSS= SPI_NSS_Soft;             //软件控制 NSS 引脚
              //设置预分频值为 8
            SPI_InitStructure.SPI_BaudRatePrescaler = SPI_BaudRatePrescaler_4;
            SPI_InitStructure.SPI_FirstBit = SPI_FirstBit_MSB;   //从 MSB 位开始传输
            SPI_InitStructure.SPI_CRCPolynomial = 7;             //定义 CRC 多项式为 7
            SPI_Init(SPI2,   &SPI_InitStructure);                //初始化 SPI2
            SPI_Cmd(SPI2,   ENABLE);                             //使能 SPI2
        }
```

2) SPI2 读写字节函数

```
        //发送一个字节(8 位)，同时读一个字节(8 位)
        unsigned char Send_read_Byte(unsigned char byte)
        {
            unsigned char I_data=0;
            //等待发完寄存器数据(查状态)
            while (SPI_I2S_GetFlagStatus(SPI2，SPI_12S_FLAG_TXE)==RESET);
            //向发送寄存器写又要发送的数据
            SPI_I2S_SendData(SPI2,   byte);
            //如果接收寄存器没有收到数据，循环等待
            while (SPI_I2S_GetFlagStatus(SPI2，SPI_I2S_FLAG_RXNE) == RESET);
            I_data = SPI_I2S_ReceiveData (SPI2);
            return (I_data); //返回接收到的数据
        }
```

3) SPI2 的 NSS(片选)信号(定义)

```
        #define   FLASH_NSS_H()   GPIO_SetBits(GPIOC，GPIO_Pin_1)      //PC1=1
        #define   FLASH_NSS_L()   GPIO_ResetBits(GPIOC，GPIO_Pin_1)    //PC1=0
```

4) 读数据函数

由时序图 9.11 可知，在 CE#(NSS)信号拉低后，通过 SPI 口发送 0x03 指令，紧接在指令后的是要读数据的地址(3 字节)，地址高位先发送。发送完地址后，主 SPI 产生时钟，要读地址位数据通过 SPI 接口返回。读函数如下：

```
//函数输入参数：uint32 Addr 目标地址，范围为 0x0～0xlFFFFF
unsigned char Read_SST25F_data(unsigned long Addr)    //读函数

{
    unsigned char I_data = 0;
    FLASH_NSS_L();//置片选为低
    Send_read_Byte (0x03);//发送命令
    Send_read_Byte (((Addr & 0xFFFFFF) >> 16));        //发送最高地址
    Send_read_Byte (((Addr & 0xFFFF) >> 8));           //发送次高地址
    Send_read_Byte (Addr & 0xFF);                      //发送最低地址
    I_data = Send_read_Byte (0xFF);                    //发送一个空字节，以读取数据
    FLASH_NSS_H();                                     //置片选为高
    return (I_data);
}
```

5) 写数据函数

由时序图 9.12 可知，在 CE#(NSS)信号拉低后，通过 SPI 口发送 0x02 指令，紧接在指令后是要写数据的地址(3 字节)，地址高位先发送。发送完 3 字节地址后，向器件写入数据，最后拉高片选 CE#(NSS)信号。

NOR Flash 要求一个存储单元在写入数据之前，必须先要擦除，否则无法写入新数据。在写数据前还需要取消芯片的写保护功能，否则也无法对芯片执行写操作。在写操作结束后要恢复写保护设置。编程时，最好要指定写缓存的地址、需要写入的数据个数以及写数据的目标地址等。写函数如下：

```
//函数输入：器件地址(3 字节)，数据
void Write_SST25F_data (unsigned long Addrr unsigned char data)

{
    uint8 temp = 0，StatVal = 0;
    FLASH_NSS_L();                      //置片选为低
    temp = Send_read_Byte(0x05); //获取"发送读状态寄存器命令"的状态
    FLASH_NSS_H();                      //置片选为高
    FLASH_NSS_L();                      //置片选为低
    Send_read_Byte (0x50);              //使能状态寄存器
    FLASH_NSS_H();                      //置片选为高
    FLASH_NSS_L();                      //置片选为低
    Send_read_Byte (0x01);              //发送写状态寄存器指令
    Send_read_Byte (0x00);              //清 OBPx 位，使 Flash 芯片可写
    FLASH_NSS_H();                      //置片选为高
```

```
        FLASH_NSS_L();                              //置片选为低
        Send_read_Byte (0x06);                      //发送写使能命令
        FLASH_NSS_H();                              //置片选为高
        FLASH_NSS_L();                              //置片选为低
        Send_read_Byte (0x02);                      //发送字节数据烧写命令
        Send_read_Byte (((Addr & 0xFFFFFF) >> 16));     //发送最高地址
        Send_read_Byte (((Addr & 0xFFFF) >> 8));        //发送次高地址
        Send_read_Byte (Addr & 0xFF);               //发送最低地址
        Send_read_Byte (data);                      //发送数据
        FLASH_NSS_H();                              //置片选为高
        do
          {
            FLASH_NSS_L();                          //置片选为低
            StatRgVal= Send_read_Byte (0x05);       //保存所读状态
            FLASH_NSS_H();                          //置片选为高
          }while(StatVal ==0x03);                   //等待状态
        FLASH_NSS_L();                              //置片选为低
        Send_read_Byte (0x06);                      //发送写使能命令
        FLASH_NSS_H();                              //置片选为高
        FLASH_NSS_L();                              //置片选为低
        Send_read_Byte (0x50);                      //使能状态寄存器
        FLASH_NSS_H();                              //置片选为高
        FLASH_NSS_L();                              //置片选为低
        Send_read_Byte (0x01);                      //发送写状态寄存器命令
        Send_read_Byte (temp);                      //恢复状态寄存器设置信息
        FLASH_NSS_H();                              //置片选为高
    }
```

6) 擦除 Flash 函数

SST25VF010 有 32 个扇区, 用户可指定扇区进行擦除操作。当一个存储单元被擦除后, 存储单元内的数据变为 0xFF。在执行擦除操作前, 需取消芯片的写保护功能。SST25VF010 器件提供了单扇区擦除、块擦除、片擦除 3 种底层擦除功能, 根据擦除范围选用合适的擦除方式, 可大大缩小擦除所需时间。擦除函数如下:

```
    //函数输入: 扇区号(0~31), 每扇区 4 KB
    void ERSST25F_x4k (unsigned short x4k)
      {
        unsigned char temp=0, Statvole=0;
        uint32   Sector_AB =0;
        FLASH_NSS_L();                   //置片选为低
        temp = Send_read_Byte(0x05);     //获取"发送读状态寄存器命令"的状态
```

```
    FLASH_NSS_H();                      //置片选为高
    FLASH_NSS_L();                      //置片选为低
    Send_read_Byte (0x50);              //使能状态寄存器
    FLASH_NSS_H();                      //置片选为高
    FLASH_NSS_L();                      //置片选为低
    Send_read_Byte (0x01);              //发送写状态寄存器指令
    Send_read_Byte (0x00);              //清 OBPx 位，使 Flash 芯片可写
    FLASH_NSS_H();                      //置片选为高
    FLASH_NSS_L();                      //置片选为低
    Send_read_Byte (0x06);              //发送写使能命令
    FLASH_NSS_H();                      //置片选为高
    //擦除单个扇区
    Sector_AB = 4096 * x4k;             //计算扇区的起始地址
    FLASH_NSS_L();                      //置片选为低
    Send_read_Byte (0x20);              //发送扇区擦除命令
    Send_read_Byte (((Sector_AB & 0xFFFFFF) >> 16));    //发送最高地址
    Send_read_Byte (((Sector_AB & 0xFFFF) >> 8));       //发送次高地址
    Send_read_Byte (Sector_AB & 0xFF);                  //发送最低地址
    Send_read_Byte (0xff);              //发送数据
    FLASH_NSS_H();                      //置片选为高
    do
      {
        FLASH_NSS_L();                  //置片选为低
        Statvole = Send_read_Byte (0x05);       //保存所读状态
        FLASH_NSS_H();                  //置片选为高
      }while(Statvole ==0x03);          //等待状态
    FLASH_NSS_L();                      //置片选为低
    Send_read_Byte (0x06);              //发送写使能命令
    FLASH_NSS_H();                      //置片选为高
    FLASH_NSS_L();                      //置片选为低
    Send_read_Byte (0x50);              //使能状态寄存器
    FLASH_NSS_H();                      //置片选为高
    FLASH_NSS_L();                      //置片选为低
    Send_read_Byte (0x01);              //发送写状态寄存器命令
    Send_read_Byte (temp);              //恢复状态寄存器设置信息
    FLASH_NSS_H();                      //置片选为高
}
```

7) 测试主函数

```
#include "stm32f10x.h"
#include "usart1.h"
int main(void)
  { unsigned long k=0;
    SystemInit();                       //配置时钟
    SPI2_ Initialization_PIN();          //SPI2 引脚配置
    SPI2_ Initialization_COM();          //SPI2 通信口配置
    ERSST25F_x4k (0)                     //擦除 0 扇区
    for(k=0;k<4096;k++)                  //向 0 扇区写数据
  {
    j=(char)k;
    Write_SST25F_data (k， j);
  }
  for(k=0;k<4096;k++)                    //读出 0 扇区数据
  {
    j= Read_SST25F_data(k);
    //Wire_USART1_byte(j);               //数据输出到串口上
  }
    while(1)
    {
                                         //其他程序省略
    }
}//main()_END
```

9.7　STM32 处理器与 W5200 网络模块的接口应用

通常，网络模块是为了扩展局域网功能而开发的，而接口卡则多指广域网接口卡，通过广域网接口卡、路由器和交换机产品就可以方便地实现更高效能的广域网接入。采用模块化设计可以有效地实现智能仪器仪表的网络通信。

目前，网络通信非常普及流行，不仅在大型智能系统中使用，就是简单的单片机应用环境都在寻求网络通信。市场上有集成数字调制解调器、模拟调制解调器、高密度异步接口及异步/同步串行接口网络模块等。高性能的网络模块可以和标准的路由器、交换机等产品接口。下面介绍一种 W5200 产品(芯片)的应用。

9.7.1　W5200 性能特点与硬件接口

W5200 芯片是一种采用全硬件 TCP/IP 协议栈的嵌入式以太网控制器，它能使嵌入式系统通过 SPI(串行外设接口)接口轻松地连接到网络。W5200 特别适合那些需要使用单片机来实现互联网功能的客户，这就需要单片机系统具有完整的 TCP/IP 协议栈和 10/100 Mb/s 以太网网络层(MAC)和物理层(PHY)。W5200 是由已经通过市场考验的全硬件 TCP/IP 协议栈及以太网网络层和物理层整合而成的。其全硬件的 TCP/IP 协议栈全程支持 TCP、UDP、IPv4、ICMP、ARP、IGMP 和 PPPoE 协议，而且已经连续多年在各种实际应用中得以证明。W5200 使用 32 KB 缓存作为其数据通信内存。通过 W5200，用户只需使用一个简单的 socket 程序就能实现以太网的应用，而不再需要处理一个复杂的以太网控制器了。

SPI(串行外设接口) 提供了轻松与外部 MCU 连接的接口。W5200 支持高达 80 MHz 的 SPI 接口通信。为了降低系统功耗，W5200 提供了网络唤醒和休眠模式。

W5200 非常适合许多嵌入式应用，包括家庭网络设备中的机顶盒、个人录像机、数码媒体适配器；串行转以太网的门禁控制、LED 显示屏、无线 AP 继电器等；并行转以太网的 POS/微型打印机、复印机；USB 转以太网的存储设备、网络打印；GPIO 转以太网的家庭网络传感器；安全系统中的数字录像机、网络摄像机；工厂和楼宇自动化控制系统；医疗监测设备和各类嵌入式服务器等。

1. W5200 内部组成与引脚功能

W5200 内部由 SPI 接口、Tx/Rx 缓冲器、硬件 TCP/IP 内核(包含 TCP、UDP、PPPOE、ARP、IP、MAC)和以太网络 PHY(物理层)及传输接口 RJ45 等组成，如图 9.13 所示。

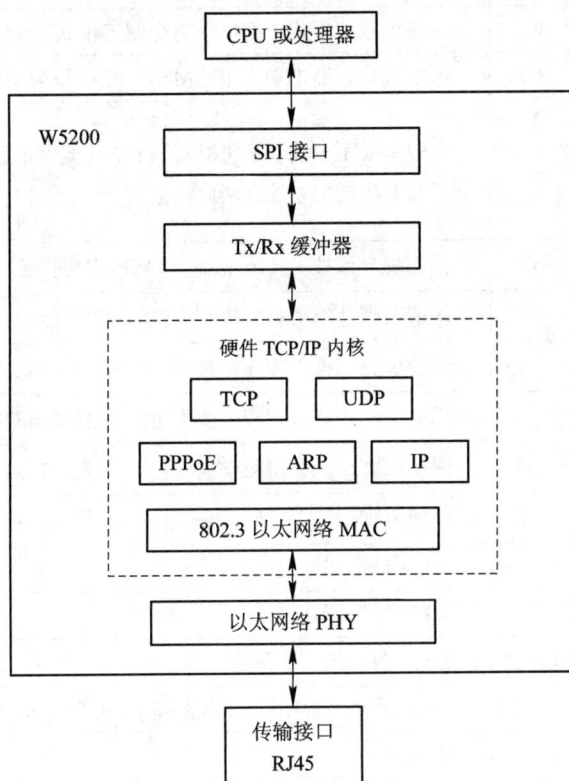

图 9.13　W5200 内部组成框图

W5200 引脚排列见附录图 8 所示。引脚含义与功能见表 9.4。

表 9.4　W5200 主要引脚含义与功能

脚　名	属性	引脚	功能描述
nRST	输入	46	复位信号,低电平有效。为了正常复位,低电平时间最少要保持 2 μs
nSCS	输入	41	SPI SLAVE 选择信号,低电平有效
nINT	输出	40	中断输出信号,低电平有效
SCLK	输入	42	SPI 接口时钟信号
MOSI	输入	43	SPI 接口数据输入信号
MISO	输出	44	SPI 接口数据输出信号
PWDN	输入	45	掉电控制。高电平时,器件掉电;低电平时,正常工作
RXIP	输入	20	RJ45 接口,差分信号输入
RXIN	输入	21	RJ45 接口,差分信号输入
TXOP	输出	17	RJ45 接口,差分信号输出
TXON	输出	18	RJ45 接口,差分信号输出
BIAS	输出	12	BIAS 寄存器,连接 28.7 kΩ±1% 的电阻到地线
ANE	输入	29	全双工/半双工应答模式。高电平开启应答模式,低电平关闭应答模式
DUP	输入	30	启用全双工模式。高电平为全双工模式,低电平为半双工模式
SPD	输入	31	速度模式。高电平为 100 Mb/s,低电平为 10 Mb/s
nFDXLED/M2	输入	3	W5200 模式选择。普通模式:111;其他电平是测试模式(内部测试)。只有在复位期间才能激活此功能
nSPDLED/M1	输入	4	
nLINKLED/M0	输入	5	
M3	输入	6	该引脚应该被上拉(一般接 75 kΩ电阻到电源)
RSV		7	保留引脚,该引脚应该被上拉(一般接 75 kΩ电阻到电源)
RSV		32、33	保留引脚,该引脚应该被下拉(一般接 75 kΩ电阻到地)
RSV		34、35	保留引脚,该引脚应该被下拉(一般接 75 kΩ电阻到地)
RSV		36、37	保留引脚,该引脚应该被下拉(一般接 75 kΩ电阻到地)
RSV		38、39	保留引脚,该引脚应该被下拉(一般接 75 kΩ电阻到地)
VCC3V3A	电源	11、15	3.3 V 模拟部分电源
VCC3V3A	电源	23	3.3 V 模拟部分电源
VCC3V3	电源	27、47	3.3 V 数字部分电源
VCC1V8	电源	8、25	1.8 V 数字部分电源(可由引脚 14 滤波而来)
GNDA	地	13、19	模拟地
GNDA	地	22、24	模拟地
GND	地	9、10	数字地
GND	地	26、28	数字地

脚　名	属性	引脚	功　能　描　述
ND	地	48	数字地
1V8O	输出	14	1.8 V 电源输出，有 200 mA。可接入 VCC1V8 引脚，并连接 0.1 μF 电容到地
XTALVDD	输入	16	连接一个 10.1 μF(10 μF 与 0.1 μF 并联)的电容到地
XI	输入	1	25 MHz 的晶振输入/输出，1、2 脚连接 25 MHz 晶振，负载电容一般为 18 pF，1、2 脚之间可连接 1 MΩ电阻
XO	输出	2	
nFDXLED/M2	输出	3	全双工/冲突 LED 指示。高为半双工，低为全双工
nSPDLED/M1	输出	4	LED 链接速度指示。高为 10 MHz，低为 100 MHz
nLINKLED/M0	输出	5	LED 链接指示。低为状态良好，高为失败，闪烁为正在接收数据

2．W5200 的主要寄存器与存储地址

W5200 的存储器由通用寄存器(0x0000~0x0036)、Socket 寄存器(0x4000~0x47ff)、Tx 的内存(0x8000~0xBFFF)和 Rx 的内存(0xC000~0xFFFF)组成。W5200 的主要寄存器与地址如表 9.5 和表 9.6 所示。

表 9.5　通用寄存器

地　址	寄存器	地　址	寄存器
0x0000	模式(MR)	0x013~0x014	保留
0x001~0x004	网关地址(GAR0~GAR3)	0x0015	中断(IR)
0x005~0x008	子网掩码地址(SUBR0~SUBR3)	0x0016	Socket 中断(掩码 IWR2)
0x009~0x00E	源 MAC 地址(SHAR0~SHAR5)	0x017~0x018	重试时间(RTR0~RTR1)
0x00F~0x012	源 IP 地址(SIPR0~SIPR3)	0x019	重试计数(RCR)
0x001F	芯片版本	0x0036	中断掩码(IWR)

表 9.6　Socket 寄存器

地　址	寄　存　器
0x4n00	Socket n 的模式(Sn_MR)
0x4n01	Socket n 的命令(Sn_CR)
0x4n02	Socket n 的中断(Sn_IR)
0x4n03	Socket n 的状态(Sn_SR)
0x4n04~0x4n05	Socket n 的源端口(Sn_PORT0~Sn_PORT1)
0x4n06~0x4n0B	Socket n 的目的地 MAC 地址(Sn_DHAR0~Sn_DHAR5)
0x4n0C~0x4n0F	Socket 0 的目的地 IP 地址(Sn_DIPR0~Sn_DIPR3)
0x4n10~0x4n11	Socket 0 的目的地端口(Sn_DPORT0~Sn_DPORT1)

注：表中 n 是 Socket 的数目，取值 0~7。

3. W5200 硬件接口

W5200 硬件接口如图 9.14～图 9.16 所示。与 STM32 处理器相连的引线有 PE0(nINT)、PD3(nRST)、PB7(nSCS)、PB5(SCLK)、PD6(MOSI)、PD4(MISO)、PD5(PWDN)、PD7(ANE)、PB6(DUP)和 PE1(SPD)。

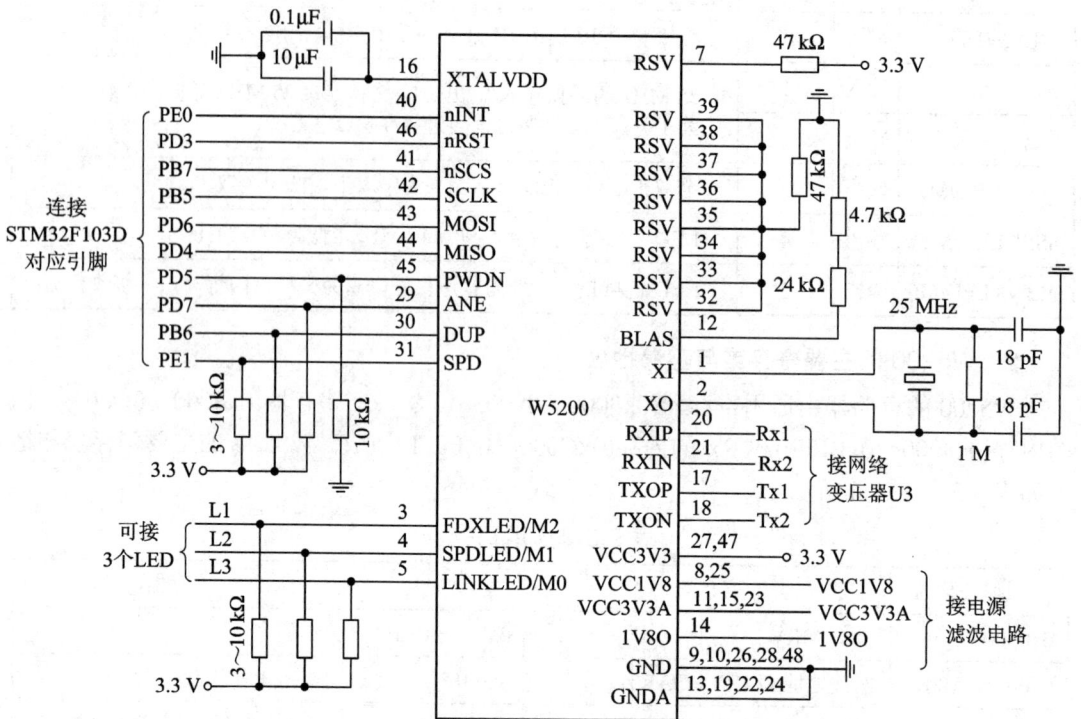

图 9.14　W5200 接口电路(1)

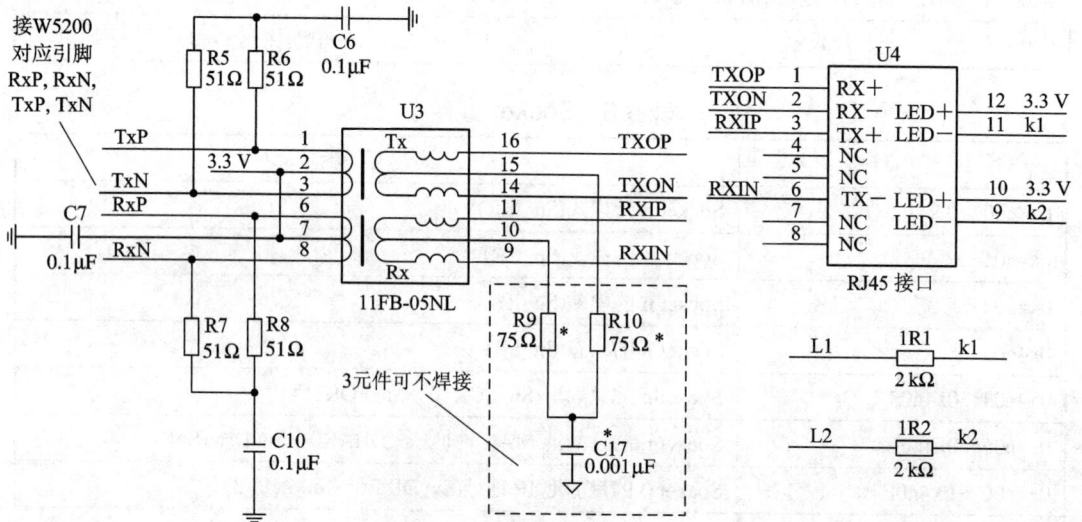

图 9.15　W5200 接口电路(2)

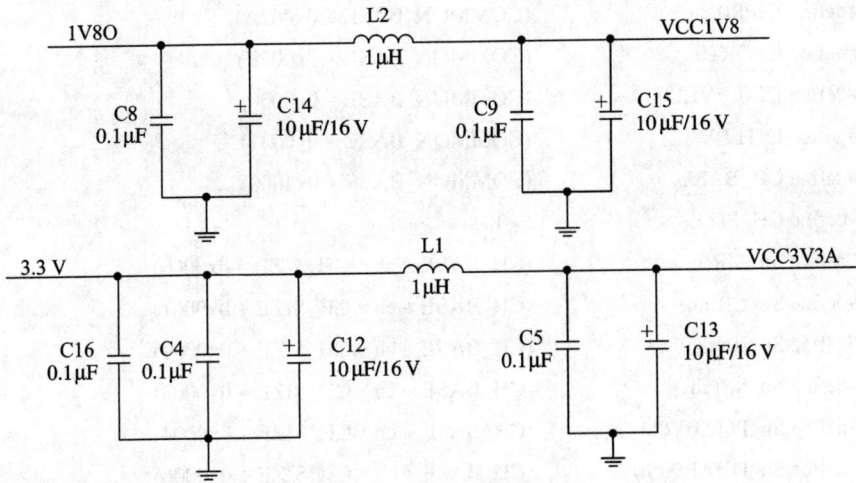

图 9.16　W5200 电源滤波电路

9.7.2　W5200 接口软件设计

1. W5200 器件相关参数定义

1) W5200.h 文件说明

在"W5200.h"文件中加入 W5200 寄存器地址定义后，把"W5200.h"文件包含在"main()"的头文件中。

```
//文件名"W5200.h"内容
#define              COMMON_BASE    0x0000
#define MR           (COMMON_BASE + 0x0000)
#define GAR0         (COMMON_BASE + 0x0001)
#define SUBR0        (COMMON_BASE + 0x0005)
#define SHAR0        (COMMON_BASE + 0x0009)
#define SIPR0        (COMMON_BASE + 0x000F)
#define IR           (COMMON_BASE + 0x0015)
#define IR2          (COMMON_BASE + 0x0034)
#define PHY          (COMMON_BASE + 0x0035)
#define IMR          (COMMON_BASE + 0x0036)
#define IMR2         (COMMON_BASE + 0x0016)
#define RTR          (COMMON_BASE + 0x0017)
#define RCR          (COMMON_BASE + 0x0019)
#define PATR0        (COMMON_BASE + 0x001C)
#define PPPALGO      (COMMON_BASE + 0x001E)
#define PTIMER       (COMMON_BASE + 0x0028)
#define PMAGIC       (COMMON_BASE + 0x0029)
#define VERSIONR     (COMMON_BASE + 0x001F)
```

```
#define UIPR0                  (COMMON_BASE + 0x002A)
#define UPORT0                 (COMMON_BASE + 0x002E)
#define INTLEVEL0              (COMMON_BASE + 0x0030)
#define INTLEVEL1              (COMMON_BASE + 0x0031)
#define CH_BASE                (COMMON_BASE + 0x4000)
#define CH_SIZE                0x0100
#define Sn_MR(ch)              (CH_BASE + ch * CH_SIZE + 0x0000)
#define Sn_CR(ch)              (CH_BASE + ch * CH_SIZE + 0x0001)
#define Sn_IR(ch)              (CH_BASE + ch * CH_SIZE + 0x0002)
#define Sn_SR(ch)              (CH_BASE + ch * CH_SIZE + 0x0003)
#define Sn_PORT0(ch)           (CH_BASE + ch * CH_SIZE + 0x0004)
#define Sn_DHAR0(ch)           (CH_BASE + ch * CH_SIZE + 0x0006)
#define Sn_DIPR0(ch)           (CH_BASE + ch * CH_SIZE + 0x000C)
#define Sn_DPORT0(ch)          (CH_BASE + ch * CH_SIZE + 0x0010)
#define Sn_MSSR0(ch)           (CH_BASE + ch * CH_SIZE + 0x0012)
#define Sn_PROT0(ch)           (CH_BASE + ch * CH_SIZE + 0x0014)
#define Sn_TOS(ch)             (CH_BASE + ch * CH_SIZE + 0x0015)
#define Sn_TTL(ch)             (CH_BASE + ch * CH_SIZE + 0x0016)
#define Sn_RXMEM_SIZE(ch)      (CH_BASE + ch * CH_SIZE + 0x001E)
#define Sn_TXMEM_SIZE(ch)      (CH_BASE + ch * CH_SIZE + 0x001F)
#define Sn_TX_FSR0(ch)         (CH_BASE + ch * CH_SIZE + 0x0020)
#define Sn_TX_RD0(ch)          (CH_BASE + ch * CH_SIZE + 0x0022)
#define Sn_TX_WR0(ch)          (CH_BASE + ch * CH_SIZE + 0x0024)
#define Sn_RX_RSR0(ch)         (CH_BASE + ch * CH_SIZE + 0x0026)
#define Sn_RX_RD0(ch)          (CH_BASE + ch * CH_SIZE + 0x0028)
#define Sn_RX_WR0(ch)          (CH_BASE + ch * CH_SIZE + 0x002A)
#define Sn_IMR(ch)             (CH_BASE + ch * CH_SIZE + 0x002C)
#define Sn_FRAG(ch)            (CH_BASE + ch * CH_SIZE + 0x002D)
#define Sn_KEEP_TIMER(ch)      (CH_BASE + ch * CH_SIZE + 0x002F)
#define TX_MEM                 COMMON_BASE+0x8000
#define RX_MEM                 COMMON_BASE+0xc000
#define MR_RST                 0x80
#define MR_WOL                 0x20
#define MR_PB                  0x10
#define MR_PPPOE               0x08
#define MR_LB                  0x04
#define MR_AI                  0x02
#define MR_IND                 0x01
#define IR_CONFLICT            0x80
```

```
#define IR_UNREACH          0x40
#define IR_PPPoE            0x20
#define IR_MAGIC            0x10
#define IR_SOCK(ch)         (0x01 << ch)
#define Sn_MR_CLOSE         0x00
#define Sn_MR_TCP           0x01
#define Sn_MR_UDP           0x02
#define Sn_MR_IPRAW         0x03
#define Sn_MR_MACRAW        0x04
#define Sn_MR_PPPOE         0x05
#define Sn_MR_ND            0x20
#define Sn_MR_MULTI         0x80
#define Sn_CR_OPEN          0x01
#define Sn_CR_LISTEN        0x02
#define Sn_CR_CONNECT       0x04
#define Sn_CR_DISCON        0x08
#define Sn_CR_CLOSE         0x10
#define Sn_CR_SEND          0x20
#define Sn_CR_SEND_MAC      0x21
#define Sn_CR_SEND_KEEP     0x22
#define Sn_CR_RECV          0x40
#ifdef __DEF_IINCHIP_PPP__
#define Sn_CR_PCON          0x23
#define Sn_CR_PDISCON       0x24
#define Sn_CR_PCR           0x25
#define Sn_CR_PCN           0x26
#define Sn_CR_PCJ           0x27
#endif
#ifdef __DEF_IINCHIP_PPP__
    #define Sn_IR_PRECV     0x80
    #define Sn_IR_PFAIL     0x40
    #define Sn_IR_PNEXT     0x20
#endif
#define Sn_IR_SEND_OK       0x10
#define Sn_IR_TIMEOUT       0x08
#define Sn_IR_RECV          0x04
#define Sn_IR_DISCON        0x02
#define Sn_IR_CON           0x01
#define SOCK_CLOSED         0x00
```

```
#define SOCK_INIT              0x13
#define SOCK_LISTEN            0x14
#define SOCK_SYNSENT           0x15
#define SOCK_SYNRECV           0x16
#define SOCK_ESTABLISHED       0x17
#define SOCK_FIN_WAIT          0x18
#define SOCK_CLOSING           0x1A
#define SOCK_TIME_WAIT         0x1B
#define SOCK_CLOSE_WAIT        0x1C
#define SOCK_LAST_ACK          0x1D
#define SOCK_UDP               0x22
#define SOCK_IPRAW             0x32
#define SOCK_MACRAW            0x42
#define SOCK_PPPOE             0x5F
#define IPPROT0_IP             0
#define IPPROT0_ICMP           1
#define IPPROT0_IGMP           2
#define IPPROT0_GGP            3
#define IPPROT0_TCP            6
#define IPPROT0_PUP            12
#define IPPROT0_UDP            17
#define IPPROT0_IDP            22
#define IPPROT0_ND             77
#define IPPROT0_RAW            255
```

2) Device.h 文件说明

在"Device.h"文件中加入下列定义后，把"Device.h"文件包含在"main()"的头文件中。

```
//文件名"Device.h"内容
typedef   unsigned char SOCKET;
/* Socket data buffer */
unsigned char Rx_Buffer[2048];   /* receiving buffer */
unsigned char Tx_Buffer[2048];   /* transmitting buffer */
/* 网络参数  registers */
unsigned char Gateway_IP[4]= {192，168，1，1};      //Gateway IP 地址
unsigned char Sub_Mask[4]={255，255，255，0};       // Subnet mask 掩码
unsigned char IP_Addr[4]={192，168，1，30};          // W5200 IP 地址
unsigned char Phy_Addr[6] ={0，0，0，0，0，3};        //物理地址
unsigned char S_Port[2]={0x13，0x88};                //本机端口号 5000(可设)
unsigned char S_DIP[4]={192，168，1，30};            //远程 IP 地址{192，168，0，30}
```

```
unsigned char S_DPort[2]={0x17，0x70};          //远程端口号 6000(可设)
extern void W5200_Config(void);                 //函数说明
extern int Detect_Gateway(void);                //函数说明
extern void Socket_Config(SOCKET s);            //函数说明
extern unsigned short S_rx_process(SOCKET s);   //函数说明
extern void S_tx_process(SOCKET s，unsigned int size); //函数说明
extern unsigned char S_tx_process_2(SOCKET s，unsigned int size);
extern unsigned short Read_RSR(SOCKET s);       //函数说明
extern int Socket_Process(SOCKET s);            //函数说明
extern void Process_Socket_Data(SOCKET s);      //函数说明
extern void W5200_Initialization(void);         //函数说明
extern void W5200_Net_all_cdh(void);            //W5200 模块网络初始化
const unsigned char MAC_Addr[6]={0x00，0xa0，0x7c，0x03，0x00，0x00}; //MAC 地址
```

2．W5200 相关函数

在"W5200.c"文件中，编入下列函数，并将"W5200.c"文件加入到相关编译目录中即可。

```
//文件名"W5200.C"内容
#include "stm32f10x.h"
#include"W5200.h"
#include "string.h"
#define TRUE    0xffffffff
#define FALSE   0x00000000
#define S_RX_SIZE   2048
#define S_TX_SIZE   2048
//片选
#define W5200_SCS   GPIO_Pin_7              //定义 W5200 CS
typedef unsigned char SOCKET;
extern void Delay(unsigned int d);
extern unsigned char Rx_Buffer[];          //Rx data buffer
extern unsigned char Tx_Buffer[];          //Tx data buffer
extern unsigned char Gateway_IP[];         // Gateway IP Address  网关 IP
extern unsigned char Sub_Mask[];           // Subnet Mask  子网掩码
extern unsigned char Phy_Addr[];           //Physical Address MAC 地址
extern unsigned char IP_Addr[];            //Loacal IP Address IP 地址
extern unsigned char S_Port[];             // Socket0 Port number
extern unsigned char S_DIP[];              // Socket0 Destination IP Address
extern unsigned char S_DPort[];            // Socket0 Destination Port number
extern unsigned char IP_Add[];
```

```
//读 W5200 数据
void    Read_W5200(unsigned short Reg_Addr，unsigned char *Data_ptr,
 unsigned short Data_Size)
{
        unsigned short i;
        GPIO_ResetBits(GPIOB，W5200_SCS);       //拉低片选
        SPI1_SendByte( Reg_Addr/256);           //发送寄存器地址
        SPI1_SendByte( Reg_Addr);
         //发送读命令，数据大小
        i=Data_Size&0x7fff;
        SPI1_SendByte( i/256);
        i=SPI1_SendByte( i);
        for(i=0;i<Data_Size;i++)                //读取内部寄存器数据
          {
             *Data_ptr=SPI1_SendByte( 0x00);//SPI_I2S_ReceiveData(SPI1);
             Data_ptr++;
          }
         GPIO_SetBits(GPIOB，   W5200_SCS);
}//Read_W5200()_END


//W5200 写数据
void Write_W5200(unsigned short Reg_Addr，unsigned char *Data_ptr，unsigned short Data_Size)
{
        unsigned short i;
        GPIO_ResetBits(GPIOB，   W5200_SCS);    /*片选*/
        SPI1_SendByte( Reg_Addr/256);           /*发送寄存器地址*/
        SPI1_SendByte( Reg_Addr);
        i=Data_Size | 0x8000;                   //发送写命令
        SPI1_SendByte( i/256);
        SPI1_SendByte( i);
        for(i=0;i<Data_Size;i++)                //写入数据
          {
             SPI1_SendByte( *Data_ptr);
             Data_ptr++;
          }
        GPIO_SetBits(GPIOB，   W5200_SCS);      /*释放片选*/
}//Write_W5200()_END
         //读取 5200 字节数据
unsigned char   Read_Byte_W5200(unsigned short Reg_Addr)
```

```
{
    unsigned char i;
    GPIO_ResetBits(GPIOB，  W5200_SCS);    /*片选*/
    i=SPI1_SendByte( Reg_Addr/256);        /*发送选定地址*/
    i=SPI1_SendByte( Reg_Addr);
    i=SPI1_SendByte( 0x00);                /*发送读命令*/
    i=SPI1_SendByte( 0x01);
    i=SPI1_SendByte( 0x00);                /*读取 1 字节数据*/
    GPIO_SetBits(GPIOB，W5200_SCS);        /*释放片选*/
    return i;
}// Read_Byte_W5200()_END
        //写入 W5200 一个字节
void Write_Byte_W5200(unsigned short Reg_Addr，unsigned char Dat)
{
    GPIO_ResetBits(GPIOB，  W5200_SCS);    //Set W5200 CS as Low
    SPI1_SendByte( Reg_Addr/256);          //Send W5200 Register address
    SPI1_SendByte( Reg_Addr);
    SPI1_SendByte( 0x80);                  //Send WRITE Command
    SPI1_SendByte( 0x01);
    SPI1_SendByte( Dat);                   /*Write data to W5200 register*/
    GPIO_SetBits(GPIOB，  W5200_SCS);      /* Set W5200 CS as HIGH*/
}// Write_Byte_W5200()_END
unsigned char Read_SR(SOCKET s)           //读取套接字状态
{
    unsigned char i;
    i=Read_Byte_W5200(Sn_SR(s));
    return i;
}// Read_SR(SOCKET s)_END
unsigned char Read_IR(SOCKET s)           //读取套接字中断状态
{
    unsigned char i;
    i=Read_Byte_W5200(Sn_IR(s));
    Write_Byte_W5200(Sn_IR(s)，i);
    return i;
}// Read_IR(SOCKET s)_END
    //读取套接字接收数据大小
unsigned short Read_RSR(SOCKET s)
{
    unsigned short i;
```

```
        i=Read_Byte_W5200(Sn_RX_RSR0(s));
        i*=256;
        i+=Read_Byte_W5200(Sn_RX_RSR0(s)+1);
        return i;
    }
    void W5200_Config(void)                      //W5200 初始化
    {
        unsigned char buf[20]={0};
        unsigned char ip[4], i;
        GPIO_ResetBits(GPIOD, RST_W5200);        //PD3=0
        Delay(80*10000);
        GPIO_SetBits(GPIOD, RST_W5200);          /*Set W5200 PD3=1*/
        Delay(80*50000);
        Write_Byte_W5200(MR, MR_RST);            /*Software Reset W5200*/
        Delay(80*100000);                        /*Delay 100ms */
        Write_W5200(GAR0, Gateway_IP, 4);        /*网关 IP, 4 bytes */
        Read_W5200(GAR0, buf, 4);
        Sub_Mask[3]=IP_Add[12];                  //子网掩码
        Write_W5200(SUBR0, Sub_Mask, 4);         /*子网掩码, 4 bytes*/
        Read_W5200(SUBR0, &buf[0], 4);
        Write_W5200(SHAR0, Phy_Addr, 6);         /*MAC 地址, 6 bytes */
        Read_W5200(SHAR0, &buf[0], 6);
        for(i=0;i<4;i++) ip[i] = IP_Add[i];      /*IP 地址  4 bytes */
        Write_W5200(SIPR0, ip, 4);
        Write_Byte_W5200(IMR2, 0x01);            /*使能套接字 0 中断*/
        Write_Byte_W5200(INTLEVEL1, 0x02);       /*Interrupt low level interval time*/
    }// W5200_Config()_END
    int Detect_Gateway(void)                     //探测网关
    {
        Write_Byte_W5200(Sn_MR(0), Sn_MR_TCP);   /*Set Socket0 as TCP Mode */
        Write_Byte_W5200(Sn_CR(0), Sn_CR_OPEN);  /*Open Socket0 */
        if(Read_Byte_W5200(Sn_SR(0))!=SOCK_INIT)
          {
            Write_Byte_W5200(Sn_CR(0), Sn_CR_CLOSE);
            return FALSE;
          }
          /* Check Gateway */
        Write_Byte_W5200(Sn_DIPR0(0), IP_Addr[0]+1);
        Write_Byte_W5200(Sn_DIPR0(0)+1, IP_Addr[1]+1);
```

```c
        Write_Byte_W5200(Sn_DIPR0(0)+2，IP_Addr[2]+1);
        Write_Byte_W5200(Sn_DIPR0(0)+3，IP_Addr[3]+1);
        Write_Byte_W5200(Sn_CR(0)，Sn_CR_CONNECT); /* Do TCP Connect */
        do
          {
            if(Read_IR(0)&Sn_IR_TIMEOUT)
              {
                /*No Gateway，  user adds code to process it*/
                Write_Byte_W5200(Sn_CR(0)，Sn_CR_CLOSE);
                return FALSE;
              }
            if(Read_Byte_W5200(Sn_DHAR0(0))!=0xff)
              {
                /* Find Gateway，  user adds code to process it */
                Write_Byte_W5200(Sn_CR(0)，Sn_CR_CLOSE);
                break;
              }
          }while(1);
        return TRUE;
}
    //接口配置
void Socket_Config(SOCKET s)
{
    unsigned char ip[4]，i;
    for(i=0;i<4;i++) ip[i] = IP_Add[i+4];            //设置远程 IP
    Write_W5200(Sn_PORT0(s)，&IP_Add[8]，2);      //下位机(本机)端口号
    S_Port[1]++;                                  //Chnage Source Port number
    Write_W5200(Sn_DIPR0(s)，ip，4);              //设置远程 IP
    //客户端设置
    Write_W5200(Sn_DPORT0(s)，&IP_Add[10]，2);//设置远程端口
    Write_Byte_W5200(Sn_MSSR0(s)，0x05);
    Write_Byte_W5200(Sn_MSSR0(s)+1，0xb4);
}
int Socket_Connect(SOCKET s)                      //设定套接字到服务器模式
{
    Write_Byte_W5200(Sn_MR(s)，  Sn_MR_TCP); /*Set Socket in TCP Mode*/
    Write_Byte_W5200(Sn_CR(s)，  Sn_CR_OPEN); /*Open Socket */
    if(Read_Byte_W5200(Sn_SR(s))!=SOCK_INIT)
      {
```

```
        Write_Byte_W5200(Sn_CR(s)，Sn_CR_CLOSE);
        return FALSE;
        }
    Write_Byte_W5200(Sn_CR(s)，Sn_CR_CONNECT);
    return TRUE;
}//Socket_Connect()_END
int Socket_Process(SOCKET s)          /*端口监管*/
{
    unsigned char i;
    if(Read_SR(s)==0)                 //如果接口处于关闭状态
      {
        Socket_Config(0);             //设置目标参数
        if(Socket_Connect(s)==TRUE)
        return FALSE;
      }
    i=Read_IR(s);                     //读取中断寄存器
    if(i&Sn_IR_TIMEOUT)               //如果超时
      {
        Write_Byte_W5200(Sn_CR(s)，Sn_CR_CLOSE);/* Close socket */
        Socket_Config(0);             //设置目标参数
        if(Socket_Connect(s)==TRUE)
        return FALSE;
      }
    else if(i&Sn_IR_DISCON)           //如果连接中断
      {
        Write_Byte_W5200(Sn_CR(s)，Sn_CR_DISCON);     // Disconnect socket
        Write_Byte_W5200(Sn_CR(s)，Sn_CR_CLOSE);      // Close socket
        Socket_Config(0);//设置目标参数
        if(Socket_Connect(s)==TRUE)
        return FALSE;
      }
    return TRUE;
}
unsigned short S_rx_process(SOCKET s)
{
    unsigned short i;
    unsigned short rx_size，rx_offset，rx_offset1;
    rx_size=Read_Byte_W5200(Sn_RX_RSR0(s));     /*Received Data Size*/
    rx_size*=256;
```

```
        rx_size+=Read_Byte_W5200(Sn_RX_RSR0(s)+1);
        rx_offset=Read_Byte_W5200(Sn_RX_RD0(s));      /*Offset in Rx memory*/
        rx_offset*=256;
        rx_offset+=Read_Byte_W5200(Sn_RX_RD0(s)+1);
        rx_offset1=rx_offset;
        i=rx_offset/S_RX_SIZE;
        rx_offset=rx_offset-i*S_RX_SIZE;
        i=rx_offset/S_RX_SIZE;
        rx_offset=rx_offset-i*S_RX_SIZE;
        if((rx_size+rx_offset)<=S_RX_SIZE)
        Read_W5200((RX_MEM+s*S_RX_SIZE+rx_offset),Rx_Buffer,rx_size);
        else
          {
              i=S_RX_SIZE-rx_offset;
              Read_W5200((RX_MEM+s*S_RX_SIZE+rx_offset),Rx_Buffer,i);
              Read_W5200((RX_MEM+s*S_RX_SIZE),Rx_Buffer+i,(rx_size-i));
          }
        rx_offset1+=rx_size;
        Write_Byte_W5200(Sn_RX_RD0(s),(rx_offset1/256));
        Write_Byte_W5200((Sn_RX_RD0(s)+1),rx_offset1);
        Write_Byte_W5200(Sn_CR(s),Sn_CR_RECV); /* Send RECV command */
        while(Read_Byte_W5200(Sn_CR(s)));
          return rx_size;
}
        //通过套接字发送数据
void S_tx_process(SOCKET s,unsigned int tx_size)
{
        unsigned short i;
        unsigned short tx_offset,tx_offset1;
        unsigned int tim_ss=0;
        tx_offset=Read_Byte_W5200(Sn_TX_WR0(s));
        tx_offset*=256;
        tx_offset+=Read_Byte_W5200(Sn_TX_WR0(s)+1);
        tx_offset1=tx_offset;
        i=tx_offset/S_TX_SIZE;
        tx_offset=tx_offset-i*S_TX_SIZE;
        if((tx_offset+tx_size)<=S_TX_SIZE)
          Write_W5200((TX_MEM+s*S_TX_SIZE+tx_offset),Tx_Buffer,tx_size);
        else
```

```
        {
            i=S_TX_SIZE-tx_offset;
            Write_W5200((TX_MEM+s*S_TX_SIZE+tx_offset)，Tx_Buffer，i);
            Write_W5200((TX_MEM+s*S_TX_SIZE)，Tx_Buffer+i，(tx_size-i));
        }
    tx_offset1+=tx_size; /* Calculate the new offset */
    Write_Byte_W5200(Sn_TX_WR0(s)，(tx_offset1/256));
    Write_Byte_W5200((Sn_TX_WR0(s)+1)，tx_offset1);
    Write_Byte_W5200(Sn_CR(s)，Sn_CR_SEND);
        while((Read_IR(0)&Sn_IR_SEND_OK)==0)          //有条件退出
        {
            tim_ss++;
            if(tim_ss>0x1000) break;
        }
}
        //通过套接字发送数据
unsigned char S_tx_process_2(SOCKET s，unsigned int tx_size)
    {
    unsigned short i;
    unsigned short tx_offset，tx_offset1;
    unsigned int long_tims=0;
    tx_offset=Read_Byte_W5200(Sn_TX_WR0(s));
    tx_offset*=256;
    tx_offset+=Read_Byte_W5200(Sn_TX_WR0(s)+1);
    tx_offset1=tx_offset;
    i=tx_offset/S_TX_SIZE;
    tx_offset=tx_offset-i*S_TX_SIZE;
        if((tx_offset+tx_size)<=S_TX_SIZE)
        Write_W5200((TX_MEM+s*S_TX_SIZE+tx_offset)，Tx_Buffer，tx_size);
    else
        {
        i=S_TX_SIZE-tx_offset;
        Write_W5200((TX_MEM+s*S_TX_SIZE+tx_offset)，Tx_Buffer，i);
        Write_W5200((TX_MEM+s*S_TX_SIZE)，Tx_Buffer+i，(tx_size-i));
        }
    tx_offset1+=tx_size;
    Write_Byte_W5200(Sn_TX_WR0(s)，(tx_offset1/256));
    Write_Byte_W5200((Sn_TX_WR0(s)+1)，tx_offset1);
    Write_Byte_W5200(Sn_CR(s)，Sn_CR_SEND);
```

```
        while((Read_IR(0)&Sn_IR_SEND_OK)==0)
      {
         long_tims++;
         if ( long_tims>0x2000)
           {
              long_tims=0;
              return 0x01;
           }
       }
    return 0;
}// S_tx_process_2()_END
        // W5200_Initialization
void W5200_Initialization(void)
{
    W5200_Config();        //初始化 W5200 各项参数
    Socket_Config(0);      //为客户中断模式
}
    // Process_Socket_Data
void Process_Socket_Data(SOCKET s)
{
    unsigned short size;
    size=S_rx_process(s);
    memcpy(Tx_Buffer，Rx_Buffer，size);
    S_tx_process(s，size);
}
        //W5200 SPI 引脚配置
void W5200_SPI_GPIO_Configuration(void)
{
    GPIO_InitTypeDef   GPIO_InitStructure;
    RCC_APB2PeriphClockCmd(RCC_APB2Periph_GPIOB，ENABLE);
    GPIO_InitStructure.GPIO_Pin =WIZ_SCS | WIZ_SCLK;
    GPIO_InitStructure.GPIO_Speed = GPIO_Speed_50 MHz;
    GPIO_InitStructure.GPIO_Mode = GPIO_Mode_Out_PP;
    GPIO_Init(GPIOB，  &GPIO_InitStructure);              //执行初始化
    RCC_APB2PeriphClockCmd(RCC_APB2Periph_GPIOD，ENABLE);
    GPIO_InitStructure.GPIO_Pin =WIZ_MOSI   | WIZ_RESET |WIZ_PWDN;
    GPIO_InitStructure.GPIO_Speed = GPIO_Speed_50 MHz;    //设定 io 频率
    GPIO_InitStructure.GPIO_Mode = GPIO_Mode_Out_PP;      //设定模式
    GPIO_Init(GPIOD，   &GPIO_InitStructure);             //执行初始化
```

```
        GPIO_InitStructure.GPIO_Pin = WIZ_MISO ;
        GPIO_InitStructure.GPIO_Speed = GPIO_Speed_50 MHz;
        GPIO_InitStructure.GPIO_Mode = GPIO_Mode_IPU;      //设定模式
        GPIO_Init(GPIOD,    &GPIO_InitStructure);          //执行初始化
        RCC_APB2PeriphClockCmd(RCC_APB2Periph_GPIOE，ENABLE);
        GPIO_InitStructure.GPIO_Pin = WIZ_INT;
        GPIO_InitStructure.GPIO_Speed = GPIO_Speed_50 MHz;
        GPIO_InitStructure.GPIO_Mode = GPIO_Mode_IPU;
         GPIO_Init(GPIOE,    &GPIO_InitStructure);         //执行初始化
}
        //W5200 其他辅助引脚配置
void W5200_IO_Configuration(void)
{
        GPIO_InitTypeDef    GPIO_InitStructure;
        RCC_APB2PeriphClockCmd(RCC_APB2Periph_GPIOA，ENABLE);
            //定义复位 W5200 输出
        RCC_APB2PeriphClockCmd(RCC_APB2Periph_GPIOD，ENABLE);
        GPIO_InitStructure.GPIO_Pin    = RST_W5200|W_ANE|W_PWDN;
        GPIO_InitStructure.GPIO_Speed=GPIO_Speed_10 MHz;
        GPIO_InitStructure.GPIO_Mode = GPIO_Mode_Out_PP;
        GPIO_Init(GPIOD,    &GPIO_InitStructure);
        RCC_APB2PeriphClockCmd(RCC_APB2Periph_GPIOB，ENABLE);
        GPIO_InitStructure.GPIO_Pin = W_DUP;
        GPIO_InitStructure.GPIO_Speed=GPIO_Speed_10 MHz;
        GPIO_InitStructure.GPIO_Mode = GPIO_Mode_Out_PP;
        GPIO_Init(GPIOB,    &GPIO_InitStructure);
            // 定义数字输入口辅助功能
        RCC_APB2PeriphClockCmd(RCC_APB2Periph_GPIOE，ENABLE);
        GPIO_InitStructure.GPIO_Pin = W_INT;
        GPIO_InitStructure.GPIO_Mode = GPIO_Mode_IN_FLOATING;
        GPIO_Init(GPIOE, &GPIO_InitStructure);
        GPIO_InitStructure.GPIO_Pin = W_SPD;
        GPIO_InitStructure.GPIO_Mode = GPIO_Mode_Out_PP;
        GPIO_Init(GPIOE, &GPIO_InitStructure);
}
        //W5200 模块网络初始化
void W5200_Net_all_cdh(void)
{
        W5200_SPI_GPIO_Configuration();        //SPI 接口引脚配置
```

```
W5200_IO_Configuration();                 //W5200 辅助引脚
GPIO_SetBits(GPIOE，W_SPD);              //100M
GPIO_SetBits(GPIOD，W_ANE);              //自动握手
GPIO_SetBits(GPIOB，W_DUP);              //全双工
GPIO_ResetBits(GPIOD，W_PWDN);          //正常工作
W5200_Initialization();                   //网络 IP 地址等参数配置
}
```

3．测试主函数

作为网络通信的学习，把本地 IP、远程 IP、网关 IP 和端口等设置(在"Device.h"中)好后，通过上位机(服务器)可向网络模块发送数据或由网络模块向服务器发送数据。网络模块收到的数据在"Rx_Buffer[]"数组中，发送数据写在"Tx_Buffer[]"数组中，通过调用"S_tx_process(0，Rx_size)"函数就可完成发送。下面是测试程序。

```
#include  "stm32f10x.h"
#include  "usart1.h"
#include  "Device.h"                       //W5200 相关参数、函数等
int main(void)
{
    unsigned int Rx_size;                    //网络获取数据个数
    SystemInit();//系统初始化
    USART1_Configuration();                  //USART1 的初始化函数
    //USART1_Interrupt();                    //USART1 的中断初始化函数
    W5200_Net_all_cdh();                     //W5200 初始化
    while(1)
    {
        //其他部分省略
            //----------网络检测部分--------------
        if(Socket_Process(0)==TRUE)              //判断网络是否有效
        {
            if(Read_RSR(0))                      //收到数据分析
            {
                //数据结果在 Rx_Buffer[]缓冲中
                Rx_size=S_rx_process(0);          //网络收到的个数
                //设收到的第 1 个数是 0xaa(字头)
                if(Rx_Buffer[0]==0xaa)            //数据内容
                {
                    unsigned char j，jy=0;
                    for(j=0;j<Rx_size-1;j++)       //计算校验数据
                    {
                        jy=jy+Rx_Buffer[j];
```

```
            }
            if (jy == Rx_Buffer[Rx_size-1])
              {
                Tx_Buffer[0]=0xbb;                //回送字头
                Tx_Buffer[1]=Rx_Buffer[1];       //命令
                //fexi_NET_data(Rx_Buffer[1]);   //分析网络数据
                jy=0;
                for(j=0;j<25;j++)    //计算校验数据(设只有 26 个数据)
                {
                 jy=jy+Tx_Buffer[j];
                }
                Tx_Buffer[25]=jy;
                Rx_size=26;
                S_tx_process(0，Rx_size);     //网络返回 26 个数据
              }
           else
             {
                Tx_Buffer[0]=0xbb;               //字头
                Tx_Buffer[1]=Rx_Buffer[1];       //命令
                jy=Tx_Buffer[0]+Tx_Buffer[1];
                for(j=2;j<25;j++)
                  {
                      Tx_Buffer[j]=0xee;
                      jy=jy+Tx_Buffer[j];
                  }
                 Tx_Buffer[25]=jy;
                 Rx_size=26;
                 S_tx_process(0，Rx_size);       //发送错误代码信息
              }
          }
        else   //网络收到什么，回送什么
           {
              for(i=0;i<Rx_size;i++) Tx_Buffer[i]=Rx_Buffer[i];
              S_tx_process(0，Rx_size);          //发送数据
           }
        }//if(Read_RSR(0))_END
     } //if(Socket_Process(0)==TRUE)_END
  }//while(1)_END
} //main_end
```

附　录

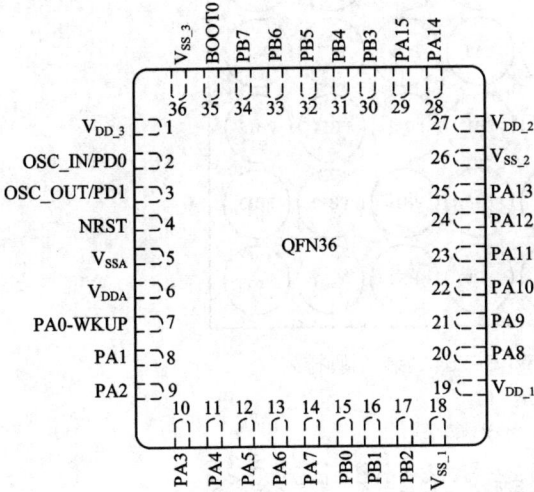

(a) QFN36封装

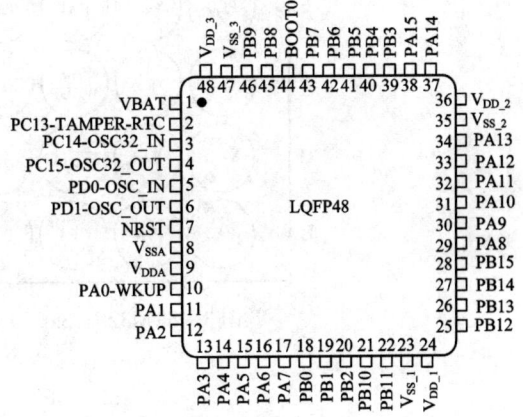

(b) LQFP48封装

图 1　STM32F103x(QFN36、LQFP48 引脚排列)

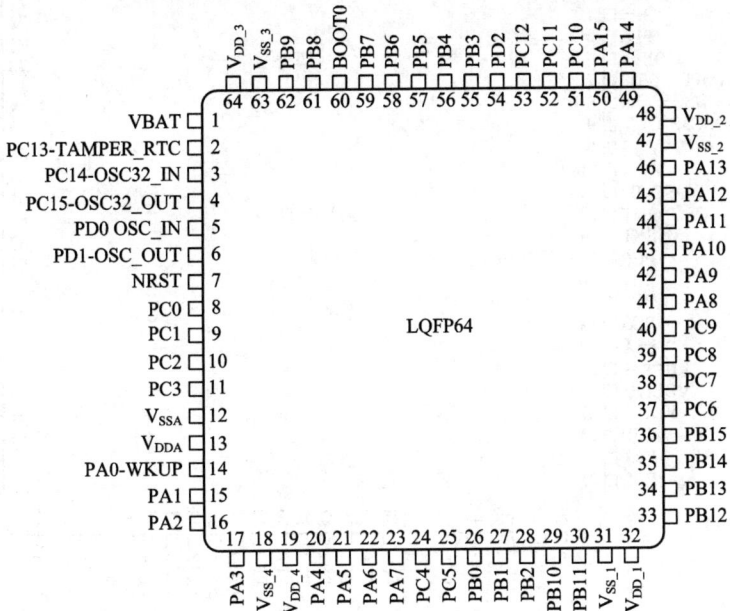

图 2　STM32F103xC/D/E(LQFP64 封装)引脚排列

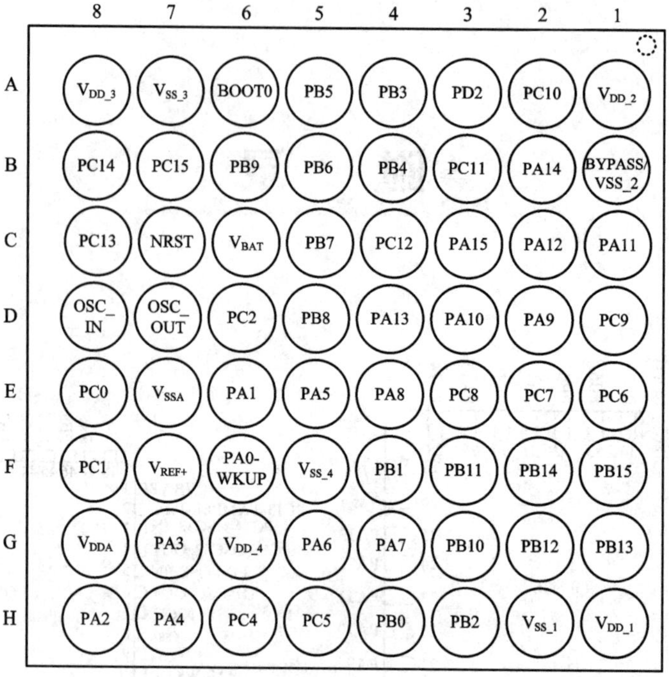

图3 (WLCSP64封装) 引脚排列，栅格按列 8~1、行 A~H 排列：

	8	7	6	5	4	3	2	1
A	V_{DD_3}	V_{SS_3}	BOOT0	PB5	PB3	PD2	PC10	V_{DD_2}
B	PC14	PC15	PB9	PB6	PB4	PC11	PA14	BYPASS/V_{SS_2}
C	PC13	NRST	V_{BAT}	PB7	PC12	PA15	PA12	PA11
D	OSC_IN	OSC_OUT	PC2	PB8	PA13	PA10	PA9	PC9
E	PC0	V_{SSA}	PA1	PA5	PA8	PC8	PC7	PC6
F	PC1	V_{REF+}	PA0-WKUP	V_{SS_4}	PB1	PB11	PB14	PB15
G	V_{DDA}	PA3	V_{DD_4}	PA6	PA7	PB10	PB12	PB13
H	PA2	PA4	PC4	PC5	PB0	PB2	V_{SS_1}	V_{DD_1}

图3 STM32F103xC/D/E(WLCSP64封装)引脚排列

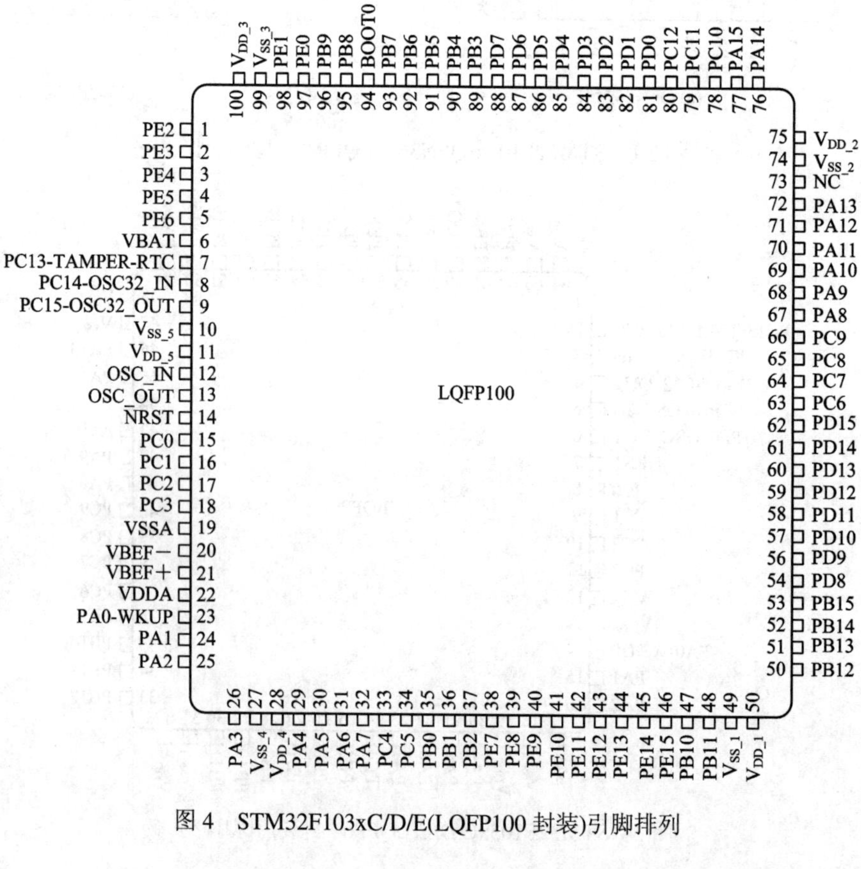

图4 LQFP100封装 引脚排列：

顶部（100~76）：
100 V_{DD_3}、99 V_{SS_3}、98 PE1、97 PE0、96 PB9、95 PB8、94 BOOT0、93 PB7、92 PB6、91 PB5、90 PB4、89 PB3、88 PD7、87 PD6、86 PD5、85 PD4、84 PD3、83 PD2、82 PD1、81 PD0、80 PC12、79 PC11、78 PC10、77 PA15、76 PA14

左侧（1~25）：
1 PE2、2 PE3、3 PE4、4 PE5、5 PE6、6 VBAT、7 PC13-TAMPER-RTC、8 PC14-OSC32_IN、9 PC15-OSC32_OUT、10 V_{SS_5}、11 V_{DD_5}、12 OSC_IN、13 OSC_OUT、14 NRST、15 PC0、16 PC1、17 PC2、18 PC3、19 VSSA、20 VBEF−、21 VBEF+、22 VDDA、23 PA0-WKUP、24 PA1、25 PA2

底部（26~50）：
26 PA3、27 V_{SS_4}、28 V_{DD_4}、29 PA4、30 PA5、31 PA6、32 PA7、33 PC4、34 PC5、35 PB0、36 PB1、37 PB2、38 PE7、39 PE8、40 PE9、41 PE10、42 PE11、43 PE12、44 PE13、45 PE14、46 PE15、47 PB10、48 PB11、49 V_{SS_1}、50 V_{DD_1}

右侧（75~50）：
75 V_{DD_2}、74 V_{SS_2}、73 NC、72 PA13、71 PA12、70 PA11、69 PA10、68 PA9、67 PA8、66 PC9、65 PC8、64 PC7、63 PC6、62 PD15、61 PD14、60 PD13、59 PD12、58 PD11、57 PD10、56 PD9、54 PD8、53 PB15、52 PB14、51 PB13、50 PB12

中心标注：LQFP100

图4 STM32F103xC/D/E(LQFP100封装)引脚排列

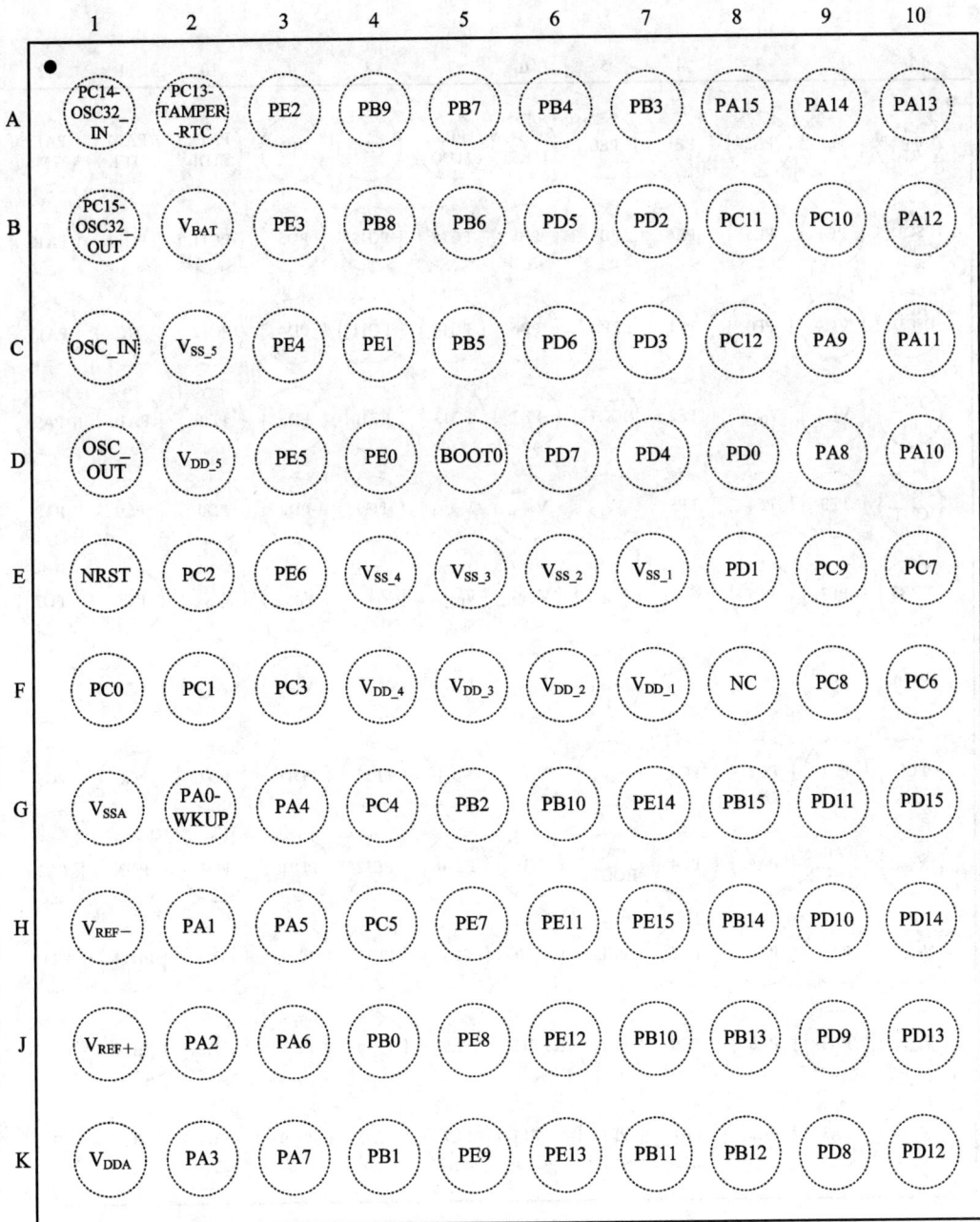

	1	2	3	4	5	6	7	8	9	10
A	PC14-OSC32_IN	PC13-TAMPER-RTC	PE2	PB9	PB7	PB4	PB3	PA15	PA14	PA13
B	PC15-OSC32_OUT	V_{BAT}	PE3	PB8	PB6	PD5	PD2	PC11	PC10	PA12
C	OSC_IN	V_{SS_5}	PE4	PE1	PB5	PD6	PD3	PC12	PA9	PA11
D	OSC_OUT	V_{DD_5}	PE5	PE0	BOOT0	PD7	PD4	PD0	PA8	PA10
E	NRST	PC2	PE6	V_{SS_4}	V_{SS_3}	V_{SS_2}	V_{SS_1}	PD1	PC9	PC7
F	PC0	PC1	PC3	V_{DD_4}	V_{DD_3}	V_{DD_2}	V_{DD_1}	NC	PC8	PC6
G	V_{SSA}	PA0-WKUP	PA4	PC4	PB2	PB10	PE14	PB15	PD11	PD15
H	V_{REF-}	PA1	PA5	PC5	PE7	PE11	PE15	PB14	PD10	PD14
J	V_{REF+}	PA2	PA6	PB0	PE8	PE12	PB10	PB13	PD9	PD13
K	V_{DDA}	PA3	PA7	PB1	PE9	PE13	PB11	PB12	PD8	PD12

图 5　STM32F103xC/D/E(BGA100 封装)引脚排列

	1	2	3	4	5	6	7	8	9	10	11	12
A	PC13-TAMPER-RTC	PE3	PE2	PE1	PE0	PB4 JTRST	PB3 JTDO	PD6	PD7	PA15 JTDI	PA14 JTCK	PA13 JTMS
B	PC14-OSC32_IN	PE4	PE5	PE6	PB9	PB5	PG15	PG12	PD5	PC11	PC10	PA12
C	PC15-OSC32_OUT	V_{BAT}	PF0	PF1	PB8	PB6	PG14	PG11	PD4	PC12	NC	PA11
D	OSC_IN	V_{SS_5}	V_{DD_5}	PF2	BOOT0	PB7	PG13	PG10	PD3	PD1	PA10	PA9
E	OSC_OUT	PF3	PF4	PF5	V_{SS_3}	V_{SS_11}	V_{SS_10}	PG9	PD2	PD0	PC9	PA8
F	NRST	PF7	PF6	V_{DD_4}	V_{DD_3}	V_{DD_11}	V_{DD_10}	V_{DD_8}	V_{DD_2}	V_{DD_9}	PC8	PC7
G	PF10	PF9	PF8	V_{SS_4}	V_{DD_6}	V_{DD_7}	V_{DD_1}	V_{SS_8}	V_{SS_2}	V_{SS_9}	PG8	PC6
H	PC0	PC1	PC2	PC3	V_{SS_6}	V_{SS_7}	V_{SS_1}	PE11	PD11	PG7	PG6	PG5
J	V_{SSA}	PA0-WKUP	PA4	PC4	PB2/BOOT1	PG1	PE10	PE12	PD10	PG4	PG3	PG2
K	V_{REF-}	PA1	PA5	PC5	PF13	PG0	PE9	PE13	PD9	PD13	PD14	PD15
L	V_{REF+}	PA2	PA6	PB0	PF12	PF15	PE8	PE14	PD8	PD12	PB14	PB15
M	V_{DDA}	PA3	PA7	PB1	PF11	PF14	PE7	PE15	PB10	PB11	PB12	PB13

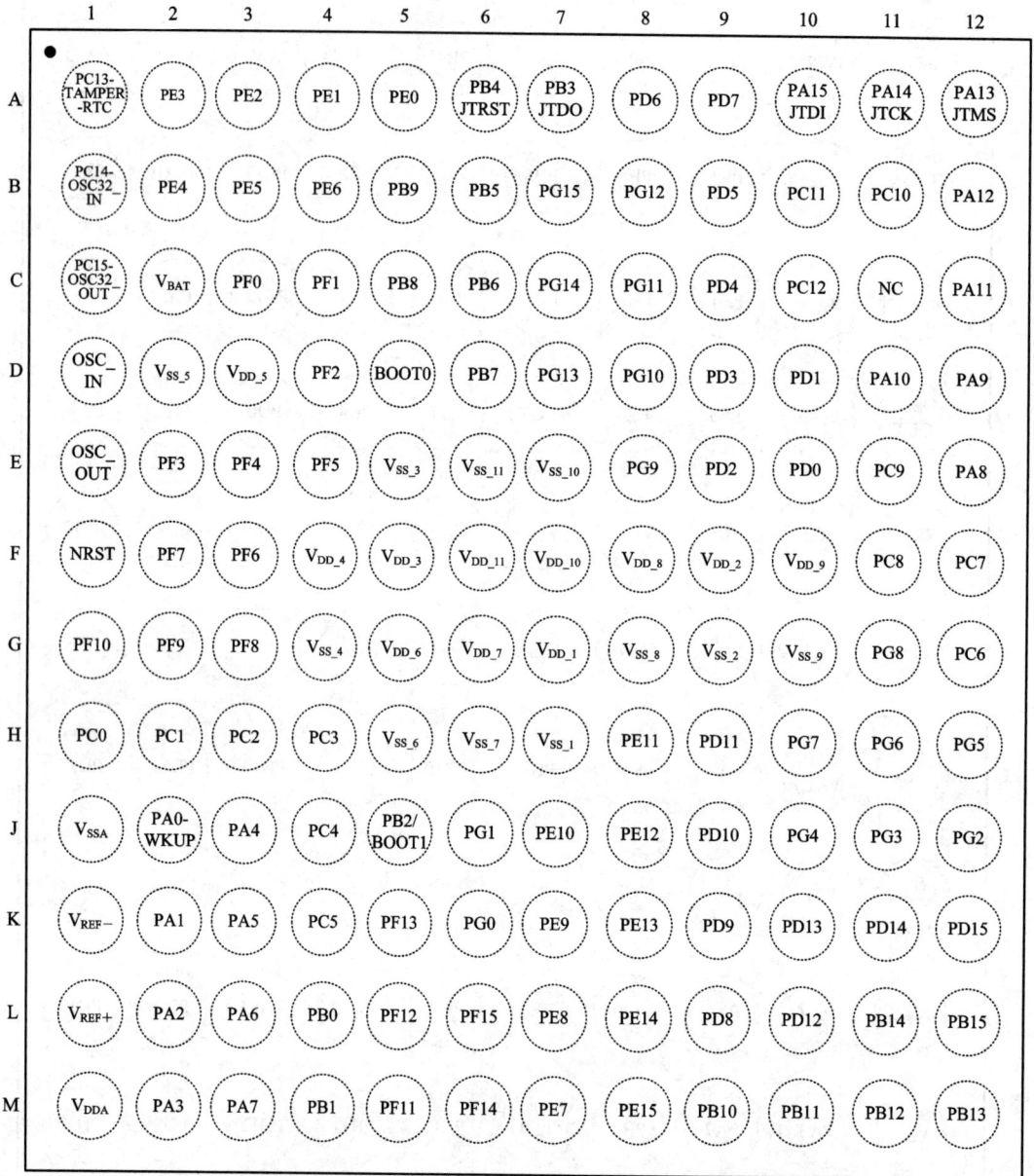

图 6　STM32F103xC/D/E(BGA144 封装)引脚排列

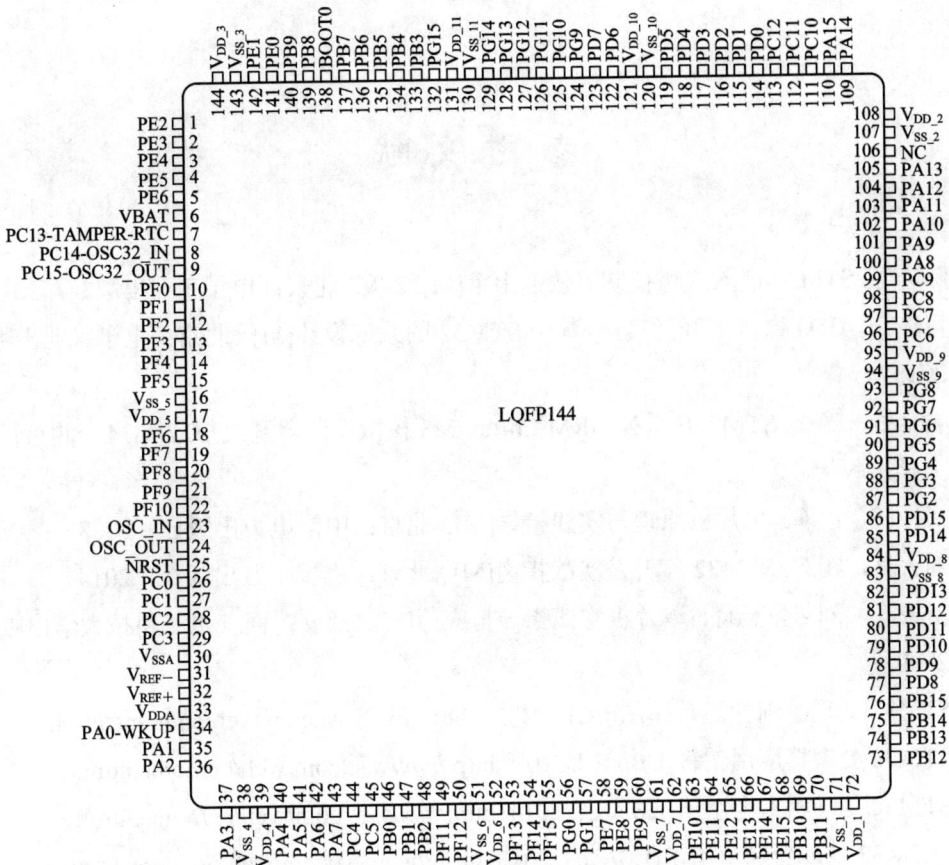

图 7 STM32F103xC/D/E(LQFP144 封装)引脚排列

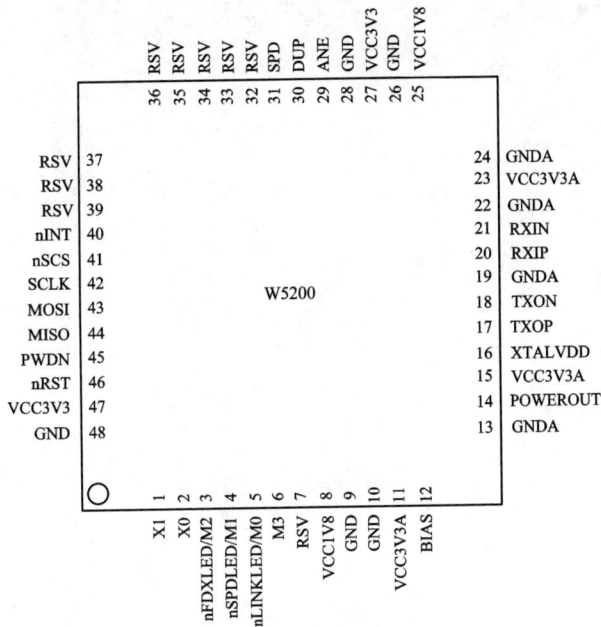

图 8 W5200 引脚排列

参 考 文 献

[1] 陈志旺. STM32 嵌入式微控制器快速上手[M]. 2 板. 北京：电子工业出版社，2014.

[2] 肖广兵. ARM 嵌入式开发实例–基于 STM32 的系统设计[M]. 北京：电子工业出版社，2013.

[3] 喻金钱，喻斌. STM32F 系列 ARM Cortex-M3 核微控制器开发与应用[M]. 北京：清华大学出版社，2013.

[4] 杨振江，冯军. 单片机原理与实践指导[M]. 北京：中国电力出版社，2008.

[5] 刘火良，杨森. STM32 库开发实战指南[M]. 北京：机械工业出版社，2014.

[6] 杨振江，刘男，杨璐. 单片机实践指导与应用[M]. 西安：西安电子科技大学出版社，2009.

[7] STM32 处理器固件函数库[EB/OL]. 2014. http://www.st.com/web/cn/home.html.

[8] STM32 处理器应用例程[EB/OL]. 2014. http://www.st.com/web/cn/home.html.

[9] STM32 处理器参考手册[EB/OL]. 2014. http://www.st.com/web/cn/home.html.

[10] STM32 处理器选型指南[EB/OL]. 2013. http://www.st.com/web/cn/home.html.